高等学校教材·计算机教学丛书

# 数据结构与算法

于晓敏　袁　琪
耿　蕊　于晓坤　编著

邓文新　主审

北京航空航天大学出版社

## 内 容 简 介

计算机在各个领域的应用过程中，都会涉及数据的组织与程序的编排等问题，都会用到各种各样的数据结构，选择最合适的数据结构和存储表示方法，以及编制相应的实现算法的方法是计算机工作者不可缺少的知识。本书根据计算机科学与技术专业规范的要求，全面、系统地介绍各种类型的、最常用的数据结构及常用的算法。全书分上、下两篇，上篇数据结构，下篇算法设计与分析。在数据结构中，讨论了4大类型数据结构的逻辑特性、存储表示及其应用。在算法设计中着重阐述典型算法的设计与分析。每一章后都配有适量的习题，以供读者练习。概念清楚，内容丰富，详略得当，既可以作为高等院校计算机应用本科等层次的教材，也可以供从事计算机工程与应用的科技工作者参考或自学。

**图书在版编目(CIP)数据**

数据结构与算法 / 于晓敏等编著. -- 北京 ：北京航空航天大学出版社，2010.9

ISBN 978-7-5124-0184-6

Ⅰ. ①数… Ⅱ. ①于… Ⅲ. ①数据结构②算法分析 Ⅳ. ①TP311.12

中国版本图书馆 CIP 数据核字(2010)第 156356 号



**数据结构与算法**

于晓敏　袁　琪　耿　蕊　于晓坤　编著

邓文新　主审

责任编辑　幼　章

*

北京航空航天大学出版社出版发行

北京市海淀区学院路 37 号(邮编 100191)　http://www.buaapress.com.cn

发行部电话：(010)82317024　传真：(010)82328026

读者信箱：bhpress@263.net　邮购电话：(010)82316936

北京时代华都印刷有限公司印装　各地书店经销

*

开本：787×1092　1/16　印张：17.25　字数：442 千字

2010 年 9 月第 1 版　2010 年 9 月第 1 次印刷　印数：4 000 册

ISBN 978-7-5124-0184-6　定价：29.00 元

# 总 前 言

随着科学技术、文化、教育、经济和社会的发展，计算机教学进入了我国历史上最火热的年代，欣欣向荣。就计算机专业而言，全国开办计算机本科专业的院校在2004年之初有505所，到2006年已经发展到771所。另外，在全国高校中的非计算机专业，包括理工农医以及文科(文史哲法教、经管、文艺)等专业，按各自专业的培养目标都融入了计算机课程的教学。过去出版界出版了一大批计算机教学方面的各类教材，满足了一定时期的需求，但是还不能完全适应计算机教学深化改革的要求。

面对《国家科学技术中长期发展纲要(2006年—2020年)》制订的信息技术发展目标，计算机教学也要随之进行改革，以便提高培养质量。教学要改革，教材建设必须跟上。面对各层次、各类型的学校和各类型的专业都要开设计算机课程，就应有多样化的教材，以适应各专业教学的需要。北京航空航天大学出版社是以出版高等教育教材为主的，愿对计算机教学的教材建设做出贡献。

为计算机类教材的出版，北京航空航天大学出版社成立了"高等学校教材·计算机教学丛书"编审委员会。出版计算机教材，得到了北京航空航天大学计算机学院的大力支持。该院有三位教育部高等学校计算机科学与技术教学指导委员会(下称教指委)的成员参加编审委员会的工作。其他成员是北京航空航天大学、北京交通大学等6所院校和中科院计算技术研究所对计算机教育有研究的教指委成员、专家、学者和出版社的领导。

我们组织编写、出版计算机课程教材，以大多数高校实际状况为基点，使其在现有基础上能提高一步，追求符合大多数高校本科教学适用为目标。按照教指委制订的计算机科学与技术本科专业规范和计算机基础课教学基本要求的精神，我们组织身居教学第一线，具有教学实践经验的教师进行编写。在出书品种和内容上，面对两个方面的教学：一是计算机专业本科教学，包括计算机导论、计算机专业技术基础课、计算机专业课等；二是非计算机专业的计算机基础课程的本科教学，包括理工农医类、文史哲法教类、经管类、艺术类等的计算机课程。

教材的编写注重以下几点。

1. 基础性。具有基础知识和基本理论，以使学生在专业发展上具有潜力，便于适应社会的需求。

2. 先进性。融入计算机科学与技术发展的新成果；瞄准计算机科学与技术发展的新方向，内容应具有前瞻性。这样，以使学生扩展视野，以便与科技、社会发展的脉络同步。

3. 实用性。一是适应教学的需求；二是理论与实践相结合，以使学生掌握实用技术。

编写、出版的教材能否适应教学改革的需求，只有师生在教与学的实践中做出评价，我们期望得到师生的批评和指正。



"高等学校教材·计算机教学丛书"
编审委员会

# “高等学校教材·计算机教学丛书”编审委员会成员

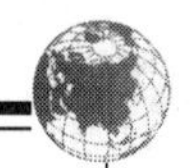

# 前　言

计算机在各个领域的应用过程中，都会涉及数据的组织与程序的编排等问题，都会用到各种各样的数据结构，特别是针对各种特殊数据的表示，就更需要学会分析和研究计算机加工对象的特性、选择最合适的数据组织结构及其存储表示方法，以及编制相应实现算法的方法，这是计算机工作者不可缺少的知识。因此“数据结构”这门课一直是高等院校计算机专业教学中的一门主要技术基础课程，在我国当前的计算机专业教学计划中，它是主干课程之一。

本书分数据结构和算法设计两部分。在数据结构中，讨论了四大类型数据结构的逻辑特性、存储表示及其应用。在算法设计中着重阐述典型算法的设计与分析。每一章后都配有适量的习题，以供读者练习。

全书分上、下两篇，共16章。前9章为上篇，主要阐述数据结构的相关内容；后7章主要阐述算法设计的相关内容。第1章至第4章主要介绍数据结构的基本知识和几种基本的数据结构，即线性表、栈和队列、串和数组，它们均属于线性数据结构。第5和第6章叙述非线性数据结构，它们是树、图和广义表；第7、8两章分别介绍数据处理中广泛使用的技术——排序和查找；第9章讨论外存储器上的数据结构——文件；第10章至第14章介绍了蛮力法、贪心法、分治法、动态规划法和回溯法等典型算法及应用；第15章介绍计算复杂性理论；第16章介绍分布式算法的设计与分析。

本书是在计算机科学与技术专业规范和作者多年的教学经验的基础上编写而成的。本书的编写思路既注重基本原理的介绍又重视实践能力的培养。书中还配有大量的例题和习题，供学生练习，加深对知识点的理解。本书讲解详细，通俗易懂，详略得当。书中算法采用C语言进行描述，且所给的程序均已在计算机上运行调试，部分程序还做了较详细的注解，以便于读者了解算法的实质和基本思想。书中每一章均有习题，可以检验读者的学习效果和培养程序设计的能力。

本书既可作为计算机专业学生的教材，亦可供从事计算机应用的工程技术人员参考，特别适合于那些使用C语言编程的计算机应用人员。使用本书作为本科生教材时，其内容可以讲授一个学期；若作为专科生教材时，可以酌情精简有关内容。

本书初稿经过在我校的教学实践的检验，教学效果较好，学生反映本书好学易懂。本书的第1章的前两节、第4章、第5章、第6章和第9

章由于晓敏编写，第 2 章和第 3 章由于晓坤编写，第 7 章和第 8 章由耿蕊编写，第 1 章的第 3 节、第 10 章至第 16 章由袁琪编写。

由于作者水平有限，书中缺点或错误在所难免，殷切希望广大读者批评指正。

于晓敏　袁　琪　耿　蕊　于晓坤

2010 年 6 月

# 目　录

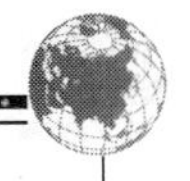

# 第 1 章　绪　论

自从 1946 年第一台计算机问世以来，信息产业的飞速发展已远远超出人们对它的预料，在某些现代化的生产线上，甚至几秒钟就能生产出一台微型计算机，产量猛增，产品价格大幅度下降。计算机的成本低廉使得它的应用范围迅速扩展。现在，计算机的应用已深入到人类社会的生产、生活等各个领域。计算机的应用已不再局限于科学计算，而更多地用于生产过程控制、信息管理及音频、视频等特殊数据处理等非数值计算的处理工作。与此相对应，计算机所加工处理的对象也由纯粹的数值发展到字符、表格和图像等各种具有一定结构的数据，这就给程序设计人员带来一些新的问题——如何合理、有效地组织好各种、各类数据对象，成为人们必须研究的课题。为了编写出一个“好”的程序，程序设计人员必须认真分析待处理对象的特性以及各处理对象之间存在的关系。这就是“数据结构”这门学科形成和发展的背景。

## 1.1　数据结构的发展及其重要地位

“数据结构”作为一门独立的课程在国外是 1968 年才开始设立的。在这之前，它的某些内容曾在其他课程，如表处理语言中有所阐述。1968 年在美国一些大学的计算机系的计划中，虽然“数据结构”规定为一门课程，但对课程的范围仍没有作出明确的规定。当时，数据结构几乎和图论，特别是和表、树的理论为同义语。随后，数据结构这个概念被扩充到包括网络、集合代数论、格、关系等方面，从而变成了现在称之为“数据结构”的内容。然而，由于数据必须在计算机中进行处理，因此不仅要考虑数据本身的数学性质，而且还必须考虑数据的存储结构，这就进一步扩大了数据结构的内容。

近年来，随着数据库系统的不断发展，在数据结构课程中又增加了文件管理（特别是大型文件的组织等）的内容。

1968 年美国唐·欧·克努力特教授开创了数据结构的最初体系，他所著的《计算机程序设计技巧》第一卷《基本算法》是第一本较系统地阐述数据的逻辑结构和存储结构及其操作的著作。从 20 世纪 60 年代末到 70 年代初，出现了大型程序，软件也相对独立，结构化程序设计成为程序设计方法学的主要内容。人们越来越重视数据结构，认为程序设计的实质是对确定的问题选择一种好的结构，设计一种好的算法。从 20 世纪 70 年代中期到 80 年代初，各种版本的数据结构著作相继出现。

目前在我国，“数据结构”也已经不仅仅是计算机专业的教学计划中的核心课程，而且是其他非计算机专业的主要选修课程之一。

“数据结构”在计算机科学中是一门综合性的专业基础课。数据结构的研究不仅涉及计算机硬件（特别是编码理论、存储装置和存取方法等）的研究范围，而且和计算机软件的研究有着更密切的关系，无论是编译程序还是操作系统，都涉及数据元素在存储器中的分配问题。在研究信息检索时也必须考虑如何组织数据，使查找和存取数据元素更为方便。因此，可以认为数据结构是介于数学、计算机硬件和计算机软件三者之间的一门核心课程。在计算机科学中,数据结构不仅是一般程序设计(特别是非数值计算的程序设计)的基础,而且是设计和实现编译程序、操作系统、数据库系统及其他系统程序和大型应用程序的重要基础。

值得注意的是,数据结构的发展并未停止。一方面,面向各专门领域中特殊问题的数据结构得到研究和发展,如多维图形数据结构等;另一方面,从抽象数据类型的观点来讨论数据结构,已成为一种新的趋势,越来越被人们所重视。

## 1.2 数据结构的基本概念和术语

在本节中,为了与读者就某些概念取得“共识”,将对一些概念和术语赋以确定的含义。这些概念和术语将在后续的章节中多次出现。

数据(data)是信息的载体,是对客观事物的符号表示。它能够被计算机所识别、存储、加工和处理,是计算机程序加工的“原料”。数据是指所有能输入计算机中并被计算机程序处理的符号的总称。例如,一个利用数值分析方法解代数方程的程序,其处理对象是整数和实数;一个编译程序或文字处理程序的处理对象是字符串。因此,对计算机科学而言,数据的含义极为广泛,如图像、声音等都可以通过编码而归之于数据的范畴。

信息是经过计算机加工处理的带有一定意义的结果。如方程式的解、遥感图像、视频信号等等。

数据元素(data element)是数据的基本单位,在计算机程序中通常作为一个整体进行考虑和处理。有时,一个数据元素可由若干个数据项(data item)组成,例如,一本书的书目信息为一个数据元素,而书目信息中的每一项(如书名、作者名等)为一个数据项。数据项是数据的不可分割的最小单位。

数据对象(data object)是性质相同的数据元素的集合,是数据的一个子集。例如,整数数据对象是集合 $\boldsymbol{N}=\{0,\pm 1,\pm 2,\cdots\}$,字母字符数据对象是集合 $\boldsymbol{C}=\{$‘A’,‘B’,…,‘Z’,‘a’,‘b’,…,‘z’$\}$。

简单地说,数据结构(data structure)是相互之间存在一种或多种特定关系的数据元素的集合。在任何问题中,数据元素都不是孤立存在的,而是在它们之间存在着某种关系,这种数据元素相互之间的关系称为结构(structure)。根据数据元素之间关系的不同特性,通常有下列四类基本结构:

1) 集合 结构中的数据元素之间除了“同属于一个集合”的关系外,别无其他关系;

2) 线性结构 结构中的数据元素之间存在一对一的关系;

3) 树形结构 结构中的数据元素之间存在一对多的关系;

4) 图形结构或网状结构 结构中的元素之间存在多对多的关系。

图 1-1 为上述四类基本结构的关系图。由于“集合”是元素之间关系极为松散的一种结构,因此也可用其他结构来表示它。

数据结构的形式定义为:

数据结构是一个二元组 Data-Structure=(D,S)

其中:D是数据元素的有限集,S是D上关系的有限集。

存储结构(又称映象)是数据结构在计算机中的表示,也称为数据的物理结构。它包括数

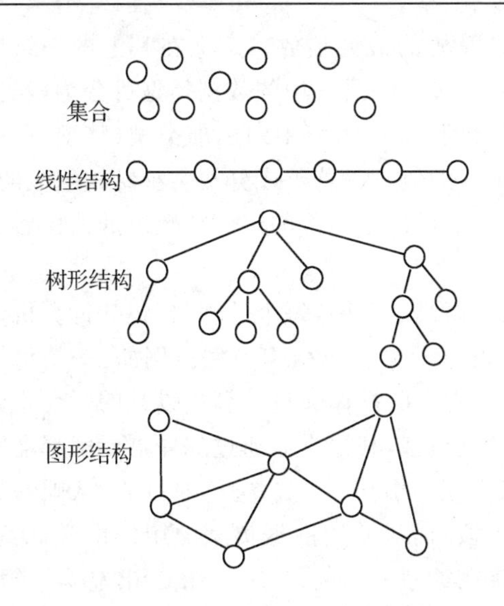


图 1-1 四类基本结构的关系图

据元素的表示和关系的表示。在计算机中表示信息的最小单位是二进制数的一位，叫做位(bit)。计算机中，可以用一个由若干位组合起来形成的一个位串表示一个数据元素(如用16位二进制数表示一个整数，用8位二进制数表示一个字符等)，通常称这个位串为元素(element)或节点(node)。当数据元素由若干数据项组成时，位串中对应于各个数据项的子位串称为数据域(data field)。因此，元素或节点可看成是数据元素在计算机中的映象。

数据元素之间的关系在计算机中有两种表示方法：顺序映象和非顺序映象。并由此得到两种不同的存储结构：顺序存储结构和链式存储结构。顺序映象的特点是借助元素在存储器中的相对位置来表示数据元素之间的逻辑关系。例如，假设用两个字节的位串表示一个实数，则可以用地址相邻的四个字节的位串表示一个复数，如图1-2(a)为表示复数 $z_1=3.0-3.2i$ 和 $z_2=8.9-1.6i$ 的顺序存储结构。

非顺序映象的特点是借助指示元素存储地址的指针(pointer)表示数据元素之间的逻辑关系，如图1-2(b)为表示复数 $z_1$ 的链式存储结构，其中实部和虚部之间的关系用值为“0415”的指针来表示(0415是虚部的存储地址)。数据的逻辑结构和物理结构是密切相关的两个方面，任何一个算法的设计取决于所选定的逻辑结构，而算法的实现依赖于采用的存储结构。那么，在数据结构确立之后如何描述存储结构呢？虽然存储结构涉及数据元素及其关系在存储器中的物理位置，

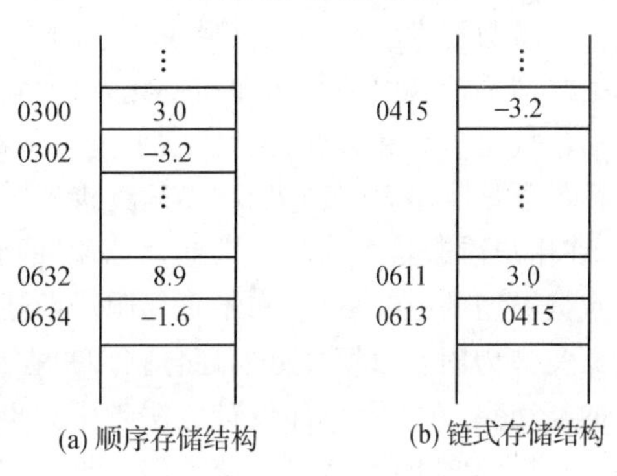


图 1-2 复数的存储结构

但由于本书是在高级程序语言的层次上讨论数据结构的操作，因此不能如上所谈的那样直接以内存地址来描述存储结构。可以借用高级程序语言中提供的“数据类型”来描述它，例如可以用所有高级程序语言中都有的“一维数组”类型来描述顺序存储结构，以C语言提供的“指针”来描述链式存储结构。假如把C语言看成是一个执行C指令和C数据类型的虚拟处理器，那么本书中讨论的存储结构是数据结构在C虚拟处理器中的表示，不妨称它为虚拟存储结构。

数据类型(Data type)是和数据结构密切相关的一个概念，用以刻画(程序)操作对象的特性。它最早出现在高级程序语言中。在用高级程序语言编写的程序中，每个变量、常量或表达式都有一个它所属的确定的数据类型。类型明显或隐含地规定了在程序执行期间变量或表达式所有可能取值的范围，以及在这些取值上所允许进行的操作。因此数据类型是一个值的集合和定义在这个值集合上的一组操作的总称。例如C语言中的整数类型，其值集为区间

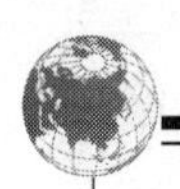


[-maxint,maxint]上的整数(maxint 是依赖特定的计算机的最大整数),定义在其上的一组操作为:加、减、乘、整除和取模等。按"值"的不同特性,高级程序语言中的数据类型可分为两类:一类是非结构的原子类型。原子类型的值是不可分解的,如C语言中的标准类型(整型、单精度、双精度、字符型等)。另一类是结构类型。结构类型的值是由若干成分按某种结构组成的,因此,它是可以分解的。它的成分既可以是非结构的,也可以是结构的。例如数组的值由若干分量组成,每个分量可以是整数,也可以是数组等。

实际上,在计算机中,数据类型的概念并非局限于高级语言中,每个处理器(包括计算机硬件系统、操作系统、高级语言、数据库等)都提供了一组原子类型或结构类型。例如,一个计算机硬件系统通常含有"位"、"字节"、"字"等原子类型。它们的操作通过计算机设计的一套指令系统直接由电路系统完成,而高级程序语言提供的数据类型,其操作需通过编译器或解释器转化成底层语言即汇编语言或机器语言的数据类型来实现。引入"数据类型"的目的,从硬件的角度看,是作为解释计算机内存中信息含义的一种手段,而对使用数据类型的用户来说,实现了信息的隐蔽,即将一切用户不必了解的细节都封装在类型中。例如,用户在使用"整数"类型时,既不需要了解"整数"在计算机内部是如何表示的,也不需要知道其操作是如何实现的。如"两整数求和",程序设计者注重的仅仅是其"数学上求和"的抽象特性,而不是其硬件的"位"操作如何进行。

抽象数据类型 ADT(Abstract Data Type)是指一个数学模型以及定义在该模型上的一组操作。抽象数据类型的定义仅取决于它的一组逻辑特性,而与其在计算机内部如何表示和实现无关。即不论其内部结构如何变化,只要它的数学特性不变,都不影响其外部的使用。

抽象数据类型和数据类型实质上是一个概念。例如,各个计算机都拥有的"整数"类型是一个抽象数据类型,尽管它们在不同处理器上实现的方法可以不同,但由于其定义的数学特性相同,在用户看来是相同的。因此,"抽象"的意义在于数据类型的数学抽象特性。另一方面,抽象数据类型的范畴更广,它不再局限于前述各处理器中已定义并实现的数据类型(也可称这类数据类型为固有数据类型),还包括用户在设计软件系统时自己定义的数据类型。为了提高软件的复用率,在近代程序设计方法学中指出,一个软件系统的框架应建立在数据之上,而不是建立在操作之上(后者是传统的软件设计方法所为)。即在构成软件系统的每个相对独立的模块上,定义一组数据和施于这些数据上的一组操作,并在模块内部给出这些数据的表示及其操作的细节,而在模块外部使用的只是抽象的数据和抽象的操作。显然,所定义的数据类型的抽象层次越高,含有该抽象数据类型的软件模块的复用程度也就越高。

从以上对数据类型的讨论中可见,与数据结构密切相关的是定义在数据结构上的一组操作,操作的种类和数目不同,即使逻辑结构相同,这个数据结构的用途也会大为不同(最典型的例子是第三章所讨论的栈和队列)。

操作的种类是没有限制的,可以根据需要定义。基本的操作主要有以下几种:

1) 插入　在数据结构中的指定位置上增添新的数据元素;

2) 删除　删去数据结构中某个指定的数据元素;

3) 更新　改变数据结构中某个数据元素的值,在概念上等价于删除和插入操作的组合;

4) 查找　在数据结构中寻找满足某个特定要求的数据元素(的位置和值);

5) 排序　(在线性结构中)重新安排数据元素之间的逻辑顺序关系,使之按值由小到大或由大到小的次序排列。

从操作的特性来分，所有的操作可以归结为两类：一类是加工型操作(constructor)，此操作改变了(操作之前的)结构的值；另一类是引用型操作(selector)，此操作不改变结构的值，只是查询或求得结构的值。不难看出，前述5种操作中除“查找”为引用型操作外，其余均是加工型操作。

算法(algorithm)是对特定问题求解步骤的一种描述。它是指令的有限序列，其中每一条指令表示一个或多个操作。算法具有下列5个重要特性：

1) 有穷性　一个算法必须总是(对任何合法的输入值)在执行有限步骤之后结束，且每一步都可在有限时间内完成。

2) 确定性　算法中每一条指令必须有确切的含义，读者理解时不会产生二义性。并且，在任何条件下，算法只有唯一的一条执行路径，即对于相同的输入只能得出相同的输出。

3) 可行性　一个算法是能行得通的，即算法中描述的操作都是可以通过已经实现的基本操作执行有限次来实现的。

4) 有输入　一个算法有零个或多个输入。这些输入取自于特定的对象的集合。

5) 有输出　一个算法有一个或多个输出。这些输出是同输入有某个特定关系的量。

## 1.3 算法分析概述

常常希望设计出的算法具有良好的性能，除了正确性外，更重要的就是算法的“效率”。算法最终要通过计算机来实现，而计算机最重要的资源就是它的CPU和存储器。在电子计算机出现的早期，它的时间和空间资源都是十分昂贵的，经过了半个多世纪的发展，计算机无论是速度还是容量都提高了好几个数量级，但仍希望设计出的算法能在有限的时间和空间内实现。算法分析就是对算法使用这两个资源的效率进行分析，判断一个算法的好坏，以便设计出更好的算法。

某个问题在求解的过程中可能会采取多种算法来解决，究竟哪类算法效率更高、更适用于该问题，这就需要对算法进行分析。算法分析就是对设计出的每一个具体的算法，利用数学工具，讨论其复杂度。对算法进行分析，不仅能深刻地理解问题的本质及可能采用的求解技术，还可以对算法的适用范围及问题的解决方式进行讨论。

### 1.3.1 算法分析评价标准

算法分析通过对算法的某些特定输入，来估算该算法所需的运行时间和空间；通过建立衡量算法优劣的标准，来比较同一类问题的不同算法。那么如何来评价一个算法呢？设计算法的目的是最终要用算法解决问题，而算法需要由计算机来实现。所以一方面需要考虑设计出的算法是否能方便、正确、有效地使用和维护；另一方面需要考虑算法在实现运行时所占用的计算机资源。希望算法在完成功能的前提下占用空间少而执行时间短。实际上，时间和空间资源的使用是相互矛盾的，减少空间资源必然以增加时间资源为代价，反之亦然。因此，设计算法需要根据具体情况来衡量，以满足用户的需求。通常主要从以下三个方面对算法进行评价：

1) 算法实现所耗费的时间；

2) 算法实现所耗费的存储空间，其中主要考虑辅助空间；

3）算法易于理解、易于编码、易于调试等。

早期由于计算机硬件资源的匮乏，对于算法的研究更注重时间和空间效率。随着计算机技术的发展和广泛应用，算法在时间和空间上的某些不足在高性能计算机中运行虽然可能不会有太大影响，但对算法的理解和维护还是逐渐引起了重视。

## 1.3.2 算法的复杂度分析

算法在计算机上运行需要占用一定的计算机资源。所占用的资源越多，算法的复杂度越高，算法的效率则越低。计算机的资源主要是指时间和空间资源。对所设计的算法，普遍关心的是算法的执行时间和算法所需要的存储空间。因此，把算法的复杂度划分为时间复杂度和空间复杂度。算法占用的时间资源的量称为时间复杂度；占用的空间资源的量称为空间复杂度。算法的时间复杂度越高，算法的执行时间越长；反之，执行时间越短。算法的空间复杂度越高，算法所需的存储空间越多；反之越少。算法分析主要就是分析算法的时间复杂度和空间复杂度。这对算法的设计或选用有重要的指导意义和实用价值。

对于所有的算法，输入数据的规模越大，往往所需要的运行时间及存储空间就越大。例如数组排序问题，很显然，数组中元素越多，所需要的时间就越长，空间就越大。因此，通常情况下，以算法输入数据的规模来衡量算法的效率，表达算法的复杂度。而且这种处理方式简单直接。如排序、查找等跟数组有关的问题，可以把数组元素的个数作为算法的规模。但是，有些算法需要多个参数来输入，到底选择哪个参数来表示算法的规模呢？如两个矩阵相乘，这两个矩阵不是方阵，那就需要把参与乘法运算的矩阵中所有元素的个数即行列数之积作为算法的规模；如果这两个矩阵是方阵，其行列阶数相同，为简单起见，通常以矩阵的阶 $n$ 作为算法的规模。例如百鸡问题：公鸡一，值钱五；母鸡一，值钱三；雏鸡三，值钱一；百钱买百鸡，公鸡、母鸡、雏鸡各多少只？

**算法 1-1**

```
1. void   chicken_question(int n,int g[],int m[],int s[])
2. {    /*3种鸡的总数目n,公鸡,母鸡,雏鸡的只数g[],m[],s[]*/
3.      int  a,b,c,k;/*解的数目k*/
4.      k = 0;
5.      for (a=0;a<=n;a++)
6.        {  for (b=0;b<=n;b++)
7.           {    for (c=0;c<=n;c++)
8.                {  if ((a+b+c==n)&&(5*a+3*b+c/3==n)&&(c%3==0))
9.                     {    g[k] = a;
10.                         m[k] = b;
11.                         s[k] = c;
12.                         k++;
13.                    }
14.               }
15.          }
16.    }
17. }
```

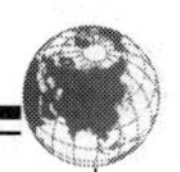

算法中定义了三重循环变量 $a,b,c$,分别代表公鸡、母鸡、雏鸡的个数。将它们可能的取值一一列出,均从 0 取值到 100,找到符合条件的 $a,b,c$ 的值就得到了该问题的解。这个算法主要执行时间取决于第 6 行开始的内循环的循环体执行次数。假设最内部的循环体每执行一次,需 1 μs 时间。当 $n=100$ 时,三重循环下的循环体共需执行 $101^3$ 次,超过了 100 万次,约需执行 1 s 时间。

算法稍加改进,由已知可以判断出公鸡最多能买 20 只、母鸡 33 只。则 $a$ 从 0 取值到 20,$b$ 从 0 取值到 33,$z$ 不再做循环变量,令 $z=100-a-b$ 即可。由此将该算法由三重循环简化为二重循环。

**算法 1-2**

```
1. void chicken_problem(int n, int g[],int m[],int s[])
2. {
3.       int  i,j,a,b,c,k;
4.       k = 0;
5.       i = n/5;
6.       j = n/3;
7.       for (a=0;a<=i;a++)
8.       {    for (b=0;b<=j;b++)
9.            {     c = n - a - b;
10.                 if ((5 * a+3 * b+c/3==n)&&(c%3==0))
11.                 {     g[k] = a;
12.                       m[k] = b;
13.                       s[k] = c;
14.                       k++;
15.                 }
16.            }
17.      }
18. }
```

该算法主要执行时间取决于第 8 行开始的内循环。其循环体的执行次数是 $(n/5+1)(n/3+1)$。当 $n=100$ 时,内循环的循环体的执行次数为 $21\times34=714$ 次,这和第一种算法的 100 万次比较起来,有了重大的改进。

改变问题的规模,增大 $n$ 的值为 10 000,即万元买万鸡,以同样的计算机速度执行算法 1-1,约需 11day13h;而用算法 1-2,约为 1h。

由以上分析我们可以看出:

1) 算法的执行时间随问题规模的增大而增长。算法不同,增长的速度也不同。当问题规模较小时,不同增长速度的两个算法,其执行时间的差别或许并不明显。当规模较大时,这种差别非常大,甚至令人不能接受。

2) 没有一个方法能准确地计算出算法的具体执行时间。因为算法的执行时间取决于多方面因素,如问题的规模、算法采用的数学模型、算法设计的策略、实现算法的编程语言、生成编码的质量、计算机的配置及性能等等。人们无法对所有这些都作出准确的统计。因此,算法的实际执行时间也难以计算衡量。

### 1.3.3 时间复杂度的度量

实际上，评价一个算法的性能，并不需要对算法的确切执行时间做出计算。对算法进行分析时，对时间的估计是相对的。我们寻求的是衡量算法效率的一个度量，而这个度量应独立于实现它的语言或执行它的计算机等无关因素。而且对算法的复杂度分析主要是关心算法在较大规模下的性能，也就是算法的运行时间随着输入规模的增长而变化的情况。于是，假定算法是在统一的计算模型下运行的：所有的操作数都具有相同的固定字长；所有操作的时间花费都是一个常数时间间隔。这样的操作称为初等操作。例如，算术运算、关系运算、逻辑运算，赋值运算等。我们可以把算法中的初等操作的执行次数作为算法的时间复杂度分析标准，但当算法规模大、结构复杂时，要准确地统计一个算法所需执行的全部初等操作数目是非常麻烦的，甚至是不可能的。事实上，只需找到对算法总运行时间贡献最大、最重要的操作，即所谓的基本操作。然后计算它们的运行次数就能够达到目的。算法中的基本操作，通常是算法最内层循环中最费时的操作，例如，在百鸡问题中，最内层的循环体中的操作；又如，在矩阵乘法中，最基本的运算是乘法和加法，但对于大多数计算机来说，乘法运算比加法运算更耗时，所以选择乘法次数作为基本操作。

因此，对于输入规模为 $n$ 的算法，可以统计它的基本操作执行次数，来对其复杂度进行度量。假设 $K$ 为特定计算机上一个算法基本操作的执行时间，$C(n)$是该算法需要执行基本操作的次数，那么在该台计算机上的算法程序运行时间可以估计为：$T(n)\approx KC(n)$。需要注意的是，该公式只是对算法运行时间的一个合理估计，因为 $C(n)$不包括非基本操作信息，$K$ 也是难以评估的近似值。在实际评价一个算法的优劣时，需要排除机器本身的性能，所以 $K$ 可以忽略，只需对 $C(n)$进行分析即可。算法的运行时间经常和算法中的循环次数成正比。例如，百鸡问题的算法 1-1 中，当输入规模为 $n$ 时，最内部 for 循环的循环体就是算法的基本操作，约执行了 $n^3$。这个次数再乘以一个常数因子，便决定了算法的执行时间，此时，$C(n)=cn^3$，$c$ 是常数因子。

### 1.3.4 渐进时间复杂度

对于百鸡问题，如果采用算法 1-1，基本操作是最内层的循环体。即第 8 行需执行$(n+1)^3$ 个操作；第 9,10,11,12 行循环一次各执行一个操作，执行与否取决于第 8 行的条件语句。所以，这 4 行的执行时间，不会超过 $4(n+1)^3$。于是，百鸡问题需要的基本操作次数 $C(n)$可以估算为：

$$T(n)\leqslant c_1n^3+C_2n^2+C_3n+C_4$$

当 $n$ 增大时，该算法的执行时间主要取决于 $C_1n^3$，后三项对算法执行时间的影响可以忽略不计，而且随着 $n$ 的增大，$C_1$ 对算法的执行时间也不再重要。由此，引出了算法的渐进时间复杂度概念。由于 $C_1n^3+C_2n^2+C_3n+C_4$ 和 $n^3$ 的数量级相等，称 $n^3$ 是这个算法的渐近时间复杂度，简称算法的时间复杂度，符号表示为 $T(n)=O(n^3)$。

数量级相等是指两个函数 $f(n)$和 $g(n)$，设 $f(n)$是一个关于正整数 $n$ 的函数，若存在一个常数 $C$，使

$$\lim_{x\to\infty}\frac{f(n)}{g(n)}=C$$

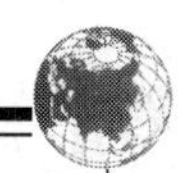

则称 $f(n)$ 和 $g(n)$ 是同数量级的函数。

在算法分析中，往往利用算法的渐近时间复杂度来衡量一个算法的时间复杂度。如算法 1-1 的时间复杂度为 $O(n^3)$；算法 1-2 的时间复杂度为是 $O(n^2)$。

为了算法间比较的方便，算法的时间复杂度一般都表示成以下几个数量级的形式：$O(1)$ 称为常数级；$O(\ln)$ 称为对数级；$O(n)$ 称为线性级；$O(n^e)$ 称为多项式级；$O(C^n)$ 称为指数级；$O(n!)$ 称为阶乘级。算法规模 $n$ 不同时，这 7 种数量级算法执行次数的变化如表 1-1 所示。

**表 1-1　不同时间复杂度下不同输入规模的变化关系**

| $n$ | $\ln$ | $n$ | $n\ln$ | $n^2$ | $n^3$ | $2^n$ | $n!$ |
|---|---|---|---|---|---|---|---|
| 10 | 3.3 | 10 | $3.3\times10$ | $10^2$ | $10^3$ | $10^3$ | $3.6\times10^3$ |
| 100 | 6.6 | $10^2$ | $6.6\times10^2$ | $10^4$ | $10^6$ | $1.3\times10^{30}$ | $9.3\times10^{157}$ |
| 1000 | 10 | $10^3$ | $1.0\times10^4$ | $10^6$ | $10^9$ | | |
| 10000 | 13 | $10^4$ | $1.3\times10^5$ | $10^8$ | $10^{12}$ | | |
| 100000 | 17 | $10^5$ | $1.7\times10^6$ | $10^{10}$ | $10^{15}$ | | |
| 1000000 | 20 | $10^6$ | $2.0\times10^7$ | $10^{12}$ | $10^{18}$ | | |

对表 1-1 可以理解为：随着算法规模的扩大，在算法复杂度数量级中，增长最慢的是对数级，而指数级和阶乘级增长得最快。当 $n$ 值很小时，算法复杂度为指数级或阶乘级的算法执行时间已经是天文数字了。因此，在选择算法时，最好不要采用指数级和阶乘级的算法，而尽量选用多项式级、线性级或对数级算法。

表 1-1 的前 5 种算法的时间复杂度，与输入规模 $n$ 的一个确定的幂同阶，计算机运算速度的提高，可使解题规模以一个常数因子的倍数增加，习惯上把这类算法称为多项式时间算法，而把后两种算法称为指数时间算法。这两类算法，在效率上有本质区别。

### 1.3.5　时间复杂度的上界和下界

复杂度的上界和下界是用来估计问题所需某资源的复杂程度的界限的函数。为了更准确理解算法复杂度的上下界，我们引入了 5 个形式化符号：$O$, $\Omega$, $\theta$, $o$ 和 $\omega$。

**1. 运行时间的上界 $O$**

如果存在正常数 $C$ 和自然数 $N_0$，使得当 $n\geqslant N_0$ 时有 $f(n)\leqslant Cg(n)$，则称函数 $f(n)$ 当 $n$ 充分大时有上界，$g(n)$ 是它的一个上界，记为 $f(n)=O(g(n))$。

$O$ 可理解为：在一般情况下，当输入规模大于或等于某个阈值 $N_0$ 时，算法运行时间的上界是某个正常数的 $g(n)$ 倍，就称算法的运行时间至多是 $O(g(n))$。这表明，$f(n)$ 的增长至多像 $g(n)$ 的增长那么快，称 $O(g(n))$ 是 $f(n)$ 的上界。

例如，对算法 1-2，按照算法中的初等操作的次数，算法的时间花费

$$T(n)\leqslant\frac{19}{15}n^2+\frac{161}{15}n+28$$

取 $n_0=28$，对 $\forall\, n\geqslant n_0$，有：

$$T(n)\leqslant\frac{19}{15}n^2+\frac{161}{15}n+n=$$

$$\frac{19}{15}n^2+\frac{176}{15}n=$$

$$\frac{19}{15}n^2 + \frac{176}{15}n^2 \leqslant$$

$$13n^2$$

令 $c=13$,并令 $g(n)=n^2$,有:

$$T(n) \leqslant cn^2 = cg(n)$$

所以,$T(n)=O(g(n))=O(n^2)$。这说明,百鸡问题的第二个算法,其运行时间的增长最多像 $n^2$ 那样快。

根据符号 $O$ 的定义,用它评估算法的复杂度,得到的只是当规模充分大时的一个上界。这个上界的阶越低,则评估越精确,结果越有价值。

符号 $O$ 有如下运算规则:

1) $O(f)+O(g)=O(\max(f,g))$

2) $O(f)+O(g)=O(f+g)$

3) $O(f)O(g)=O(fg)$

4) $O(Cf)=O(f)$

**2. 运行时间的下界 $\Omega$**

如果存在正的常数 $C$ 和自然数 $N_0$,使得当 $n \geqslant N_0$ 时,有 $f(n) \geqslant Cg(n)$,则称函数 $f(n)$ 当 $n$ 充分大时有下界,且 $g(n)$ 是它的一个下界,记为 $T(n)=\Omega(g(n))$。

$\Omega$ 可理解为:在一般情况下,当输入规模等于或大于某个阈值 $N_0$ 时,算法运行时间的下界是某一个正常数的 $g(n)$ 倍,就称算法的运行时间至少是 $\Omega(g(n))$。这表明一个算法运行时间的增长至少像 $g(n)$ 那样快。它被广泛地用来表示解一个特定问题的任何算法的时间下界。

例如算法 1-2 中,第 11,12,13,14 行,仅在条件成立时才执行,其执行次数未知。假定条件都不成立,这些语句一次也不执行,则该算法的初等操作次数为:

$$T(n) \geqslant n^2 + \frac{43}{5}n + 24 \geqslant$$

$$n^2$$

当取 $n_0 = 1$ 时,取任意的 $n \geqslant n_0$,存在常数 $c=1, g(n)=n^2$,使得:

$$T(n) \geqslant n^2 = cg(n)$$

所以,$T(n)=\Omega(g(n))=\Omega(n^2)$。这说明算法 1-2 的运行时间的增长最少像 $n^2$ 那样快。

根据符号 $\Omega$ 的定义,用它评估算法的复杂度,得到的只是当规模充分大时的一个下界。这个下界的阶越高则评估越精确,结果越有价值。

符号 $\Omega$ 有如下运算规则:

1) $\Omega(f)+\Omega(g)=\Omega(\min(f,g))$

2) $\Omega(f)+\Omega(g)=\Omega(f+g)$

3) $\Omega(f)\Omega(g)=\Omega(fg)$

4) $\Omega(Cf)=\Omega(f)$

**3. 运行时间的准确界 $\theta$**

定义 $f(n)=\theta(g(n))$,当且仅当 $f(n)=O(g(n))$,且 $f(n)=\Omega(g(n))$,此时称 $f(n)$ 与 $g(n)$ 同阶。

$\theta$ 可理解为:在一般情况下,如果输入规模等于或大于某个阈值 $N_0$,算法的运行时间以

$c_1 g(n)$为其下界，以 $c_2 g(n)$为其上界，其中，$0 \leqslant c_1 \leqslant c_2$，就认为该算法的运行时间是 $\theta(g(n))$。

算法 1-2 的运行时间的上界是 $13n^2$，下界是 $n^2$，这表明不管输入规模如何变化，该算法的运行时间都介于 $n^2$ 和 $13n^2$ 之间。这时，用 $\theta$ 记号来表示这种情况，认为这个算法的运行时间是 $\theta(n^2)$。$\theta$ 记号表明算法的运行时间有一个较准确的界。

下面举例说明运行时间的这三种表示方式。

**例 1-1**　常函数 $f(n)=1234$。

令 $n_0=0, c=1234$，使得对 $g(n)=1$，对所有的 $n$ 有：

$$f(n) \leqslant 1234 \times 1 = cg(n)$$

所以，$f(n)=O(g(n))=O(1)$。同样，

$$f(n) \geqslant 1234 \times 1 = cg(n)$$

所以，$f(n)=\Omega(g(n))=\Omega(1)$。又因为，

$$cg(n) \leqslant f(n) \leqslant cg(n)$$

所以，$f(n)=\theta(1)$。

**例 1-2**　线性函数 $f(n)=2n+1$。

令 $n_0=0$，当 $n \geqslant n_0$ 时，有 $c_1=2, g(n)=n$，使得：

$$f(n) \geqslant 2n = c_1 g(n)$$

所以，$f(n)=\Omega(g(n))=\Omega(n)$。

令 $n_0=1$，当 $n \geqslant n_0$ 时，有：$c_2=3, g(n)=n$

$$f(n) \leqslant 2n+n = 3n = c_2 g(n)$$

所以，$f(n)=O(g(n))=O(n)$。

同时，有：$2n \leqslant f(n) \leqslant 3n$

所以，$f(n)=\theta(n)$

**例 1-3**　函数 $f(n)=8n^2+3n+2$。

令 $n_0=0$，当 $n \geqslant n_0$ 时，有 $c_1=8, g(n)=n^2$，使得：

$$f(n) \geqslant 8n^2 = c_1 g(n)$$

所以，$f(n)=\Omega(g(n))=\Omega(n^2)$。

令 $n_0=2$，当 $n \geqslant n_0$ 时，有 $c_2=12, g(n)=n^2$

$$f(n) \leqslant 8n^2+3n+n \leqslant 12n^2 = c_2 g(n)$$

所以，$f(n)=O(g(n))=O(n^2)$。同时，有：

$$c_1 g(n) \leqslant f(n) \leqslant c_2 g(n)$$

所以，$f(n)=\theta(n^2)$

通过上面的例子，可得出下面的结论：

若　$f(n)=a_k n^k + a_{k-1} n^{k-1} + \cdots + a_1 n + a_0 \quad a_k>0$

则有 $f(n)=O(n^k)$，且 $f(n)=\Omega(n^k)$，因此，有 $f(n)=\theta(n^k)$。

**4. $o$ 的定义**

对于任意给定的 $\varepsilon \geqslant 0$，都存在正整数 $N_0$，使得当 $n \geqslant N_0$ 时，$f(n) \leqslant cg(n)$，则称函数 $f(n)$ 当 $n$ 充分大时的阶比 $g(n)$ 低，记为 $f(n)=o(g(n))$。

例如：设 $f(n)=4n\text{lb}n$，$g(n)=n^2+4n\text{lb}n+5$

当 $n$ 充分大时，任意给定的 $\varepsilon \geqslant 0$，都有 $4n\text{lb}n \leqslant \varepsilon(n^2+4n\text{lb}n+5)$，说明 $f(n)$ 的阶比 $g(n)$ 低，即

$$4n\text{lb}n = o(n^2 + 4n\text{lb}n + 5)$$

**5. $\omega$ 的定义**

对于任意给定的 $\varepsilon \geqslant 0$，都存在正整数 $N_0$，使得当 $n \geqslant N_0$ 时，$f(n) \geqslant \varepsilon g(n)$，则称函数 $f(n)$ 当 $n$ 充分大时的阶比 $g(n)$ 高，记为 $f(n)=\omega(g(n))$。

有些算法的运行时间，基本上取决于问题规模的大小，而与输入的具体数据无关。例如，求 $n$ 个数之和，算法的执行时间只与 $n$ 的大小有关，而与具体数的大小无关。但是，有些算法的执行时间不仅与问题的规模有关，而且与输入的具体数据有关。比如顺序查找，为了在 $n$ 个元素中查找某一给定数，需按顺序检查这 $n$ 个元素。假设没有匹配数据或者要查找的数在数组末尾，则算法执行时间最长，也就是算法在最坏情况下时间复杂度为 $O(n)$；如果待查找的数正好是这组数的第一个元素，算法执行时间最短，即算法在最优情况下时间复杂度为 $O(1)$。在分析算法的时间复杂度时，通常有三种分析方法：最坏情况的分析，平均情况的分析和最好情况的分析。在实际应用中，可操作性最好的，最具有实用价值的是最坏情况下的分析，对时间复杂性分析的重点就放在这种情况下。有时也考虑到平均情况下的分析，而很少考虑最好情况的分析。

最坏情况为我们提供了确定算法执行时间的上界；最优情况分析可以帮助我们选择接近于最优输入的有用输入方式，以使算法能获得类似最优效率的良好性能；平均情况是指算法的运行时间取算法所有可能输入的平均运行时间，因此必须知道所有输入的出现概率，即预先知道所有输入的分布情况，这就必须针对所要解决的问题的输入分布情况，进行一系列的具体分析。因此，算法的平均情况分析比最坏、最优情况下的分析要困难得多，现阶段对它的分析还仅限于理论上。

### 1.3.6 算法的空间复杂度

算法的开销包括时间开销和空间开销。前面介绍了算法的时间复杂度，下面研究算法的空间复杂度。算法在执行过程中所需的存储量包括输入数据，算法本身所占空间和辅助变量所占空间。算法的空间复杂度，是指算法在执行过程中所需要的辅助存储空间。一般算法本身所占空间是固定的，如果输入数据所占的空间只取决于问题本身，和算法无关，则只需分析除输入数据和算法之外的额外空间，否则应考虑数据本身所需空间。



例如，在顺序查找中，只分配一个存储单元 $j$ 去存放检索结果，因此，这个算法的空间复杂度是 $O(1)$。已排序数组合并算法，分配了与这两个数组同等大小的一个存储空间作为临时工作单元，因此，这些工作单元的数量与输入数据的数量相同。这个算法的空间复杂度是 $O(n)$。

在分析时间复杂度时所定义的复杂度的阶以及上界与下界，也适用于对算法的空间复杂度的分析。在算法的设计中，时间和空间可以看成是两个矛盾体，为算法分配更多的空间，可以使算法运行得更快。反之，降低算法的空间复杂度又是通过牺牲算法的时间复杂度来实

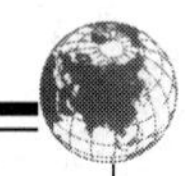

现的。

当今的计算机存储容量巨大而且价格低廉，因此，一个算法所需的额外空间已经不再是关注的重点，但对于时间效率的重要性依然存在。对于大多数问题来说，在速度上能够取得的进展要远远大于在空间上的进展，而且研究算法时间复杂度的意义要远大于对空间复杂度的研究。因此，本书对算法的分析也都集中在时间复杂度上。

### 1.3.7 非递归算法分析

对于非递归算法的分析，可以考虑以下几种常见的情况。

**1. 不依赖于问题规模的时间复杂度**

有一类简单问题，其操作具有普遍性，也就是说对所有的数据均等价处理。这种情况下的时间复杂度为常数级 $O(1)$。

**例 1-4** 交换 $i$ 和 $j$ 的值。

```
temp=i;
i=j;
j=temp;
```

这类算法的执行时间是与问题规模无关的常数，算法时间复杂度为 $T(n)=O(1)$。算法中即使有成千上万条这样的语句，但因其不随问题规模 $n$ 的变化而变化，时间复杂度仍是$O(1)$。

**2. 依赖于问题规模的时间复杂度**

**例 1-5** 找出 $n$ 个元素中的最大值。

```
int max(int n,int a[])
{  int max;
   max=a[0];
   for(i=1;i<n;i++)
        if(a[i]>max)
        max=a[i];
   return(max);
}
```

该算法中执行最频繁的操作是 for 内的循环体。循环体中有两种操作：比较运算 $a[i]>$ max 和赋值运算 max$=a[i]$。可以看出，每次的循环比较运算是必不可少的，而赋值运算是否进行是由比较运算的值决定的。因此，把比较运算作为算法的基本操作，该操作执行共执行了 $n-1$ 次，其时间复杂度为 $O(n)$。

**例 1-6** 累加求和

```
int sum(int n)
      {  int,i,j,k,x=1;
         for(i=1;i<=n;i++)
            for(j=1;j<=i;j++)
              for(k=1;k<=j;k++)
                x=x+1;
```

```
        return(x);
    }
```

该算法中，最频繁的操作是最内层循环的赋值运算 $x=x+1$，则赋值运算是算法的基本操作。可以看出，这三层循环中，只有最外层循环的执行次数与问题规模 $n$ 有关，$j$ 依赖于 $i$，$k$ 又依赖于 $j$。因此，算法的基本操作执行的次数为

$$\sum_{i=1}^{n}\sum_{j=1}^{i}\sum_{k=1}^{j}1=\sum_{i=1}^{n}\sum_{j=1}^{i}j=\sum_{i=1}^{n}i(i+1)/2=n(n+1)(2n+1)/12+n(n+1)/4$$

该算法的时间复杂度为 $T(n)=O(n^3/6)=O(n^3)$。

**3. 依赖于问题初始状态的时间复杂度**

有些算法不仅依赖于问题的规模，还与问题的初始状态有关。也就是问题输入的初始值不同，算法的时间复杂度也不同。这类问题在分析算法的时间复杂度时，需要将最好、最坏和平均情况分别进行讨论。

**例 1－7** 在一组数据中查找给定值 $k$。

```
int find(int a[],int n,int k)
    { int i;
        for(i=0;i<n;i++)
          if(a[i]== k)
            break;
          if(i<=n)
            return i;
          else
            return -1;
    }
```

该算法的基本操作是循环语句中的比较运算 $a[i]==k$。它的执行次数不只与问题的规模 $n$ 有关，而且与 $a[\,]$中各元素的值和 $k$ 的取值有关。分析如下：如果 $k$ 恰巧是该数组中的第一个元素，则比较运算只执行一次，这是最好情况；如果 $k$ 是数组中最后一个元素或者在数组中不存在，则比较运算执行的次数为 $n$ 次，这是最坏情况；平均情况下，假设查找每个元素的概率 $P$ 是相同的，则算法平均复杂度为：

$$\sum_{i=n-1}^{0}P_i(n-i)=\frac{1}{n}(1+2+\cdots+n)=\frac{n+1}{2}=O(n)$$

由以上几种情况的分析，可以得出求非递归算法时间复杂度的通用方法：

1) 确定算法的规模；

2) 找到算法的基本操作，一般总是位于算法的最内层循环体中；

3) 检查基本操作的执行次数是否只依赖于算法的输入规模，如果它还依赖一些其他的特性，则最坏情况、最优情况和平均情况下的时间复杂度需要分别研究；

4) 建立一个算法基本操作执行次数的求和表达式；

5) 利用求和运算的标准公式和法则来建立一个操作次数的闭合公式，或者至少确定它的增长次数。

在对非递归算法的时间复杂度分析中，由于循环变量的无规律性、过于复杂而无法求解的

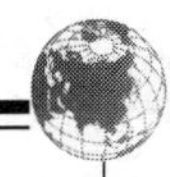

求和表达式、平均情况下的求解难度等原因，都有可能增加求解算法时间复杂度的难度。

### 1.3.8 递归算法的数学分析

只有了解递归算法的执行过程，才能对其时间复杂度进行分析。下面举个简单的递归算法的例子。

**例 1-8** 求 $n!$

$n!$ 可以利用循环累乘来求解，也可以通过递归过程来求解，分析如下：

$$n! = \begin{cases} n\times(n-1)! & n>1 \\ 1 & n=1 \end{cases}$$

递归算法设计如下：

```
int  func(int n)
  {    if(n == 0||n == 1)
           return   1;
       else
           return(n * func(n-1));
  }
```

我们先分析该算法的执行过程，设 $n=3$，则递归过程为 func(3)→func(2)→func(1)，即

func(3)=3 * func(2)

func(2)=2 * func(1)

当 $n=1$ 时，func(1)=1

由此：　　func(2)=2 * func(1)=2

　　　　　func(3)=3 * func(2)=6

分析该算法可以看出，该算法中主要的执行语句是比较运算 $n==0||n==1$ 语句和返回语句 return。因此这两个语句作为算法的基本操作。设 func($n$)的算法时间复杂度为 $T(n)$，则 return($n\times$func($n-1$))语句的时间复杂度为 $T(n-1)$，return 1 的时间复杂性为 $T(1)=O(1)$。

有如下关系式：

$$T(n) = \begin{cases} O(1)+T(n-1) & n>1 \\ 1 & n=1 \end{cases}$$

求解该递归式：

$$\begin{aligned} T(n)=&T(n-1)+O(1)= \\ &T(n-2)+O(1)+O(1)= \\ &T(n-3)+O(1)+O(1)+O(1)= \\ &\vdots \\ &O(1)+O(1)+O(1)+O(1)+\cdots+O(1)= \\ &n\times O(1)=O(n) \end{aligned}$$

该递归关系式相对简单，时间复杂度是线性的，但并不是所有的递归算法的时间复杂度都是线性的，以下是三种情况下递归方程的解。

递归方程：$T(n)=aT(n/c)+O(n)$，$T(n)$的解为：

1) $o(n)$,a<c 且 c>1 时;

2) $o(n\mathrm{lb}_c n)$,a=c 且 c>1 时;

3) $o(n^{\mathrm{lb}_c a}$,a>c 且 c>1 时。

研究了递归阶乘算法,可以得出研究递归算法的一般性解决方法:

1) 确定算法的规模;

2) 找出算法的基本操作;

3) 判断相同规模的不同输入,基本操作的执行次数是否不同。如有不同,则须对最坏情况、平均情况和最优情况做单独研究;

4) 对于算法基本操作的执行次数,建立一个递归关系及相应的初始条件;

5) 解这个递归式,或者至少确定它的解的增长次数。

本节分析了递归算法,后面章节在介绍数据结构和算法时,也多次使用了该技术,而且对递归算法做了进一步的扩充。

## 习题 1

1-1 已知 $CPU_1$ 的运行速度为 $CPU_2$ 的 100 倍,对于计算复杂度分别为 n,$n^2$,$n^3$ 和 n! 的算法,设使用 $CPU_2$ 在一小时能解输入规模为 $n$ 的问题,使用 $CPU_1$ 在一小时内能解输入规模为多大的问题?

1-2 求下列函数的渐近表达式。

1) $n^3/10+2^n$ 2) $3n^2+2n$ 3) $\mathrm{lb}\ n^3$

4) $13+10/n$ 5) $10\ \mathrm{lb}\ 3^n$

1-3 说明 $O(1)$ 和 $O(2)$ 的区别。

1-4 按照渐近阶从低到高的顺序排列以下表达式:

$4n^3$ $3^n$ $20n$ $100$ $\mathrm{lb}n$ $n^{2/3}$

1-5 对于下列各组函数 $f(n)$ 和 $g(n)$,确定 $f(n)=O(g(n))$ 或 $f(n)=\Omega(g(n))$ 或 $f(n)=\theta(g(n))$,并简述理由。

1) $f(n)=n, g(n)=\mathrm{lb}^2 n$

2) $f(n)=n\mathrm{lb}n+n, g(n)=\mathrm{lb}10$

3) $f(n)=10, g(n)=\mathrm{lb}10$

4) $f(n)=2^n, g(n)=100n^2$

5) $f(n)=\mathrm{lb}n^2, g(n)=\mathrm{lb}n+5$

6) $f(n)=\mathrm{lb}n^2, g(n)=n^{1/2}$

1-6 证明:$n!=O(n^n)$



1-7 对于下列每种算法,请指出输入规模的度量;它的基本操作;对于规模相同的输入来说,其基本操作的次数是否会有所不同。

1) 计算 $n$ 个数的和;

2) 计算 $n!$;

3) 找出包含 $n$ 个数字的列表中的最大元素;

1-8 解下列递推关系。

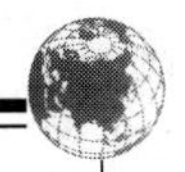

1) $x(n)=x(n-1)+5$,其中,$n>1$,$x(1)=0$

2) $x(n)=3x(n-1)$,其中,$n>1$,$x(1)=4$

3) $x(n)=x(n-1)+n$,其中,$n>0$,$x(0)=0$

4) $x(n)=x(n/2)+n$,其中,$n>1$,$x(1)=1$(对于 $n=2^k$ 的情况求解)

1-9 设计前 $n$ 个数的立方和的递归算法,$s(n)=1^3+2^3+\cdots+n^3$,建立该算法的基本操作执行次数的递推关系并求解。

# 上篇 数据结构

# 第2章 线性表

线性表(linear list)是一种最基本、最常用的数据结构。本章介绍线性表的基本概念以及它的逻辑结构和物理结构,即向量和线性链表,并在此基础上介绍循环链表和双向循环链表的概念及应用。

线性表中常用的操作就是插入和删除。本章重点讨论在不同存储结构下的线性表的插入和删除操作,并以此为基础介绍其相关的应用。

## 2.1 线性表的定义及操作

### 2.1.1 线性表的定义

线性表(linear list)是计算机应用中最简单、最常用的一种数据结构。它是由具有相同特征的元素构成的有限序列。例如,由26个英文字母组成的英文字母表(a,b,c,…,z)是一个线性表,表中的每个英文字母是该线性表的一个数据元素。又如,一副扑克牌中花色相同的13张牌(2,3,4,5,6,7,8,9,10,J,Q,K,A)也是一个线性表,其中每张牌是该线性表的一个数据元素。在较为复杂的线性表中,一个数据元素可以由若干个数据项组成。这时一个数据元素常称为一条记录,线性表则是由若干条记录组成的文件。例如,图2-1所

| 姓 名 | 年 龄 | 职 称 | 系 别 | … |
|---|---|---|---|---|
| 孙丽 | 35 | 副教授 | 计算机 | … |
| 张小红 | 26 | 讲师 | 计算机 | … |
| 石岩 | 48 | 教授 | 计算机 | … |
| … | … | … | … | … |
| 王齐 | 23 | 助教 | 计算机 | … |

图2-1 计算机系教师情况登记表

示为计算机系的教师情况登记表,表中每个姓名、年龄、职称、系别等数据项就是该线性表中的一个数据元素。

一般地,可以将线性表描述为:一个线性表是由 $n(n\geqslant0)$ 个数据元素 $a_1,a_2,\cdots,a_n$ 组成的有限序列,记作 $L=(a_1,a_2,a_3,\cdots,a_{i-1},a_i,a_{i+1},\cdots,a_{n-1},a_n)$,其中,每个 $a_i$ 称为线性表 $L$ 的一个数据元素(或节点),同一线性表中的数据元素应具有相同特征。线性表的逻辑结构如图 2-2 所示。

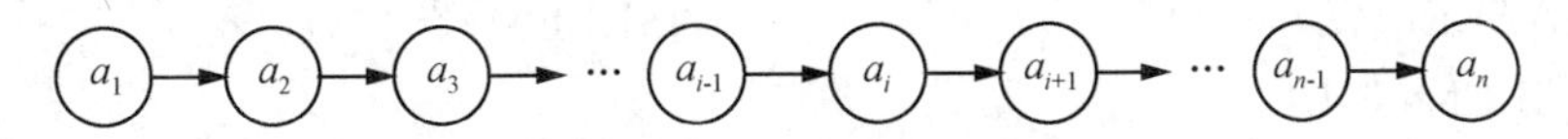


**图 2-2 线性表的逻辑结构**

对于线性表 $L$,当 $n=0$ 时称为空表。当 $n>0$ 时,$n$ 值为线性表 $L$ 的长度,表中相邻的数据元素之间存在着序偶关系。元素 $a_{i-1}$ 和 $a_i$ 相邻,且位于 $a_i$ 之前,称 $a_{i-1}$ 是 $a_i$ 的直接前趋;$a_{i+1}$ 和 $a_i$ 相邻,且位于 $a_i$ 之后,称 $a_{i+1}$ 是 $a_i$ 的直接后继。元素 $a_1$ 是第 1 个元素,它没有直接前趋;除 $a_1$ 外,$L$ 中其他元素都有,且只有一个直接前趋。元素 $a_n$ 是 $L$ 的最后一个元素,它没有直接后继;除元素 $a_n$ 外,$L$ 中其他元素都有,且仅有一个直接后继。元素 $a_i$ 位于线性表中第 $i$ 个位置,称 $i$ 为元素 $a_i$ 在线性表 $L$ 中的位序。

### 2.1.2 线性表的基本操作

线性表是一种线性结构,其数据结构非常灵活,可以实现多种操作。下面给出线性表的几种基本操作:

1) INITLIST(&$L$)初始化线性表 $L$,即构造一个空的线性表。

2) LISTLEN($L$)求线性表长度,返回线性表 $L$ 中所含元素的个数。

3) GETELEM($L$,$i$)取线性表 $L$ 中第 $i$ 个元素(1≤$i$≤LISTLEN(L))。

4) LOCAELEM($L$,$x$)定位操作,在线性表 $L$ 中查找值为 $x$ 的元素。若找到则返回元素 $x$ 在线性表 $L$ 中的位序,否则返回一个特殊值表示查找失败。若线性表 $L$ 中有多个值为 $x$ 的元素,则返回第一个值为 $x$ 的元素的位序。

5) INSELEM(&$L$,$i$,x)前插操作,在线性表 $L$ 中第 $i$ 个位置之前插入一个值为 $x$ 的元素,使得原来编号为 $i,i+1,i+2,\cdots,n$ 的元素编号变为 $i+1,i+2,\cdots,n+1$,插入元素后,线性表 $L$ 的长度比插入之前加 1。

6) DELELEM(&$L$,i) 删除操作,删除线性表 $L$ 中的第 $i$ 个元素(1≤$i$≤LISTLEN(L)),使得原来编号为 $i+1,i+2,\cdots,n$ 的元素变为编号为 $i,i+1,\cdots,n-1$,删除元素后,线性表 $L$ 的长度比删除前减 1。

7) CLEARLIST(&$L$)将线性表 $L$ 置为空表。

8) LISTEMPTY($L$)判断线性表是否为空表,若为空表,返回 1,否则返回 0。

9) ELEMPRIOR($L$,elem)在线性表 $L$ 中查找元素 elem 的直接前趋,并返回该前趋元素值。若 elem 为线性表的第 1 个元素,则返回 NULL。

10) ELEMNEXT($L$,elem)在线性表 $L$ 中查找元素 elem 的直接后继,并返回该后继元素值。若 elem 为线性表 $L$ 的最后一个元素,则返回 NULL。

以上仅给出 10 种线性表的基本操作,在实际问题中所涉及的线性表的操作远不止上述

10 种。但通过学习应能够利用线性表的基本操作的组合来解决更为复杂的线性表操作问题。

### 2.1.3 线性表操作举例

**例 2-1** 假设线性表 $L1=(8,15,24,12,30)$，$i=3$，$x_1=12$，$x_2=20$，求对 $L1$ 执行如下操作的结果。

1) LISTLEN($L1$)　　2) GETELEM($L1$,$i$)

3) LOCAELEM($L1$, $x_1$)　　4) INSELEM(&$L1$,$i$, $x_2$)

5) DELELEM(&$L1$, $x_1$)

**解**

1) $L1$ 的长度为 5。

2) 返回 $L1$ 中第 3 个元素值 24。

3) 由于 $L1$ 中值为 12 的元素位序为 4，故返回值为 4。

4) 因 $i=3$，$x_2=20$，将 20 插入到第 3 个元素 24 之前，插入后 $L1=(8,15,20,24,12,30)$，线性表长度变为 6。

5) 因 $x_1=12$，故此操作为删除 $L1$ 中值为 12 的元素，删除后 $L1=(8,15,20,24,30)$。

**例 2-2** 已知两个非递减有序的线性表 $L1$ 和 $L2$（即 $L1$ 和 $L2$ 中的数据元素按递增排列，但允许存在值相同的元素），请编写一个算法，将 $L1$ 和 $L2$ 合并为一个仍为非递减有序的线性表 $L3$。设线性表 $L1=(2,4,6,8)$，$L2=(1,3,7,8,13)$则 $L3=(1,2,3,4,6,7,8,8,13)$。

根据题意，实现该算法的基本思想是：要将 $L1$ 和 $L2$ 合并为 $L3$，须先设一空表 $L3$，然后将 $L1$ 或 $L2$ 中的元素按要求逐个插入到 $L3$ 中。为使 $L3$ 中元素按非递减有序排列，可设 3 个指针 $i$，$j$，$k$，分别指向 $L1$，$L2$，$L3$ 表中当前元素位置（初始化时 $i=1$，$j=1$，$k=0$），若 $i$ 当前所指元素为 $a$，$j$ 当前所指元素为 $b$，则插入到 $L3$ 中的元素 $c$ 应为 $a$，$b$ 中较小者，即

$$c=\begin{cases}a & a\leqslant b\\ b & a>b\end{cases}$$

然后将 $L1$，$L2$ 中被选中元素者指针后移一位，继续比较直到 $L1$ 或 $L2$ 中有一线性表已搜索完毕，这时将有剩余元素的线性表中的元素直接插入到 $L3$ 中。具体算法如下：

**算法 2-1**

```
void MERGLIST(LIST L1, LIST L2, LIST * L3)
{
   INITLIST(L3);
   i=j=1;k=0;
   while((i<=LISTLEN(L1))&&(j<=LISTLEN(L2)) /* L1 和 L2 均未结束 */
   {
      a=GETELEM(L1,i);
      b=GETELEM(L2,j);
      if   (a<=b)
      {
         INSELIST(L3,++k,a);
         ++i;
      }
```

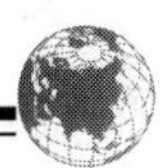

```
        else
        {
            INSLIST(L3,++k,b);
            ++j;
        }
    }
    while(i<=LISTLEN(L1))                    /*若L1未完,剩余元素接到L3上*/
    {
        GETELEM(L1,i++,a);
        INSELIST(L3,++k,a);
    }
    while(j<=LISTLEN(L2))                    /*若L2未完,剩余元素接到L3上*/
    {
        GETELEM(L2,j++,b);
        INSELIST(L3,++k,b);
    }
}
```

在本算法中为线性表 L3 重新开辟了空间,请读者自己思考利用原表 L1 和 L2 的空间构造表 L3 的算法应如何实现?

**例 2-3**　利用线性表的基本运算将线性表 L 中值重复的节点删除,使所得的线性表中各节点值均不相同。

实现该算法的基本思想是:

1) 从线性表 L 的第一个节点($i=1$)开始依次向后检查其后位置 $j$ 上的节点值是否与 $i$ 位置节点值相同。

2) 若有相同值,则删除重复节点,当 $j$ 比较完 $i$ 后面的所有位置的节点,并删除重复节点后,$i$ 位置上的节点将是无重复值的节点。

3) 将 $i$ 向后移动一个位置,重复上述操作,直至 $i$ 后再无节点为止。

具体算法如下:

**算法 2-2**

```
void DELESAMENODE(LIST  *L)
{
  int i=1,j,x,y;                    /*i初始化为1指向L中第一个节点*/
  while(i<LISTLEN(L))
  {
   x=GETELEM(L,i);                  /*取第i个节点*/
    j=i+1;
    while (j<=LISTLEN(L))
    {
        y=GETELEM(L,j);             /*取当前第j个节点*/
        If (x==y)
            DELELEM(L,j);           /*删除第j个节点*/
```

```
                else
                    j++;
            }
            i++;
        }
    }
```

## 2.2 线性表的顺序存储及操作实现

### 2.2.1 线性表的顺序存储结构

将一个线性表存储到计算机内，可以采取多种不同的方法，其中最简单最常用的方法是采用顺序存储的方法。所谓顺序存储就是把线性表的各元素依次顺序地存放到计算机内存中一组地址连续的存储单元中。采用这种顺序存储的方法进行存储的线性表简称为顺序表。顺序表的显著特点就是用存储单元位置上的相邻关系来表示线性表中元素之间的相邻关系。

假设线性表 $L=(a_1,a_2,a_3,\cdots,a_{i-1},a_i,a_{i+1},\cdots,a_n)$，线性表中每个元素 $a_i(1\leqslant i\leqslant n)$须占用 1 个存储单元，其中第一个存储单元的地址作为该数据元素的存储位置。设线性表中第 $i$ 个数据元素的存储位置为 $\mathrm{loc}(a_i)$，第 $i+1$ 个数据元素的存储位置为 $\mathrm{loc}(a_{i+1})$，则 $\mathrm{loc}(a_i)$和 $\mathrm{loc}(a_{i+1})$的关系满足下式：

$$\mathrm{loc}(a_{i+1})=\mathrm{loc}(a_i)+l \tag{2-1}$$

线性表的顺序存储结构如图 2-3 所示。

| 位序 | 数据元素 | 存储地址 |
|---|---|---|
| 1 | $a_1$ | $b$ |
| 2 | $a_2$ | $b+l$ |
| ⋮ | ⋮ | ⋮ |
| $i$ | $a_i$ | $b+(i-1)\times l$ |
| ⋮ | ⋮ | ⋮ |
| $n$ | $a_n$ | $b+(n-1)\times l$ |
| 空 | ⋮ | $b+n\times l$ |
| 闲 | ⋮ | ⋮ |
| | ⋮ | $b+(\mathrm{maxlen}-1)\times l$ |

图 2-3　线性表的顺序存储结构示意图

一般地，设顺序表中第一个元素 $a_1$ 的存储地址 $\mathrm{loc}(a_1)$为基地址（图 2-3 中用 $b$ 表示），则顺序表中第 $i$ 个元素 $a_i$的存储地址为：

$$\mathrm{loc}(a_i)=\mathrm{loc}(a_1)+(i-1)\times l \quad (1\leqslant i\leqslant \mathrm{n}) \tag{2-2}$$

由此可见，在顺序表中第 i 个元素 $a_i$的存储位置是该元素在表中位序的线性函数，只要确定了顺序表的基地址和每个元素所占的存储单元 $l$，则线性表中任一数据元素均可随机存取，因此，顺序表是一种随机存取的存储结构。

由于在高级语言中，一维数组在内存中进行分配时也是占用一个地址连续的存储区，并可随机存取数组元素，因此，通常可用一维数组存储顺序表的元素，同时须用一个变量来表示线性表的长度。这样可以用结构类型来定义顺序表。设顺序表结构类型用 listtp 表示，则可定义为：



```
#define maxlen 100              /*线性表空间大小可根据实际要求而定，这里假定为 100*/
typedef struct listtp
{
  datatype data[maxlen];        /*用一维数组 data[]存放线性表节点。节点类型为任意数据类型*/
```

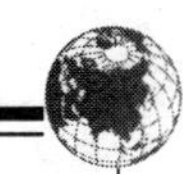

```
  int length;                  /* length 为线性表长度 */
} listtp;
```

### 2.2.2　顺序表的操作实现

下面给出线性表在顺序存储结构上的操作实现。

**1. 初始化操作**

初始化线性表就是构造一个空表，然后将其当前长度设置为 0。

**算法 2－3**

```
void INITLIST(listtp *L)
{
   L->length=0;
}
```

**2. 求线性表长度操作**

返回值为线性表 $L$ 中所含元素的个数。

**算法 2－4**

```
int LISTLEN(listtp L)
{
    return L.length;
}
```

**3. 查找元素操作**

在顺序表 $L$ 中查找值为 $x$ 的元素，可以从线性表中第一个元素起依次和 $x$ 值相比，直到找到第一个值为 $x$ 的元素，并返回它在线性表 $L$ 中的位序，否则返回 0 。

**算法 2－5**

```
int LOCAELEM (listtp L,datatype x , int i)
{
   for  (i=0;i<L.length ; i++)
     if (L.data[i]==x)
     {
       return ++i;
     }
     return 0;
 }
```

**4. 插入元素操作**

设线性表 $L=(a_1,a_2,\cdots,a_i,\cdots,a_n)$，在表 L 的第 $i(1\leqslant i\leqslant n+1)$个位置上插入一个新元素 $x$，使长度为 $n$ 的线性表变为长度为 $n+1$ 的线性表$(a_1,a_2,\cdots,a_{i-1},x,a_i,\cdots,a_n)$，由于在线性表中逻辑上相邻的节点在物理位置上也是相邻的，因此在顺序表中第 $i$ 个位置上插入一个新节点时，需将表中第 $i$ 个到第 $n$ 个元素(共 $n-i+1$ 个元素)依次向后移动一个位置，而且移动必须从表中最后一个节点开始后移，直至将第 $i$ 个节点后移为止，否则将产生数据覆盖。

图 2-4为在顺序表 $L=(2,8,16,23,36,57,79)$的第 4 个元素 23 之前插入一个元素 20 的过程。

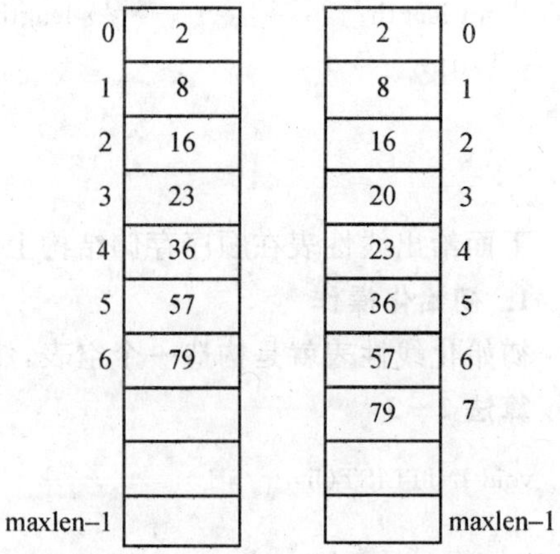

| 下标 | 插入前 | 插入后 | 下标 |
|---|---|---|---|
| 0 | 2 | 2 | 0 |
| 1 | 8 | 8 | 1 |
| 2 | 16 | 16 | 2 |
| 3 | 23 | 20 | 3 |
| 4 | 36 | 23 | 4 |
| 5 | 57 | 36 | 5 |
| 6 | 79 | 57 | 6 |
|  |  | 79 | 7 |
|  |  |  |  |
| maxlen-1 |  |  | maxlen-1 |

**图 2-4　顺序表插入操作示意图**

插入操作的过程可分为以下几步：

1）检查位置是否合法。

2）检查表是否已满，若是，停止。

3）顺序查找插入位置 $i$。

4）从表尾到插入位置 $i$ 的所有元素后移一个位置；

5）在位置 $i$ 处存入元素 $x$，并将表长增 1。

插入操作的具体算法可描述如下。

**算法 2-6**

```
void INSELEM(listtp *L,int i,datatype x)
{
  int j;
  if (i<1 || i>L->length+1)
      error("infeasible");
  else
      if(L->length>=maxlen)
         error("overflow");
  else
     {
      for (j=L->length-1;j>=i-1;j--)
          L->data[j+1]=L->data[j];
      L->data[i-1]=x;
      L->length++;
     }
}
```

若插入操作在表的末尾进行，即将新元素 $x$ 插入 $L$ 中第 $n$ 个元素之后，则表$(a_1,a_2,\cdots,a_i,\cdots,a_n)$变为表$(a_1,a_2,\cdots,a_i,\cdots,a_n,x)$。这种插入操作无需移动线性表中任何元素，其时间复杂度为 $O(1)$。若插入操作在表头进行时，则插入 $x$ 后，线性表$(a_1,a_2,\cdots,a_i,\cdots,a_n)$变为$(x, a_1,a_2,\cdots,a_i,\cdots,a_n)$。这时需将线性表中全部元素后移，其时间复杂度为 $O(n)$。下面不妨设 $E_{is}$ 表示在长度为 $n$ 的顺序表中进行一次插入操作时移动节点次数的期望值(即移动节点的平均次数)，$p_i$是在第 $i$ 个元素之前插入一个元素的概率。在表中第 $i$ 个元素之前插入一个节点的移动次数是 $n-i+1$，则

$$E_{is}=\sum_{i=1}^{n+1}p_i(n-i+1)$$

由于表中可能插入的位置为 $1\leqslant i\leqslant n+1$，共 $n+1$ 个位置。假设在这 $n+1$ 个位置上插入节点的机会是均等的，则

$$p_i=1/(n+1) \qquad (1\leqslant i\leqslant n),$$

因此，在等概率插入的假设条件下，

$$E_{is}=\sum_{i=1}^{n+1}(n-i+1)\times 1/(n+1)=$$
$$(n\times(n+1)/2)\times 1/(n+1)=$$
$$n/2$$

也就是说，在线性表上进行插入运算，平均要移动表中一半节点。

**5. 删除元素操作**

线性表的删除操作指将表中的第 $i$ 个节点($1\leqslant i\leqslant n$)从线性表中删除，使长度为 $n$ 的线性表($a_1,a_2,a_3,\cdots,a_{i-1},a_i,a_{i+1},\cdots,a_n$)变为长度为 $n-1$ 的线性表($a_1,a_2,a_3,\cdots,a_{i-1},a_{i+1},\cdots,a_n$)，为了反映出节点 $a_{i-1},a_i,a_{i+1}$ 逻辑关系的变化，进行删除操作也必须移动节点。当 $i=n$ 时，只需删除 $a_n$ 即可，但当 $1\leqslant i\leqslant n-1$ 时，则需将 $i$ 位置后的所有节点前移，使 $i+1,i+2,i+3,\cdots,n$ 位置上的节点变成 $i,i+1,\cdots,n-1$ 位置上的节点。图 2-5 为在表 $L=(2,8,15,23,36,54,79)$ 中删除第 4 个位置上节点 23 的过程。

| | 删除前 | 删除后 | |
|---|---|---|---|
| 0 | 2 | 2 | 0 |
| 1 | 8 | 8 | 1 |
| 2 | 15 | 15 | 2 |
| 3 | 23 | 36 | 3 |
| 4 | 36 | 54 | 4 |
| 5 | 54 | 79 | 5 |
| 6 | 79 | | 6 |
| | | | |
| | | | |
| maxlen-1 | | | maxlen-1 |

**图 2-5　顺序表删除操作示意图**

删除操作过程可分为以下几个骤：

1) 检查线性表是否为空，若为空，则返回出错信息。

2) 检查删除位置 $i$ 是否合法。

3) 若为合法位置，删除位置 $i$ 上的元素，并将第 $i+1$ 到最后元素依次前移一个位置。

4) 使表长减 1。

删除操作的具体算法如下。

**算法 2-7**

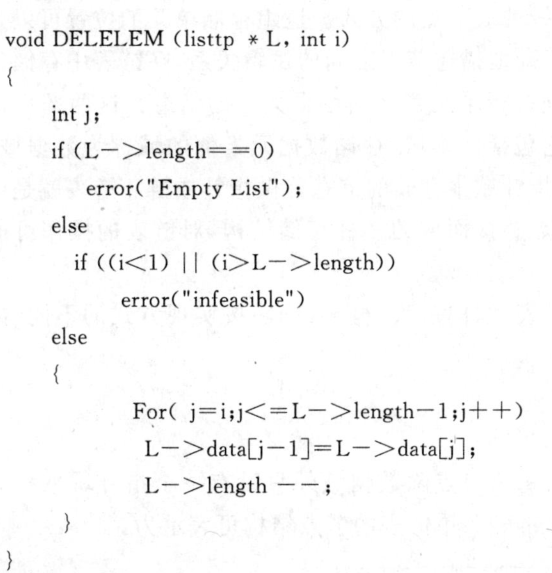

```
void DELELEM (listtp *L, int i)
{
    int j;
    if (L->length==0)
      error("Empty List");
    else
      if ((i<1) || (i>L->length))
          error("infeasible")
    else
    {
        For( j=i;j<=L->length-1;j++)                /*第 i 个节点的下标值是 i-1*/
         L->data[j-1]=L->data[j];
         L->length --;
    }
}
```

与插入算法类似，当 $i=n$ 时，进行删除操作无需移动元素，算法的时间复杂度为 $O(1)$；当 $i=1$ 时需移动 $n-1$ 个元素，算法的时间复杂度为 $O(n)$。一般的，假设 $E_{dl}$ 表示在长度为 $n$ 的线性表中删除一个节点时所需移动节点个数的期望值(即平均移动元素个数),$q_i$是删除一个元素的概率,$n-i$ 是删除第 $i$ 个元素时所需移动元素的个数,则

$$E_{dl}=\sum_{i=1}^{n}q_i(n-i)$$

假设在第 $i(i=1,2,\cdots,n)$个位置进行删除操作机会均等,则 $q_i=1/n(1\leqslant i\leqslant n)$,那么,在等概率的假设条件下

$$E_{dl}=\sum_{i=1}^{n}(n-i)\times 1/n=n(n-1)/2\times 1/n=(n-1)/2$$

也就是说,在顺序表上做删除运算,平均要移动表中约一半的节点。若表长为 $n$,上述算法的平均时间复杂度可表示成线性阶 $O(n)$。

显然,当表长 $n$ 较大时插入和删除算法的效率是相当低的,其原因是插入删除破坏了原来的顺序存储结构,要维持这种结构,不得不移动大量节点。为避免节点的大量移动,可采用链式存储结构。

## 2.3 线性表的链式存储结构及操作实现

如前一节所述,线性表的顺序存储结构要求用一组地址连续的存储单元来依次存放线性表的各节点,即两个逻辑上相邻的节点在存储位置上也相邻。这个特点使线性表在进行插入和删除操作时效率极低。因此顺序存储结构适用于很少或根本不作插入、删除操作或只在表的端点处进行插入和删除操作的情况。而采用链式存储结构来存储线性表时,则不要求逻辑上相邻的两个节点在存储位置上也相邻,这样也就克服了顺序存储结构的弱点,但同时也失去了顺序存储结构简单、易于实现、节省空间、可随机存取等优点。采用链式存储结构存储的线性表简称为链表。

链表是用一组任意的存储单元来存储线性表节点的方式。这组存储单元的位置可以是连续的,也可以是不连续的。这时为了能够正确地描述节点之间的逻辑关系,在链表中存储每个元素 $a_i$时不仅需要含有该元素的值,还必须有指示元素之间逻辑关系的信息。这两部分信息组成数据元素 $a_i$的存储映象,称为节点。它包括两个域:存储数据元素值的域称为数据域;存储元素间逻辑关系信息的域称为指针域。指针域中存储的信息称做指针或链。链表就是由若干个既含有数据域又含有指针域的多个节点链接而成的一种存储结构,对链表的操作可通过对指针的访问或改变指针来实现。

按链接方式的不同,链表可以分为单链表、双向链表、循环链表;按实现方式的不同,链表可分为静态链表和动态链表。

### 2.3.1 单链表



在链表中最简单也是最常用的方法是:每个节点除数据域外只设有一个指针域来指向其后继节点,这样构成的链表为线性链表或单链表。单链表的节点结构可表示为:

| data | next |
|---|---|

其中：data 表示数据域，用来存放节点的值；next 表示指针域（或链域），用来存放节点直接后继的地址（或位置）。由于第一个节点无前趋，因此需设头指针 head 指向第一个节点（即开始节点）的存储位置，而最后一个节点（即终端节点）没有直接后继，因此单链表中最后一个节点的指针域为空 NULL（图中用符号“∧”表示）。

设线性表 $L=(A,B,C,D,E)$，采用单链表存储时的存储状态如图 2－6 所示。

头指针head：1000

| 存储地址 | 数据域 | 指针域 |
|---|---|---|
| 1000 | *A* | 1004 |
| 1001 | | |
| 1002 | *D* | 1008 |
| 1003 | | |
| 1004 | *B* | 1006 |
| 1005 | | |
| 1006 | *C* | 1002 |
| 1007 | | |
| 1008 | *E* | ∧ |
| 1009 | | |

**图 2－6　单链表的存储状态示意图**

由图 2－6 可以看出，线性表 $L$ 中的各个节点在内存中的存储位置并不连续，而只注重由指针所反映的节点间的逻辑顺序。因此通常把链表直观地画成用箭头链接起来的节点序列，节点之前的箭头用来表示指针域中的指针。图 2－6 所示单链表可直观地表示成图 2－7 的形式。

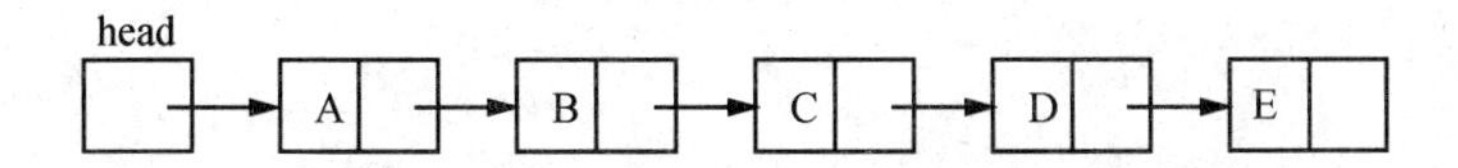


**图 2－7　单链表的逻辑状态**

对单链表的存取必须从头指针 head 开始。头指针指向单链表中第一个节点，但有时为了算法的需要，需要在单链表中第一个节点之前附加节点，并称它为头节点。带头节点的单链表如图 2－8 所示。头节点的数据域可不存储任何信息。头节点的指针域存储指向第一个节点的指针，此时头指针指向头节点。

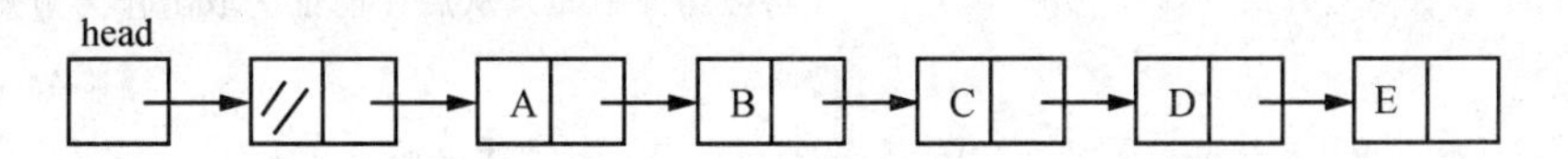


**图 2－8　带头节点的单链表**

单链表由头指针唯一确定，例如，头指针名字若为 head 则可称为表 head。单链表定义如下：

```
typedef char datatype;      /* 假设节点的数据域类型为字符型，当然可以是其他类型 */
typedef struct lnode        /* 节点类型定义 */
{
  datatype data;            /* 节点数据域 */
  struct lnode *next;       /* 节点的指针域 */
}lnode, *linklist;
```

设 $p$ 是 linklist 类型的指针变量。若 $p$ 的值非空，则表明 $p$ 指向某个节点。$p$ 的值是该节点的地址。p－＞data 表示 $p$ 所指节点的数据域；p－＞next 表示 $p$ 所指节点的指针域。

通常指针变量 $p$ 所指的节点变量在程序执行过程中动态产生，故称为动态变量。它需由 c 语言中的动态分配函数生成，例如：p=(struct lnode *)malloc(sizeof(struct lnode))表示在程序运行时系统动态生成了一个类型为 struct lnode 的节点，并令指针 $p$ 指向该节点(即将其地址放入指针变量 $p$ 中)。当指针所指节点不再需要时，可用 free(p)释放 $p$ 所指的节点变量空间。

## 2.3.2 单链表上的基本操作

**1. 建立单链表**

建立单链表操作是指建立一个由 head 指向的长度为 $n$ 的单链表(现设为带头节点的单链表)，并且单链表中 $n$ 个节点的数据域依次为一个一维数组 $a[n]$ 中各个元素的值。采用逆序建立单链表的方法，每次插入的节点均作为第一个节点。为使单链表中各节点的次序与数组的次序相同，需从数组中最后一个元素 $a[n-1]$ 开始插入，最后插入 $a[0]$。单链表如图 2-9 所示。具体算法如下：

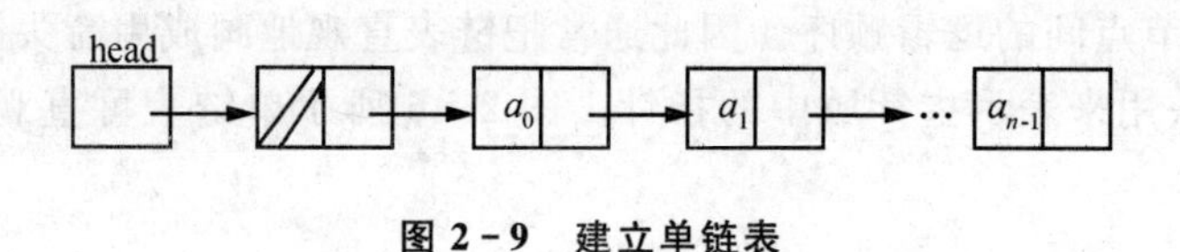


图 2-9 建立单链表

**算法 2-8**

```
struct lnode *  INITLIST_L(char a[],int n )/ * 假设为字符数组 * /
{
  struct lnode * head, * p;
  int i;
  head=(struct lnode * )malloc(sizeof(struct lnode));
  head ->next=NULL;                          / * 建立一个空表 * /
  for(i=n-1;i>=0;i--)                        / * 将数组 a 中元素从后往前依次取出作为节点数据域 * /
  {
    p=(struct lnode * )malloc(sizeof(struct lnode));     / * 生成新节点 p * /
    p->data=a[i];                            / * p 的数据域为数组 a 中元素值 * /
    p->next=head->next;
    head->next=p;
  }
  return head;                               / * 返回表头指针 * /
}
```

此算法的时间复杂度为 $O(n)$，其中 $n$ 为表长。

**2. 查找元素操作**



按给定值查找元素操作就是在单链表 $L$ 中查找是否存在和给定值 $x$ 相同的节点。如果有则返首次找到的值为 $x$ 的节点在 $L$ 中的存储位置，否则返回 NULL。查找操作和顺序表类似，从第一个节点起依次和 $x$ 值相比较。算法可描述为：

**算法 2-9**

```
struct lnode *  LOCALIST_L(linklist head, datatype x)
```

```
{
  struct lnode *p;
  p=head->next;                    /* 从第一个节点开始比较 */
  while(p&&p->data! =x)
   p=p->next;                      /* 只要 p 不为空且其数据不等于 x 则继续查找 */
  return p;                        /* 返回值为 x 节点的位置 */
}
```

**3. 插入操作**

在单链表中第 $i$ 个节点之前插入一个给定值为 $x$ 的新节点的操作称为前插操作；在序号为 $i$ 的节点之后插入一个给定值为 $x$ 的新节点的操作称为后插操作。

（1）后插操作

设指针 $p$ 已指向第 $i$ 个节点，指针 $s$ 指向待插入的值为 $x$ 的节点，则后插操作如图 2－10 所示，具体算法可描述为：

**算法 2－10**

```
INSEAFTER_L (struct lnode *p;datatype x ;int j)
{
 struct lnode *s;
 s=(struct lnode*)malloc(sizeof(struct lnode));   /* 生成新节点 */
 s->data=x;
 s->next=p->next;
 p->next=s;                                        /* 将 s 插入 p 之后 */
}
```

（2）前插操作

设指针 $p$ 已指向单链表中第 $i$ 个节点，现要在第 $i$ 个节点之前插入一个值为 $x$ 的新节点 $s$，此时除了需要修改 $s$ 节点的指针域外，必须修改 $p$ 的前趋节点的指针域，并使 $p$ 的前趋节点的指针域指向 $s$。但由于单链表中没有前趋指针，要找 $p$ 的前趋节点，必须从链表的头指针开始进行查找，可设 $q$ 的初值为头指针，则当 q－＞next == p 时就找到 $p$ 的前趋节点。如图 2－11所示，具体算法可描述为：

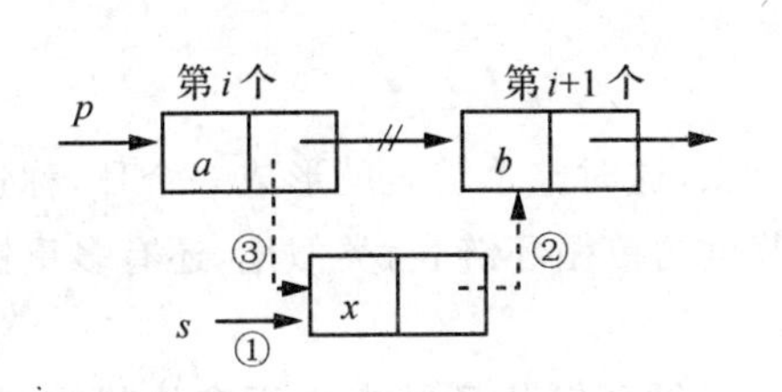


**图 2－10　在 $p$ 之后插入 $s$**

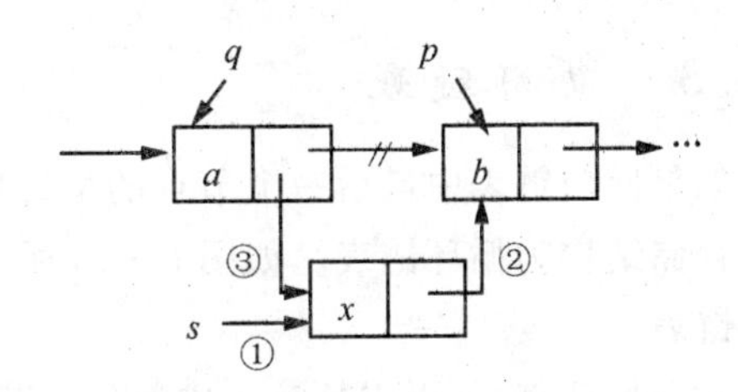


**图 2－11　在 $p$ 之前插入 $s$**

```
INSEBEFORE_L(linklist head, struct lnode  *p, datatype x)
{
  struct linknode *s, *q;
```

```
    s=(struct lnode *)malloc(sizeof(struct lnode));
                                   /* 生成新节点 */
    s->data=x;
    q=head;                   /* 从头指针开始查找 */
    while (q->next! =p)
      q=q->next;              /* 查找 p 的前趋节点 */
      s->next=p;
      q->next=s;
}
```

显然,后插操作算法的时间复杂度为 $O(1)$。而前插操作由于需从头查找 $p$ 的前趋,因此,前插操作算法的执行时间与 $p$ 的位置有关,在等概率假设下,平均时间复杂度为 $O(n)$,其中 $n$ 为链表的长度。

**4. 删除操作**

单链表的删除操作指删除链表中第 $i$ 个节点,假设指针 $p$ 指向第 $i$ 个节点。和插入类似,删除操作也无需移动元素,只需修改 $p$ 的前趋的指针域,并释放 $p$ 节点即可,但 $p$ 的前趋仍需从表头开始查找。删除操作如图 2-12 所示,算法可描述为:

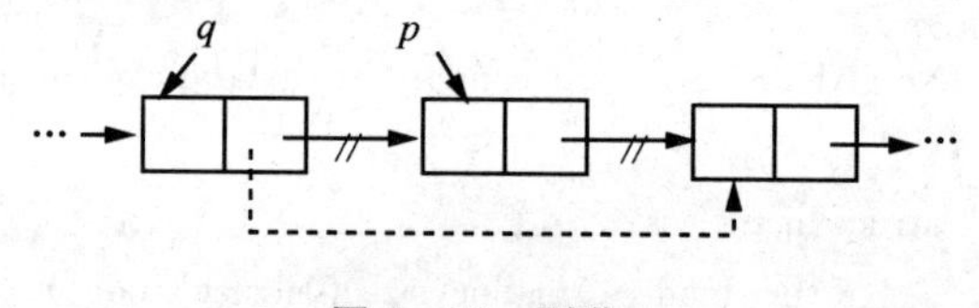


**图 2-12 删除 *p***

**算法 2-12**

```
DELELEM_L(linklist head,struct linknode *p)
{
  struct linknode *q;
  q=head;                  /* 从头指针开始查找直到 q->next==p */
  while (q->next! =p)
   q=q->next;              /* 查找 p 的前趋节点 */
  q->next=p->next;         /* 修改 q 的指针域,将 p 从链上摘下 */
  free(p);                 /* 释放节点 p */
}
```

显然,删除操作的时间复杂度为 $O(n)$。

## 2.3.3 循环链表

如果使单链表中最后一个节点的指针域指向头节点,这时整个链表就形成一个环,称这种链式存储结构为循环链表。如图 2-13 所示为带头节点的单循环链表,类似地,还有多重链的循环链表。



对于循环链表,可以从链表中的任一节点出发,沿着循环链找到链表中所有的其他节点。若节点在链表中的次序是无关紧要的,可将任何一个节点作为头节点。

循环链表的操作和单链表的操作基本一致,但对循环链表进行处理时需注意的是算法中循环条件不是当前指针 $p$ 是否为 NULL,而是它是否等于头节点。实际上,循环链表中设置尾指针 rear 比设置头指针 head 方便得多,因为这时头指针的存储位置可直接表示为 rear->

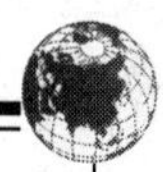

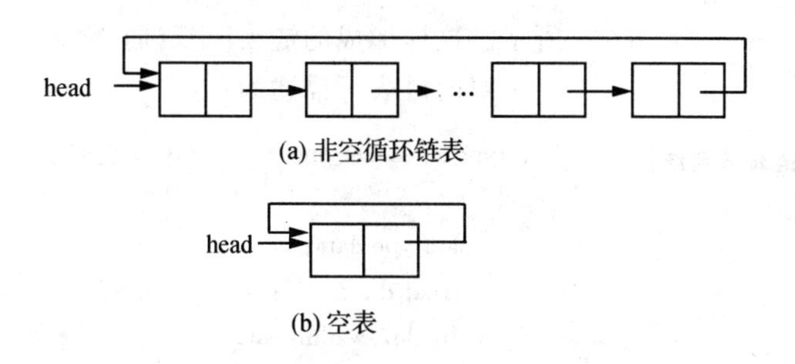


**图 2-13　单循环链表结构示意**

next，例如将两个线性表($a_1,a_2,\cdots,a_n$)和($b_1,b_2,\cdots,b_n$)链接成一个线性表($a_1,a_2,\cdots,a_n,b_1,b_2,\cdots,b_n$)时，只需将 $b_1$ 连接到 $a_n$ 之后即可，如图 2-14 所示。算法可描述如下：

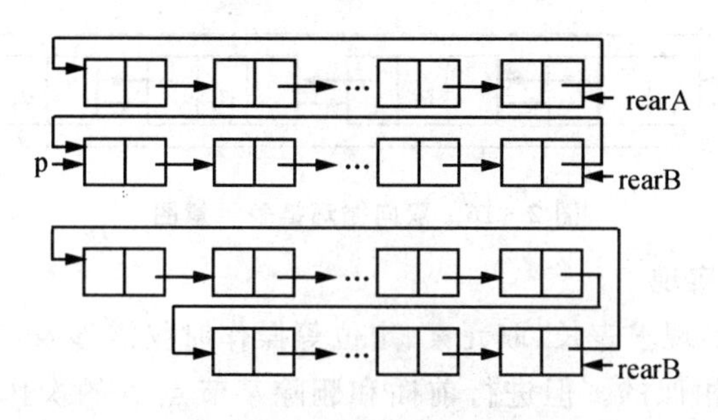


**图 2-14　将两个线性表链接成一个线性表**

**算法 2-13**

```
linklist CONNECT_L(linklist rearA, linklist rearB)
{
  struct linknode *
  p; p=rearB->next;                 /* 保存链 rearB 头节点地址 */
  rearB->next=rearA->next;          /* 表 rearB 的终端节点链接到表 rearA 开始节点之后 */
  rearA->next=p->next;              /* 链表 rearA 的终端节点链到 rearB 的开始节点 */
  free(p)                           /* 释放表 rearB 的头节点 */
  return  rearB;                    /* 返回新循环链表尾指针 */
}
```

在这个算法中只需修改两个指针值，无需查找整个表，执行时间是 $O(1)$。

## 2.3.4　双向链表

### 1. 双向链表的定义

在单链表中，每个节点只设置一个指向其直接后继的指针 next，只能沿 next 向后查找其他节点。若想找到已知节点的直接前趋节点，必须从头指针出发沿 next 查找，则求前趋的执行时间为 $O(n)$。在单循环链表中，虽然可从任一已知节点出发查找到其前趋节点，但时间耗费仍为 $O(n)$。为了对链表中的节点既可快速由前向后访问，又可快速由后向前访问，可以在单链表的节点中增加一个指向其直接前趋节点的指针域 prior。这样，节点中除数据域外，既含有指向直接前趋的指针域 prior，又含有指向直接后继的指针域 next，节点结构如图 2-15

| prior | data | next |
|---|---|---|

图 2-15 双向链表节点结构

所示。这样形成的链表叫双(向)链表。

双向链表可描述为：

```
typedef struct dnode;  /＊双向链表节点类型＊/
{
   datatype data;
   struct dnode    ＊prior, ＊next;
} dnode, ＊dlinklist;
```

和单链表类似，双向链表一般也是由头指针唯一确定，增加头节点也能简化双向链表的某些操作，如果将双向链表中的头节点和尾节点链接起来，则形成双向循环链表，如图 2-16 所示。

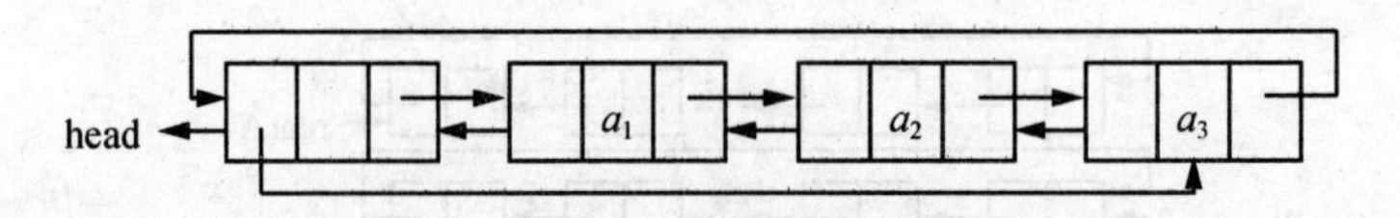


图 2-16 双向循环链表示意图

**2. 双向链表的操作实现**

如果在双向链表上实现求表长、取元素、定位等操作时仅需涉及一个方向的指针，则其算法描述和单链表操作是相似的。但进行前插和删除某节点 $p$ 的操作执行时间有明显不同。因为在单链表中进行前插和删除某节点 $p$ 的操作均需先找到 $p$ 的直接前趋的位置，但由于单链表操作的单向性，找 $p$ 的直接前趋必须从头指针开始沿 next 指针查找，其时间复杂度为 $O(n)$。而双向链表中由于既有指向直接前趋的指针 prior，又有指向直接后继的指针 next，实现前插、删除操作方便得多，只是在双向链表中进行插入或删除运算时必须同时修改两个方向上的指针。

(1) 双向链表前插操作

将数据域为 $x$ 的新节点 $s$ 插入到双向链表上 $p$ 节点之前，操作如图 2-17 所示，算法描述为：

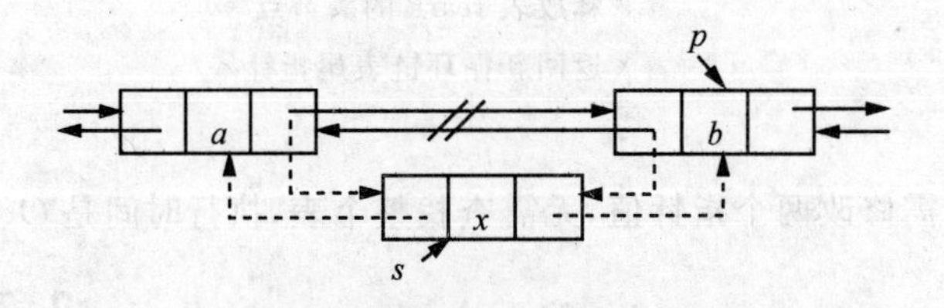


图 2-17 双向链表上前插节点 s 操作

**算法 2-14**



```
INSELEM_DL(struct dnode ＊p, datatype x)
{
   struct dnode ＊s;
   s=(struct dnode＊)malloc(sizeof(struct dnode));   /＊生成新节点 s＊/
   s－＞data=x;                                  /＊s 的数据域值为 x＊/
   s－＞prior=p－＞prior;
```

```
    s->next=p;
    p->prior->next=s; p->prior=s;
}
```

(2) 双向链表删除操作

在双向链表上删除节点 $p$ 自身的操作如图 2－18 所示，其算法可描述如下：

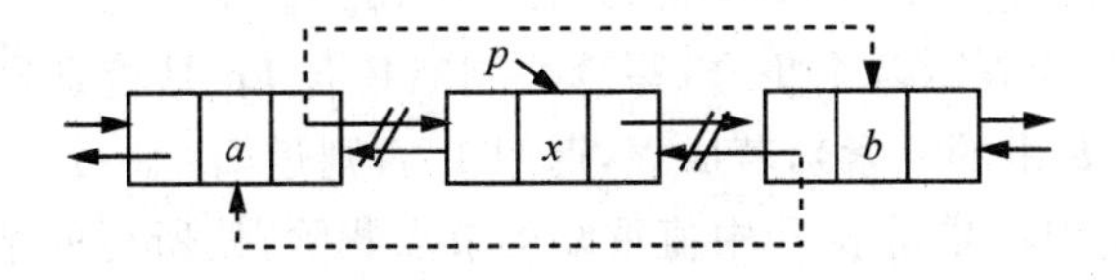


图 2－18　双向链表上删除节点 p 操作

**算法 2－15**

```
DELELEM_DL(struct dnode *p)   /*删除双向链表操作节点 p*/
{ p->prior->next=p->next;
  p->next->prior=p->prior;
  free(p);
}
```

可以看出，上述前插和删除操作算法的时间复杂度均为 $O(1)$。

## 2.4　顺序表和链表的比较

前面介绍了线性表的两种存储结构，即顺序表和链表。它们各自有其优点但也有不足，在实际的应用中到底选择哪种存储结构，要根据具体问题具体分析，以扬长避短。一般情况下可从以下两个方面来权衡考虑。

1) 从存储空间利用率角度出发　由于顺序表的存储空间是静态分配的，在程序执行前需要预分配一定长度的存储空间，如果线性表的长度 $n$ 预先不能确定，预分配存储空间时如分配过大，则会造成存储空间的浪费；如预分配空间过小，又可能造成存储空间的溢出。

链表的存储空间是在程序运行时按需要动态分配的，无需预先分配存储空间；只要内存中尚有可分配空间就不会产生溢出。因此，当线性表长度变化较大或难以估计存储规模时，宜采用动态链表存储结构。而当线性表的长度变化不大，且能预先估计出存储容量大小时，为了节省存储空间(因链表中指针域需占额外存储空间)宜采用顺序存储结构。

2) 从时间效率角度考虑　顺序表是一种随机存储结构，对表中的任一节点存取的时间相同，时间复杂度为 $O(1)$。而对链表中每个节点存取都必须从头指针起沿链扫描才能实现，因此，若对线性表进行的主要操作是查找，而很少进行插入和删除操作时，宜采用顺序存储结构。因为在顺序表中进行插入和删除操作时，平均需要移动表中近一半的节点。当线性表中的节点个数很多时，特别是每个节点所需占用空间也较大时，移动节点的时间开销就很大。而在链表上进行插入和删除操作时，只需修改相应链接指针即可。因此，对线性表进行插入和删除操作频繁时，宜采用链表作为存储结构。

## 习题 2

2-1　说明头指针、头节点、开始节点的区别，并说明头指针和头节点的作用。

2-2　设计算法：将顺序表中前 $m$ 个元素和后 $n$ 个元素进行整体互换。即将线性表($a_1$，$a_2$，…，$a_m$，$b_1$，$b_2$，…，$b_n$)改变为($b_1$，$b_2$，…，$b_n$，$a_1$，$a_2$，…，$a_m$)。

2-3　设 **La**、**Lb** 分别表示两个集合，写算法判断集合 **La** 是否是集合 **Lb** 的子集(即判断 **La** 中的元素是否都是 **Lb** 中的元素)，若成立，返回 1，否则返回 0。

2-4　编写算法实现将单链表 $L$ 中值重复的节点删除，使所得的结果表中各节点值均不相同。

2-5　分别用顺序表和单链表作存储结构实现将线性表就地逆置，要求利用原表的存储空间将线性表($a_1$，$a_2$，…，$a_n$)逆量为($a_n$，$a_{n-1}$，…，$a_1$)。

2-6　设 $La$ 和 $Lb$ 是两个单链表，表中元素递增有序，编写算法将 $La$ 和 $Lb$ 归并成一个按元素值非递减有序(允许值相同)的单链表 $Lc$，表 $Lc$ 可利用原表 $La$，$Lb$ 存储空间也可另辟空间。

2-7　设计算法依次打印出单链表中的所有节点的值。

2-8　已知带头节点的单链表 $L$ 中的节点是非递减有序(允许值相同)的，试写一算法实现将值为 $x$ 的节点插入到 $L$ 中，使 $L$ 仍然有序。

2-9　逆置带头节点的单链表 $L$。

2-10　在带头节点的单链表 $L$ 中查找第 $i$ 个节点，若找到返回节点的存储位置。

2-11　编写在用头指针表示的单循环链表和用尾指针表示的单循环链表上实现将两个线性表($a_1$，$a_2$，…，$a_m$)和($b_1$，$b_2$，…，$b_n$)链接成一个线性表($a_1$，$a_2$，，…，$a_m$，$b_1$，$b_2$，…，$b_n$)的算法，并比较时间复杂度。

2-12　已知由单链表表示的线性表中含有三类字符的数据元素(如数字字符、字母字符、其他字符)，试编写一个算法，构造三个以循环单链表表示的线性表，使每个表中只含一类字符，且利用原表的节点空间，头节点可另辟空间，分析算法的时间复杂度。

2-13　设带头节点的双向循环链表表示的线性表 $L=(a_1,a_2,\cdots,a_n)$，编写一时间复杂度为 $O(n)$ 的算法，将 $L$ 改造为 $L=(a_1,a_3,\cdots,a_n,\cdots,a_4,a_2)$。

2-14　设计算法将带头节点的双向循环链表逆置。

2-15　比较顺序表、链表存储结构的特点，说明其优缺点？

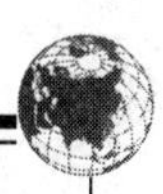

# 第 3 章 栈和队列

栈和队列也是线性的数据结构，因此从数据结构的角度来看，栈和队列是两种特殊的线性表。它们的逻辑结构和线性表相同，但和一般的线性表所不同的是，栈必须按“后进先出”的规则操作，而队列必须按“先进先出”的规则操作，由于它们是操作受限的线性表，因此可称为限定性数据结构。它们被广泛应用于各种程序设计中。

## 3.1 栈

### 3.1.1 栈的概念及操作

栈(stack)是限定仅在表的一端进行插入和删除操作的线性表，在表中允许插入、删除的一端称为栈顶(top)，而不允许插入和删除的一端称为栈底(bottom)。当表中没有元素时称为空栈。向栈顶插入一个元素的操作叫做入栈(push)操作，从栈顶取出一个元素的操作叫做出栈(pop)操作。

假设栈 $s=(a_1,a_2,\cdots,a_n)$，栈中的数据元素以 $a_1,a_2,\cdots,a_n$ 的顺序入栈，而出栈的次序则是 $a_n,a_{n-1},\cdots,a_1$，如图 3-1 所示。也就是说，栈的操作特点是“后进先出”，因此栈又称为后进先出(Last In First Out)的线性表，简称为 LIFO 表。在日常生活中，有许多这种后进先出的例子，如往子弹夹中压子弹和取子弹的过程，又如从一叠摞好的书顶放书和取书的过程，都是栈操作的形象表示。

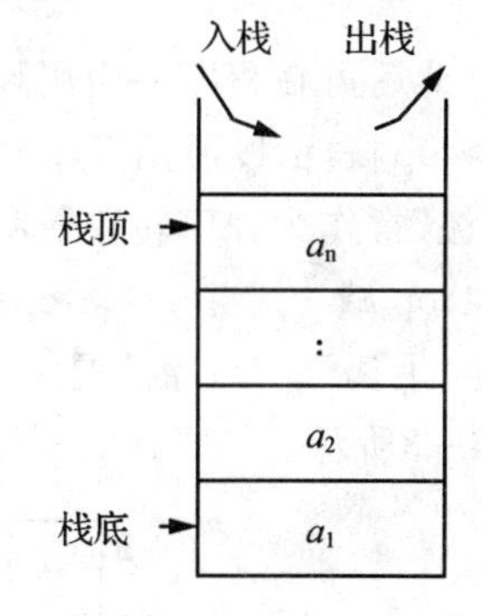


图 3-1　栈示意图

栈的基本操作主要有：

1) INITSTACK(&s)　构造一个空栈 $s$。

2) EMPTYSTACK(s)　判断栈 $s$ 是否为空栈。若 $s$ 为空栈，返回 1，否则返回 0。

3) PUSH(&s,x)　进栈操作。在栈 $s$ 顶部插入一个新的元素 $x$。

4) POP(&s)　退栈操作。若 $s$ 非空，删除 $s$ 中的栈顶元素，并返回该元素。

5) GETTOP(s)　取栈 $s$ 的栈顶元素。若 $s$ 非空，返回栈顶元素，但与 POP(&s)的区别是 GETTOP(s)不改变栈的状态。

6) CLEASTACK(&s)　将栈 $s$ 清为空栈。

7) STACKLENGTH(s)　求栈的长度，返回栈 $s$ 中的元素个数。

### 3.1.2 栈的存储结构及操作实现

和线性表类似，栈也有两种存储表示方法。用顺序存储结构表示的栈称为顺序栈，用链式

存储结构表示的栈称为链栈。

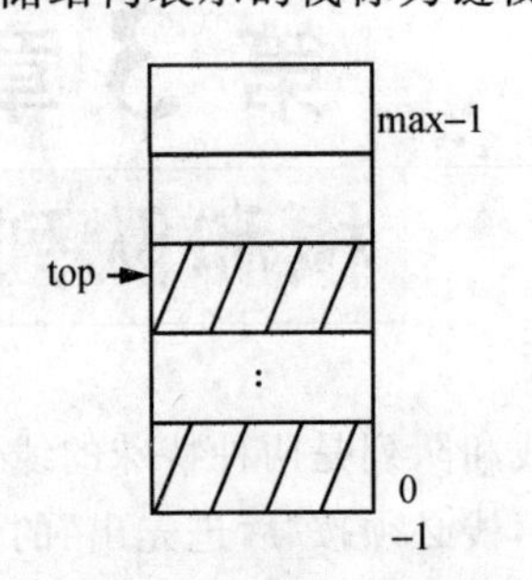


图 3-2 栈的顺序存储结构示意图

**1. 顺序栈**

(1) 顺序栈的结构

顺序栈利用一组地址连续的存储单元依次存放自栈底到栈顶的数据元素,同时设置一个指示栈顶元素当前位置的指针 top。通常称 top 为栈顶指针。栈的顺序存储结构如图 3-2 所示:

通常 top 的初值设置为 0 来表示空栈;但由于 C 语言中数组元素的下标从 0 开始,因此,用 C 语言描述顺序栈时设 top=−1 表示空栈。顺序栈的类型和变量定义可描述为:

```
#define maxsize 100           /* 栈中允许存放元素个数的最大值(这里设为 100) */
typedef char datatype;        /* 假设栈中元素数据类型为字符型 */
typedef struct
{
  datatype data[naxsize] ;
  int top ;
  int stacksize ;             /* 当前已分配存储空间 */
 }seqstack ;                  /* 顺序栈类型定义 */
```

在定义了顺序栈的类型 seqstack 之后,就可以定义属于这种类型的栈,例如:

```
seqstack    *s;    /* s 是顺序栈类型指针 */
```

此后可在程序中引用顺序栈 *s* 的相应成分。如 s－>data[0]表示栈底元素,s－>data[s－>top]表示栈顶元素,s－>top==－1 表示栈空。当栈空时再做出栈操作,将产生“下溢”。“下溢”常作为程序转移控制条件,每当有一个元素进栈,则 s－>top 加 1,有一个元素出栈 s－>top 减 1。当 s－>top==maxsize－1 时表示栈满。当栈满时,如再进行入栈操作,则会产生“上溢”。“上溢”是一种出错状态,应尽量避免。栈顶指针和栈中元素之间的关系如图 3-3所示。

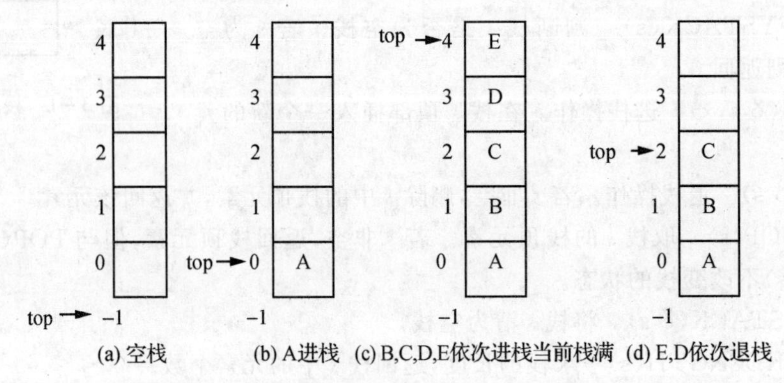


图 3-3 栈顶指针与栈中元素之间的关系

(2) 顺序栈的操作实现

① 置空栈

**算法 3-1**

```
void  INITSTACK(seqstack  * s)            /* 将顺序栈 s 置空 */
{
  s->top= -1 ;
  s->stacksize=maxsize ;
 }
```

② 判栈空

**算法 3-2**

```
int EMPTYSTACK(seqstack  * s)             /* 判定顺序栈 s 是为空 */
{
  if (s->top ==-1)
    return  1  ;
    else
    return  0;
}
```

③ 入 栈

**算法 3-3**

```
void PUSH (seqstack  * s,datatype x)
{
  if (s->top == maxsize-1)
   {
    error("overflow");
    return NULL;
   }                                      /* 上溢,退出运行 */
  else
   {
    s->top ++;                            /* 栈顶指针+1 */
    s->data[s->top]=x;
   }                                      /* 将 x 入栈 */
 }
```

④ 出 栈

**算法 3-4**

```
datatype POP (seqstack  * s)
{
  if (EMPTYSTACK(s))
   {
      error("underflow") ;                /* 下溢; */
```

```
        return   NULL ;
    }
    else
    {
        return(s->data[s->top]) ;
        s->top--;
    }
}
```

⑤ 取栈顶元素

**算法 3-5**

```
datatype GETTOP(seqstack *s)
 {
    if(EMPTYSTACK(s))
     {
        error ("stack is empty");
        return NULL;
      }      /*栈空;*/
     else
        return(s->data[s->top]) ;      /*取栈顶元素;*/
}
```

采用顺序栈须预先确定存储空间大小。当栈的最大存储容量很难预先估计时,应采用链式存储结构表示的栈。

**2. 链 栈**

(1) 链栈的存储结构

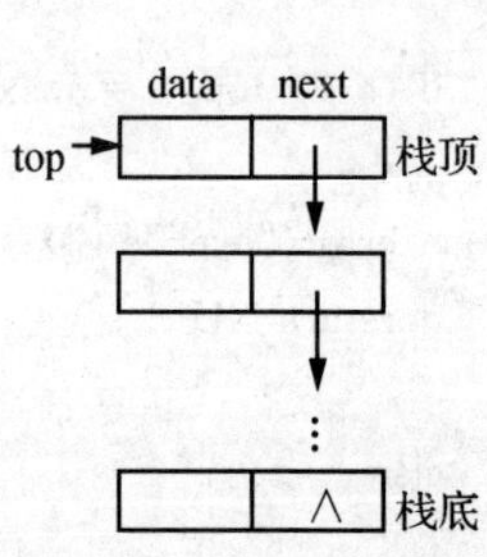


**图 3-4 链栈示意图**

用链式存储结构表示的栈简称为链栈,如图 3-4 所示。链栈的节点结构和链表的节点结构相同,但由于栈的操作原则是"后进先出",因此链栈的操作必须在链首位置进行。链首元素相当于栈顶元素,链尾元素相当于栈底元素。这样,入栈操作相当于从链首插入一个元素,出栈操作相当于从链首删除一个元素。

链栈的定义可描述为:

```
typedef char datatype;
typedef struct stacknode
{
  datatype data ;               /*节点数据域;*/
  struct stacknode *next ;      /*节点指针域;*/
 } stacknode, *linkstack ;
```

链栈可用一个指向栈顶的指针 top 唯一确定,其定义为:

```
linkstack   top ;
```

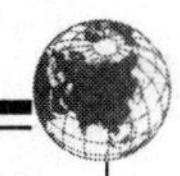

当 top=NULL 时，该链栈是空栈。当 top 不等于 NULL 时，可以通过 top 指针访问栈顶元素，由于链栈中的节点是动态生成的，可以不考虑栈满“上溢”的问题。

(2) 链栈的操作实现

① 初始化链栈

**算法 3-6**

```
void   INITSTACK(linkstack top)    /*构造一个空的链栈*/
{
  top =NULL ;
}
```

② 判栈空

**算法 3-7**

```
int EMPTYSTACK(linkstack top)
{   if(top==NULL)
      return 1;
    else
       return 0;
}
```

③ 入　栈

**算法 3-8**

```
void PUSH (linkstack top , datatype x)          /*将元素 x 压入链栈栈顶*/
{
  struct stacknode *p ;
  p=(struct stacknode *)malloc(sizeof(struct stacknode));
  p->data=x;
  p->next=top;                                  /*将新的节点*p 插入链栈*/
  top=p;
}
```

④ 出　栈

**算法 3-9**

```
datatype POP (linkstack top )
{
   struct stacknode *p;
    if (top== NULL)
    {
       error("underflow");
       return NULL
    }                                           /*栈空,下溢*/
    else
    {
```

```
        p=top ;                         /* 保存栈顶指针 */
        top=top->next ;                 /* 从链上摘下栈顶节点 */
        x=p->data ;                     /* 保存栈顶节点数据域 */
        free(p);                        /* 释放原栈顶节点 */
      return(x);
    }
}
```

⑤ 取栈顶元素

**算法 3-10**

```
datatype GETTOP(linkstack top)
{
  if (EMPTYSTACK (top))
      error("stack is empty");
  else
      return top->data ;
}
```

## 3.2 栈的应用举例

栈的应用非常广泛，只要问题满足“后进先出”的原则，就可采用栈作为数据结构。本节中介绍栈的一些典型应用实例的基本思想及其实现。

**例 3-1** 输入一批整数，然后按相反的次序将这批数据打印出来。

基本思想：由题意要求，先输入的数据后打印出来正好符合栈“后进先出”的原则，所以可用栈来解决这一问题。假设以－1 作为终止输入的标志。算法描述如下：

**算法 3-11**

```
void printout( )
{
  seqstack *s;
  int x;
  INITSTACK(s);
  scanf("%d",&x);
  while(x! = -1)
  {
      PUSH(s,x);
    scanf("%d",&x)
   }
  while(! EMPTYSTACK(s))
  {
      x=POP(s);
    printf("%d",x);
```

```
    }
}
```

如果从键盘输入的数据依次为:12,24,36,48,56,－1,则输出数据为:56,48,36,24,12,堆栈最满时的状态如图 3－5 所示。

top → 56
48
36
24
12

**图 3－5　堆栈最满时的状态**

**例 3－2**　利用栈实现数制转换:将一个非负的十进制整数 $N$ 转换为对应的 $B$ 进制数。

基本思想:将要转换的十进制数 $N$ 不断除以对应的基数,并记下余数,直到商为 0 为止。其按权展开式为:$N=b_jB_j+b_{j-1}B_{j-1}+\cdots+b_2B_2+b_1B_1+b_0(1\leqslant i\leqslant j)$。

例如:将十进制数 117 转换成二进制数的过程可表示为:

| $N$ | $N/2$ | $N\%2$ | |
|---|---|---|---|
| 117 | 58 | 1 | $(b_0)$ |
| 58 | 29 | 0 | $(b_1)$ |
| 29 | 14 | 1 | $(b_2)$ |
| 14 | 7 | 0 | $(b_3)$ |
| 7 | 3 | 1 | $(b_4)$ |
| 3 | 1 | 1 | $(b_5)$ |
| 1 | 0 | 1 | $(b_6)$ |

所以 $N=(117)_{10}=(1110101)_2$

显然上述的计算过程中对所求二进制数是由低位到高位的顺序依次产生各位数字的,而实际对应的二进制数应是从高位到低位进行打印输出的,这一输出过程正好和计算产生数据顺序相反。因此,要想将十进制数 $N$ 用等价的 $B$ 进制输出,可使用栈将计算过程产生的结果 $b_0,b_1,b_2,\cdots,b_j$ 依次进栈,则按出栈序列打印输出的值即为所求 $B$ 进制。算法描述如下:

**算法 3－12**

```
void convert(int N,int B)            /* 将非负十进制数 N 转换为等价的 B 进制数 */
{
  int i ;
  seqstack  * s;
  INITSTACK(s);                      /* 构造空栈 */
  while(N)                           /* 从右向左顺序产生的 B 进制数的各位数字依次进栈 */
  {
     PUSH(s,N%B);                    /* 将 bi 入栈 0≤i≤j */
     N=N/B;                          /* 商继续运算 */
   }
   while (! EMPTYSTACK(s))           /* 将所得 bi 按相反次序打印输出 */
   {
      i=POP(s);
      printf("%d",i);
   }
}
```

**例 3-3** 栈与递归

递归是一种强有力的数学和算法描述工具。当使用递归方法来求解一个问题时,通常可以将一个规模较大的问题层层转化为一个与原问题具有同样解法的规模较小的子问题的求解,从而使原问题得以解决。采用递归的方法往往可设计出效率较高的程序,完成相当复杂的计算。

下面通过用递归算法求解 $n!$ $(n\geqslant 0)$这一问题来说明栈与递归的关系:

$$n!=n\times(n-1)\times(n-2)\times(n-3)\times\cdots\times 1$$

其递归定义如下:

$$n!=n\times(n-1)!$$

$$f(n)=\begin{cases}1 & n=0\\ n\times f(n-1) & n>0\end{cases}$$

这里 $n=0$ 时为递归终止条件,函数返回 1,当 $n>0$ 时实现递归调用,把求 $n!$ 问题转化为求$(n-1)!$ 的问题,以此类推,最后归结到求 0! 的问题,而 0! 已被定义为 1。于是求 $n!$ 的算法描述为:

**算法 3-13**

```
int factorial(int n)                    /*求 n!   (n≥0)*/
{
   if(n==0)                             /*递归终止条件*/
      return   1 ;
   else
      return   n * factorial(n-1);      /*递归求解 n!  */
}
```

可以看出递归算法的描述相当简洁,那么在计算机中是如何实现递归过程的呢?下面通过求 4! 来说明在计算机系统中用栈来实现递归的具体过程,如图 3-6 所示。

显然,函数每次递归调用自身都使递归深入一层。每深入一层就需在栈中保留这一层的信息,直到达到递归终值函数返回。递归函数的返回也是逐层进行的,存在栈中的信息按后进先出的原则被逐层取出。最后一次返回和首次调用是相对应的,首次调用语句是 factorial =f(4),逐层返回后,结果为 $4\times(3\times 2\times 1)=24$。

实践证明,并不是所有问题都可用递归方法处理,也不是递归算法一定就最好。例如求 $n!$ 采用循环方法也能实现,用递归方法实现时其时间、空间复杂度均为 $O(n)$,而用循环实现时时间复杂度 $O(n)$,空间复杂度 $O(1)$,并且避免了进出栈的操作。这里用递归算法只是为了说明递归算法的处理过程。在实际应用中,选择算法时要对问题仔细推敲,当问题是递归定义的,尤其是当涉及的数据结构是递归定义时(如二叉树的定义)使用递归算法特别合适。



**例 3-4** 括号对匹配的合法性检查。

用栈检查表达式中出现的花括号{}、方括号[ ]、圆括号()是否配对使用。如果均是配对使用的,则返回 1,否则返回 0。

基本思想:对输入的表达式进行扫描。当扫描到的字符为每个花、方、圆括号的左括号时执行进栈操作,继续扫描。当扫描到花、方、圆括号的右括号时,首先从栈顶弹出一个元素,并

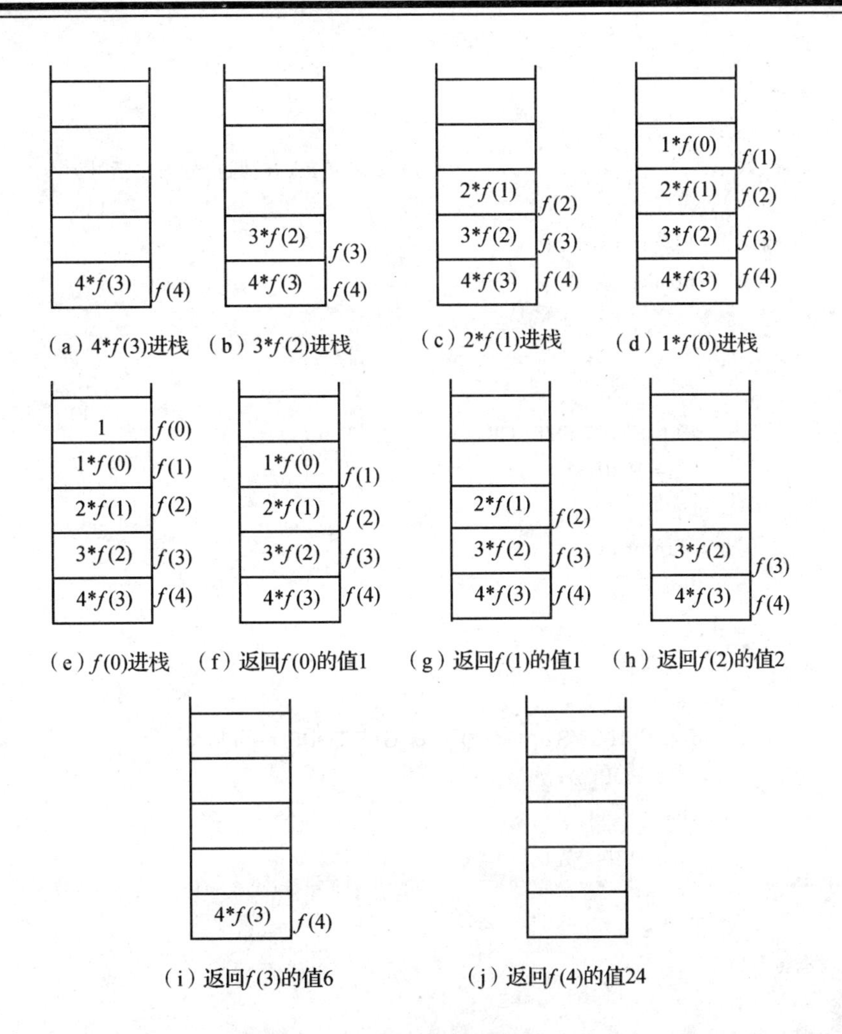


**图 3－6　求 4！时栈的变化情况**

比较弹出的元素是否与该右括号匹配。如果匹配则继续扫描，否则返回 0。当扫描到表达式的结尾后，若栈为空，说明括号配对正确，返回 1，否则表明栈中有未配对的括号，返回 0。为了适应算法，可将"＃"作为表达式的结束符。算法描述如下：

**算法 3－14**

```
int match (char st[ ])
{  /* 进行表达式中括号匹配的合法性检查，合法返回 1，否则返回 0 */
   int i;
   char ch;
   seqstack  *s;
   INITSTACK(s);                              /* 初始化栈 s */
   ch= *st++;
   while(ch! ='#')
   {
      switch(ch)
```

```
    {
        case '{':
        case '[':
        case '(':                               /*如果是花、方、圆括号的左括号*/
            {
                PUSH (s,ch);
                break;
            }
        case '}':
            {
                if(! EMPTYSTACK(s)&&GETTOP(s)=  '{' )
                    i=POP(s);
                else
                    return 0;
                break;
            }
        case  ']':
            {
                if(! EMPTYSTACK(s) && GETTOP(s)='['  )
                    i=POP(s);
                else
                    return  0 ;
                break;
            }
        case  ')':
            {
                if(! EMPTYSTACK(s) &&GETTOP(s)='(' )
                    i=POP(s);
                else
                    return  0;
                break;
            }
    }                                           /*switch*/
    ch=*st++;
}                                               /*while*/
if(EMPTYSTACK(s))
    return 1;
else
    return 0 ;
}                                               /*match*/
```

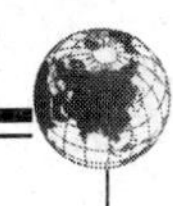

## 3.3 队 列

### 3.3.1 队列的定义和操作

队列(queue)是限定只能在表的一端进行插入,且只能在另一端进行删除的线性表。在表中允许删除的一端称为队首(front),允许插入的一端称为队尾(rear)。向队尾插入新元素的操作称为入队,从队首删除元素的操作称为出队。由于队列中元素的操作具有"先进先出"的特征,因此队列又称为先进先出(First In First Out)表,简称 FIFO 表。

在图 3-7 所示的队列 $Q$ 中,$q_1$ 为队首元素,$q_n$ 为队尾元素,队列中的元素以 $q_1, q_2, q_{i-1}, q_i, q_{i+1}, \cdots, q_n$ 的次序入队。$q_i$ 在 $q_{i+1}$ 之前,在 $q_{i-1}$ 之后。在队列 $Q$ 中 $q_1$ 最先出队,若有新元素入队,则队列的队尾元素变为 $q_{n+1}$,也就是说,队列 $Q$ 是严格按 FIFO 的原则操作的。

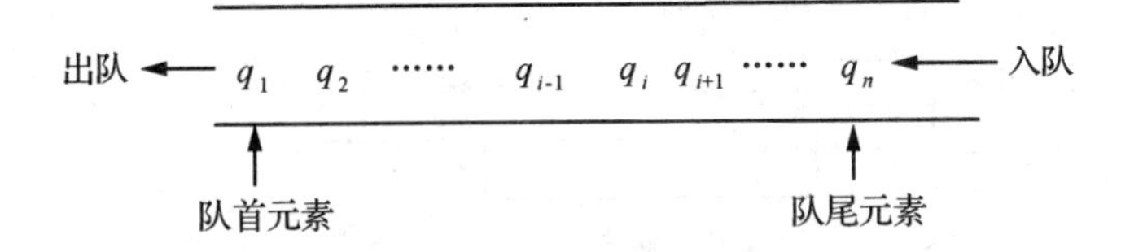


图 3-7 队列 $Q$ 结构示意图

可以看出,数据结构中的队列非常类似于日常生活中的排队,如在食堂排队买饭、在商场里排队交款,入队操作相当于一位新顾客到来排在队尾,出队操作相当于第一个顾客买完饭或交完款后离开。在整个操作过程中严格限定不允许"加塞儿",也不允许有中间顾客中途离队。当队列中的最后一个人出队后,该队列为空队列。

队列的基本操作主要有:

1) INITQUEUE(&q) 初始化操作。设定一个空队列 $q$,以存放数据元素。

2) QUEUELENGTH(q) 求队列长度。返回队列中的数据元素个数。

3) EMPTYQUEUE(q) 判空队列操作。若队列 $q$ 为空,则返回 1,否则返回 0。

4) ENQUEUE(&q,x) 入队操作。在队列 $q$ 的队尾插入新元素 $x$ 作为新的队尾元素。

5) DEQUEUE(&q) 出队操作。删除队列 $q$ 的队首元素,返回队首元素的值。

6) CLEAQUEUE(&q) 队列清空操作。将队列 $q$ 清为空队列。

7) GETFRONT(q) 取队首元素。若队列 $q$ 非空则取队列 $q$ 中的队首元素,并返回队首元素值,队列中元素保持不变,否则返回 NULL。

### 3.3.2 队列的存储结构及操作实现



**1. 链队列**

(1) 链队列的定义

采用链式存储结构简称为链队列,如图 3-8 所示。

由于队列是只能在表头删除在表尾插入的线性表,因此,在链队列中需设置两个指针,即指向队首的头指针 front,和指向队尾的尾指针 rear,由头指针和尾指针可唯一地确定一个链

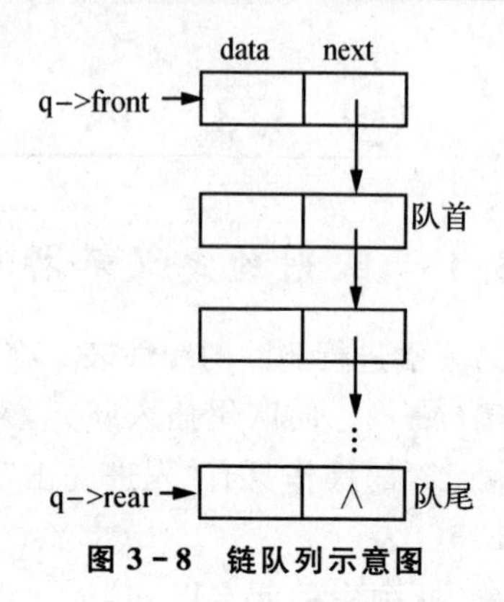

图 3-8　链队列示意图

队列。一般为了操作方便，在链队列的队首元素前附加一个头节点，并令头指针始终指向这个附加的头节点，而尾指针指向真正的队尾元素。显然，当链队列为空时，头指针和尾指针均指向头节点。即 q－>front＝＝q－>rear。图 3－9 为链队列的指针变化情况。

为了表示链队列的存储结构，需要定义一个链队列及链队列中节点结构。很显然，链队列中的节点结构和单链表中节点结构相同，而由头指针和尾指针可唯一确定一个链队列，因此，可将这两个指针封装起来组成一个结构类型来表示一个链队列。

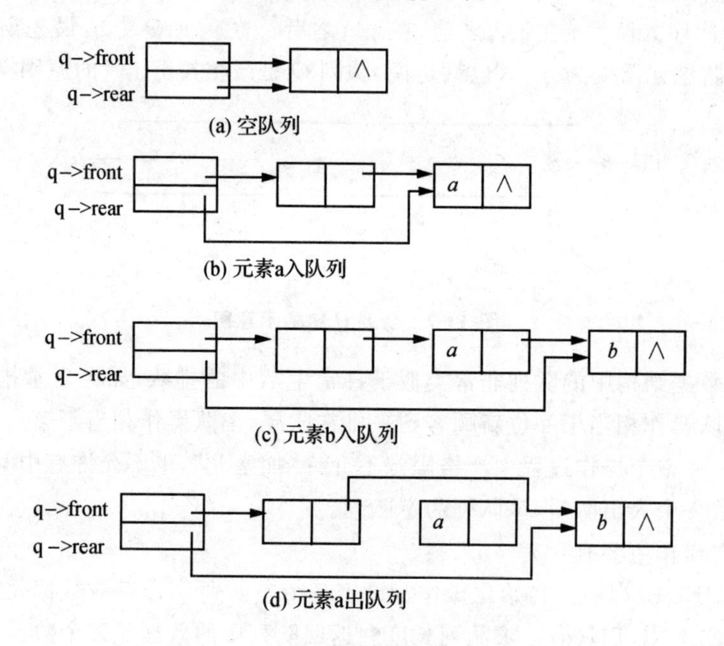

图 3-9　链队列指针变化情况示意图

```
typedef struct queuenode                    /＊链队列中节点类型＊/
{
  datatype data;
  struct queuenode ＊next;
  } queuenode;
typedef struct                              /＊链队列类型＊/
{
  struct queuenode    ＊front , ＊rear;     /＊队头指针队尾指针＊/
 }linkqueue ;                               /＊链队列＊/
```

在定义了链队列类型 linkqueue 后，就可以定义属于这种类型的队列，如：

```
linkqueue    ＊q ;                          /＊q 是链队列指针＊/
```

(2) 链队列的操作实现

① 置空队列

**算法 3-15**

```
void INITQUEUE(linkqueue    *q)      /*构造一个只有头节点的空队列*/
{
    q->front=(struct queuenode *)malloc(sizeof(struct queuenode));  /*申请头节点*/
    q->rear=q->front;                /*尾指针指向头节点*/
    q->front->next=NULL;             /*头节点指针为空*/
}
```

② 判队空

**算法 3-16**

```
int EMPTYQUEUE(linkqueue    *q)      /*判断队列是否为空,为空返回1,否则返回0*/
{
  if(q->front==q->rear)
     return  1;
  else
     return  0;
  }
```

③ 入　队

**算法 3-17**

```
void  ENQUEUE(linkqueue q,datatype e)  /*将元素e插入链队列尾部*/
{
  p=(struct queuenode *)malloc(sizeof(struct queuenode));  /*生成新节点p*/
  p->data=e;
  p->next =NULL;                         /*给新节点赋值*/
  q->rear->next =p;
  q->rear=p;                             /*尾指针指向新节点,即p成为队尾*/
}
```

④ 出　队

**算法 3-18**

```
datatype DEQUEUE(linkqueue q)
/*若队列q非空,队首元素出队,返回队首元素值*/
{
   if(EMPTYQUEUE(q))
   {   printf("queue is empty");
        return NULL;
   }  /*队列空*/
   else
   {
      p=q->front->next;                /*指向队首节点*/
      e=p->data;                       /*队首元素值返回给e*/
      q->front->next=p->next;          /*将队首节点从链上摘下*/
```

```
    if(q->rear==p)                    /* 原队列 q 中只有一个节点 */
      q->rear=q->front ;              /* 出队后队列为空 */
    free(p);                          /* 释放被删除的队首节点 */
    return e ;                        /* 返回原队首元素值 */
  }
}
```

⑤ 取队首元素

**算法 3-19**

```
datatype GETFIRST(linkqueue q)
{                                     /* 取队列 q 的队首节点元素值并返回 */
   if (EMPTYQUEUE(q))
     {
         printf("queue is empty");
          return NULL;
     }  /* 队列空; */
   else
          return(q->front->next->data);    /* 返回队首元素 */
 }     /* GETFIRST */
```

**2. 顺序队列**

(1) 基本概念

采用顺序存储结构的队列称为顺序队列。在顺序队列中常用数组来存放当前队列中的所有元素，并设置两个整型指针 front 和 rear，front 为头指针，rear 为尾指针，如图 3-10 所示。

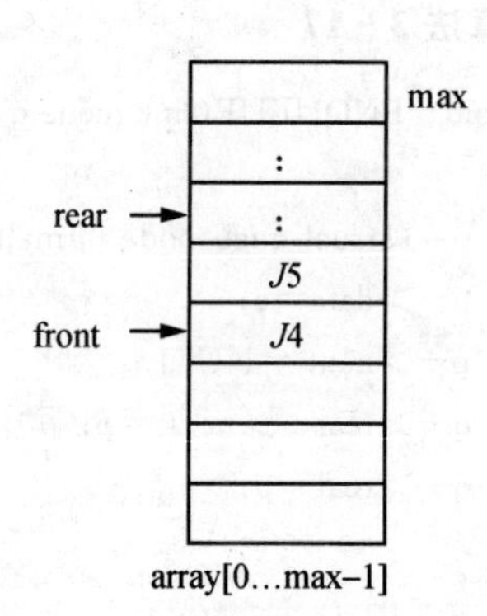


图 3-10 顺序队列的存储结构

顺序队列的类型可定义为：

```
#define max 100
/* 队列最大长度(这里设为 100) */
typedef struct
{
  datatype data[max];
  int front;
  int rear;
} sequeue;                            /* 顺序队列类型 */
sequeue    * sq;                      /* sq 为顺序队列类型的指针 */
```



在图 3-10 中，front 指向队首元素的位置，rear 指向队尾元素的下一位置。以后每插入一个元素，则指针 rear 增 1，每删除一个元素，则 front 增 1。初始化时 sq->front=sq->rear=0。对一般的顺序队列，可以用 sq->rear==sq->front 作为判断队列是否为空的条件，如图 3-11(a)和(d)均表示空队列。当队列非空时，可执行如下的出队操作：

```
sq->front++;                          /* 头指针指向新的队首元素 */
```

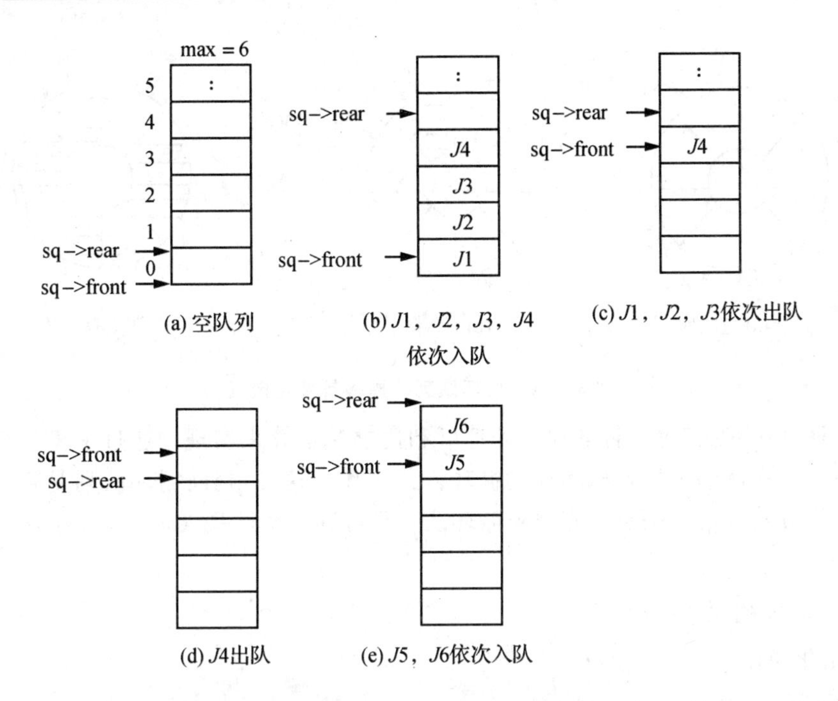


**图3-11 顺序队列中入队、出队时，头、尾指针变化情况示意图**

如果队列为空，则不能再进行出队操作。而判断队列是否为满的条件是队列当前长度是否等于max，即(sq－>rear)-(sq－>front)＝max，当队列非满时，可执行如下的入队操作：

```
sq－>data[sq－>rear]＝x;                /* x入队 */
sq－>rear++ ;                           /* 尾指针下移一个位置 */
```

显然，当sq－>rear == max时队列就不能进行入队操作了，因这时再进行入队操作将会由于数组越界引起程序非法操作错误，如图3-11(e)所示。此时，sq－>rear == 6，如再进行入队操作时，sq－>rear＋1>max，将引起溢出，因此不能进行入队操作。但实际上此时sq－>front == 4，显然，(sq－>rear)-(sq－>front)== 2<max，当前队列并未占满，但队列中元素出队后让出的实际可用空间却不能得以使用，因此把这种溢出现象称为“假满”。那么如何克服这种“假满”现象，使队列的实际可用空间得以充分利用呢？

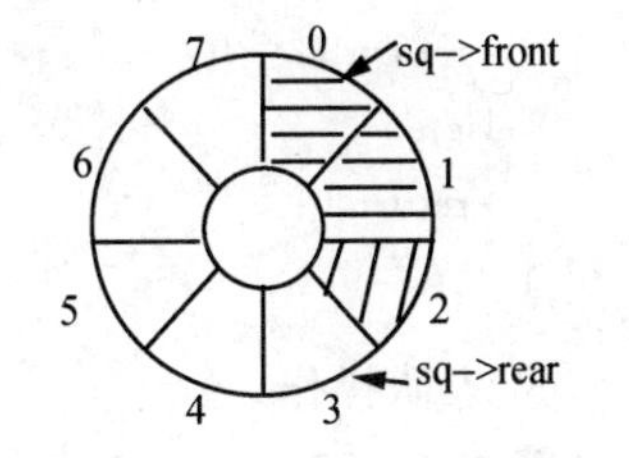


**图3-12 循环队列示意图**

一个比较巧妙的方法是将队列想像为一个首尾相接的环状空间，在执行插入操作时，如图3-12所示。首指针front和尾指针rear沿环顺时针移动，只要尾指针rear不与首指针相遇，该队列就可继续操作，称这种队列为循环队列。

在循环队列中，队列空的条件为：sq－>rear == sq－>front，队列满的条件也正好是sq－>rear == sq－>front，于是sq－>rear == sq－>front既可表示队列空又可表示队列满，使程序无法确定转向。为了区别这两种不同状态，一般有两种处理方法：一种是设置一个附加的标志位来区别是空状态还是满状态；另一种方法是规定循环队列中少用一个元素空间，以尾指针在头指针的前一位置作为队列满的条件。如图3-13所示为用第二种方法实现时循环队列中头、尾指针变化情况。

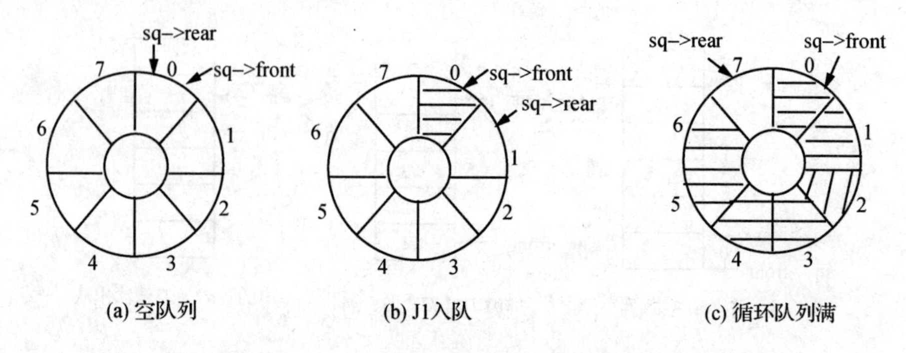


(a) 空队列　　(b) J1入队　　(c) 循环队列满

**图 3-13　循环队列头尾指针变化情况**

在循环队列中对头、尾指针的加1处理可利用求模运算来实现。通过求模运算就可实现头指针和尾指针在队列中按首尾相连的循环方式操作。这时，判断循环队列是否为空的条件仍是 sq－＞rear == sq－＞front，而判断循环队列是否满的条件是：(sq－＞rear＋1) %max == sq－＞front。

(2) 循环队列的操作实现

① 初始化操作

**算法 3-20**

```
void  INITQUEUE(sequeue * sq)                 /* 设置循环队列 sq 为空的循环队列 */
{
  sq－>front=sq－>rear=0;                    /* 头、尾指针指向位置 0 */
}
```

② 判队空操作

**算法 3-21**

```
int EMPTYQUEUE(sequeue  * sq)                 /* 判断循环队列是否为空 */
{
  if (sq－>rear == sq－>front)
     return 1;
  else
     return 0;
}
```

③ 入队操作

**算法 3-22**

```
void  ENQUEUE(sequeue * sq,datatype e)
/* 若队列非满，向队列尾插入一个新元素 e */
{
  if(sq－>front ==(sq－>rear+1)%max)
     error("队满上溢");
  else
  {
```

```
    sq->data[sq->rear]=e;
    sq->rear=(sq->rear+1)%max;
  }
}
```

④ 出队操作

**算法 3 - 23**

```
datatype DEQUEUE(sequeue * sq)          /* 若队列非空从队头删除一个元素 */
{
  if (EMPTYQUEUE(sq))
    return NULL;                        /* 队列空 */
  else
  {
      p=sq->front;
      e=p->data;
      sq->front=(sq->front+1) % max ;
      return e;
  }
}
```

⑤ 取队首元素

**算法 3 - 24**

```
datatype GETFIRST(sequeue * sq)
{
 if (EMPTYQUEUE(sq))
     return NULL;
  else
      return(sq->data[sq->front]);
 }
```

## 3.4 队列的应用举例

队列是“先进先出”的线性表,因此在程序设计中常用队列模拟作业排队的问题。例如解决高速 CPU 和低速打印设备之间速度不匹配的问题,常需设置一个打印数据缓冲区,CPU 将待打印数据不直接送到打印设备,而是先送入该缓冲区。当缓冲区满时主机将不再送数据而转去执行其他工作。打印机则按“先进先出”的原则依次取出缓冲区中数据进行打印,直到缓冲区空闲时向 CPU 提出中断请求。CPU 响应该中断请求后,再次向缓冲区送入数据。关于队列在具体算法中的应用将会在后继章节中学习,下面仅通过打印杨辉三角形的例子说明队列的应用。

杨辉三角形的图案如图 3 - 14 所示,其特点是三角形的两个腰上的数均为 1,其他位置上的每个整数都是它的上一行相邻两个整数求和所得。若要求计算并打印出杨辉三角形中前 $n$ 行的所有元素,可以将三角形的各行元素依次排成一个队列。这时队列的长度应为 1+2+3

1

1　1

1　2　1

1　3　3　1

1　4　6　4　1

……………………………

**图 3-14　杨辉三角形的图案**

$+4+\cdots+n$，当 $n$ 很大时，所需空间将是很大的。由于杨辉三角形的特点是求第 $n$ 行的元素时只需知道第 $n-1$ 行元素的值，而不依赖于第 $n-1$ 行之前的各行。因此，我们不妨采用“循环队列”方法来完成排队操作，这时只需设置“循环队列”所需最大空间为 $n+1$ 。

算法的基本思想：由第 $n-1$ 行生成第 $n$ 行元素，为计算方便，在每两行之间添一个元素“0”作为行界值。这样在计算第 $n$ 行之前，头指针正好指向第 $n-1$ 行的“0”元素，而尾元素为第 $n$ 行的“0”，这样依次打印输出第 $n-1$ 行的元素值并将计算出的第 $n$ 行的元素值入队。

图 3-15 所示为打印杨辉三角形 $n=6$ 时由第 5 行生成第 6 行的过程。

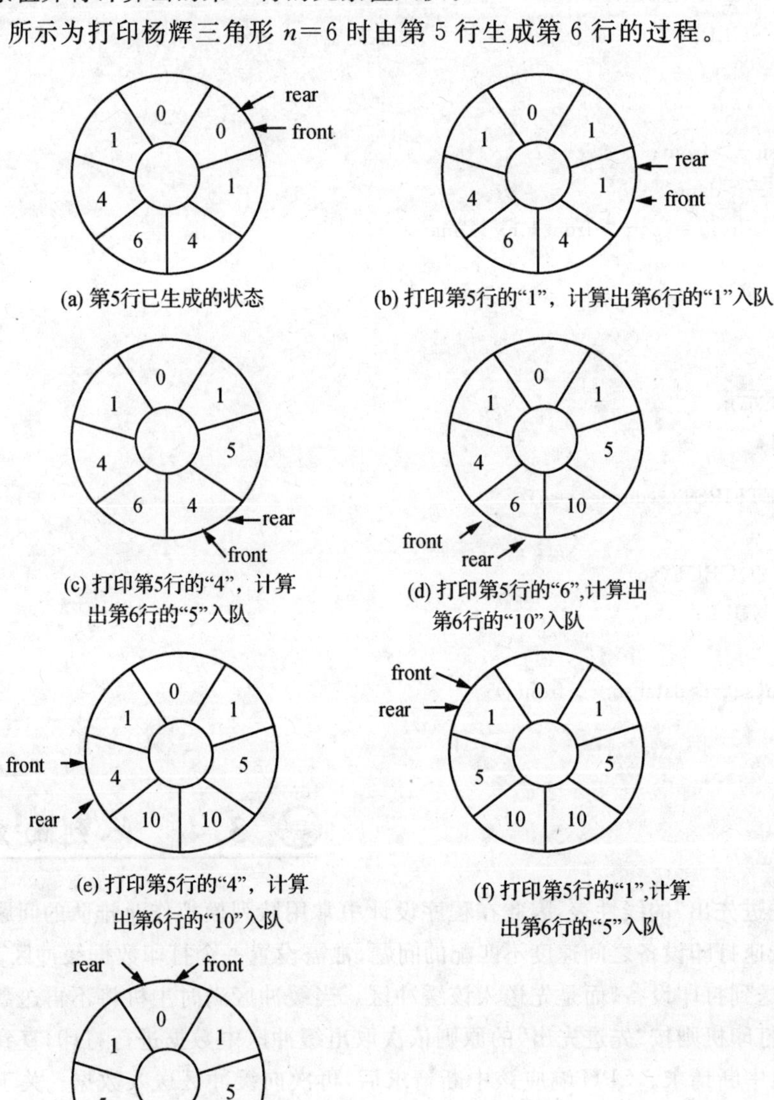


(a) 第5行已生成的状态

(b) 打印第5行的“1”，计算出第6行的“1”入队

(c) 打印第5行的“4”，计算出第6行的“5”入队

(d) 打印第5行的“6”，计算出第6行的“10”入队

(e) 打印第5行的“4”，计算出第6行的“10”入队

(f) 打印第5行的“1”，计算出第6行的“5”入队

(g) 第6行的“1”入队

**图 3-15　杨辉三角形第 6 行的生成过程（设 $n=6$）**

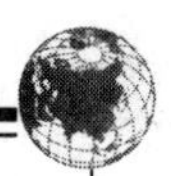

下面给出计算并打印输出杨辉三角形的具体算法：

**算法 3-25**

```
void yanghui(int n)                          /* 打印输出杨辉三角形的前n行 */
{
    sequeue *sq
    int i;
    INITQUEUE(sq);                           /* 设置最大容量为n+1的空队列 */
    ENQUEUE(sq,0);
    ENQUEUE(sq,1);
    k=0;
    while(k<n)                               /* 计算并打印输出前n-1行的值 */
    {
        for (i=1;i<=n-k-1;i++)
            printf(" ");
        ENQUEUE (sq,0);
        do
        {
            DEQUEUE(sq,s);
            GETFIRST(sq,e);
            if(e)
              printf("%d",e);
            else
              printf("\n");
            ENQUEUE(sq,s+e);
       }while(e! =0)
       k++;
    }
 DEQUEUE(sq,e);
  while(! EMPTYQUEUE(sq))                    /* 单独处理第n行的值输出 */
  {
    DEQUEUE(sq,e)
    printf("%d",e);
  }
}
```

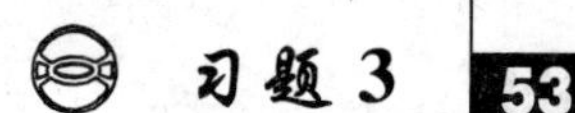

## 习题3



3-1　说明栈与队列的异同点。

3-2　若栈采用链式存储结构，初始时栈空，请画出 $J1,J2,J3,J4$ 依次进栈后栈的状态；然后再画出栈顶元素出栈后栈的状态。

3-3　设一站台为栈式结构：

(1) 如有编号为1,2,3的三辆列车顺序进入该站台,试写出这三辆列车开出车站的所有可能的序列。

(2) 若进站的列车序列为1,2,3,4,5,6,则能否得到435612和135426的出站序列,为什么?

3-4 设计算法判断一个算术表达式中的圆括号是否能正确配对。

3-5 已知Ackerman函数的定义如下:

$$\mathrm{akm}(m,n)=\begin{cases} n+1 & m=0 \\ \mathrm{akm}(m-1,1) & m\neq 0, n=0 \\ \mathrm{akm}(m-1,\mathrm{akm}(m,n-1)) & m\neq 0, n\neq 0 \end{cases}$$

写出计算Ackerman函数的递归算法。

3-6 试写出求循环队列长度的算法。

3-7 为什么要采用循环队列?如何判断循环队列的空和满?

3-8 若循环队列中只设置指针rear指向队尾元素位置,QUEUELENGTH表示队列中所含元素的个数,请给出判断此循环队列满的条件,并写出相应的入队和出队的算法,并在出队算法中返回队首元素值。

# 第 4 章

# 串和数组

字符串是计算机非数值处理的主要对象之一。在早期的程序设计语言中，字符串是作为输入和输出的常量出现的。随着语言加工程序的发展，许多语言增加了字符串类型，在程序中可以使用字符串变量进行一系列字符串操作。字符串一般简称为串。在汇编和编译程序中，源程序和目标程序都是字符串数据。在事务处理程序中，顾客的姓名和地址以及货物的名称、产地和规格等，一般也作为字符串处理。此外，信息检索、文字编辑等系统也以字符串为处理对象。本章将讨论一些基本的串处理操作和几种不同的存储结构。

## 4.1　串的概念和基本操作

### 4.1.1　串的基本概念

串(string)是由零个或多个字符组成的有限序列。一般可记做 $S$="$a_1,a_2,a_3,\cdots,a_n$"($n\geqslant 0$)，其中 $S$ 是串名，双引号内的字符序列为串值；$a_i$($1\leqslant i\leqslant n$)是组成串的字符，它可以是字母、数字以及其他字符；串中所包含的字符个数称为串的长度(在串中双引号并不属于串，它只是用来标明串的起始和结束)；长度为零的串称为空串，空串中不包含任何字符，记为 $S$=“”。当串中包含一个或多个空格符时，由于空格符显示出来是空白，容易和空串混淆，须注意区分。为清楚起见，用 $\Phi$ 表示空格符。

串中任意个连续的字符组成的子序列称为该串的子串，包含该子串的串称为主串。空串是任意串的子串，任意一个串是其自身的子串，通常称字符在串中的序号为该字符在串中的位置。子串在主串中的位置可以用子串在主串中第一次出现时该子串中的第一个字符在主串中的位置来表示。

例如，有两个串 $S_1$ 和 $S_2$

$S_1$="IφamΦaΦstudent"

$S_2$="am",s3="am"

则 $S_2$ 是 $S_1$ 的子串，$S_1$ 为主串。$S_1$ 的长度为 14，$S_2$ 的长度为 2，$S_2$ 在 $S_1$ 中的位置是 3。当两个串的长度相等且对应位置的字符均相同时称这两个串是相等的，即仅当两串的串值相等时，称两串相等。上例中 $S_1$ 和 $S_2$ 不相等，$S_2$ 和 $S_3$ 相等。

通常在程序中使用的串有串常量和串变量。串常量只能被引用不能改变其值，常常直接引用，如 printf("overflow")，其中的“overflow”就是一个串常量；而 char string[3]=“123”定义了一个串变量，其中 string 是串变量名，字符序列“123”是串变量 string 的初值，和其他类型变量一样，串变量的取值是可以改变的。



### 4.1.2　串的基本操作

对串的基本操作可利用高级语言中提供的串运算符和标准的库函数实现。下面介绍八种

常见的串操作，为叙述方便起见，假设串 $S1$，$S2$，$S3$ 分别为 $S1$＝“BEI”，$S2$＝“JING”，$S3$＝“BEIΦJING”

**1. 串连接(strcat)**

串的连接是将串 $S1$ 和 $S2$ 进行连接生成新串 $S1$，可调用库函数 strcat(str1，str2)。例如：strcat($S1$，$S2$)，结果使 $S2$ 接到 $S1$ 后面，即 $S1$＝“BEIJING”。

**2. 求串长(strlen)**

strlen(str)为求串长函数。该函数统计字符串中字符个数。

例如：strlen ($S1$)＝3

strlen ($S2$)＝4

strlen ($S3$)＝8

**3. 串比较(strcmp)**

strcmp(str1，str2)函数能够实现比较两个串的大小。

当 str1＜str2 时，返回值＜0

当 str1＝str2 时，返回值＝0

当 str1＞str2 时，返回值＞0

例如：strcmp (S1，S3)返回值＜0

**4. 串复制(strcpy)**

串复制函数 strcpy(str1，str2)可实现将 str2 复制到 str1 中，并返回指向 str1 开始处的指针。

例如：strcpy($S4$，$S1$)，则 $S4$＝“BEI”。

**5. 子串定位(strstr)**

子串定位操作可通过函数 strstr(str1，str2)实现。该函数是找串 str2 在 str1 中第一次出现的位置。若找到返回该位置指针，否则返回空指针 NULL。

例如：strstr($S3$，$S1$)＝1

strstr($S3$，$S2$)＝5

还有一些操作如置换、插入、删除等均可通过以上 5 种基本操作来实现。

## 4.2 串的存储结构

从串的定义可以看到，串是一种特殊的线性表，因此串的存储结构与线性表的存储结构类似。线性表的顺序存储和链式存储方式对串也是适用的，只是由于串是由字符构成的，因此对串的存储应采用一些特殊的技巧。

### 4.2.1 串的顺序存储结构

串的顺序存储结构简称为顺序串，类似于线性表的顺序存储结构，可用一组地址连续的存储单元存储串中的字符序列。因此顺序串可利用高级语言中的数组实现，按存储分配方式的不同，可将顺序串分为两类：静态存储的顺序串和动态存储的顺序串。

**1. 顺序串的静态存储表示**

顺序串的静态存储是指在程序运行前编译阶段就已经确定了串值空间的大小。类似于线性表的顺序存储表示方法，在字符数组中可利用定长的字符数组存放串值的字符序列。

一般用一个不会出现在串中的字符如'\0'来表示串值的终结。"\0"占用一个字符空间，因此，如设置字符数组为

```
#define maxlen 64
char str[maxlen];
```

时实际只能存放 maxlen－1 即 63 个字符。若不设终结符，则可用一个整数 curlen 来表示串的长度，由于数组下界从 0 开始，所以串中最后一个字符的位置为 curlen－1。可将这种数据类型描述为：

```
#define maxlen 64
typedef   struct
{
    char ch[maxlen];                /*串存储空间为 64*/
    int curlen;                     /*串的当前长度*/
} seqstrtp;
```

计算机采取不同的编址方式时串的存储方式也不尽相同。当计算机采用的是按字(word)编址的结构时，顺序串可采用紧缩和非紧缩两种不同的存储方式。

(1) 紧缩方式

所谓紧缩方式是指在一个字存储单元中存放多个字符，如字长为 32 位，每个字符占 8 位，则一个字单元中将存放 32/8=4 个字符。例如，串 str＝"DataΦStructures"采用紧缩方式存储时的存储映像如图 4-1(a)所示。

(2) 非紧缩方式

非紧缩就是指以字为单位，一个字单元存储一个字符，如图 4-1(b)所示。

显然，紧缩方式的存储空间利用率高，但由于几个字符压缩到一个存储单元中，访问串值时需花费较多时间来分离同一存储单元串的字符。相反，非紧缩存储方式访问串值时比较方便，但存储空间浪费较大。

在以字节为单位编址的计算机中，字符是按字节为单位存放的，每个存储单元正好存放一个字符，把这种存储方式称为单字节存储方式。这时串中相邻的字符依次顺序存储在相邻的字节单元中，如图 4-1(c)所示。这种存储方式空间利用率高，访问串值方便。

**2. 顺序串的动态存储表示**

静态存储的顺序串是在程序执行前已确立了串值空间大小，而在实际操作中串值长度的变化是比较大的，因此可利用 C 语言中的动态分配函数 malloc( )和 free( )来动态管理串存储空间。采用动态存储方式存储顺序串时，串变量的存储空间是在程序执行过程中按实际串长动态分配的，这个过程可利用 malloc( )实现，分配成功，返回一个指向串起始地址的指针作为串的基址。

在程序中所有串变量可共享一个容量很大，地址连续的称之为"堆"的自由存储空间，因此顺序串的动态存储表示又称为"堆分配存储表示"。这时可定义顺序串类型为

| D | A | t | a |
|---|---|---|---|
| Φ | S | t | r |
| u | C | t | u |
| r | E | s | \0 |

(a) 紧缩方式

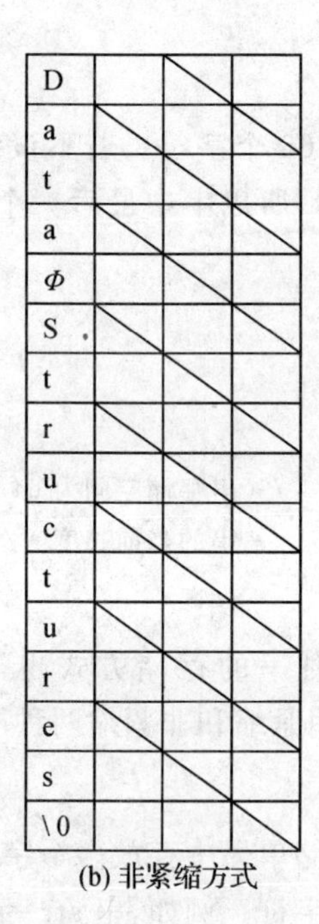


(b) 非紧缩方式

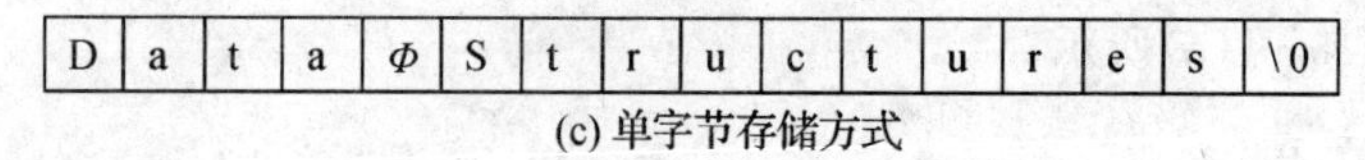


(c) 单字节存储方式

**图 4-1　顺序串的不同存储方式**

```
typedef struct
{
   char * ch;             /* 若为非空串,按实际长度分配存储区,否则 ch 为 NULL */
   int curlen;
} hstring;
```

### 4.2.2　串的链式存储结构

采用顺序存储结构存储串时,要访问一组连续的字符十分方便,但要对串进行插入、删除等操作时,由于需要移动大量的字符,用顺序存储结构很不方便,这时可采用串的链式存储结构。串的链式存储结构简称为链串。链串的类型定义为:

```
#define maxsize 80
typedef struct lnode
{
   char data[maxsize];
```

```
    struct lnode * next;
  } lnode;                  /* 定义链串节点类型 */
  typedef  struct
  {
    lnode * head, * tail; /* 串首、尾指针 */
    int  curlen;            /* 串的当前长度 */
  } linkstring;             /* 链串结构类型 */
```

由于串结构的特殊性，在链串中常涉及节点大小问题，也就是在节点的 data 域中存放字符的个数的问题。如图 4-2(a)为每个节点 data 域存放一个字符的情况。图 4-2(b)为每个节点 data 域存放 4 个字符的情况。当 data 域存入 4 个字符时，串所占用的节点中最后一个节点的 data 域若没有填满，需添加上不属于字符集中的其他的特殊字符，如符号“\0”等。

对于节点大小为 1 的链串插入和删除操作十分方便，只须修改相应的链节点指针域即可。但对于节点大小大于 1 的链串，插入和删除操作就比较麻烦。图 4-2(c)所示为在节点大小为 1 的链串中删除字符“B”时指针变化情况。

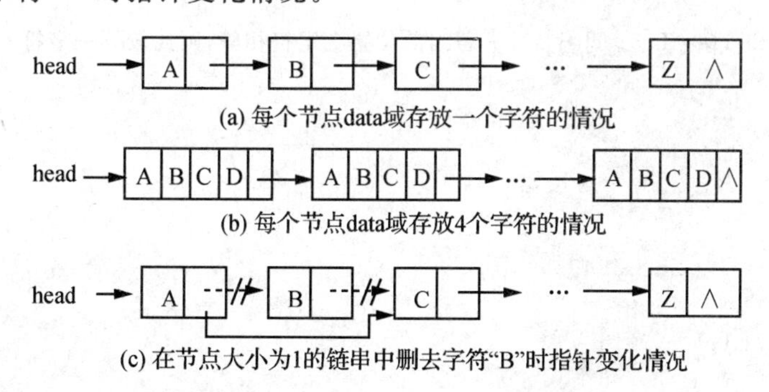


**图 4-2　串的链式存储方式**

由于在一般情况下，串的操作是从前向后进行的，因此在链串中可以只设置头指针，并且一个链串通常可由该头指针唯一确定，有时为了便于对串进行连接等操作，在链串中可设置尾指针指示最后一个节点。

## 4.3　串的操作实现

串是一种特殊的线性表，无论是顺序串还是链串操作都与顺序表和单链表的操作相类似，而且还可利用 C 语言提供的标准库函数实现某些基本运算，使串的操作比较容易实现。下面仅以子串定位操作为例说明串的操作实现。

子串定位操作也叫做串的模式匹配，是一种重要的串运算。其功能是在源串 S 中查找与串 T 相同的子串的位置，其中串 T 称为模式。若查找成功，则称匹配成功，返回子串 T 在源串 S 中的位置；否则称匹配失败，返回－1。

实现串的模式匹配的算法有多种，这里只介绍一种简单的模式匹配算法。该算法的基本思想可描述为：从源串 S 的第一个字符开始对模式串 T 进行匹配；若匹配失败，则从串 S 的下一位置的字符开始进行匹配，直到匹配成功或达到 S 的串尾。

为了实现此算法，可设置两个指针 $i$ 和 $j$。$i$ 和 $j$ 分别指向串 S 和串 T 中当前待比较的字符位置，初始时 $i$ 和 $j$ 分别指向串 S 和串 T 的第一个字符。若 $i$ 和 $j$ 指向的字符相等，则 $i$ 和 $j$ 的值加 1，比较后继字符，直到 $j$ 达到了串 T 的尾部，$i$ 和 $j$ 所指示字符依然相等，则匹配成功。否则，$j$ 未达串 T 的尾部，$i$ 和 $j$ 所指示字符已不相等，则本轮匹配失败，将 $i$ 指向串 S 中的本轮匹配初始位置的下一位置的字符，开始第二轮匹配，如此反复执行，直到匹配成功返回串 T 在串 S 中的位置或串 T 和串 S 无法继续比较（即 $i$ 已达串 S 的最后一个字符仍未匹配成功），串 S 中无与 T 相等的子串，匹配失败，返回－1。具体算法可描述为：

**算法 4-1**

```
int INDEX(char S[ ],char T[ ])
 /* 在源串S中查找模式串T首次出现的位置，匹配成功返回该位置，否则返回-1 */
{
    int i,j;
    i=0;
    j=0;
    while ((i<S->curlen)&&(j<T->curlen))
      if (S->ch[i]== T->ch[j]   /* 若当前位置上字符相等，则比较下一字符 */
        {
          i++;
          j++;
        }
      else
        {
          i=i-j+1;
          j=0;
        }                           /* 若当前位置上字符不相等则i,j后退，开始新一轮匹配 */
    if (j==T->curlen)
        return(i-T->curlen);        /* 匹配成功 */
    else
        return -1;                  /* 匹配不成功 */
}
```

图 4-3 给出了上述模式匹配算法中当 S="ababcabcacbab"，串 T="abcac"时的匹配过程。

这种匹配算法简单易懂，实现容易；但由于实际上是对串 $S$ 中所有位置进行穷举，直至匹配成功或扫描完 $S$ 中全部位置，因此算法的执行效率较低。当串 $S$ 和 $T$ 的长度分别为 $m$ 和 $n$ 时，此算法在最坏的情况下的时间复杂度为 $O(m\times n)$。虽然该算法效率不高，但在多数情况下已足够好。其他高效算法实现比较复杂，请参阅相关资料。

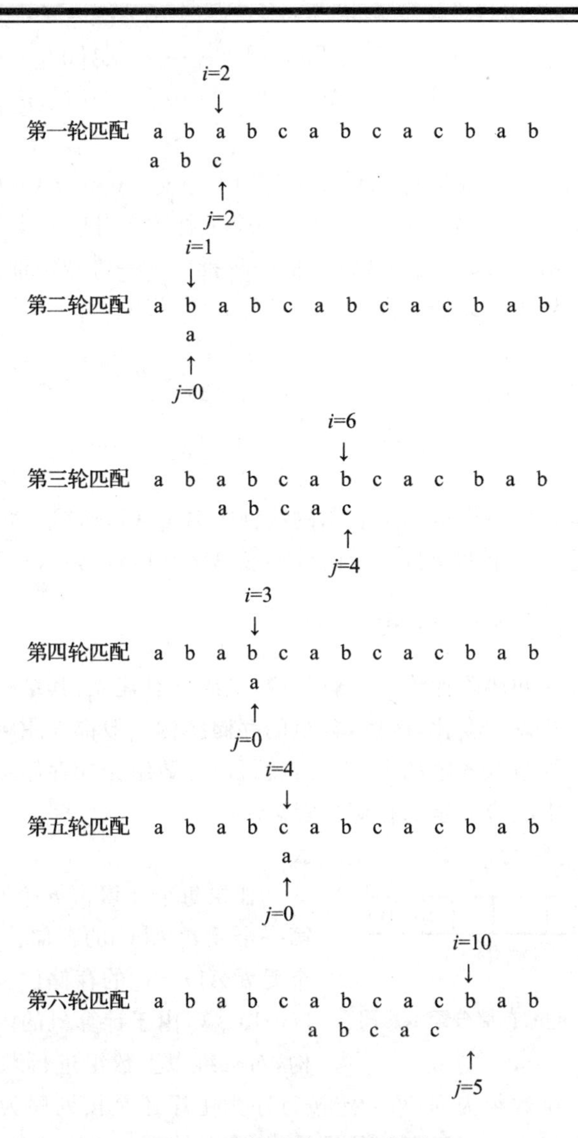


图 4-3 简单模式匹配算法

## 4.4 数组

### 4.4.1 数组的定义

数组是程序设计语言中常常提供的一种数据类型。它是由具有相同类型的固定数量的分量组成的结构。每一个分量即数组中的每个元素都是由一个值和与其对应的一组下标组成。简单地说数组是由值(value)与下标(index)组成的数偶的有序集合。如果由 $n$ 个下标对应一个值则称为 $n$ 维数组。例如:当 $n=1$ 时为一维数组,在 C 语言中,一维数组 $A[5]$ 表示数组中有 5 个元素,下标从 0 开始,这 5 个元素分别为 A[0],A[1],A[2],A[3],A[4]。而当 $n=2$ 时称为二维数组,形如

$$\mathbf{A}_{m\times n}=\begin{bmatrix} A[0][0] & A[0][1] & \cdots & A[0][n-1] \\ A[1][0] & A[1][1] & \cdots & A[1][n-1] \\ \vdots & \vdots & \vdots & \vdots \\ A[m-1][0] & A[m-1][1] & \cdots & A[m-1][n-1] \end{bmatrix}$$

的 $m\times n$ 矩阵,可看作是一个二维数组。其中每一个下标 $i,j$ 对应一个值 $A[i][j]$。显然,数组也是一种线性数据结构,可以看成是线性表的一种推广。一维数组即为线性表,而二维数组是数据元素由一个一维数组组成的线性表。

例如

$$\mathbf{A}_{3\times 3}=\begin{bmatrix} 1 & 2 & 3 \\ 4 & 5 & 6 \\ 7 & 8 & 9 \end{bmatrix}$$

可看成是每个数据元素是由一个行向量表示的线性表 $\mathbf{A}=((1,2,3),(4,5,6),(7,8,9))$,也可看成是每个数据元素是由一个列向量表示的线性表 $\mathbf{A}=((1,4,7,),(2,5,8),(3,6,9))$。

### 4.4.2 数组的顺序存储结构

一般对数组不做插入和删除操作。也就是说,数组一旦建立,其结构中的数据元素个数和各元素之间的关系就不再发生变化,因此,数组的存储结构一般都采用顺序存储结构。

只要确定了数组的维数及各维的上、下界,就可以为数组分配存储空间;反之,只要给定一组下标便可以求得数组中相应元素的存储位置。

一维数组 $A[n]$ 的存储分配如图 4-4 所示。

| $A[0]$ | $A[1]$ | … | $A[i-1]$ | … | $A[n-1]$ |
|---|---|---|---|---|---|

↑ $I_0$ ↑ $loc(A[i-1])$

**图 4-4 一维数组 $A[n]$ 的存储分配示意图**

如果每个元素占 $k$ 个存储单元,并且数组中第一个元素 $A[0]$ 的存储位置为 $I_0$,则数组中第 $i$ 个元素 $A[i-1]$ 的存储位置 $loc(A[i-1])=I_0+(i-1)\times k$,由于计算机的内存单元是一个一维结构,对二维以上数组进行顺序存储时需事先约定元素的存储次序。以二维数组为列,可约定按行序为主序还是按列序为主序存储。按行(列)为主序存储就是二维数组中元素逐行(列)排放,依次存储到一组连续的存储区中。在 Pascal, C 等高级语言中,数组的实现采用行优先的存储方式,而 Fortran 等少数语言采用列优先的存储方式。

假设二维数组 $\mathbf{A}_{m\times n}$ 中的每个元素需占 $k$ 个存储单元,$I_0$ 为 $A[0][0]$ 的存储地址,即数组 $\mathbf{A}_{m\times n}$ 在存储区中的起始地址。

若按行序为主序存储,则其存储分配如图 4-5 所示。

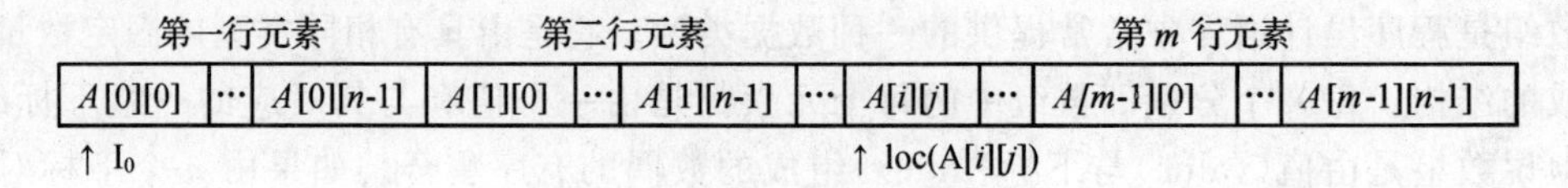


**图 4-5 按行序为主序存储**

这时数组中任一元素 $A[i][j]$ 在存储映象区中的存储可表示为 $loc(A[i][j])=I_0+(i\times n+j)\times k$。

若按列序为主序对数组进行存储，则 $\boldsymbol{A}_{m\times n}$ 的存储分配如图 4－6 所示。

| 第一列元素 | | | 第二列元素 | | | | | | | | |
|---|---|---|---|---|---|---|---|---|---|---|---|
| A[0][0] | … | A[m-1][0] | A[0][1] | … | A[m-1][1] | … | A[i][j] | … | A[0][n-1] | … | A[m-1][n-1] |
| ↑ I0 | | | | | | | ↑ loc(A[i][j]) | | 第n列元素 | | |

**图 4－6　按列序为主序存储**

元素 A[i][j]在存储映象区中的存储地址可表示为 $loc(A[i][j])=I_0+(m\times j+i)\times k$。

程序设计中一维数组和二维数组使用较为普遍，而超过二维以上的多维数组使用相对较少。因此，对高维数组的顺序存储方法，这里不再赘述，如需要使用，可通过一维、二维数组的情形推广得到。

## 4.5　矩阵的压缩存储

矩阵(matrix)是很多科学与工程计算中常见的数学模型之一。一个 $m$ 行 $n$ 列矩阵共有 $m\times n$ 个元素，如图 4－7(a)所示为 4×3 矩阵，当 $m=n$ 时称为 $n$ 阶方阵，图 4－7(b)所示为 3 阶方阵。

那么，在计算机中如何存储矩阵从而使对矩阵的各种运算得以有效实现呢?

$$\begin{bmatrix}0&1&1\\4&3&2\\2&1&5\\2&1&4\end{bmatrix}\qquad\begin{bmatrix}1&2&3\\4&5&6\\7&8&9\end{bmatrix}$$

(a) 4×3矩阵　　(b) 3阶方阵

**图 4－7　矩阵**

当用高级程序设计语言编制程序时，通常将矩阵描述为一个二维数组，对矩阵的各种运算如矩阵相加、相乘、转置等都可以通过对二维数组的相应运算实现，并且对矩阵元素可进行随机存取。例如，一个 $m\times n$ 阶矩阵 $\boldsymbol{A}_{m\times n}$ 转置为一个 $n\times m$ 阶矩阵 $\boldsymbol{B}_{n\times m}$，且 $\boldsymbol{A}[i][j]=\boldsymbol{B}[j][i](0\leqslant i<m,0\leqslant j<n)$，即 **A** 的行变为 **B** 的列，**A** 的列成为 **B** 的行，算法可描述为：

**算法 4－2**

```
void    tranmatrix ( datatype A[][], datatype B[][])   /* 求矩阵 A 的转置 B */
{
  for(col=0;col<n;++col)
    for(row=0;row<m;++row)
        B[col][row]=A[row][rol];
}
```

算法中转置运算通过两个 for 循环实现，时间复杂度为 $O(m\times n)$。

在数值计算问题中经常出现一些阶数很高的矩阵，并且在矩阵中有大量的数值相同的元素或数值为零的元素，为了节省存储空间，对这样的矩阵常进行压缩存储。矩阵的压缩存储指为多个值相同的元素只分配一个存储空间，对零元素不分配存储空间的存储方式。



### 4.5.1　特殊矩阵的压缩存储

特殊矩阵是指矩阵中值相同的元素或者零元素分布有一定规律的矩阵。

**1. 对称矩阵的压缩存储**

若 $n$ 阶方阵 $\boldsymbol{A}$ 的元素 $A[i][j]$ 与 $A[j][i]$ 相等，则称该矩阵为 $n$ 阶对称矩阵，如图 4-8 所示为 4 阶对称矩阵。

$$\begin{bmatrix} 1 & 1 & 8 & 0 \\ 1 & 0 & 2 & 5 \\ 8 & 2 & 3 & 1 \\ 0 & 5 & 1 & 2 \end{bmatrix}$$

**图 4-8 4 阶对称矩阵**

由于对称矩阵中存在大量值相同的元素，若为每个元素分配一个存储空间，显然浪费了存储空间。考虑到对称性，可为每一对对称元素分配一个存储空间，这样可将 $n$ 阶方阵的 $n^2$ 个元素压缩存储到 $n\times(n+1)/2$ 个存储空间中。

例如，可以按行序为主序将对称矩阵 $\boldsymbol{A}_{n\times n}$ 的下三角（主对角线及其以下部分）中的元素存入一个一维数组 $\boldsymbol{B}[k]$（$k=n\times(n+1)/2$）中，如图 4-9 所示。

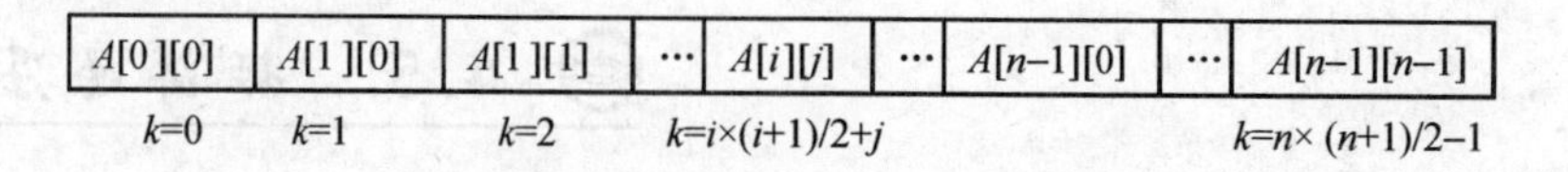


**图 4-9 用一维数组存储对称矩阵 $\boldsymbol{A}_{n\times n}$**

则由等差数列求和公式可得到二维数组 $A$ 中任一元素 $A[i][j]$ 与一维数组 $B[k]$ 的下标对应关系为：

$$k=\begin{cases} i\times(i+1)/2+j & i\geqslant j(i,j=0,1,\cdots,n-1) \\ j\times(j+1)/2+i & i<j(i,j=0,1,\cdots,n-1) \end{cases}$$

如 $A[1][1]$ 在 $B[k]$ 中的位置为 $B[2]$。

**2. 三角矩阵的压缩存储**

三角矩阵有上三角矩阵和下三角矩阵两种。上三角矩阵指它的主对角线下方（不包括主对角线）的元素均为常数 $C$，如图 4-10(a) 所示。下三角矩阵指它的主对角线上方（不包括主对角线）的元素均为常数 $C$，如图 4-10(b) 所示。

$$\begin{bmatrix} A[0][0] & A[0][1] & \cdots & A[0][n-1] \\ C & A[1][1] & \cdots & A[1][n-1] \\ \vdots & \vdots & \vdots & \vdots \\ C & C & \vdots & \vdots \\ C & C & C & A[m-1][n-1] \end{bmatrix}$$

(a) 上三角矩阵

$$\begin{bmatrix} A[0][0] & C & \cdots & C \\ A[1][0] & A[1][1] & \cdots & C \\ \vdots & \vdots & \vdots & \vdots \\ \vdots & \vdots & \vdots & C \\ A[m-1][0] & A[m-1][1] & & A[m-1][n-1] \end{bmatrix}$$

(b) 下三角矩阵

**图 4-10 三角矩阵**

在三角矩阵中所有值为 $C$（通常 $C=0$）的元素可共享一个存储空间，其余的 $n\times(n+1)/2$ 个元素各分配一个存储空间，这样对一个三角矩阵可压缩到一个容量为 $n\times(n+1)/2+1$ 的存储空间中。如按行序为主序可将三角矩阵存入一维数组 $B[n\times(n+1)/2+1]$ 中，其中把 $C$ 存入该一维数组最后一个单元中。

下三角矩阵中任一元素 $A[i][j]$ 和一维数组 $B[k]$ 的下标对应关系与对称矩阵情形类似

$$k=\begin{cases} i\times(i+1)/2+j & i\geqslant j(i,j=0,1,\cdots,n-1) \\ n\times(n+1)/2 & i<j(i,j=0,1,\cdots,n-1) \end{cases}$$

上三角矩阵中任一元素 $A[i][j]$ 和一维数组 $B[k]$ 的下标对应关系为：

$$k=\begin{cases} i\times(2\times n-i+1)/2+j-i & i\leqslant j(i,j=0,1,\cdots,n-1) \\ n\times(n+1)/2 & i>j(i,j=0,1,\cdots,n-1) \end{cases}$$

当 i⩽j 时该对应关系可用如下计算方法得到：因上三角矩阵中主对角线之上的第 1 行上有元素 $n-1$ 个，以行序为主序存储时，元素 $A[i][j]$ 前共有 $i$ 行(行号 $0\sim i-1$)元素，元素个数为：

$$\sum_{i=0}^{i-1}(n-1)=i\times(2\times n-i+1)/2$$

而 $A[i][j]$ 是其所在第 $i$ 行上第 $j-i+1$ 元素，由此得当 $i\leqslant j$ 时

$k=i\times(2\times n-i+1)/2+j-i$。

**3. 对角矩阵的压缩存储**

对角矩阵指矩阵中所有非零元素都集中在以主对角线为中心的带状区域中，如图 4－11 所示矩阵 **A** 为三对角阵。

$$A=\begin{bmatrix} A[0][0] & A[0][1] & 0 & \cdots & 0 & 0 \\ A[1][0] & A[1][1] & A[1][2] & \cdots & 0 & 0 \\ 0 & A[2][1] & A[2][2] & A[2][3] & \cdots & 0 \\ \cdots & \cdots & \cdots & \cdots & \cdots & \cdots \\ 0 & 0 & 0 & \cdots & A[n-1][n-2] & A[n-1][n-1] \end{bmatrix}$$

**图 4－11　三对角阵(带状矩阵)**

对角矩阵可按行序为主序或以列序为主序或按对角线的顺序压缩存储到一维数组中。如以行序为主序将三对角矩阵 **A** 压缩存储到 ***B*** 中，存储情况如图 4－12 所示。

| $A[0][0]$ | $A[0][1]$ | $A[1][0]$ | $A[1][1]$ | $A[1][2]$ | … | $A[i][j]$ | … | $A[n-1][n-2]$ | $A[n-1][n-1]$ |
|---|---|---|---|---|---|---|---|---|---|
| $k=0$ | $k=1$ | | | | | | | | $3n-3$ |

**图 4－12　三对角矩阵 A 压缩存储**

在三对角阵 **A** 中，第 0 行有 2 个非零元素，最后一行有两个非零元素，其他行每行均有 3 个元素。**A** 中非零元素 $A[i][j]$ 的 $i$ 行(行号为 $0\sim i-1$)共有元素 $2+3\times(i-1)$ 个，而 $A[i][j]$ 所在的第 $j$ 列($0<j\leqslant n-1$)中前 $j-1$ 个元素为零，故 $A[i][j]$ 是该行中的第 $j-(i-1)+1$ 个非零元素，因此 $A[i][j]$ 和 $B[k]$ 的下标对应关系为：

$k=2+3\times(i-1)+j-(i-1)=2\times i+j$

上述各种特殊矩阵，其非零元素的分布都是有规律的，因此都可以压缩存储到一维数组中，并能找到一个下标变换公式，因此这些结构仍可进行随机存取。

### 4.5.2　稀疏矩阵的压缩存储

对稀疏矩阵很难给出一个确切的定义。一般认为若在一个 $m\times n$ 矩阵中，非零元素的个数 $t$ 远远小于零元素的个数 $m\times n-t$，即非零元素所占比例远远小于零元素所占比例，则称该矩阵为稀疏矩阵，如图 4－13 所示。矩阵中共有 $6\times8=48$ 个元素，其中有 5 个非零元素，则可认为该矩阵为稀疏矩阵。

实际应用中，稀疏矩阵都比较大，通常可认为矩阵中非零元素个数 $t$ 占矩阵元素总数的比例 $P=t/(m\times n)$ 不大于 0.05 时该矩阵是稀疏矩阵。

$$\begin{bmatrix} 1 & 0 & 0 & 0 & 0 & 0 & 0 & 0 \\ 0 & 0 & 0 & -2 & 0 & 0 & 0 & 0 \\ 0 & 0 & 0 & 0 & 0 & 5 & 0 & 0 \\ 0 & 0 & 0 & 0 & 0 & 0 & 0 & 0 \\ 0 & 3 & 0 & 0 & 0 & 0 & 0 & 0 \\ 0 & 0 & 0 & 0 & 0 & 8 & 0 & 0 \end{bmatrix}$$

**图 4-13　稀疏矩阵**

对稀疏矩阵进行压缩存储时可只存储矩阵中的非零元素，而在稀疏矩阵中非零元素并无规律，所以进行压缩存储时除了存储非零元素值外，还必须存储相应的位置信息：行号和列号，以便能迅速确定非零元素在稀疏矩阵中的位置。这样，稀疏矩阵中的每个非零元素就可用一个三元组(row,col,value)来唯一确定。若将稀疏矩阵中所有非零元素的三元组按行号(或列号)为主序，以列号(或行号)为辅序进行排列就构成了一个表示稀疏矩阵的三元组线性表。

因此，一个稀疏矩阵可由其非零元素的三元组线性表及其行数和列数唯一确定。对三元组线性表通常可采用顺序存储结构和链接存储结构，这也就对应着稀疏矩阵的两种不同压缩存储方式。

**1. 三元组表示法**

如果以行(或列)优先的次序顺序存储三元组线性表中的每一个节点，则将该三元组线性表的顺序存储结构称为三元组顺序表。稀疏矩阵的三元组表示法的类型描述为：

```
#define maxsize  10
typedef struct
{
  Int row,col;                    /*行,列号*/
  datatype value;                 /*元素值*/
}tripletp;                        /*三元组数据类型*/
typedef struct
{
  int m,n,t;                      /*行数、列数、非零元素个数*/
  tripletp data[maxsize];         /*三元组表*/
 } tsmatrixtp;                    /*稀疏矩阵类型*/
```

例如图 4-13 中所示稀疏矩阵可由图 4-14 所示的三元组表及(6,8,5)表示的行、列数和非零元素个数来描述。

| row | col | value |
|---|---|---|
| 0 | 0 | 1 |
| 1 | 3 | -2 |
| 2 | 5 | 5 |
| 4 | 1 | 3 |
| 5 | 5 | 8 |

**图 4-14　稀疏矩阵 A 的三元组表**

下面以稀疏矩阵的三元组表示方式下的矩阵转置为例说明矩阵的运算。

如图 4-15(a)和(b)所示的稀疏矩阵 ***A*** 和 ***B*** 互为转置矩阵。它们所对应的三元组表如图(c)和(d)所示。

由上图可以看出转置矩阵 ***B*** 是按行优先的顺序进行压缩存储的，因此需按 ***A*** 的列序进行转置。完成转置操作需要对 ***A*** 的三元组表 A－>data 进行 $n$ 次扫描。具体地说，第 $i(0\leqslant i\leqslant n-1)$ 次扫描是在 A－>data 中从头到尾依次扫描列号为 $i$ 的三元组。若找到，则取这个三元组，将行列值互换存入到转置矩阵 ***B*** 的三元组表 B－>data 中，此操作重复 $n$ 次，具体算法可描述如下：

**算法 4-3**

```
void transmatrix(tsmatrixtp *A,tsmatrixtp *B)
/*采用三元组表存储方式求稀疏矩阵 A 的转置矩阵 B*/
```

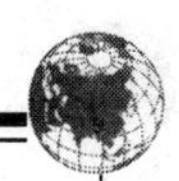

$$A_{5\times6}=\begin{bmatrix}0&2&0&0&6&0\\0&0&0&1&0&0\\3&0&0&0&0&0\\0&0&0&0&0&0\\0&0&9&0&0&0\end{bmatrix}$$

(a) 矩阵*A*

$$B_{6\times5}=\begin{bmatrix}0&0&3&0&0\\2&0&0&0&0\\0&0&0&0&9\\0&1&0&0&0\\6&0&0&0&0\\0&0&0&0&0\end{bmatrix}$$

(b) 矩阵*B*

| row | col | value |
|---|---|---|
| 0 | 1 | 2 |
| 0 | 4 | 6 |
| 1 | 3 | 1 |
| 2 | 0 | 3 |
| 4 | 2 | 9 |

(c) 矩阵*A*的三元组表A->data

| row | col | value |
|---|---|---|
| 0 | 2 | 3 |
| 1 | 0 | 2 |
| 2 | 4 | 9 |
| 3 | 1 | 1 |
| 4 | 0 | 6 |

(d) 矩阵*B*的三元组表B->data

**图 4-15　稀疏矩阵 *A*、*B* 三元组表示法**

```
{
    int p,q,col;
    B->m=A->n;
    B->n=A->m;                       /* A 和 B 行列数互换 */
    B->t=A->t;                       /* t 为 A,B 中非零元素个数,显然 A,B 中非零元素个数相等 */
    if(B->t>0)                       /* 若有非零元素 */
    {
      q=0;                           /* B->data 中节点序号从 0 起 */
      for(col=0;col<A->n;col++)      /* 对 A 的每一列 */
        for(p=0;p<A->t;p++)          /* 扫描 A 的三元组表 */
           if(A->data[p].col==col)   /* 找到列号为 col 的三元组 */
          {
              B->data[q].row=A->data[p].col;
              B->data[q].col=A->data[p].row;
              B->data[q].value=A->data[p].value;
              q++;                   /* B->data 节点序号加 1 */
          }
    }
}
```

该算法的时间主要耗费在 col 和 $p$ 的二重循环上,若 ***A*** 的列数为 $n$,非零元素个数为 $t$,则时间复杂度为 $O(n\times t)$。

如果事先能够知道矩阵 ***A*** 中的每一个非零元素在矩阵 ***B*** 中的位置,则可以直接将该元素放到 ***B*** 中,此时只需对 ***A*** 进行一次扫描。那么,关键是如何求出每个非零元素的位置。可以设定两个数组 pos[]和 num[],num[i]用于存放矩阵 ***B*** 中第 $i$ 行(矩阵 ***A*** 中第 $i$ 列)的非零元个数,可以通过累加得到。pos[$i$]表示矩阵 ***B*** 中第 $i$ 行的第一个元素的存放位置,可以通过 pos[i]=pos[i-1]+num[i-1]求得。每一次 ***A*** 中的元素都可以根据其列号,放到 ***B*** 中相应的 B－>data[pos[A－>data[i]. col]]的位置，然后 pos[A－>data[i]. col]++，以备放入下一个该行的元素。具体算法如下：

**算法 4-4**

```
#define N 10                          /*非零元素的最大个数*/
void transmatrix(tsmatrixtp *A,tsmatrixtp  *B)
                                      /*采用三元组表存储方式求稀疏矩阵 A 的转置矩阵 B*/
{
    int i,j,col,pos[N],num[N];
                                      /*pos 用于存放矩阵 B 中每一行的第一个非零元素的起始地址*/
                                      /*num 用于存放每一行的非零元素的个数*/
    B->m=A->n;
    B->n=A->m;                        /*A 和 B 行列总数互换*/
    B->t=A->t;                        /*t 为 A,B 中非零元素个数,显然 A,B 中非零元素个数相等*/
    if(B->t>0)                        /*若有非零元素*/
   {  for(i=0;i<A->n;i++)
        num[i]=0;
      for(i=0;i<A->n;i++)
        num[A->data[i]. col]++;
      pos[0]=0;
      for(i=1;i<A->n;i++)
        pos[i]=pos[i-1]+num[i-1];
      for(i=0;i<A->t;i++)  /*扫描矩阵 A,将元素直接放到指定的位置*/
      {
         B->data[pos[A->data[i]. col]]. row=A->data[i]. col;
         B-> data[pos[A->data[i]. col]]. col=A->data[i]. row;
         B-> data[pos[A->data[i]. col]]. value=A->data[i]. value;
         pos[ A->data[i]. col]++;
      }
    }
}
```

该算法的时间主要用在 4 个并列的 for 循环中，假设矩阵 $\boldsymbol{A}$ 的列数为 $n$，非零元素个数为 $t$，则该算法时间复杂度为 $O(n+t)$，比算法 4-3 的 $O(n\times t)$要小很多，但是由于用到了两个辅助数组，故其空间复杂度为 $O(n)$。

**2. 链式存储**

前面介绍的稀疏矩阵顺序存储方式适合于矩阵中非零元素个数和位置比较固定的情况，当矩阵中非零元素的个数和位置在运算过程中变化较大时就不再适用。例如，两矩阵 $\boldsymbol{A}$ 和 $\boldsymbol{B}$ 相加运算时，需将 $\boldsymbol{B}$ 的对应元素加到 $\boldsymbol{A}$ 上去，这时矩阵 $\boldsymbol{A}$ 的非零元素将增加或减少，矩阵 $\boldsymbol{A}$ 所对应的三元组表中节点就会相应增加或减少，顺序存储时将引起节点的大量移动，这时采取矩阵的链式存储方式更加合适。



稀疏矩阵的链式存储方式有多种，一种简单的链式存储方式是对稀疏矩阵所对应的三元组线性表中的每个节点用链表链接起来。如图 4-15 所示稀疏矩阵 $\boldsymbol{A}$ 的简单链式存储结构如

图 4-16(a)所示,其中表头节点结构如图 4-16(b)所示,$m$ 为行数,$n$ 为列数,$t$ 为非零元素个数,link 为指向链表的第一个节点的指针。每个三元组节点结构如图 4-16(c)所示。row,col 和 value 分别表示非零元素行、列、值,link 为指向下一非零元素的指针。

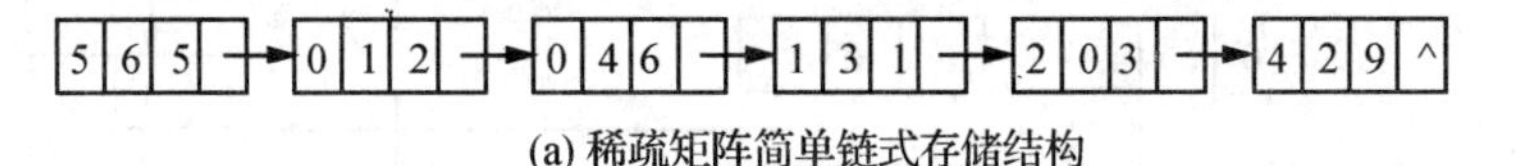

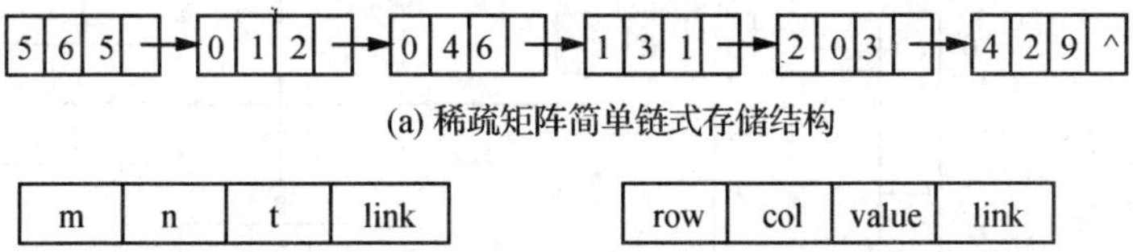

(a) 稀疏矩阵简单链式存储结构

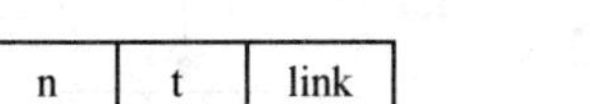


(b) 表头节点结构

| row | col | value | link |
| --- | --- | --- | --- |

(c) 三元组节点结构

**图 4-16　稀疏矩阵的简单链式存储**

对矩阵运算时,常按行或列对矩阵中的非零元素进行访问。若采用上述简单链式存储,访问一个非零元素时必须从链表的表头节点开始搜索,显然效率很低。如果把具有相同行号(或列号)的三元组节点按照列号或行号从小到大的顺序链接成一个单链表,则稀疏矩阵中的每一行(或每一列)对应一个单链表,则可得到稀疏矩阵的行链表(或列链表)表示方法。行链表中每个节点含有列号 col、值 value 及指向本行下一个节点的指针 link。列链表中每个节点含有行号 row、值 value 及指向本列中下一个节点的指针 link。为便于访问每个单链表,需设一维数组,该数组第 $i$ 个元素位置存放稀疏矩阵中第 $i$ 行所对应的单链表的表头指针。图 4-17 所示为图 4-15 所示稀疏矩阵 $\boldsymbol{A}$ 的行链表表示。

如果元素变化很频繁,行链表(或列链表)也可根据需要建成双向链表或循环链表。如果在矩阵运算中,需同时按行和按列访问矩阵元素,可采用如图 4-19 所示十字链表结构表示稀疏矩阵,这样可显著提高访问速度。这种方法为稀疏矩阵的每一行设置一个单独的线性链表(可根据需要建成单链表、双向链表或循环链表),同样也为每一列设置一个单独的线性链表,这样稀疏矩阵的每个非零元素节点既是所在行链表中的一个节点,又是所在列链表中的节点,也就是位于两个链表的交汇处,故称为“十字链表”。在十字链表中,稀疏矩阵的每个非零元素节点结构如图 4-18 所示。其中 row、col 和 val 分别表示非零元素所在行、列和元素值,down 和 right 分别表示向下和向右的指针,down 指向同一列中下一个非零元素节点,right 指向同一行中下一个非零元素节点。

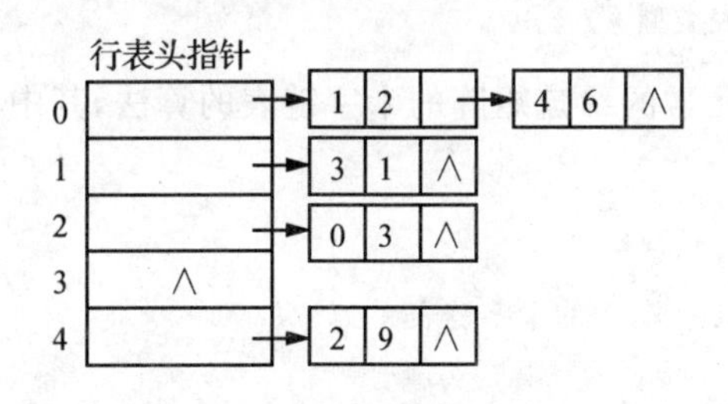


**图 4-17　稀疏矩阵的行链表表示**

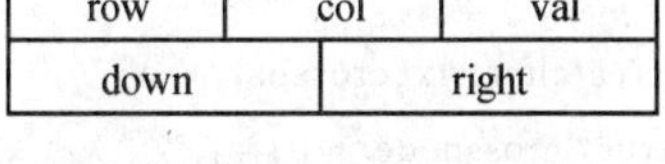

| row | col | val |
| --- | --- | --- |
| down | right | |

**图 4-18　十字链表节点结构**

这样,在十字链表中插入或删除节点时,既需要修改行链表中的指针 right,又要修改列链表中的指针 down。图 4-19(a)所示的稀疏矩阵 $A$ 的十字链表表示法如图 4-19(b)所示。

十字链表的类型描述为:

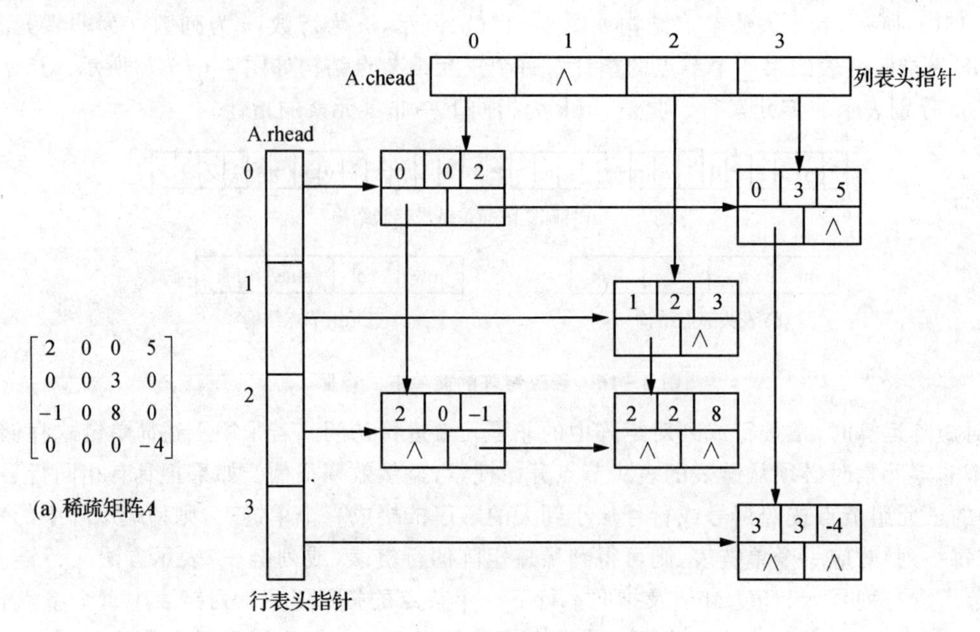


(a) 稀疏矩阵*A*

(b) 稀疏矩阵*A*的十字链表

**图 4－19　十字链表表示法**

```
typedef struct crossnode
{
   int row,col;                          /＊row,col 为非零元素行、列下标＊/
   datatype val;
   struct crossnode    ＊right,＊down;
  }crossnode;＊crosslink;
typedef struct
{
   crosslink ＊rhead, ＊chead;           /＊行、列表头指针＊/
   int m,n,t;                            /＊稀疏矩阵行数、列数、非零元素个数＊/
} crosslist;                             /＊十字链表类型＊/
```

下面讨论如何建立一个 $m$ 行 $n$ 列，有 $t$ 个非零元素的稀疏矩阵的十字链表的算法，其中稀疏矩阵采用三元组形式输入。

**算法 4－5**

```
void createlmatrix(crosslist ＊A)            /＊建立稀疏矩阵 A 的十字链表＊/
{  struct crossnode ＊p;
   scanf("%d%d%d",&m,&n,&t);     /＊输入 A 的行数、列数、非零元素个数＊/
   if(! (A－>rhead=(struct crossnode＊)malloc((m+1)＊sizeof(struct crossnode))))
        exit(0);
   if(! (A－>chead=( struct crossnode＊)malloc((n+1)＊sizeof(struct crossnode))))
        exit(0);
   A－>rhead[ ]=A－>chead[ ]=NULL ;
                                  /＊初始化行、列头指针向量、各行列链表均为空链表＊/
```

```
for(i=0;i<t;i++)
{
    scanf("%d%d%d",&i,&j,&v);  /* 输入一个非零元素的三元组 */
    if(!(p=(struct crossnode *)malloc(sizeof(struct crossnode))))
        exit(0);
     p->row=i;
     p->col=j;
     p->value=v;                  /* 生成一个非零元素节点 p */
     if(A->rhead[i]==NULL)
        A->rhead[i]=p;
    else                          /* 查找 p 插入行链表中的位置 */
      {
        for(q=A->head[i];(q->right)&&q->right->col<j;q=q->right)
            p->right=q->right;
        q->right=p;               /* p 插在 q 之后 */
      }
     if(A->chead[j]==NULL)
      A->chead[i]=p;
     else
      {                           /* 查找 p 插入列链表中的位置 */
        for(q=A->chead[j];(q->down)&&q->down->row<i;q=q->down)
              p->down=q->down;
           q->down=p;
       }                          /* 节点 p 插在 q 之后 */
    }
}
```

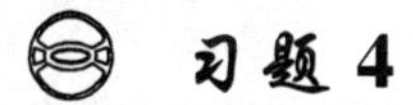

## 习题 4

4-1　两个字符串相等的充分必要条件是什么?

4-2　概念:空串、空白串、模式匹配。

4-3　利用 C 语言中的提供的串的基本操作编写算法实现将串 T 插入 S 的第 $i$ 个位置的算法。

4-4　设目标 S="acaabc", 模式 T="aab",写出模式匹配过程。

4-5　编写对串进行逆置的算法。

4-6　设 M 和 N 是用节点大小为 1 的单链表存储的两个串,设计算法找出 M 中的第一个不在 N 中出现的字符。

4-7　概念:特殊矩阵、稀疏矩阵、压缩存储。

4-8　编写当稀疏矩阵采用三元组表存储时将矩阵 $\boldsymbol{A}$ 和矩阵 $\boldsymbol{B}$ 相加的算法。

4-9　设有三对角矩阵 $\boldsymbol{A}_{n\times n}$,将其三条对角线上的元素逐行地存入一维数组 $\boldsymbol{B}[0\cdots 3n-3]$中,

(1) 用 $i,j$ 表示 $k$ 的下标变换公式；

(2) 用 $k$ 表示 $i,j$ 的下标变换公式。

4-10　写出按行优先与列优先顺序存储的三维数组元素 $a_{ijk}$ 的地址计算公式。

4-11　画出图 4.13 所示稀疏矩阵的列链表表示。

4-12　设稀疏矩阵 $\boldsymbol{A}$ 为 $\begin{bmatrix} 0 & 3 & 0 & 0 & 1 \\ -1 & 0 & 0 & 3 & 0 \\ 0 & 0 & 2 & 0 & 0 \\ 8 & 0 & 0 & 3 & 0 \end{bmatrix}$

(1) 画出矩阵 $\boldsymbol{A}$ 的十字链表存储表示。

(2) 设计算法在十字链表中查找并打印所有值为 3 的元素。

4-13　设二维数组 $\boldsymbol{A}_{5\times6}$ 的每个元素占 2 个字节，已知 loc ( $a_{00}$ )＝1 000。

(1) 求二维数组 $\boldsymbol{A}_{5\times6}$ 共占多少字节？

(2) $\boldsymbol{A}_{5\times6}$ 的终端节点的起始地址是多少？

(3) 按行优先及按列优先存储时 $\boldsymbol{A}_{25}$ 的起始的地址分别是多少？

# 第 5 章 二叉树和树

树和前面讲过的线性表、栈、队列等不同,前面的几种数据结构都为线性结构,而树是一种非线性结构,它是以分支关系定义的层次结构,因此,树为计算机应用中出现的具有层次关系或分支关系的数据提供了一种自然的表示方法。用树结构描述的信息模型在自然界中是普遍存在的。如图 5-1 所示,一个学校的组织机构、一个家族的体系结构和书的章节结构等都属于树结构。

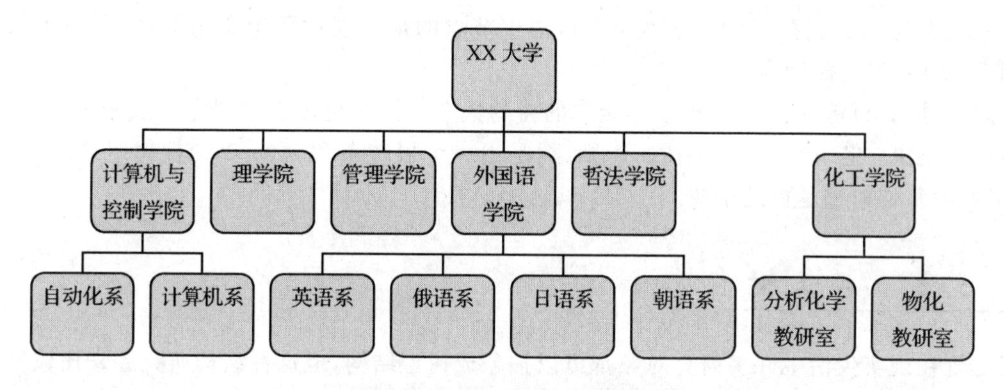


**图 5-1　学校的组织机构图**

## 5.1　树和森林

树是 $n(n\geqslant 0)$ 个数据元素的有限集。它或为空集 $(n=0)$,或者含有一个唯一的称为根的元素。当 $n>1$ 时,其余元素被分成 $m(m>0)$ 个互不相交的子集。每个子集自身也是一棵树,称为根的子树。集合为空的树称为空树。树中的元素也称为节点。

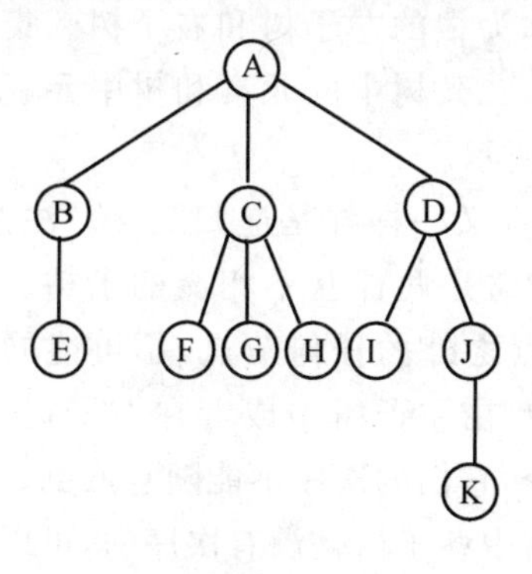


**图 5-2　树**

例如,图 5-2 所示的树中含有 11 个节点,其中 A 为根节点,其余 10 个元素分为三个互不相交的子集{B,E},{C,F,G,H},{D,I,J,K},每个子集都是一棵树,称为 A 的子树,还可以类似地对这三棵子树进行分解。

一棵树中某节点所含子树的个数称为该节点的度。度数为零的节点称为叶子节点或终端节点。一棵树的各节点的度的最大值称为这棵树的度。一般情况下,树的子树是没有次序的,即无序树。在有些问题中需要对子树明确规定位序,称为有序树。在树中有唯一确定的根,并且节点和它的子树的根之间是父子关系。这种关系是有向关系,虽然在讨论中没有画出箭头,但都是有向树。树中各节点关系的命名模仿了家谱体系的命名规则。树中某个节点的子树之根称为该节点的孩子(child)或儿子,相应的该节点称为孩子的双亲(parents)或父亲。如图 5-2 中,B 是节点 A 的子树 T1 的根,所以 B 是 A 的孩子,而 A 是 B 的双亲。同一个双亲的孩子称为兄弟(sibling)。如图 5-2 中 B,C,D 互为兄弟。依此类推,双亲互为兄弟的节点互称为堂兄弟,如图 5-2 中 E,F,I 互称为堂兄弟。若树中存在一个节点序列 $K_1, K_2, \cdots, K_j$,使得 $K_i$ 是 $K_{i+1}$ 的双亲($1 \leqslant i < j$),则称该节点序列是从 $K_i$ 到 $K_j$ 的一条路径(path)。路径的长度等于 $j-1$。它是该路径所经过的边(即连接两个节点的线段)的数目。若树中节点 K 到 $K_S$ 存在一条路径,则称 K 是 $K_S$ 的祖先(ancestor),$K_S$ 是 K 的子孙(descendant)。显然一个节点的祖先是从根节点到该节点路径上所经过的所有节点,而一个节点的子孙则是以该节点为根的子树中所有的节点。如图 5-2 中 A,B 均是 E 的祖先,A,D,J 是 K 的祖先,以 A 为根的二叉树中的所有节点均为 A 的子孙。

节点在树中的层次约定为:根所在的层次为 1,根的孩子所在的层次为 2,依此类推,若某节点的层次为 $k$,则其孩子的层次为 $k+1$,树中节点的最大层次数定义为树的深度(depth)。如图 5-2 中,树的深度为 4。

森林(forest)是 $m(m \geqslant 0)$ 棵互不相交的树的集合。因此也可以将树定义成是 $n(n \geqslant 0)$ 个节点的有限集。若 $n=0$ 称为空树。否则,树是由一个根节点和 $m(m \geqslant 0)$ 棵树组成的森林构成,森林中每棵树都是根的子树。

## 5.2 二叉树

尽管在现实生活中许多研究对象都可以抽象成树型结构,但这种结构研究起来比较复杂,不很方便,因此主要研究二叉树,并研究二叉树、树和森林之间的转换。

### 5.2.1 二叉树的定义和基本术语

二叉树是一种重要的树型结构,其定义如下:

二叉树(binary tree)是 $n(n \geqslant 0)$ 个数据元素的有限集,它或为空集($n=0$),或者含有唯一的称为根的元素。若 $n>1$,则其余元素被分成两个互不相交的子集,每个子集自身也是一棵二叉树,分别称为根的左子树和右子树。集合为空的二叉树简称为空树,二叉树中的元素和树中元素一样同称为节点,如图 5-3 所示。

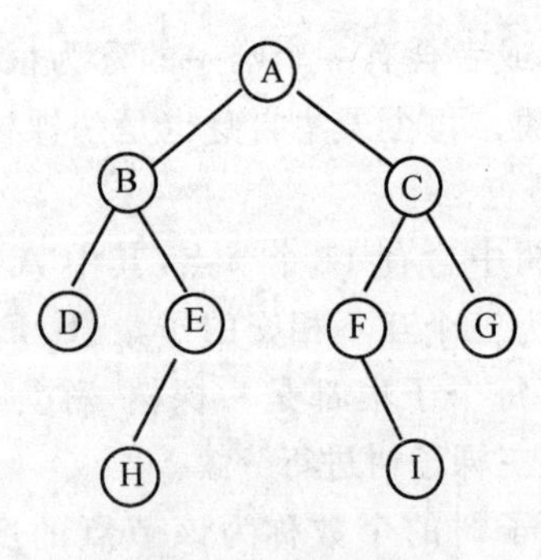

图 5-3 二叉树

二叉树的定义和树的定义一样都是递归定义。注意:二叉树中的左子树和右子树是两棵互不相交的子树。因此,在二叉树中除了根节点之外的任何节点,不可能同时在两棵子树中出现,它或者在左子树中或者在右子树中。二叉树中每个节点至多有两棵子树,且这两棵子树有左右之分,它们的次序不能随意颠倒。有人说"二叉树就是度为 2 的树"。这种说法是错误的,因为在树中各子树是没有次序的,可以随意颠倒,而二叉树有左右子树之分。

在二叉树中,除了树中的一些术语仍然适用外,又增加一些特殊的术语如下:

满二叉树(full binary tree):若二叉树中所有分支节点的度数都为 2,且叶子节点都在同

一层次上，则称这类二叉树为满二叉树。对满二叉树可以从上到下从左到右进行从 1 开始的编号，如图 5-4(a)所示。则任意一棵二叉树都可以和同深度的满二叉树相对比。假如一棵包含 $n$ 个节点的二叉树中每个节点都可以和满二叉树中编号从 1 到 $n$ 的节点一一对应，则称这类二叉树为完全二叉树(complete binary tree)。如图 5-4(b)所示。一棵深度为 $k$ 的二叉树，前 $k-1$ 层都是满的，且第 $k$ 层的节点都集中在左边。显然，满二叉树本身也是一棵完全二叉树。

有关二叉树的基本操作定义如下：

InitBitree(&T)

初始条件：二叉树 T 不存在；

操作结果：构造一棵空的二叉树 T。

Destroybitree(&T)

初始条件：二叉树 T 存在。

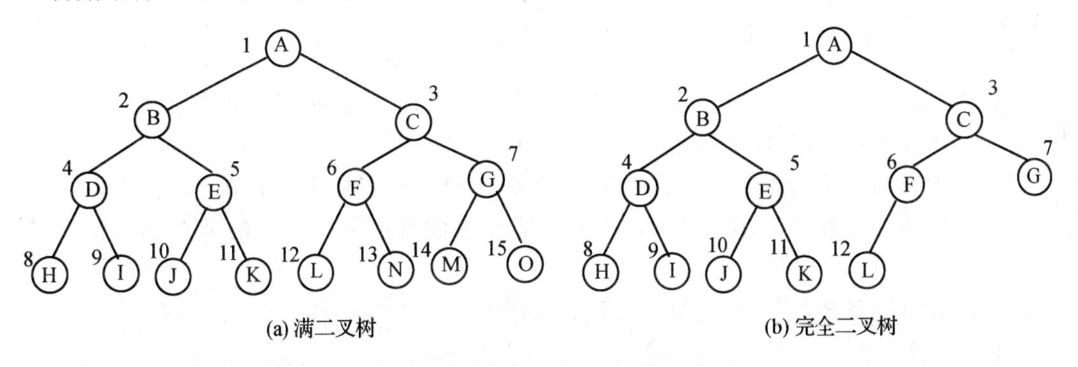


**图 5-4　特殊形态的二叉树**

操作结果：删除二叉树 T。

Createbitree(&T,definition)

初始条件：definition 给出二叉树 T 的定义。

操作结果：按 definition 给出的定义构造二叉树 T。

Emptybitree(T)

初始条件：二叉树 T 存在。

操作结果：若二叉树 T 为空，则返回 1，否则返回 0。

Bitreedepth(T)

初始条件：二叉树 T 存在。

操作结果：返回二叉树 T 的深度。

Parent(T,e)

初始条件：二叉树 T 存在，e 是 T 中某节点。

操作结果：若 e 是 T 的非根节点，则返回它的双亲，否则返回“NULL”。

Leftchild(T,e)

初始条件：二叉树 T 存在，e 是 T 中某节点。

操作结果：返回 e 的左孩子，若 e 无左孩子，则返回“NULL”。

Rightchild(T,e)

初始条件：二叉树 T 存在，e 是 T 中某节点。

操作结果：返回 e 的右孩子，若 e 无右孩子，则返回“NULL”。

Leftsibling(T,e)

初始条件：二叉树 T 存在，e 是 T 中某节点。

操作结果：返回 e 的左兄弟，若 e 是其双亲的左孩子或无左兄弟，则返回“NULL”。

Rightsibling(T,e)

初始条件：二叉树 T 存在，e 是 T 中某节点。

操作结果：返回 e 的右兄弟，若 e 是其双亲的右孩子或无右兄弟，则返回“NULL”。

Traverse(T)

初始条件：二叉树 T 存在。

操作结果：按照某条搜索路径遍历 T，对每个节点进行一次，且仅一次的访问(例如输出节点元素值)。

### 5.2.2 二叉树的基本性质

**性质 1** 在二叉树的第 $i$ 层上至多有 $2^{i-1}$ 个节点($i \geqslant 1$)。(可利用归纳法证明)。

**证明** $i=1$ 时，只有一个根节点，$2^{i-1}=1$ 正确。

假设对所有的 $k(1 \leqslant k \leqslant i)$ 该命题成立，即在第 $k$ 层上至多有 $2^{k-1}$ 个节点。由于在二叉树中每个节点的最大度数为 2，则第 $k+1$ 层上的节点总数可由第 $k$ 层上的节点总数得出，即：$2 \times 2^{k-1}=2^{(k+1)-1}$

由 $k$ 的任意性可知，二叉树的第 $i$ 层上至多有 $2^{i-1}$ 个节点($i \geqslant 1$)。

**性质 2** 深度为 $k$ 的二叉树至多有 $2^k-1$ 个节点($k \geqslant 1$)。

**证明** 由性质 1 可知，深度为 $k$ 的二叉树上最大节点数为

$$\sum_{i=1}^{k} 2^{k-1} = 2^0 + 2^1 + 2^2 + \cdots + 2^{k-1} = 2^k - 1$$

**性质 3** 在任意一棵二叉树中，若终端节点的个数为 $n_0$，度为 2 的节点个数为 $n_2$，则有 $n_0=n_2+1$。

**证明** 因为二叉树中任意一个节点的度数均不大于 2，则一棵二叉树中总的节点个数为 0 度节点数、1 度节点数和 2 度节点数之和，即

$$n = n_0 + n_1 + n_2 \tag{1}$$

又因为二叉树中的分支是由度为 1 的节点和度为 2 的节点发出的。度为 1 的节点发出 1 个分支，度为 2 的节点发出 2 个分支。设分支数为 $b$，则

$$b = n_1 + 2n_2 \tag{2}$$

由于二叉树中除根节点之外的任意节点都有边指向它，故有多少个边就有多少个非根节点，再加上根节点，总数恰为 $n$ 个，即分支数 $b$ 和节点总数 $n$ 之间有下述关系：

$$n = b + 1 \tag{3}$$

由(1)、(2)、(3)得，$n_0+n_1+n_2=n_1+2n_2+1$

整理得：$n_0=n_2+1$

**性质 4** 具有 $n$ 个节点的完全二叉树的深度为 $\lfloor \mathrm{lb}n \rfloor+1$。

**证明** 设所求完全二叉树的深度为 $k$，由完全二叉树的定义可知：它的前 $k-1$ 层是深度

为 $k-1$ 的满二叉树，一共有 $2^{k-1}-1$ 个节点。由于完全二叉树的深度为 $k$，因此第 $k$ 层上还有若干个节点，即该完全二叉树的节点总数 $n>2^{k-1}-1$，由性质 2 得 $n\leqslant 2^k-1$，即

$$2^{k-1}-1<n\leqslant 2^k-1$$

也即

$$2^{k-1}\leqslant n<2^k$$

取对数后有：$k-1\leqslant \mathrm{lb}n<k$　　即：$k=\lfloor \mathrm{lb}n \rfloor+1$

**性质 5**　如果对一棵具有 $n$ 个节点的完全二叉树（其深度为$\lfloor \mathrm{lb}n \rfloor+1$）的节点按层序（从第 1 层到第$\lfloor \mathrm{lb}n \rfloor+1$，每层从左到右）从 1 开始编号，则对任一编号为 $i$ 的节点（$1\leqslant i\leqslant n$），有：

1) 如果 $i=1$，则编号为 $i$ 的节点是二叉树的根，无双亲；如果 $i>1$，则其双亲节点 parent(i)的编号是$\lfloor i/2 \rfloor$。

2) 如果 $2i>n$，则编号为 $i$ 的节点无左孩子（编号为 $i$ 的节点为终端节点）；否则其左孩子节点 lchild(i)的编号是 $2i$。

3) 如果 $2i+1>n$，则编号为 $i$ 的节点无右孩子；否则其右孩子节点 rchild(i)的编号为$2i+1$。

本性质的证明在此省略，可由读者自行验证。

### 5.2.3　二叉树的存储结构

同线性表一样，二叉树也有两种存储结构，即顺序存储结构和链式存储结构。

**1. 二叉树的顺序存储结构**

这种方法是把二叉树中的所有节点，按照一定的顺序，存储到一块连续的存储空间，因此，必须把二叉树中的节点构造成一个适当的线性序列，使得节点在这个序列中的位置能反映出节点间的逻辑关系。因此，采用性质 3 的编号规则。按照这种规则，可以将完全二叉树中的所有节点，按编号顺序依次存储在一个向量 bitree[$n+1$]中，bitree[0]不用。这样无须附加任何信息就可以在这个顺序存储结构里找到每个节点的双亲和孩子。例如，如图 5－5 所示的完全二叉树，节点 6 的双亲是 3，而它的左右孩子分别是 12 和 13。显然对于满二叉树和完全二叉树而言，顺序存储结构既简单又节省空间。但是对于一般的二叉树采用顺序存储方式时，为了能用节点间的相对位置来表示节点间的逻辑关系，也必须按完全二叉树的编号形式来进行存储，这将会造成存储空间的浪费。对于一个具有 4 个节点的右单支树需要占用 16 个存储空间（0 单元闲置），即需要占用深度为 4 的满二叉树的节点总数＋1 个空间，如图 5－6 所示。也就是说，对于一棵二叉树，在最坏的情况下，一个深度为 $k$ 具有 $k$ 个节点的右单支树要占 $2^k$个节

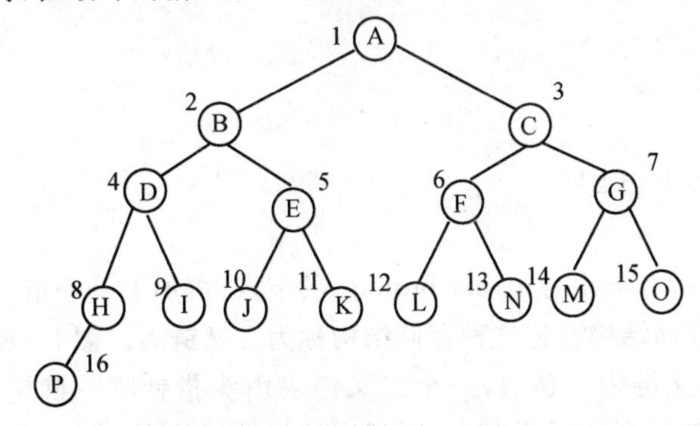


**图 5－5　完全二叉树**

点的存储空间。

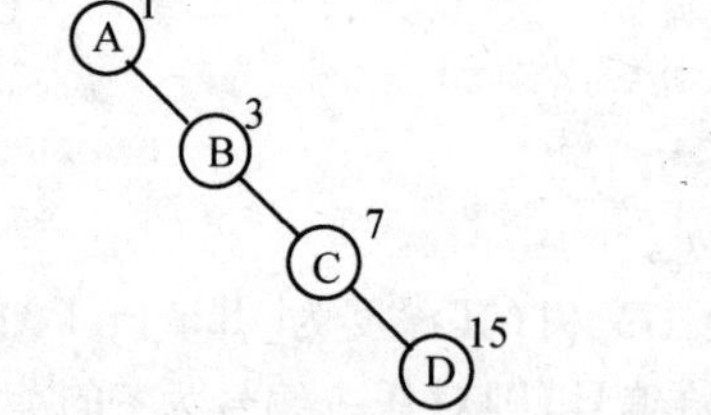


(a) 具有4个节点的右单支树

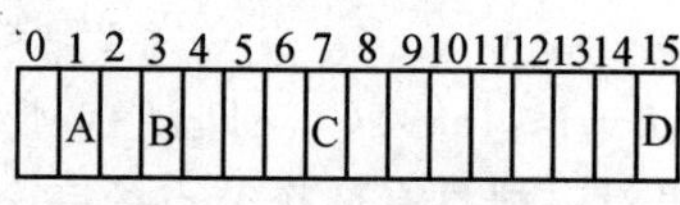


(b) 具有4个节点的右单支树的顺序存

**图 5-6　二叉树的顺序存储**

二叉树的顺序存储结构定义如下：

```
#define MAXSIZE 100                    /* 暂定二叉树中节点数的最大值为 100 */
typedef char elemtype;
typedef struct sqbitree
{
 elemtype   data[MAXSIZE+1];           /* 存储空间基址 */
 int   nodenum;                        /* 树中节点数 */
};
```

**2. 二叉树的链式存储结构**

由于顺序存储结构浪费存储空间，因此存储二叉树最直观、最自然的方法是用链表来进行存储。当采用链表表示二叉树时，每个节点需要几个域可以根据需要来设定。由于二叉树最多有左右两个孩子，所以常用的是设定三个域，即数据域、左孩子域和右孩子域。数据域用于存储节点本身的数据。左、右孩子域是指向左、右两个孩子的指针（需要时还可以设立双亲域和标志域等），如图 5-7 所示。

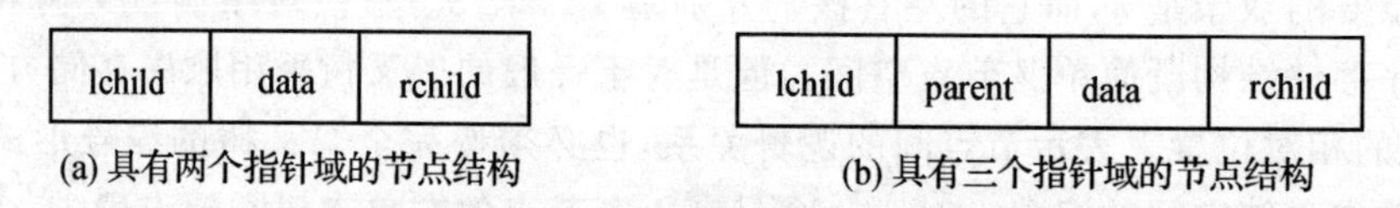


(a) 具有两个指针域的节点结构　　(b) 具有三个指针域的节点结构

**图 5-7　二叉树链式存储的节点结构**

相应的类型说明为：

```
typedef  struct bitnode
{
  elemtype data;
  struct bitnode *lchild, *rchild;
 } *bitree;
```



在一棵二叉树中，所有类型为 struct bitnode 的节点，再加上一个指向根节点的指针 T，就构成了二叉树的链式存储结构。把这种存储结构称为二叉链表。图 5-8(b)所示就是图 5-8(a)所示的二叉树的二叉链表。显然，一个二叉链表由头指针唯一确定。若二叉树为空，则 T==NULL；若节点的某个孩子不存在，则相应的指针域为空。这种形式的二叉链表，若其表示的二叉树具有 $n$ 个节点，则该二叉链表共有 $2n$ 个指针域。其中只有 $n-1$ 个用于指向节

点的左、右孩子，其余的 $n+1$ 个指针域为空。由此可见，二叉树的空链域数仅稍多于总链域数的 1/2，这就显示了二叉树的优越性。如果能将树转化为相应的二叉树，既可以较好地解决树的存储问题，又可以方便有关的运算。下面就讨论树和二叉树的转换问题。

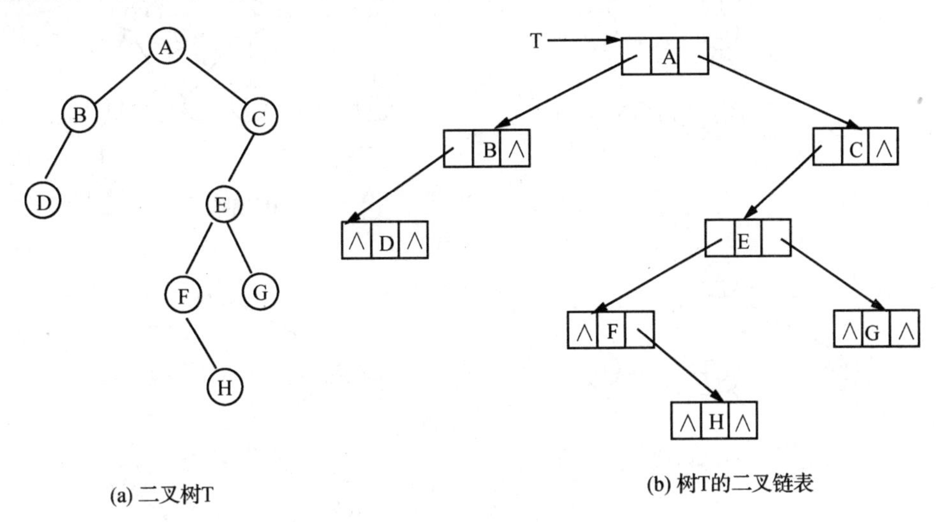


**图 5-8　二叉树的链式存储结构**

## 5.3　二叉树与树、森林之间的转换

### 5.3.1　二叉树与树之间的转换

对于树而言，树中孩子的次序可以是无序的，只要双亲与孩子的次序不颠倒就可以了，但在二叉树中，左、右孩子的次序是不能颠倒的。所以在讨论二叉树与树的转换时，为了不引起转换结果的多样性，约定根据树的图形上的节点次序进行转换。

**1. 树转换为二叉树**

将树转换为二叉树的方法可以按下述步骤进行操作。

1) 加线　在各兄弟节点之间加一虚线。

2) 抹线　对于每一个节点，除其最左的一个孩子外，抹掉该节点原来与其余孩子的连线。

3) 旋转　将图形上原有的实线均向左斜，加上的虚线均向右斜，虚线变成实线，调整成二叉树的树形结构。

树转化为二叉树的步骤如图 5-9 所示。

这样转化成的二叉树有两个特点：

1) 根节点没有右子树；

2) 转化生成的二叉树中各节点的左孩子是原来树中该节点的孩子，而其右孩子是原来树中该节点的兄弟。

**2. 二叉树还原为树**

将一棵由树转化来的二叉树还原为树的步骤如下：

1) 加线　若某节点 $i$ 是双亲节点的左孩子，则将该节点的右孩子以及当且仅当连续地沿

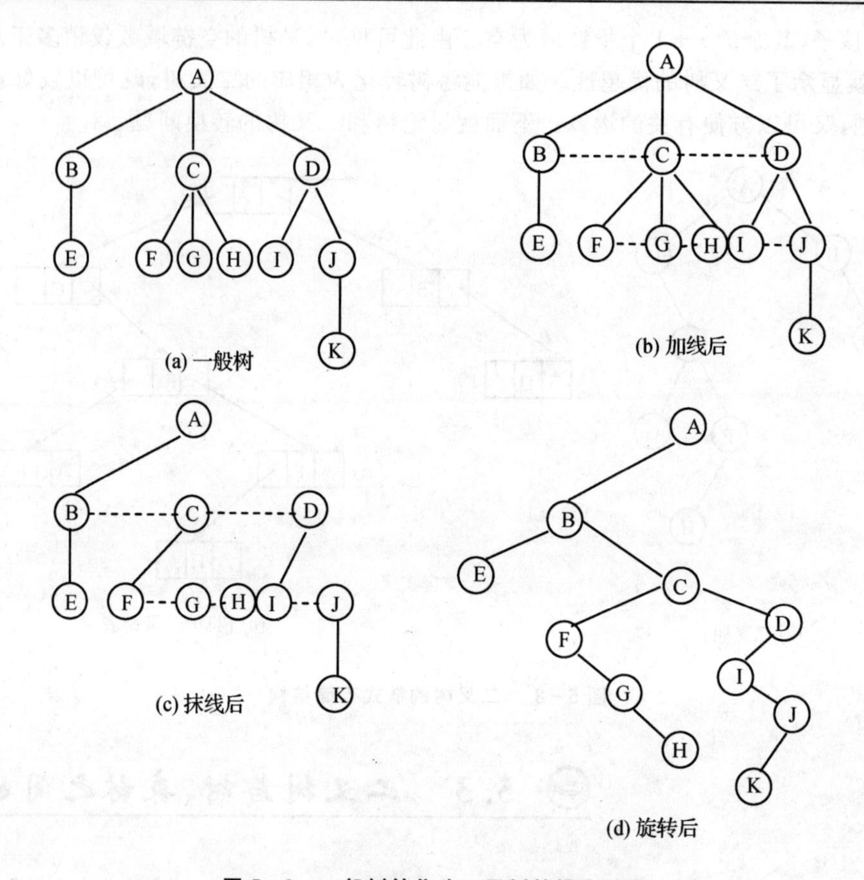


**图 5-9　一般树转化为二叉树的操作过程**

着此右孩子的右链不断搜索到的所有右孩子，都分别与节点 $i$ 的双亲节点用虚线连接起来。

2）抹线　抹掉原二叉树中所有双亲节点与右孩子的连线。

3）旋转　将树中虚线均变成实线，并按层次排好。

二叉树还原为树的步骤如图 5-10 所示。

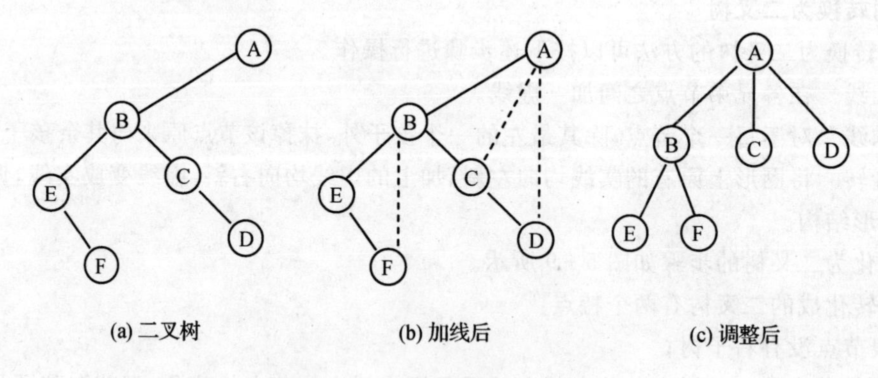


**图 5-10　二叉树还原为一般树**

## 5.3.2　二叉树与森林之间的转换

森林是树的有限集合，因此可以讨论森林与二叉树之间的转换。

**1. 森林转化为二叉树**

将森林转换为二叉树的步骤如下：

1）将森林中各棵树分别转化为二叉树。

2）按照森林中树的次序，依次将后一棵二叉树作为前一棵二叉树的根节点的右子树，则第一棵树的根节点是转换后生成的二叉树的根节点。

森林转化为二叉树的具体步骤如图 5-11 所示。

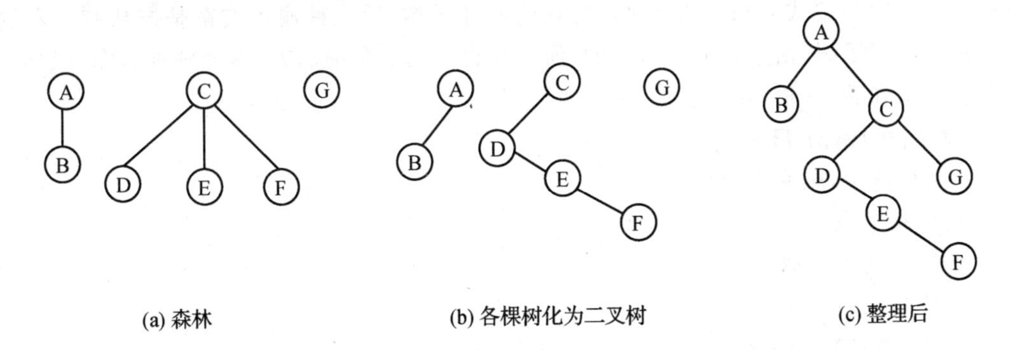


**图 5-11　森林转化为二叉树**

**2. 二叉树还原为森林**

将一棵由森林转化来的二叉树还原为森林，可以按下述步骤进行：

1）抹线　抹掉二叉树的根节点与右孩子的连线以及沿此右孩子的右链不断搜索到的所有右孩子间的连线，从而得到若干棵孤立的二叉树。

2）还原　将各棵孤立的二叉树，按二叉树还原为一般树的方法还原为一般树。

二叉树还原为森林的步骤如图 5-12 所示。

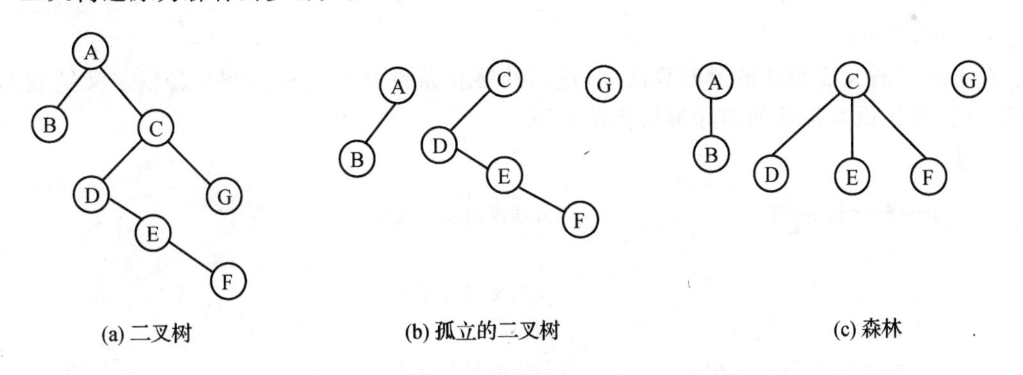


**图 5-12　二叉树还原为森林**

## 5.4　二叉树遍历



### 5.4.1　二叉树的遍历

所谓遍历二叉树是指按一定次序访问二叉树中的每一个节点，且每个节点仅被访问一次。所谓访问节点，可以理解为对节点的增、删、改等操作的抽象。为讨论方便，暂假定访问节点为输出节点数据域的值。遍历二叉树是二叉树的一种重要运算,也是非常有用的一种运算。

遍历一个线性结构很简单,只须从开始节点出发,顺序地访问每个节点即可;但对于二叉树这种非线性结构就需要寻找某些规律来进行遍历。

由于二叉树的定义是递归的,一棵非空的二叉树包括根节点、左子树和右子树,则对二叉树的遍历问题也可归结为三个子问题,即访问根节点、遍历左子树和遍历右子树。若用T,L和R来表示这三个子问题,则有TLR,LTR,LRT,TRL,RTL,RLT等6种次序的遍历方案。前三种遍历方案是按从左到右的顺序遍历根的两棵子树,后三种遍历方案是按从右到左的顺序遍历根的两棵子树,由于它们是对称的,所以仅讨论前三种遍历方法,分别称前序(根)遍历、中序(根)遍历和后序(根)遍历。

**1. 前序(根)遍历 TLR**

若二叉树非空,则遍历过程如下:

1) 访问根节点。
2) 前序遍历左子树。
3) 前序遍历右子树。

**2. 中序(根)遍历 LTR**

若二叉树非空,则遍历过程如下:

1) 中序遍历左子树。
2) 访问根节点。
3) 中序遍历右子树。

**3. 后序(根)遍历 LRT**

1) 后序遍历左子树。
2) 后序遍历右子树。
3) 访问根节点。

在上述三种文字描述的递归算法中,递归的终止条件是二叉树为空。若以二叉链表作为存储结构,则用语言描述的前序遍历算法如下:

**算法 5-1**

```
void  preorder(bitree T)                    /*前序遍历二叉树T*/
{
    if (T)                                  /*二叉树T非空*/
    {
        printf("\t%c",T->data);             /*访问根节点T*/
        preorder(T->lchild);                /*前序遍历左子树*/
        preorder(T->rchild);                /*前序遍历右子树*/
    }
}
```

对于图5-13所示的二叉树,其前序遍历序列为ABDEHIJKCFG。preorder(T)是一个递归过程。结合上面的例子,用图5-14来表示递归调用的执行过程。“访根(A)”表示输出根的数据域值a,“左→”表示继续遍历当前根节点有左子树,“右→”表示遍历当前根节点的右子树,“[ ]”内为执行的操作。

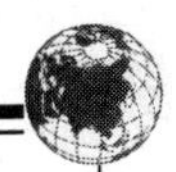

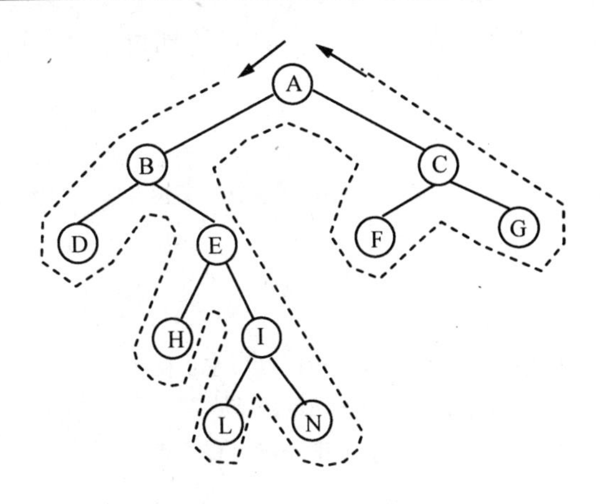


图 5－13　二叉树

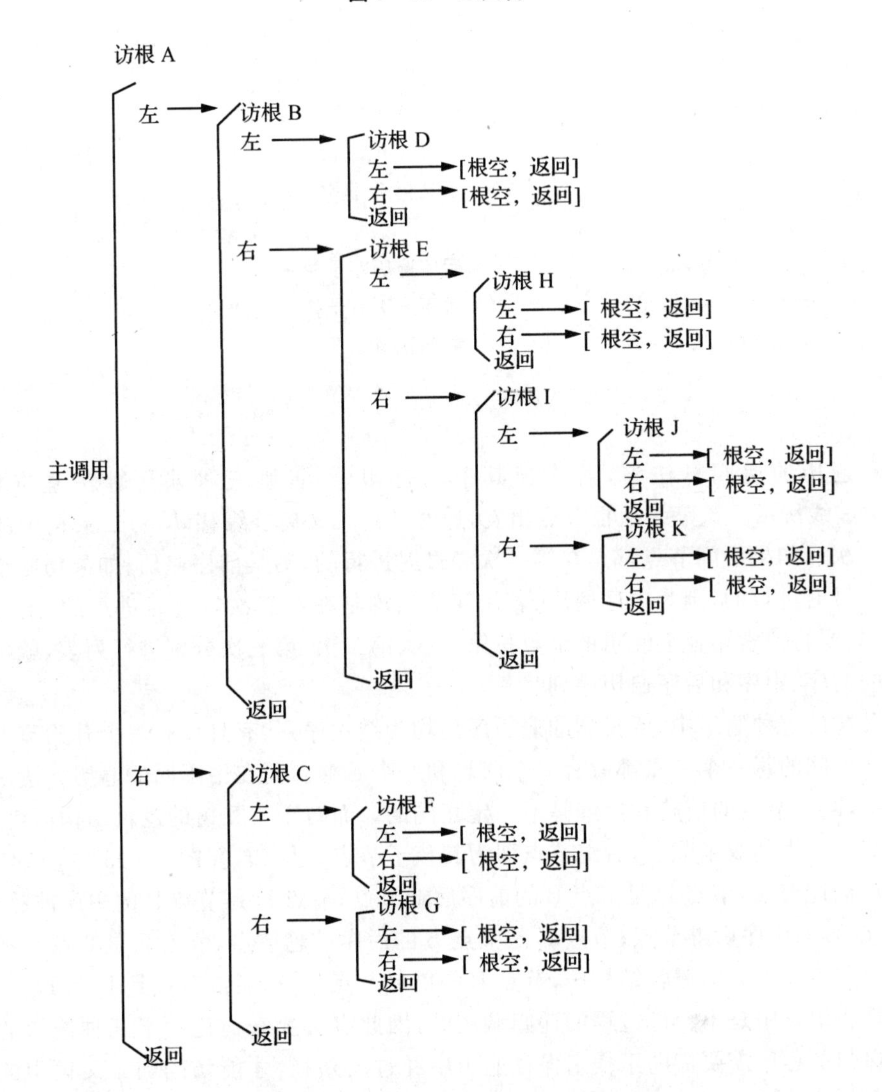


图 5－14　preorder 过程的递归调用

将算法 preorder 中访问根节点的语句放在算法的不同位置，便可得到二叉树的中序和后序遍历的递归算法。

**算法 5-2**

```
void  inorder(bitree T)                          /* 中序遍历二叉树 T */
{
   if (T)                                        /* 二叉树 T 非空 */
   {
        inorder(T->lchild);                      /* 中序遍历左子树 */
        printf("\t%c",T->data);                  /* 访问根节点 T */
        inorder(T->rchild);                      /* 中序遍历右子树 */
   }
}
```

**算法 5-3**

```
void  postorder(bitree T)                        /* 后序遍历二叉树 T */
{
   if (T)                                        /* 二叉树 T 非空 */
   {
        postorder(T->lchild);                    /* 后序遍历左子树 */
        postorder(T->rchild);                    /* 后序遍历右子树 */
        printf("\t%C",T->data);                  /* 访问根节点 T */
   }
}
```

从三种遍历的递归算法看，若去掉其中的打印语句，则三种遍历算法基本相同，如图 5-13 中虚线所示。该路线从根节点出发，逆时针沿二叉树外缘移动，对二叉树中的每个节点均经过三次。如果访问节点都是在第一次经过时进行的，则是前序遍历；如果访问节点都是在第二次经过时进行的，则为中序遍历；若访问节点均是在第三次经过时进行的，则为后序遍历。所以，只要将搜索路径上经过的节点按第一次、第二次、第三次分别进行列表，就可以得到该二叉树的前序、中序和后序遍历序列。

在二叉树的三种遍历中，所得到的遍历序列均为线性序列，有且仅有一个开始节点和一个终端节点。中间的每一个节点都只有一个前趋和一个后继。而在由不同的遍历方法所得到的遍历序列中，同一节点的前趋和后继是不一定相同的。而对于二叉树的逻辑结构而言，某一节点的前趋节点即为其双亲节点，后继节点即为其孩子节点。例如，在图 5-13 中，节点 A 是节点 B 的前序前趋节点，节点 D 是节点 B 的前序后继节点；节点 D 是节点 B 的中序前趋节点，节点 H 是节点 B 的中序后继节点；节点 E 是节点 B 的后序前趋节点，节点 F 是节点 B 的后序后继节点。而在该二叉树的逻辑结构中，节点 B 的前趋节点是 A，后继节点是 D 和 E。

有的算法语言中是不允许过程的递归调用的，因此有必要来讨论一下三种遍历的非递归算法。非递归的程序需要借助于栈来保存遍历中经过的路径，才能访问到二叉树中的所有节点。以中序遍历算法为例，算法的框图如图 5-15 所示，具体算法如下：

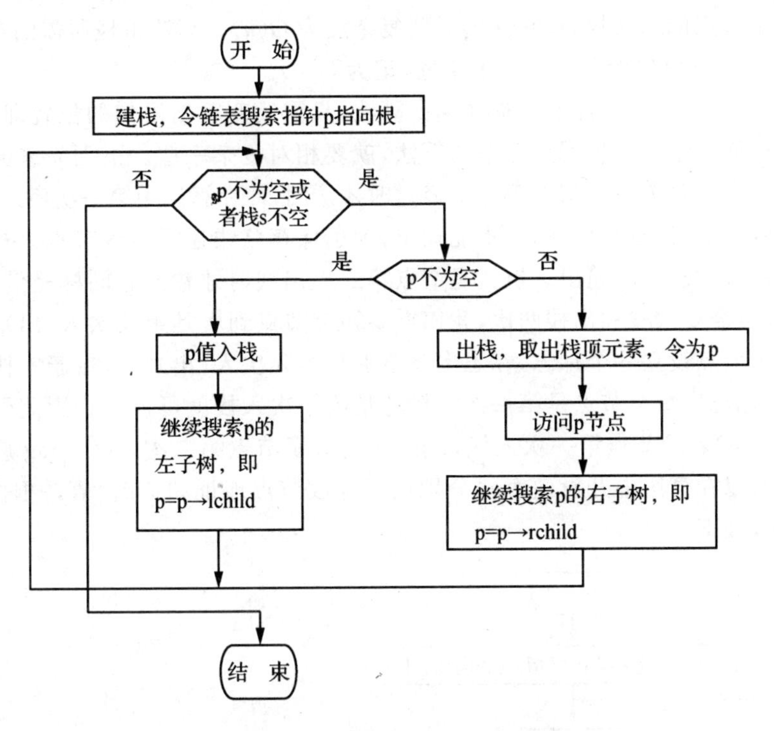


图 5－15　中序遍历的非递归算法

## 算法 5－4

```
inorder(bitree T)                              /＊中序遍历二叉树 T 的非递归算法＊/
{
   struct bitnode ＊p;                         /＊p 为搜索指针＊/
   seqstack s;
   INITSTACK(s);                               /＊初始化栈 s＊/
   p=T;                                        /＊p 从根开始搜索＊/
   while(! EMPTYSTACK(s)||(p! =NULL))
   {
      if  (p! =NULL)
      {
           PUSH(s,p);
           p=p->lchild;
      }                                        /＊p 不为"空"时 p 节点入栈,同时搜索左子树＊/
      else
      {
           p=POP(s);                           /＊p 为"空",则出栈＊/
           printf("\t%c",p->data);             /＊访问 p 节点,此处即输出 p 节点数据域的值＊/
           p=p->rchild;                        /＊搜索右子树＊/
      }
   }
}
```

对于有 $n$ 个节点的二叉树，该算法的时间复杂度为 $O(n)$。算法中栈所需的空间最多等于二叉树 $T$ 的深度 $k$ 乘以每个节点所需的空间，记为 $O(k)$。

同理，若要得到二叉树前序遍历的非递归算法，只需改变输出语句的位置即可，读者可自行编写该算法。而对于二叉树的后序遍历算法，就要相对复杂一些。下面先来分析一下该算法的设计思路。由于每个节点都在第三次经过时才访问，即在算法中第一次经过节点时，让节点入栈，第二次经过时让节点出栈，但不能输出，为了保存路线还需将该节点入栈。第三次经过节点时，让节点出栈，同时输出。也就是节点第二次出栈时才输出。同样是借助于栈，在此算法中，每个节点需要入栈和出栈两次，我们需要知道节点到底是第几次入(出)栈，所以需要在算法中为每个节点设立一个标志，标志出该节点是第几次入(出)栈。由于入栈和出栈是对应的，所以只要标志出每个节点是第一次入栈还是第二次入栈就可以了。因此引入一个标志变量 tag，tag=0 时表示节点第一次入栈，tag=1 时表示节点第二次入栈。tag 应连同节点地址一同入栈。所以在算法中开设两个栈分别用于存放节点地址和 tag。算法框图如图 5-16 所示。具体算法如下：

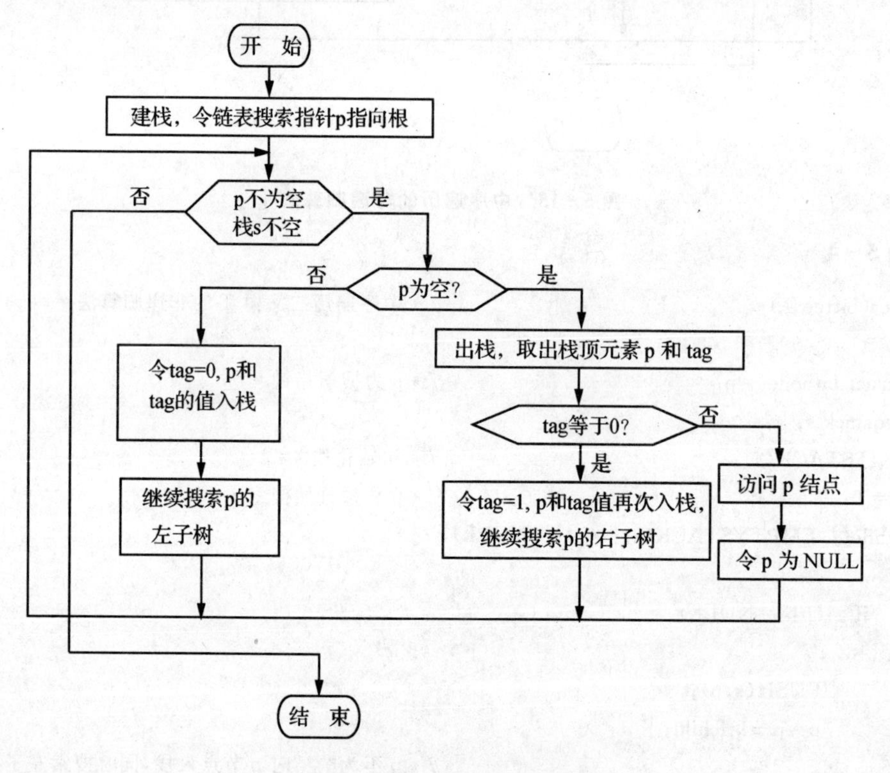


**图 5-16　后序遍历的非递归算法**

**算法 5-5**



```
#define MAXSIZE 60
postorder( bitree T)                          /* 二叉树后序遍历的非递归算法 */
{
  struct bitnode    * p;
  seqstack s1;
  seqstack s2;
```

```
    int tag;
    INITSTACK(s1);                              /* 初始化栈 s1 */
    INITSTACK (s2);                             /* 初始化栈 s2 */
    p=T;                                        /* p 从根开始搜索 */
    while(! EMPTYSTACK(s)||(p! =NULL))  /* 遍历的终止条件是 p 为"空"且栈 s 为"空" */
    {
      if   (p! =NULL)
     {
          PUSH(s1,p);
          PUSH(s2,0)
          p=p->lchild;
     }                                          /* p 不为"空"时,p 节点和标志"0"入栈,同时搜 */
                                                /* 索左子树 */
      else
      {   p=POP(s1);
          tag=POP(s2);                          /* p 为"空",则 p 节点和标志 p 出栈 */
          if (tag==0)
          {
            tag=1;
            PUSH(s1,p);
            PUSH(s2,tag);
            p=p->rchild;
                                                /* 若节点是第一次出栈,则重新入栈,置标志为 */
                                                /* "1",同时搜索右子树 */
          }
          else
          {
             printf("\t%c",p->data);            /* 若节点第二次出栈,访问 p 节点 */
             p=NULL;                            /* 使下次操作仍为出栈操作 */
          }
      }
    }
}
```

在该算法中每个节点都必须入栈和出栈两次,所以对于具有 $n$ 个节点的二叉树来说,入栈、出栈操作均需 $2n$ 次,可记为 $O(n)$。另外对节点的访问要进行 $n$ 次,也可记为 $O(n)$,总计为 $O(n)+O(n)$,所以总的时间复杂度仍可记为 $O(n)$。此程序所需的附加存储空间要比前序和中序遍历时多一些,但仍可记为 $O(k)$($k$ 是二叉树的深度),即该算法的空间复杂度为 $O(k)$。

给出二叉树的前序、中序序列或中序、后序序列都能唯一地确定一棵二叉树,例如,对于如下给出的二叉树的前序、中序序列,画出这棵二叉树。

前序序列:ABCDEFG

中序序列:CBDAFEG

由前序序列知，A是二叉树的根，由中序序列可知，A的左子树中含有C,B,D三个节点，右子树中含有F,E,G三个节点。再由前序序列知，A的左子树的根为B，由中序序列知，C为B的左子树的根，D为B的右子树的根；同理，A的右子树的根节点为E，F是E的左孩子，G是E的右孩子。求解过程如图5-17所示。

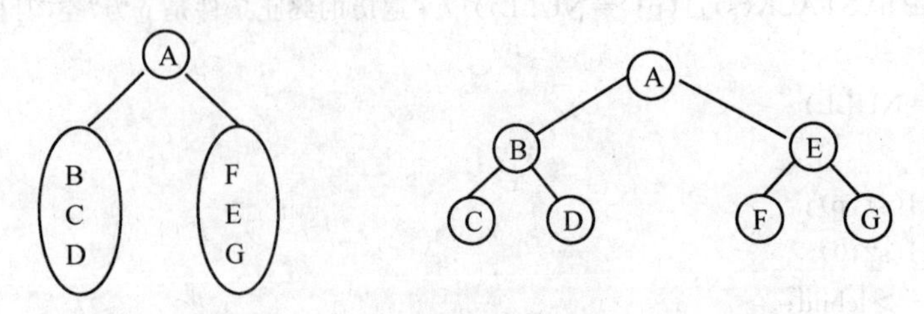


**图5-17　由前序、中序序列确定二叉树**

给出中序和后序序列，确定二叉树的过程与此类似，请读者自己完成。

### 5.4.2　二叉链表的建立

无论对二叉树进行哪种遍历方式，都是基于此二叉树存在的前提下，亦即该二叉树以一定的结构存储在计算机内。前面三种遍历算法中，都以二叉树T的二叉链表为存储结构。下面就来讨论一下二叉树链表结构建立的算法。

建立二叉树链表结构的方法很多，下面介绍一种利用完全二叉树的性质来建立二叉链表结构的方法，对任何一棵二叉树，都按完全二叉树的编号规则对其各节点进行编号：

1）根节点编号为1；

2）$i$节点的左孩子（如果存在）的编号为$2i$，$i$节点的右孩子（如果存在）的编号为$2i+1$。

对于一棵非完全二叉树而言，各节点的编号不一定是连续的，如图5-18所示。

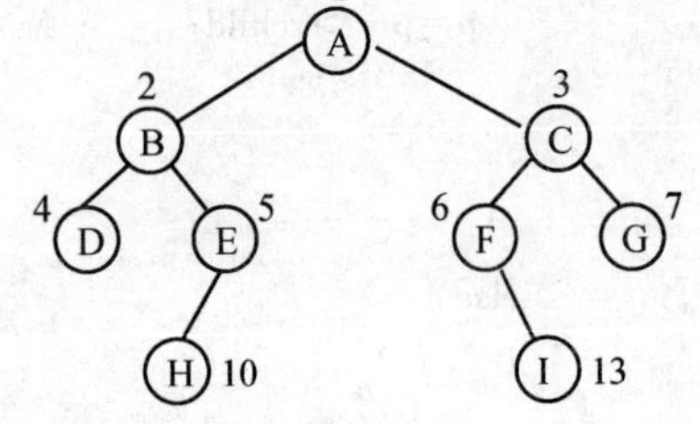


**图5-18　二叉树**

在算法中，按照各节点编号的顺序依次输入，同时设立一个数组，把$i$节点的地址存放在该数组的第$i$个元素中。这样，每输入节点的数据域值和节点编号$j$，如果$j=1$，则是根节点，否则$j$节点的双亲就是$\lfloor j/2 \rfloor$节点，于是双亲节点和孩子之间就可以链接起来了。建立二叉链表的算法框图如图5-19所示。具体算法如下：

**算法5-6**

```
#define MAX  60
#define LEN sizeof(struct bitnode)
setuptree(struct bitnode *t)
{  struct bitnode *nar[MAX], *p;
   int  f,i,j,n;
  char x;
  scanf("%d",&n);                    /*n为节点总数*/
  for (i=1;i<=n;i++)
```

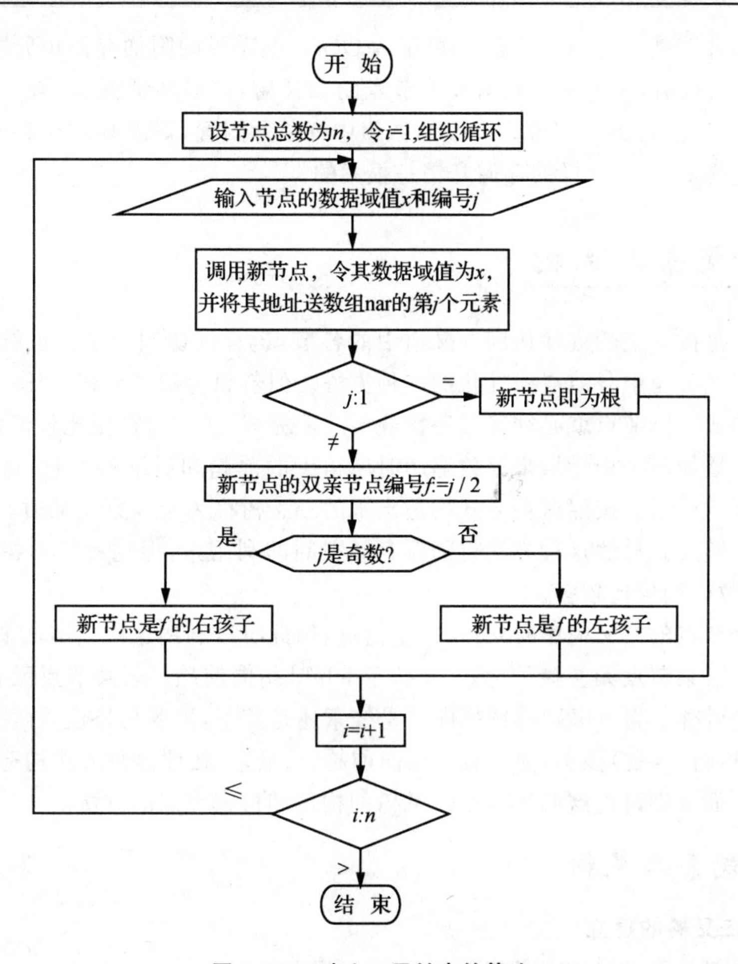


图 5-19　建立二叉链表的算法

```
{   scanf("%c,%d",&x,&j);                       /* x为节点数据域值,j是其编号 */
    p=(struct bitnode *)malloc(LEN);
    p->lchild=NULL;
    p->rchild=NULL;
    p->data=x;
    nar[j]=p;                                   /* 编号为 j 的节点地址送入 nar[j] */
    if (j==1)
        t=p;
    else
    {   f=j/2;                                  /* f为 j 的双亲 */
        if (j%2==0)                             /* 判断 j 是 f 的左孩子还是右孩子 */
            nar[f]->lchild=p;
        else
            nar[f]->rchild=p;
     }
   }
}
```

上述算法的计算量主要是 for 循环，可记为 $O(n)$，但需要的附加存储单元较多，要开设一个容量为 MAX 的数组，对于一个具有 $n$ 个节点的二叉树，在最坏情况下，假设该树为有 $n$ 个节点的右单支树，节点的最大编号为 $2^n-1$，数组中 0 单元闲置，则需有 $2^n$ 个存储单元，即该算法的空间复杂度为 $O(2^n)$，这样的存储开销是很大的。

## 5.5 线索二叉树

遍历二叉树是按一定的规律访问二叉树中的各节点，且仅访问一次。也就是说遍历二叉树提供了一种将二叉树中各节点线性化的一种方法。但若想得到二叉树中任一节点在某种遍历次序下的前趋或后继节点就必须经过一次遍历才能完成，显然这样做比较浪费时间。为此，若在每个节点中增加两个指针域来存放遍历时所得到的前趋和后继的信息，这种指向前趋或后继的指针就称为线索。按照这种方式构造出来的二叉树称为全线索二叉树。加上线索的二叉链表称为线索链表。显然这种方法将降低存储空间的利用率，但这种线索树建立和检索起来都比较方便，故应用也比较多。

由于有 $n$ 个节点的二叉树中有 $n+1$ 个空链域，因此可以利用这些空链域来作为指向前趋和后继的指针。若某节点无左孩子，则其左孩子 lchild 指向前趋。若某节点无右孩子，则其右链域 rchild 指向后继。为了区别链域指向的是线索还是孩子，需要另外设立两个标志 lt 和 rt。lt(rt)为 0 表示指向左(右)孩子，为 1 表示指向前趋(后继)。按照这种方法构造的二叉树称为线索二叉树。下面分别讨论这两种线索二叉树的构造和检索节点的方法。

### 5.5.1 全线索二叉树

**1. 全线索二叉树的建立**

全线索二叉树的节点结构定义如下：

```
typedef struct bithrnode
{
 elemtype  data;
 struct bithrnode  * lchild, * rchild;             /* 左、右孩子指针 */
 struct bithrnode  * pred, * succ;                 /* 前趋、后继线索 */
}bithrnode, * bithrtree;
```

用全线索链表做存储结构时，构造过程将非常简单，只需在相应的遍历过程中加上线索即可，如图 5-20 所示。下面以中序线索树为例，来研究构造全线索二叉树的算法。该过程即为中序遍历过程，只是需要在遍历过程中，附设一个指向"当前访问"节点的"前趋"的指针 pr，访问节点仍假定为输出节点数据域的值，算法框图如图 5-21 所示。具体算法如下：



**算法 5-7**

```
inbithrtree(struct bithrnode  * t)           /* 中序全线索二叉树建立算法，t 为头指针 */
{
    struct bithrnode  * p, * pr;
    INITSTACK(s);                            /* 初始化栈 s */
    pr=NULL;
```

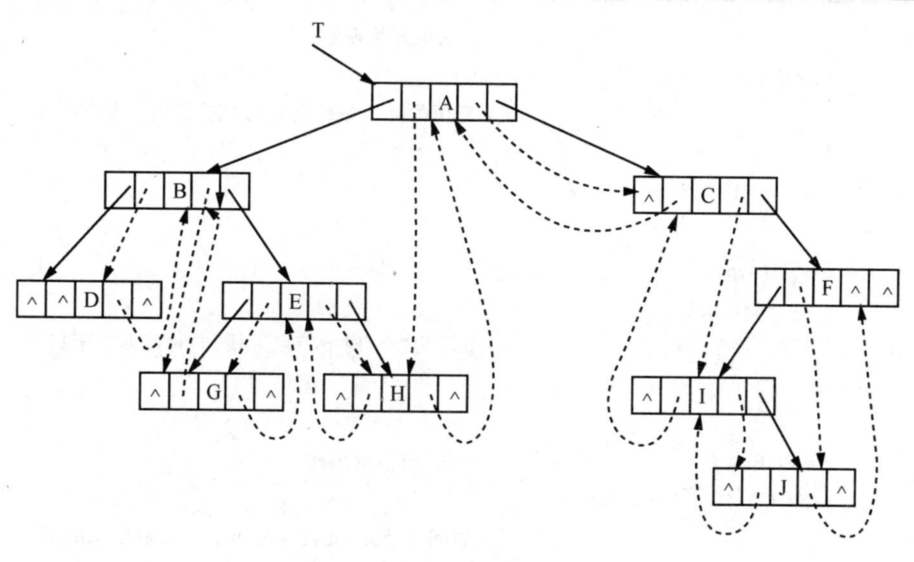


图 5－20　中序全线索二叉树 T

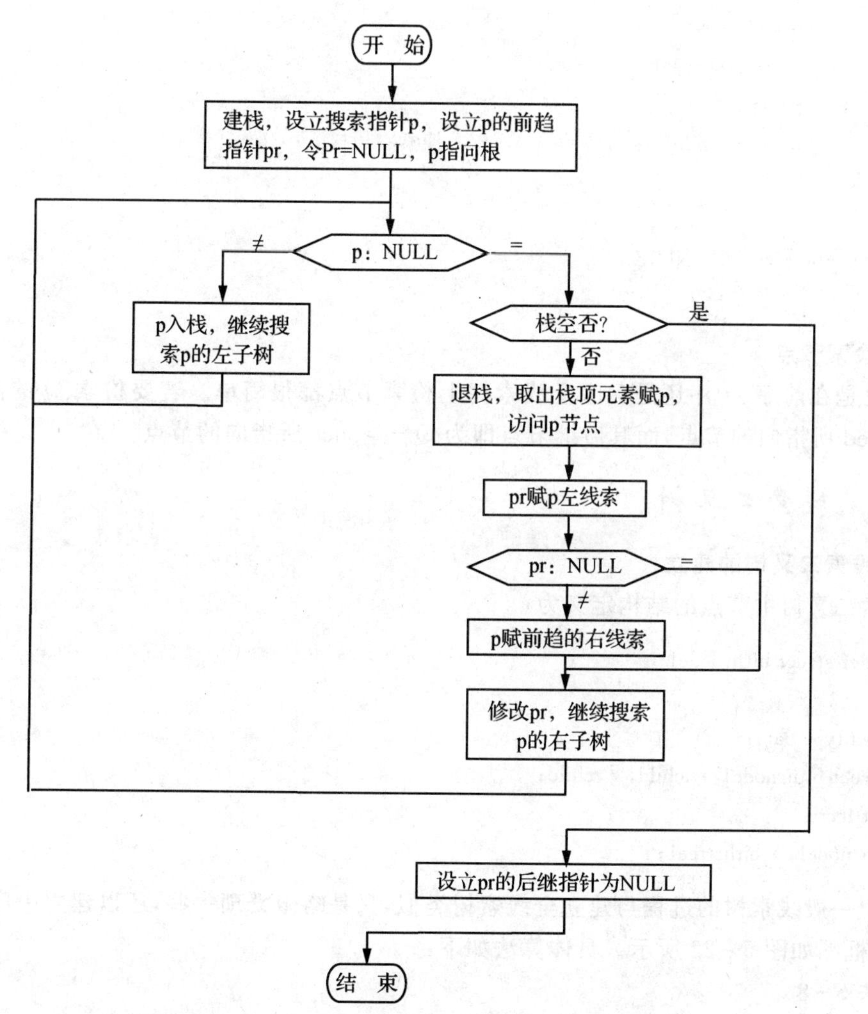


图 5－21　建立中序全线索二叉树的非递归算法

```
    p=t;                                    /* p从根开始搜索 */
    while(! EMPTYSTACK(s)||(p! =NULL))
                                            /* 遍历的终止条件是p为"空"且栈s为"空" */
      {
      if  (p! =NULL)
      {
         PUSH(s,p);
         p=p->lchild;
      }                                     /* p不为"空"时p节点入栈,同时搜索左子树 */
      else
        {
         p=POP(s);                          /* p为"空",则出栈 */
         printf("\t%c",p->data);
                                            /* 访问p节点,此处即输出p节点数据域的值 */
         p->pred=pr;
         if(pr! =NULL)
          pr->succ=p;
         pr=p;
         p=p->rchild;                       /* 搜索右子树 */
        }
      }
      pr->succ=NULL;
  }
```

**2. 检索节点**

无论是在前序、中序还是后序全线索树上检索节点都很简单。若要检索Q的前趋,即为Q->pred所指向的节点,而其后继节点即为Q->succ所指向的节点。

## 5.5.2 线索二叉树

**1. 线索二叉树的建立**

线索二叉树中节点的结构定义为:

```
typedef struct bithrnode1
{
  elemtype data;
  struct bithrnode1 *lchild, *rchild;
  int lt,rt;
}bithrnode1, *bithrtree1;
```



建立一般线索树的过程与建立全线索树类似,只是略微繁琐一些,还以建立中序线索树为例,算法框图如图5-22所示。具体算法如下:

**算法5-8**

```
inbithrtree1(struct bithrnode1 *t)          /* 中序线索二叉树建立算法,t为头指针 */
```

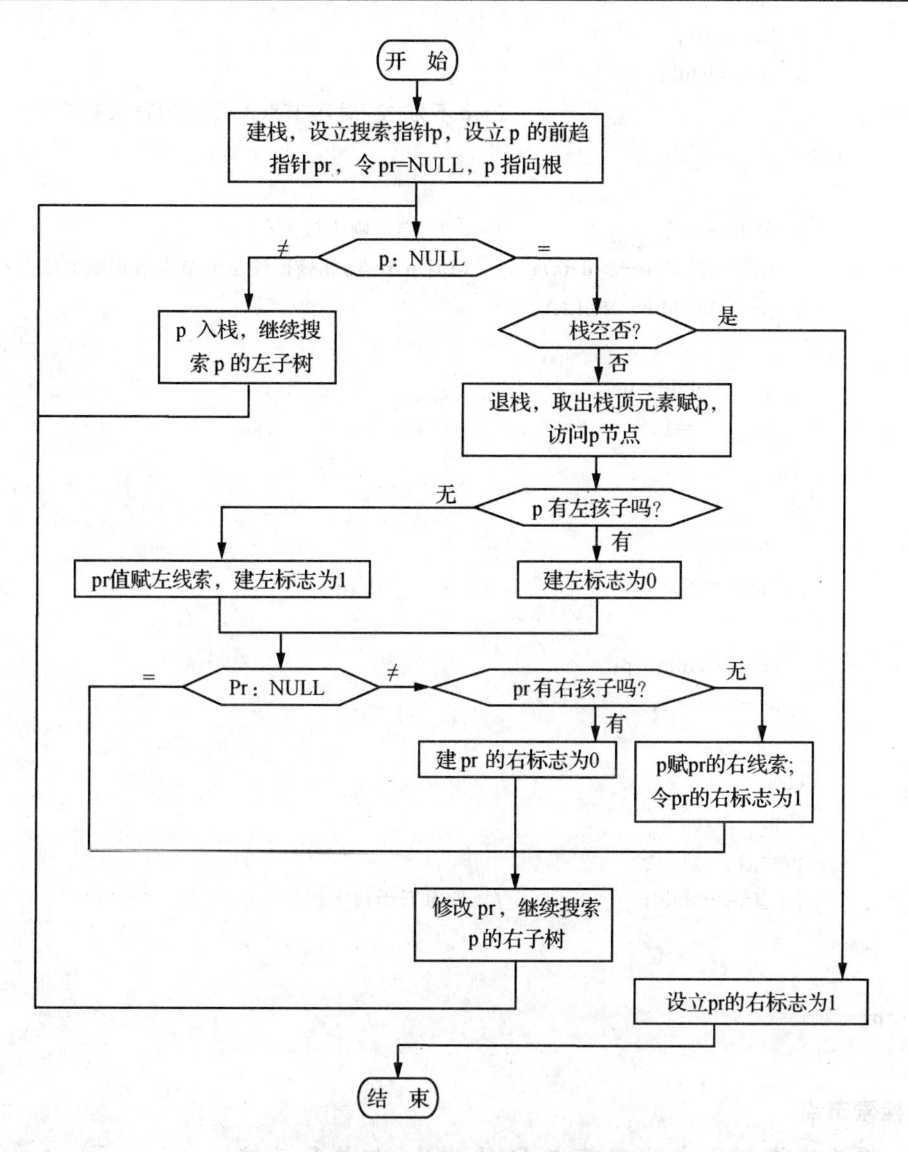


图 5－22　建立中序线索二叉树的非递归算法

```
{
  struct bithrnode1 ＊p,＊pr;
  seqstack s;
   {
    INITSTACK(s);                          /＊初始化栈 s＊/
    pr=NULL;
    p=t;                                   /＊p 从根开始搜索＊/
    while(! EMPTYSTACK(s)||(p! =NULL)) ;
                                           /＊遍历的终止条件是 p 为“空”且栈 s 为“空”＊/
    {
      if   (p! =NULL)
       {
```

```
            PUSH(s,p);
            p=p－>lchild;
        }                                    /*p不为“空”时,p节点入栈,同时搜索左子树*/
        else
        {
            p=POP(s);                        /*p为“空”,则出栈*/
            printf("\t%c",p－>data);         /*访问p节点,此处即输出p节点数据域的值*/
            if (p－>lchild == NULL)
            {
                p－>lchild=pr;
                p－>lt=1;
            }
            else
                p－>lt=0;
            if((pr! =NULL)&&( pr－>rchild == NULL))
            {
              pr－>rchild=p;
              pr－>rt=1;
            }
            else
              pr－>rt=0;
            pr=p;
            p=p－>rchild;                    /*搜索右子树*/
        }
    }
    pr－>rt=1;
}
```

**2. 检索节点**

(1) 前序线索树上求指定节点Q的前序,前趋和后继

1) 在前序线索树上求指定节点Q的前趋节点的规律是:

若Q的左标志域为1,则Q的左链域指向其前趋;若Q的左标志域等于0,则需要求得Q的双亲节点F,当F无左孩子或左孩子就是Q,则F是Q的前趋;若F另有左孩子,则沿着该左孩子的右链查下去,当查到某一节点的右标志域等于1,则再看此节点是否有左孩子,若有,则再沿此左孩子的右链查下去,递归地直到查到一个终端节点为止,则此终端节点是Q的前趋。



2) 在前序线索树上求指定节点Q的后继节点的规律是:

当Q没有右孩子时,其右链域所指节点就是其后继,即若Q－>rt == 1,则Q－>rchild是后继;当Q有右孩子时,若Q有左孩子,则此左孩子就是Q的后继,即若Q－>lt == 0,则Q－>lchild是后继。若Q没有左孩子,则右孩子就是Q的后继。如图5-23的前序线索树中,E节点的前趋节点为D,后继节点为F。

### (2) 中序线索树上求指定节点 Q 的中序前趋和后继

1) 在中序线索树上求指定节点 Q 的前趋节点的规律是：

若 Q 节点的左标志域等于 1，即 Q－＞lt == 1，则 Q 的左链域指向前趋；若 Q－＞lt == 0，则取 Q 的左孩子 P；若 P 没有右孩子，即 P－＞rt == 1，则 P 为 Q 的前趋；若 P 有右孩子，则连续不断地沿着右孩子的右链，查询右孩子的右标志域(中间不能经过任何一个左孩子)，直到找到某一节点的右标志域为 1 为止，最后这个节点即是 Q 的前趋，即 Q 的左子树中的最右节点即为 Q 的前趋节点。

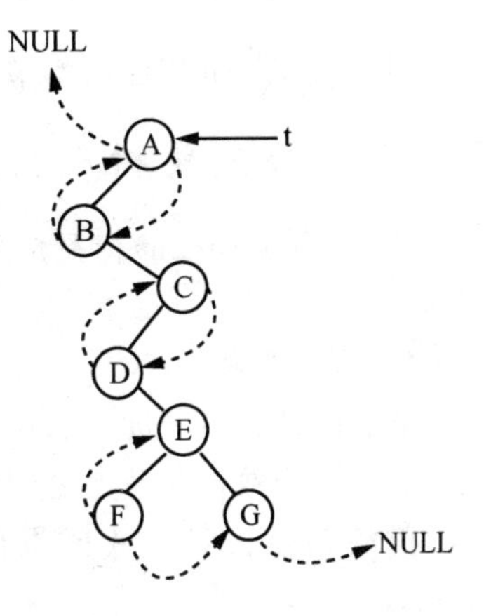


图 5－23　前序线索树

2) 在中序线索树上求指定节点 Q 的后继节点的规律是：

若 Q 的右标志域等于 1，即 Q－＞rt == 1，则 Q 的右链域指向后继。若 Q－＞rt == 0，则取 Q 的右孩子 P；若 P 没有左孩子则 P 是 Q 的后继，若 P 有左孩子，则连续不断地沿着左孩子的左链，查询左孩子的左标志域(中间不能过任何一个右孩子)，一直查到某一节点的左标志域等于 1 为止，此节点即是 Q 的后继。即 Q 的右子树中的最左节点即为 Q 的后继节点。如图 5－24 中，C 节点的前趋节点为 G，后继节点为 A。

### (3) 在后序线索树上求指定节点的 Q 的前趋和后继

1) 在后序线索树上求指定节点 Q 的前趋节点的规律是：

若 Q 无左孩子，即 Q－＞lt == 1，则 Q－＞lchild 是其前趋节点。若 Q 有左孩子，即 Q－＞lt == 0 时，若 Q 有右孩子，即 Q－＞rt＝0，则 Q－＞rchild 是其前趋节点；若 Q 无右孩子，即 Q－＞rt＝1，则 Q－＞lchild 是其前趋节点。

2) 在后序线索树上求指定节点 Q 的后继节点的规律是：

若 Q 为根，则其后继为空；若 Q 是其双亲的右孩子，则其双亲节点即为其后继节点；若 Q 是其双亲的左孩子，但 Q 无右兄弟时，则其双亲节点就是其后继节点；若 Q 是其双亲的左孩子，但 Q 有右兄弟时，则其后继节点是其双亲的右子树中的最左一个节点。

如图 5－25 中，D 的前趋节点是 E，后继节点是 C。

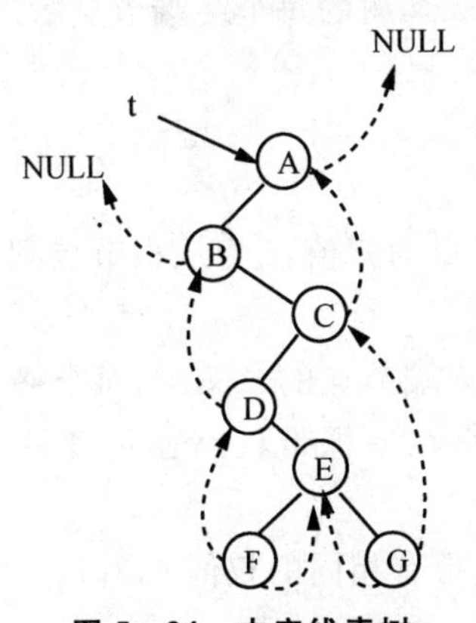


图 5－24　中序线索树

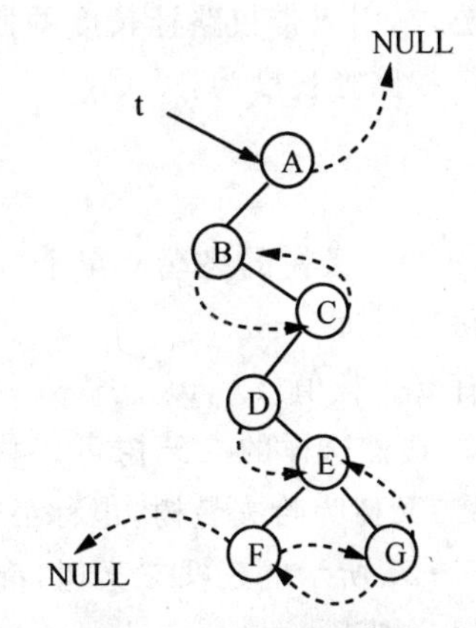


图 5－25　后序线索树

## 5.6 树的应用

树的应用十分广泛。本节主要介绍二叉排序树和哈夫曼树。

### 5.6.1 哈夫曼树及其应用

哈夫曼(huffman)树是应用很广泛的二叉树，最常用的就是通信及数据传送中的哈夫曼编码。

**1. 相关概念**

节点间的路径长度　从树中一个节点到另一个节点之间的分支构成节点之间的路径。路径上的分支个数称为节点之间的路径长度。

树的路径长度　从树根到每一个节点的路径长度之和称为树的路径长度，一般记为 PL。

如图 5-26 所示的两棵二叉树，路径长度分别计算如下：

a) PL＝0＋1＋1＋2＋2＋2＋2＋3＝13

b) PL＝0＋1＋1＋2＋2＋2＋3＝11

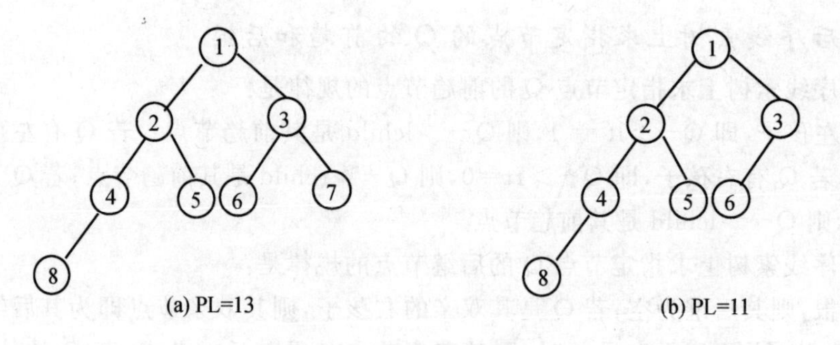


**图 5-26　树的路径长度计算**

显然，对于具有 $n$ 个节点的二叉树，满二叉树或完全二叉树具有最小的路径长度。为了满足应用的要求，引入带权路径长度的概念。所谓带权是给二叉树的每个终端节点赋以权值，则二叉树的带权路径长度为：

$$\mathrm{WPL} = \sum_{i=1}^{n} w_i \times l_i$$

其中，$n$ 为二叉树的终端节点个数，$w_i$ 为第 $i$ 个终端节点的权值，$l_i$ 为从根节点到第 $i$ 个终端节点的路径长度。

假设有 $n$ 个权值$\{w_1, w_2, \cdots, w_n\}$，试构造一棵有 $n$ 个终端节点的二叉树，每个终端节点的权值为 $w_i$。显然这样的二叉树可以构造出多棵，其中必存在一棵带权路径长度最小的二叉树，称这棵二叉树为哈夫曼树，也称最优树。

如图 5-27 所示的三棵二叉树，都有 4 个叶子节点，且带有相同的权值 6,3,7,2，它们的带权路径长度分别为：

a) WPL＝2×1＋3×2＋6×3＋7×3＝47

b) WPL＝2×2＋3×2＋6×2＋7×2＝36

c) WPL＝7×1＋6×2＋2×3＋3×3＝34

由此可见,带权路径长度最小的树不一定是完全二叉树。

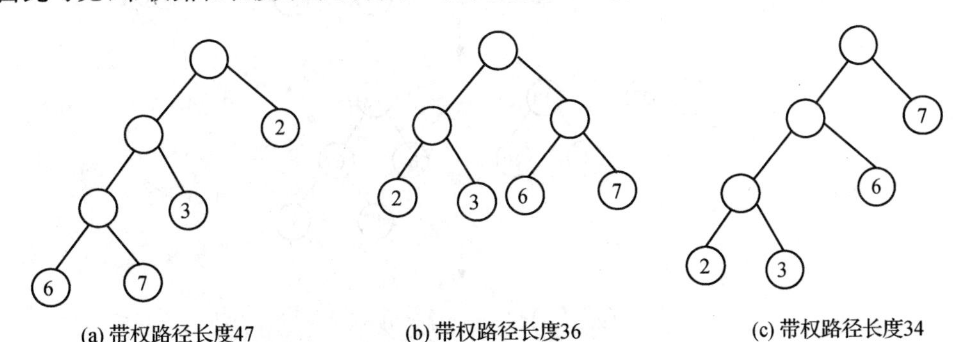


**图 5－27　拥有同一组权值的三棵二叉树**

**2. 哈夫曼树和哈夫曼算法**

假设有一组权值$\{w_1, w_2, \cdots, w_n\}$,如何构造有 $n$ 个终端节点的二叉树,使每个终端节点带有权值 $w_i$,且其带权路径长度 WPL 为最小。这是一个很有实际意义的问题,也是为什么把哈夫曼树称为最优树的原因。构造哈夫曼树的算法称为哈夫曼算法。该算法描述如下:

1) 根据给定的 $n$ 个权值$\{w_1, w_2, \cdots, w_n\}$,构造生成森林 $F=\{t_1, t_2, \cdots, t_n\}$,森林 $F$ 中有 $n$ 棵二叉树,每棵二叉树只有一个权值为 $w_i$ 的根节点,左、右子树均为空。

2) 在 $F$ 中选取两棵根节点的权值最小的二叉树作为左右子树构造一棵新的二叉树,且置新的二叉树的根节点的权值为其左右子树根节点权值之和。

3) 在 $F$ 中删除这两棵二叉树,同时将新生成的二叉树加入到 F 中。

重复 2)、3),直到森林 $F$ 中只剩下一棵二叉树为止。这棵二叉树就是我们所求的哈夫曼树。

**例 5－1**　给定一组权值{10,6,20,23,8,1,5},试构造哈夫曼树。图 5－28 为哈夫曼树的构造过程,图中节点上标注的数字为该节点所赋的权值。

1) 根据给定的权值,生成森林 (10) (6) (20) (23) (8) (1) (5)

2) 选中根节点权值最小的两棵树,构造新的二叉树

4) 重复 2)3)两步得出的森林依次为

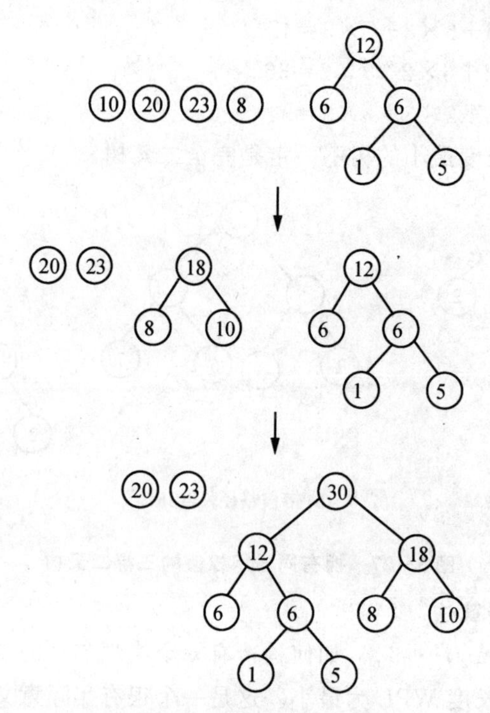

5）生成的哈夫曼树为

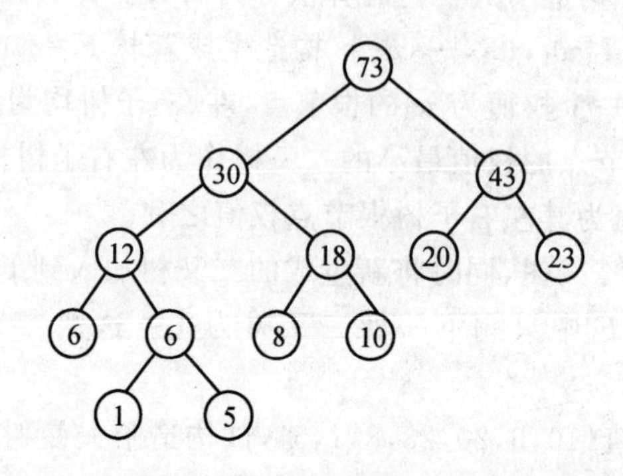

**图 5-28　哈夫曼树构造过程**

下面分析一下在计算机上如何实现该算法。首先要对 Huffman 树的结构进行定义：

```
#define n 7                    /* 叶子节点数目 */
#define m 2*n-1                /* 节点总数 */
typedef int datatype;
typedef struct
{
  float weight;
  int lchild,rchild,parent;
}huffmantree;
huffmantree tree[m];
```

其中，树中每个节点包括四个域，weight 是节点的权值，lchild 和 rchild 分别是节点的左右孩子在向量中的下标，叶子节点的这两个指针值为 0；parent 是节点的双亲在向量中的下

标，这里设置 parent 域的主要目的是因为，在算法中每次都要在森林中取两个权值最小的树的根节点进行合并生成一棵新的二叉树，所以必须设置一个标志域以区别该节点是否是根节点，parent 就是这个标志。若 parent 的值为 0，则表示该节点是无双亲的节点，即根节点，否则是非根节点。按照上述存储结构，实现的哈夫曼算法可分析如下：

1）将哈夫曼树向量 tree 中的 $2n-1$ 个节点初始化，即将各节点中的 3 个指针和权值均置为 0。

2）读入 $n$ 个权值放入向量 tree 的前 $n$ 个分量中。它们是初始的森林中 $n$ 棵孤立的二叉树的根节点的权值。

3）对森林中的树进行 $n-1$ 次合并，并产生 $n-1$ 个新节点，依次放入 tree 的 $k$ 个分量中 $(n+1<=k<=m)$（第 $t$ 个分量的下标是 $t-1$）。每次合并的步骤是：

① 在当前森林的所有节点 tree[j]$(0 \leqslant j \leqslant i-1, i=t-1)$中，选取具有最小权值和次小权值的两个根节点，分别用 $p1$ 和 $p2$ 记下这两个根节点在向量 tree 中的下标。

② 将根为 tree[$p1$]和 tree[$p2$]的两棵树合并，使其成为新节点 tree[i]的左右孩子，得到一棵以新节点 tree[$i$]为根的二叉树。同时修改 tree[$p1$]和 tree[$p2$]的双亲域 parent，使其指向新节点 tree[$i$]，将 tree[$p1$]和 tree[$p2$]的权值相加后作为 tree[$i$]的权值。具体的算法如下：

**算法 5－9**

```
huffman(huffmantree tree[])
{
    int i,j,p1,p2;
    float small1,small2,f;
    for (i=0;i<m;i++)                    /*初始化*/
    {
      tree[i].parent=0;
      tree[i].lchild=0;
      tree[i].rchild=0;
      tree[i].weight=0;
    }
  for(i=0;i<n;i++)                       /*读入前 n 个节点的权值*/
  {
      scanf("%f",&f);
      tree[i].weight=f;
  }
 for(i=n;i<m;i++)                        /*进行 n-1 次合并，产生 n-1 个新节点*/
 {
    p1=-1;
    p2=-1;
    small1=maxval;                       /*maxval 是 float 类型的最大值*/
    small2=maxval;
    for(j=0;j<i;j++)                     /*选出两个权值最小的根节点*/
    if (tree[j].parent==0)
```

```
            if (tree[j].weight<small1)              /* 改变最小权值、次小权值及对应的位置 */
            {
                small2=small1;
                small1=tree[j].weight;
                p2=p1;
                p1=j;
            }
            else
            if (tree[j].weight<small2)
            {
                small2=tree[j].weight;
                p2=j;
            }
         tree[p1].parent=i;
         tree[p2].parent=i;
         tree[i].lchild=p1;
         tree[i].rchild=p2;
         tree[i].weight=tree[p1].weight+tree[p2].weight;
    }
}
```

**3. 哈夫曼编码**

哈夫曼树在通信、编码和数据压缩等技术领域有着广泛的应用。下面讨论一下构造通信码的典型应用。

在有的通信场合，需将传送的文字转换成由二进制的字符组成的字符串。例如：假设传送的电文为 ABCCBADCB，它只有四个字符，只需两位的串便可区分。若 A，B，C 和 D 的编码分别为 00，01，10 和 11，则上述 9 个字符的电文便为“000110100100111001”，总长 18 位，对方接收时可按两位一组进行译码。

编码的二进制串的长度取决于电文中的不同字符的个数，假设电文中可能出现 26 种不同字符，则等长编码串的长度为 5。显然，在传送电文时，希望编码尽可能地短。自然会想到让电文中出现频率较高的字符采用尽可能短的编码，则传送电文的总长便可减少。例如，为上述电文中的 A，B，C 和 D 设计的编码分别为 00，0，1 和 10，则上述 9 个字符的电文可转换成总长为 12 的字符串“000110001010”。但这样的编码又产生了一个新问题，就是在将电文译成原文时会产生歧义。比如，对于 000，可以译成 BBB 也可译成 BA 或 AB，因为 B 的编码是 A 的编码的前缀。除非在电文是加上分隔符（如空格），才能把电文原样译出，这是很麻烦的。因此若要设计长短不等的编码，则必须是任一字符的编码都不是另一个字符编码的前缀，这种编码称为前缀编码。



可以用二叉树来设计二进制的前缀编码。假设有一棵如图 5－29 所示的二叉树，其 4 个叶子节点分别表示 A，B，C 和 D 4 个字符，且约定左分支表示字符“0”，右分支表示字符“1”，则可以用从根节点到叶子节点中路径的分支上的字符组成的字符串作为该叶子节点字符的编码。读者可以证明，如此得到的必为二进制的前缀编码。由图 5－29 所得 A，B，C 和 D 的二进

制前缀编码分别为 1,01,000 和 001。

那么如何才能得到使电文总长最短的二进制前缀编码呢？假设每种字符在电文中出现的次数为 $w_i$，其编码长度为 $l_i$，电文中只有 $n$ 种字符，则电文的总长为 $\sum w_i l_i$。对应到二叉树上，若 $w_i$ 为终端节点的权值，$l_i$ 即为根到叶子节点的路径长度。则 $\sum w_i l_i$ 恰为二叉树上带权路径长度。由此可见，设计电文总长最短的二进制前缀编码问题可以归结为以 $n$ 种字符出现的频率为权值，设计一棵哈夫曼树的问题。由此得到的二进制前缀编码便称为哈夫曼编码。

**例 5－2**　已知某系统在通信联系中可能出现 8 种字符，a,b,c,d,e,f,g,h，其频率分别为 0.05,0.29,0.07,0.08,0.14,0.23,0.03,0.11，试设计哈夫曼编码。

设权 W＝{5,29,7,8,14,23,3,11}，$n=8$，$m=2n-1=15$，构造所得哈夫曼树如图 5－30 所示。若左分支表示字符“0”，右分支表示字符“1”，则相应的哈夫曼编码为：

a:0001 b:10 c:1110 d:1111 e:110 f:01 g:0000 h:001

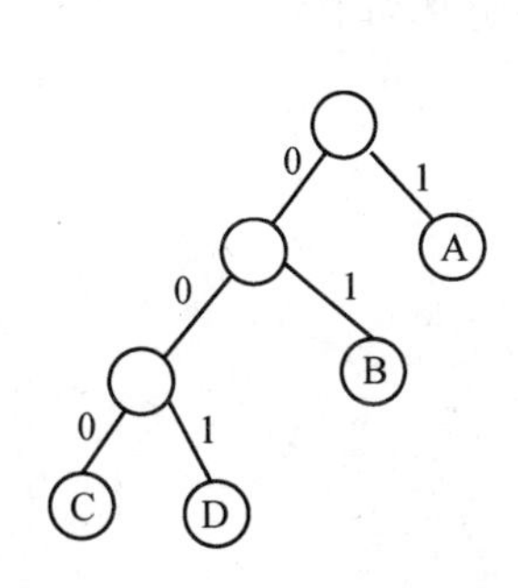


**图 5－29　前缀编码示例**

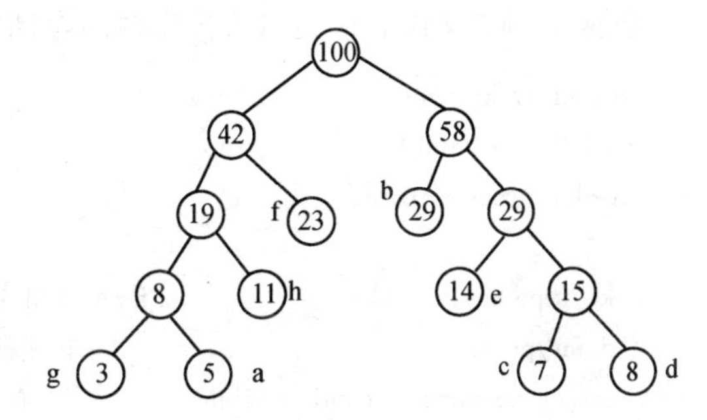


**图 5－30　哈夫曼编码**

## 5.6.2　二叉排序树

二叉排序树(binary sort tree)或者是一棵空树，或者是具有如下特征的二叉树：

1) 若它的左子树不空，则左子树上所有节点的值均小于根节点的值；

2) 若它的右子树不空，则右子树上所有节点的值均大于或等于根节点的值；

3) 它的左、右子树也都分别是二叉排序树。

例如，图 5－31 为二叉排序树。

不难发现，对二叉排序树进行中序遍历可以得到一个有序序列。因此，如果一个待排序的关键字序列能够得到相应的二叉排序树，也就实现了排序。

由关键字序列生成二叉排序树的过程，就是一个向空树中不断插入节点的过程。例如，由关键字序列(10,7,20,9,35,26,13)生成的二叉排序树如图 5－32 所示。

首先插入关键字 10，由于二叉排序树的初始状态为空树，则新生成的节点(10)应作为它的根节点，之后插入关键字 7，由于此时的二叉排序树不空，且 7＜10，则根据二叉排序树的定义，应插入在它的左子树上，而此时左子树为空树，则新生成的节点(7)应作为左子树的根节点。同理第三个关键字应插入在它的右子树上，并作为右子树的根节点……依此类推，最后得到一棵包含所有节点的二叉排序树。对此二叉排序树进行中序遍历便得到关键字的有序序列：7,9,10,13,20,26,35。

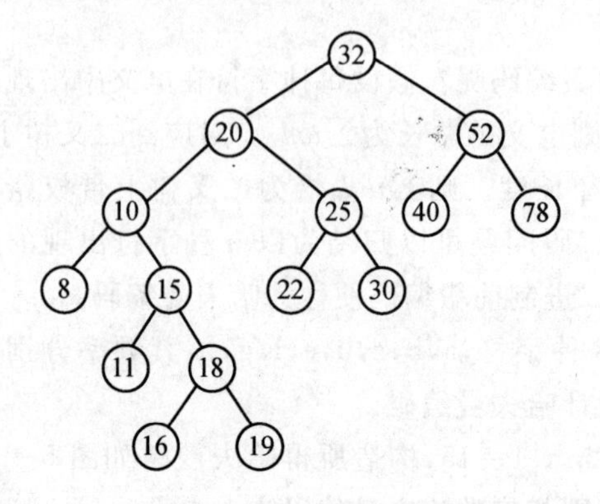


**图 5-31　二叉排序树**

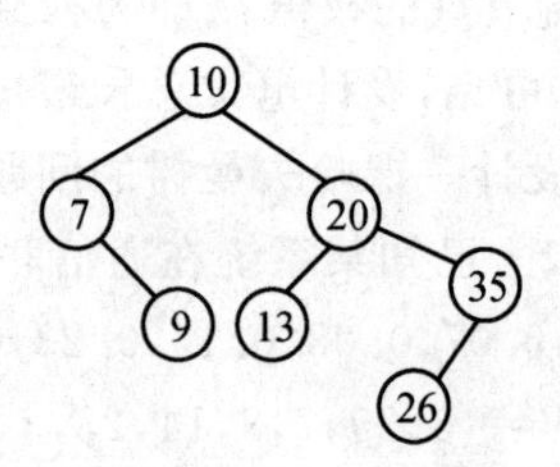


**图 5-32　二叉排序树**

通常采用二叉链表作为二叉排序树的存储结构，其类型定义如下：

```
typedef int keytype;
typedef char datatype;
typedef struct sortnode
{
  keytype key;                          /*关键字项*/
  datatype data;                        /*其他数据项*/
  struct sortnode *lchild, *rchild;     /*左、右指针*/
};
```

### 1. 在二叉排序树中插入节点

下面讨论如何在二叉排序树中插入节点的非递归算法。该算法可按上述示例所示的步骤进行，算法框图如图 5-33 所示。具体算法如下：

**算法 5-10**

```
insertsorttree(struct sortnode *T)
{
  int x,i,n;
  struct sortnode *p, *q;
  keytype key;
  datatype data;
  scanf("%d",&key);
  scanf("%c",&data);
  q=(struct sortnode *)malloc(sizeof(struct sortnode));
  q->lchild=NULL;
  q->rchild=NULL;
  q->data=data;
  q->key=key;
  if (t==NULL)
    t=q;
  else
```

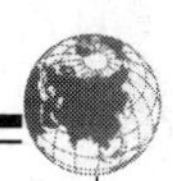

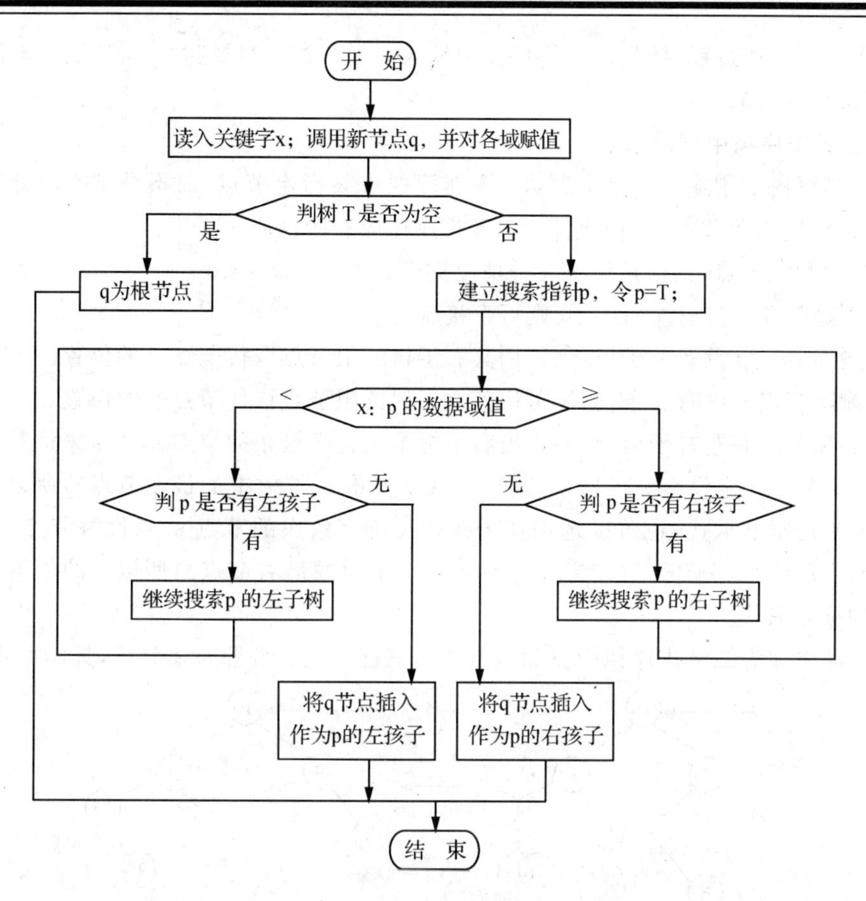


**图 5-33　二叉排序树中插入节点**

```
 {
   p=t;
   while(p)
     if (p->key>key)
     {
       f=p;
       p=p->lchild;
     }
     else
     {
       f=p;
       p=p->rchild;
     }
 if (key<f->key)
     f->lchild=q;
 else
     f->rchild=q;
 }
}
```

每调用一次上述过程,就向二叉排序树中插入一个节点。当要建立一棵二叉排序树时,须反复调用 insertsorttree(T)。

**2. 在二叉排序树中删除节点**

在二叉排序树中删除节点是指删除二叉排序树中某指定节点,而不是删除以此节点为根的子树。另外,删除此节点后,仍应保持二叉排序树应有的性质。

设 p 为要删除节点,则可从以下 4 种情况进行讨论:

1）被删除节点 p 没有左右孩子,则可直接删去 p。

2）被删除节点 p 没有左子树,则可用其右子树的根节点取代节点 p 的位置。

3）被删除节点 p 没有右子树,则可用其左子树的根节点取代节点 p 的位置。

4）被删除节点有左右子树,则要找出右子树中关键字最小的节点 s,用 s 来代替节点 p 的位置。这时 s 节点一定没有左子树了(其实 s 就是 p 的右子树中的最左节点),所以 s 的位置就由其右子树的根来取代;也可以选用左子树中关键字最大的节点 s,来代替节点 p 的位置。这时 s 节点一定没有右子树了(因为 s 就是 p 的左子树的最右节点),所以 s 的位置就可以由其左子树的根来取代。

图 5-34 中即为二叉排序树中删除节点的后三种情况。按照上述分析,具体算法如下:

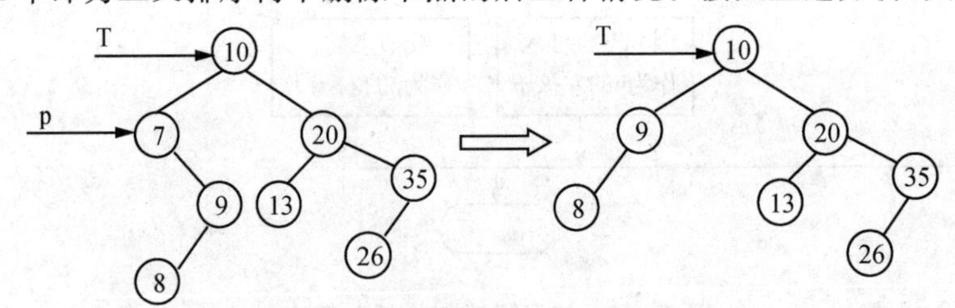


(a) 删除p节点, p无左子树

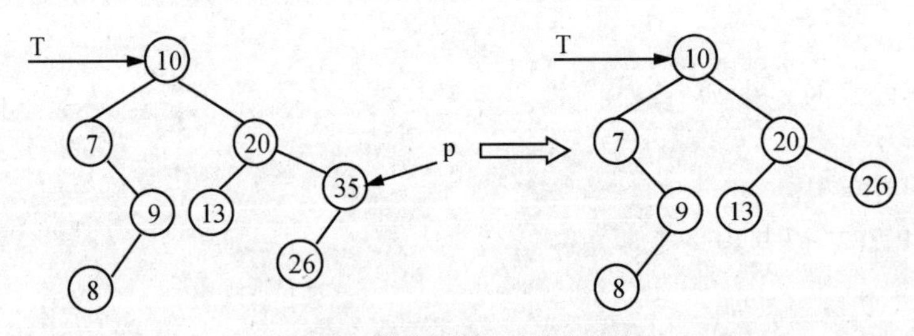


(b) 删除p节点, p无右子树

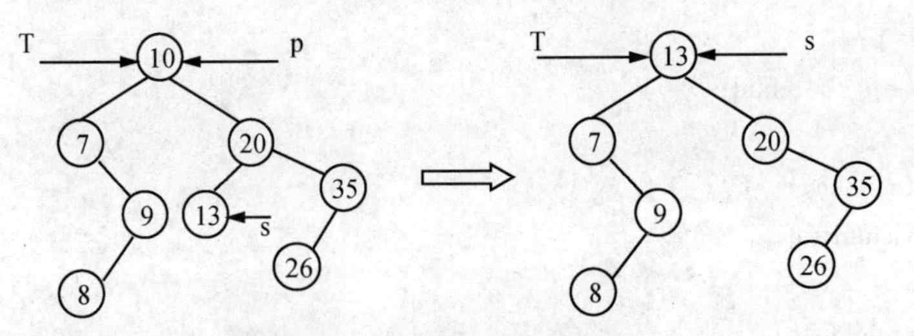


(c) 删除p节点, p有左、右子树

**图 5-34　二叉排序树中删除节点**

**算法 5-11**

```
deletesorttree(struct sortnode  * t,keytype k)
                                              /* 在二叉排序树 t 中删除关键字值为 k 的节点 */
{
  struct sortnode  * p, * q, * s, * f;
  f=NULL;
  p=t;
  while(p&&(p->key! =k))                      /* 查找关键字值等于 k 的元素 */
  {
     if (k<p->key)
     {
       f=p;
       p=p->lchild;
     }
     else
     {
       f=p;
       p=p->rchild;}
     }
    if (p)
    {
       if (p->lchild && p->rchild)            /* 左、右子树均不空 */
       {
           q=p;
           s=p->lchild;
           while (s->rchild)
           {
               q=s;
               s=s->rchild;
           }
           p->key=s->key;                     /* s 指向左子树中关键字最大的节点 */
           p->data=s->data;
           if (q! =p)
               q->rchild=s->lchild;
           else
               q->lchild=s->lchild;           /* s 节点即为 p 节点的左子树的根 */
           free(s);
       }
    else {
           if (! p->rchild)                   /* 右子树空,则只需挂它的左子树 */
           {
               q=p;
```

```
            p=p->lchild;
        }
        else
        {                                       /* 左子树空,则只需挂它的右子树 */
            q=p;
            p=p->rchild;
        }
        if (! f)                                /* 将指针 p 所指子树挂接到被删节点的双亲 */
                                                /* (f 所指的)的节点上 */
            t=p;                                /* 被删节点为根节点 */
        else
            if (q==f->lchild)
                f->lchild=p;
            else
                f->rchild=p;                    /* 完成子树挂接 */
            free(q);
      }
   }
}
```

**3. 二叉排序树上的查找**

在二叉排序树上的插入和删除操作实际上都用到了查找,所以不难写出在二叉排序树上查找某节点的算法。

**算法 5-12**

```
struct sortnode *    searchsorttree(struct sortnode  * t,keytype k)
/* 在二叉排序树 t 上查找关键字等于 k 的节点,若查找成功,则返回该节点的指针;否则返 */
/* 回空指针 */
{ struct sortnode  * p;
  p=t;
  while(p! =NULL)
  {
      if (p->key==k)
         return p;                             /* 查找成功 */
      if (p->key>k)
         p=p->lchild;                          /* 在左子树中查找 */
      else
         p=p->rchild;                          /* 在右子树中查找 */
  }
  return NULL;                                 /* 查找失败 */
}
```

显然,在二叉排序树中进行查找,若查找成功,则走了一条从根节点到该节点的路径;若查找不成功,则走了一条从根节点到某终端节点的路径,因此算法中和关键字比较的次数不超过

树的深度。而对于同一组关键字，由于节点插入的先后顺序不同，会得到不同的二叉排序树，即二叉排序树的形状和深度都可能不同。如图5-32所示的二叉排序树就是按下述顺序插入节点构成的：

(10,7,20,9,35,26,13)

而图5-35所示的二叉排序树则是按下述顺序插入节点构成的：

(7,9,10,13,20,26,35)

这两棵树的深度分别是4和7，因此在查找失败的情况下，在这两棵树上进行的关键字比较次数分别是4和7；在查找成功的情况下，它们的平均查找长度也不同。在如图5-32所示的二叉排序树中，因为第1,2,3,4层上分别有1,2,3,1个节点，而找到第$i$层上的节点恰好需要比较$i$次，在等概率假设下，查找成功的平均查找长度为：

$$ASL=\sum p_i c_i=(1+2\times2+3\times3+4\times1)/7=1.6$$

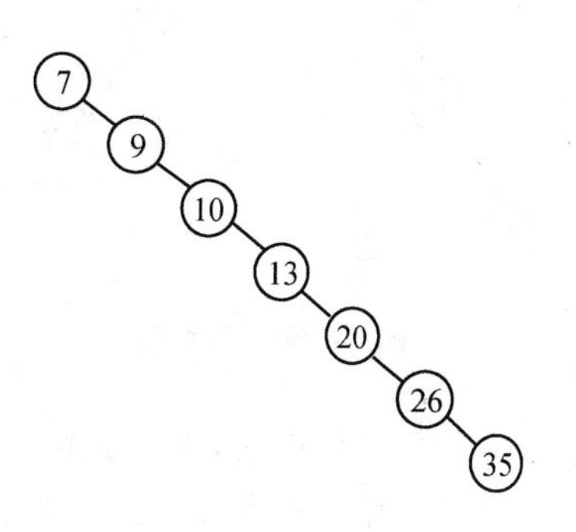

图5-35　排序二叉树

类似地，图5-35所示的二叉排序树在查找成功的情况下，平均查找长度为：

$$ASL=(1+2+3+4+5+6+7)/7=4$$

由此可见，在二叉排序树上进行查找的平均查找长度和二叉树的形态有关。在最坏的情况下，二叉排序树是通过把一个有序表的$n$个节点依次插入而形成的，此时所得的二叉树退化为一棵具有$n$个节点的单支树，它的平均查找长度为$(n+1)/2$，和单链表上的顺序查找相同。在最好的情况下，二叉排序树生成的过程中，树的形态比较均匀，最终得到的是一棵左右深度相差很小的二叉树，此时它的平均查找长度大约是$\mathrm{lb}n$。

**4. 二叉平衡树**

从上节的讨论可知，二叉排序树的查找效率取决于树的形态，而构造一棵形态匀称的二叉排序树与节点插入的顺序有关。但是节点插入的先后顺序往往不是由人的意志而定的，这就需要找到一种动态平衡的方法，无论按照何种次序插入节点，都能构造出一棵形态匀称的二叉排序树，也就是二叉平衡树。确切地说，二叉平衡树(balanced binary tree)或者是空树，或者是任何节点的左右子树的深度最多相差1的二叉树。通常，将二叉树上任一节点的左子树和右子树的高度之差，称为该节点的平衡因子(balance factor)。因此，平衡树上的任何节点的平衡因子只可能是-1,0,1，即若二叉排序树上任一节点的平衡因子的绝对值不大于1，则该树为二叉平衡树。

本书将在第8章中详细讨论一般的二叉排序树调整成平衡树的规则，以及按照某顺序插入节点构造二叉排序树时，如何将其调整成平衡树。



## 习题5

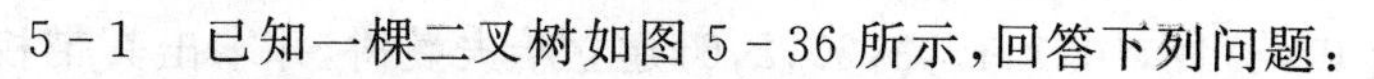

5-1　已知一棵二叉树如图5-36所示，回答下列问题：

(1) 树中哪些是叶子节点？

(2) 哪些节点互为兄弟？哪些节点互为堂兄弟？

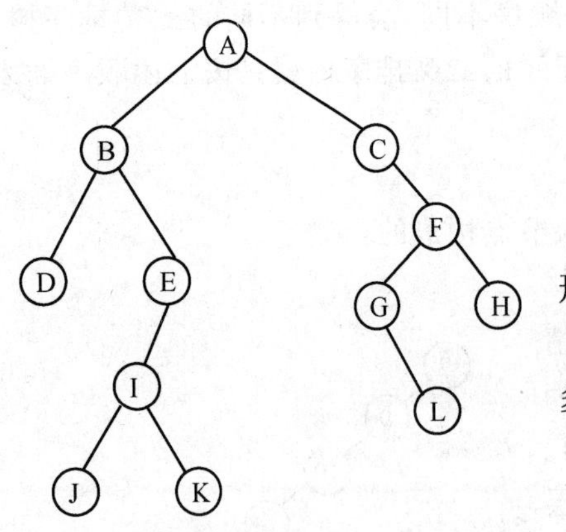

图 5-36　二叉树

(3) 每个节点的度各为多少？

(4) 每个节点的深度各为多少？

(5) 该二叉树的深度是多少？

(6) 以节点 B 为根的子树的深度是多少？

5-2　试画出具有 3 个节点的二叉树的所有不同形态。

5-3　一棵含有 25 个节点的完全二叉树的深度是多少？

5-4　找出所有满足下列条件的二叉树：

1) 它们的先序遍历序列和中序遍历序列相同。

2) 它们的先序遍历序列和后序遍历序列相同。

3) 它们的中序遍历序列和后序遍历序列相同。

5-5　编写算法，求二叉树中叶子节点的数目。

5-6　编写算法，求二叉树的深度。

5-7　写出图 5-36 所示的二叉树的先序、中序和后序遍历序列，并写出遍历过程中栈的变化情况。

5-8　写出对二叉树进行按层次遍历的算法。

5-9　写出确定中序线索二叉树中节点 $x$ 的前趋的算法。

5-10　写出确定中序线索二叉树中节点 $x$ 的后继的算法。

5-11　写出将新节点 $p$ 插入到线索二叉树 T 中，使之成为节点 $S$ 的右孩子的算法。

5-12　写出将新节点 $p$ 插入到线索二叉树 T 中，使之成为节点 $S$ 的左孩子的算法。

5-13　将图 5-37 所示的各树转化为二叉树。

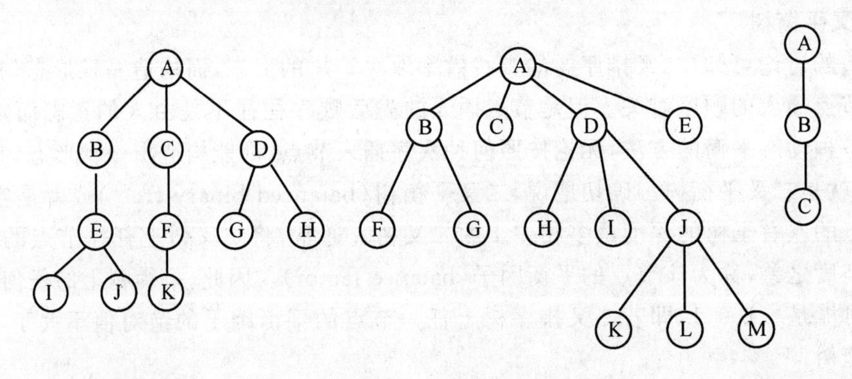

图 5-37　树

5-14　试将节点序列(20,5,16,31,3,6,18,10,25)构造成一棵二叉排序树，并写出按中序遍历打印出的结果，试编写相应程序。



5-15　试写出在二叉排序树中删除节点的算法。

5-16　试写出在二叉排序树中插入节点的算法。

5-17　对给出的一组权值 $W=\{12,10,7,15,3,20,2,6\}$ 建立哈夫曼树，并求出其带权路径长度 WPL 的值。

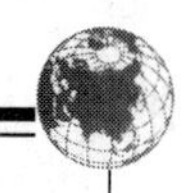

# 第 6 章 图和广义表

图(graph)是比线性表和树更为复杂的一种数据结构。在线性表中,每个元素最多只能有一个直接前趋和一个直接后继;在树中,各个节点都处在一定的层次上,每个节点可以和它下一层的多个节点相关联,但只能和上一层的一个节点相关联,即其双亲节点;而在图中,每个节点可以和任何其他的节点相关联。

本章主要介绍图的基本概念和图的两种存储结构、基于图的邻接表存储方式下的两种遍历方法、图的最小生成树、最短路径、关键路径以及拓扑排序等问题。

## 6.1 图的定义和基本术语

在图中,涉及许多基本概念和术语,为了便于后续章节的讨论,首先介绍如下的相关概念。

图 G 由两个集合 **V**(G)和 **E**(G)组成,记作 **G**=(**V**,**E**)。其中 **V**(G)是图中顶点的非空有限集合,**E**(G)是图中边的有限集合。如果图中每条边都是有方向的,即每条边都是顶点的有序对,则称这样的图为有向图。在有向图中,有序对通常用尖括号表示。有向边也称为弧(arc),边的起点称为弧尾(tail),边的终点称为弧头(head)。例如,$<v_i,v_j>$表示一条有向边,$v_i$是弧的起点,$v_j$是弧的终点,因此,$<v_i,v_j>$和$<v_j,v_i>$是两条不同的有向边。若图 G 中每条边都是没有方向的,则称 G 为无向图,无向图中的边是顶点的无序对,无序对通常用圆括号表示,因此无序对$(v_i,v_j)$和$(v_j,v_i)$表示的是同一条边。如图 6-1 中,$G_1$ 是有向图,$G_2$ 和 $G_3$ 是无向图,它们的顶点集合和边集合分别是:

$\boldsymbol{V}(G_1)=\{v_1, v_2, v_3\}$

$\boldsymbol{E}(G_1)=\{<v_1, v_2>, <v_1, v_3>, <v_2, v_3>, <v_3, v_2>\}$

$\boldsymbol{V}(G_2)=\{v_1, v_2, v_3, v_4\}$

$\boldsymbol{E}(G_2)=\{(v_1, v_2), (v_1, v_3), (v_1, v_4), (v_2, v_3), (v_2, v_4), (v_3, v_4)\}$

$\boldsymbol{V}(G_3)=\{v_1, v_2, v_3, v_4, v_5, v_6, v_7\}$

$\boldsymbol{E}(G_3)=\{(v_1, v_2), (v_1, v_3), (v_2, v_4), (v_2, v_5), (v_3, v_6), (v_3, v_7)\}$

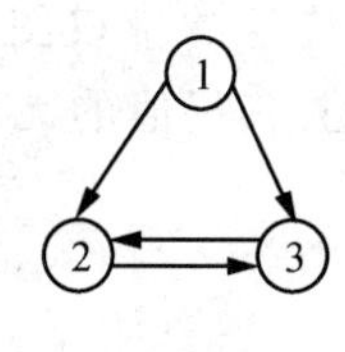


(a) $G_1$,有向图

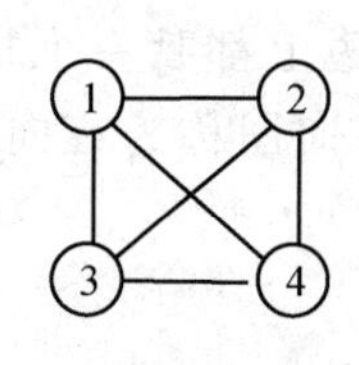


(b) $G_2$,无向图

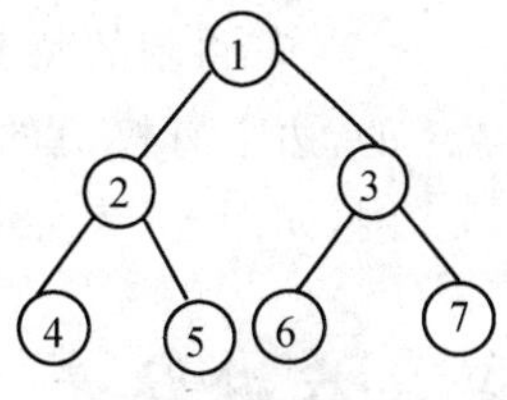


(c) $G_3$,无向图

**图 6-1　图的例子**

在以下的讨论中，不考虑顶点到其自身的边，即若$<v_1,v_2>$或$(v_1,v_2)$是$\boldsymbol{E}(G)$中的一条边，则要求$v_1 \neq v_2$，此外不允许一条边在图中重复出现。也就是说，只讨论简单的图。

在一个具有$n$个顶点的无向图中，若每个顶点与其他$n-1$个顶点之间都有边，这样的图称为无向完全图。很显然，含有$n$个顶点的无向完全图具有$n(n-1)/2$条边。类似地，在有$n$个顶点的有向图中，若每个顶点与其他$n-1$个顶点之间都有弧存在，则称该图为有向完全图。有向完全图中弧的数目为$n(n-1)$条。

设有两个图A和B，且满足条件：

$\boldsymbol{V}(B) \subseteq \boldsymbol{V}(A)$

$\boldsymbol{E}(B) \subseteq \boldsymbol{E}(A)$

则称图B是图A的子图，如图6-2所示的图均为图6-1中图$G_2$的子图。

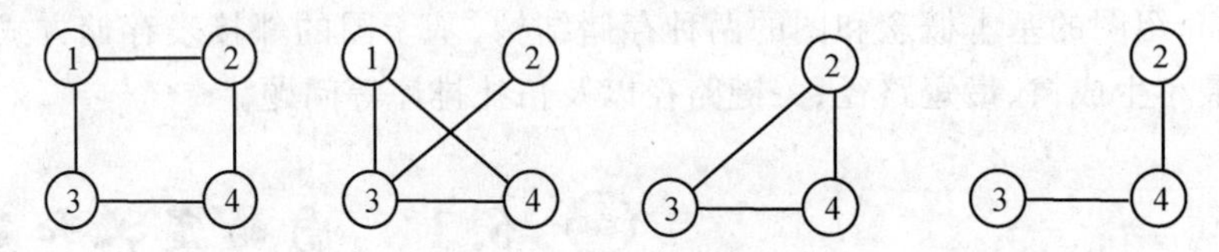

图6-2　图$G_2$子图的例子

在无向图中，若$(v_i,v_j)$是$\boldsymbol{E}(G)$中的一条边，则称顶点$v_i$和$v_j$是邻接的，并称边$(v_i,v_j)$依附于顶点$v_i,v_j$。所谓顶点的度，就是指依附于该顶点的边数。例如图6-1中的图$G_2$，顶点1,2,3,4的度均为3；在有向图中以某顶点为头，即依附于某顶点的弧头的数目，称为该顶点的入度；以某顶点为尾，即依附于该顶点的弧尾的数目，称为该顶点的出度。某顶点的入度和出度之和称为该顶点的度。例如在图6-1的$G_1$中，顶点$v_2$的入度为2，出度为1，度为3。

在图G中，从顶点$v_p$到$v_q$的一条路径是顶点的序列$(v_p, v_{i1}, v_{i2}, \cdots, v_{in}, v_q)$，且$(v_p, v_{i1})$，$(v_{i1}, v_{i2})$，…，$(v_{in}, v_q)$是$\boldsymbol{E}(G)$中的边，路径上边的数目称为该路径的长度。对有向图，其路径也是有向的，路径由弧组成。

如果一条路径上所有顶点，除起始点和终点外彼此都是不同的，则称该路径是简单路径。在一条路径中，如果其起始点和终点是同一顶点，则称为回路，简单路径相应的回路称为简单回路。在无向图G中，若从$v_i$到$v_j$有路径，则称$v_i$和$v_j$是连通的，若图G中任意两个顶点都是连通的，则称图G是连通图；在有向图中，若图G中每一对不同的顶点$v_i$和$v_j$之间都有从$v_i$到$v_j$和从$v_j$到$v_i$的路径，则称G为强连通图。无向图G的极大连通子图称为图G的连通分量，有向图G的极大强连通子图称为图G的强连通分量。显然，任何连通图的连通分量和强连通图的强连通分量都只有一个，就是其自身，而非连通的无向图和非强连通的有向图的连通分量有多个。

若将图的每条边上都赋一个权值，则称这种带权图为网络。相应的，边上有权值的有向图称为有向网。边上有权值的无向图称为无向网，如图6-3所示。

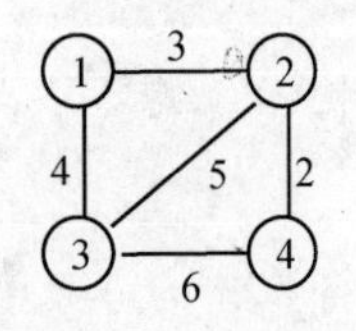

图6-3　无向网



## 6.2　图的存储结构

图是比线性表和树更为复杂的一种数据结构，应用也很广泛，因此图的存储结构也比较

多。本章主要介绍图的两种简单的存储结构，即邻接矩阵和邻接表。而究竟选择哪种存储结构则取决于对图所施行的运算。

### 6.2.1　邻接矩阵

图的邻接矩阵（adjacency matrix）表示法是用一个矩阵来表示图中顶点间的相邻关系。设图 $G=(V,E)$ 有 $n\geqslant 1$ 个顶点，则图 G 的邻接矩阵是按如下形式定义的 $n$ 阶方阵：

$$\boldsymbol{A}[i][j]=\begin{cases}0 & 若<v_i,v_j>或(v_j,v_i)不是\boldsymbol{E}(G)中的边\\1 & 若<v_i,v_j>或(v_j,v_i)是\boldsymbol{E}(G)中的边\end{cases}$$

例如，图 6-1 中的 $G_1$，$G_2$ 和 $G_3$ 的邻接矩阵可分别表示为 $\boldsymbol{A}_1$，$\boldsymbol{A}_2$ 和 $\boldsymbol{A}_3$，矩阵中的行、列号对应于图中节点的序号。

$$\boldsymbol{A}_1=\begin{bmatrix}0&1&1\\0&0&1\\0&1&0\end{bmatrix}\qquad \boldsymbol{A}_2=\begin{bmatrix}0&1&1&1\\1&0&1&1\\1&1&0&1\\1&1&1&0\end{bmatrix}\qquad \boldsymbol{A}_3=\begin{bmatrix}0&1&1&0&0&0&0\\1&0&0&1&1&0&0\\1&0&0&0&0&1&1\\0&1&0&0&0&0&0\\0&1&0&0&0&0&0\\0&0&1&0&0&0&0\\0&0&1&0&0&0&0\end{bmatrix}$$

显然，无向图的邻接矩阵是对称的，而有向图的邻接矩阵却不一定对称。用邻接矩阵来表示一个具有 $n$ 个顶点的有向图时需要 $n^2$ 个存储单元，而表示一个具有 $n$ 个顶点的无向图则只须存入下三角矩阵，故只须 $n(n+1)/2$ 个存储单元。另外，对图中每个顶点除了用邻接矩阵表示其相邻关系外，有时还须存储各顶点的相关信息，这时须另外再用向量来存储这些信息。

若 G 是网络，则邻接矩阵可表示为

$$\boldsymbol{A}[i][j]=\begin{cases}0或\infty & 若<v_i,v_j>或(v_j,v_i)不是\boldsymbol{E}(G)中的边\\1 & 若<v_i,v_j>或(v_j,v_i)是\boldsymbol{E}(G)中的边\end{cases}$$

其中，$w_{ij}$ 为边上的权值，∞表示一个计算机允许的、大于所有边上权值的数。例如，图 6-3 带权图的两种邻接矩阵表示分别是 $\boldsymbol{A}_4$ 和 $\boldsymbol{A}_5$。

$$\boldsymbol{A}_4=\begin{bmatrix}0&3&4&0\\3&0&5&2\\4&5&0&6\\0&2&6&0\end{bmatrix}\qquad \boldsymbol{A}_5=\begin{bmatrix}\infty&3&4&\infty\\3&\infty&5&2\\4&5&\infty&6\\\infty&2&6&\infty\end{bmatrix}$$

图的邻接矩阵的类型说明如下：

```
#define n 6                              /* 图的顶点数 */
#define e 8                              /* 图的边(弧)数 */
typedef char vextype;                    /* 顶点的数据类型 */
typedef float adjtype;                   /* 权值类型 */
typedef struct graph
{
  vextype vexs[n];
  adjtype arcs[n][n];
```

```
};
```

若图中顶点信息是 0 到 $n-1$ 的编号，则仅需令权值为 1，仅用邻接矩阵就可以表示图。若是网络，则 adjtype 是权值类型。由于无向图或无向网的邻接矩阵是对称的，故可采用压缩存储的方法，仅存储下三角阵（不包括对角线上的元素）中的元素即可。下面给出建立无向网的算法。

**算法 6-1**

```
creategraph(graph *g)                          /*建立无向网*/
{
 int i,j,k;
 float w;
 for (i=0;i<n;i++)
     g->vexs[i]=getchar();                     /*读入顶点信息，建立顶点表*/
 for (i=0;i<n;i++)
     for (j=0;j<n;j++)
         g->arcs[i][j]=0;                      /*邻接矩阵初始化*/
 for (k=0;k<e;k++)                             /*读入 e 条边*/
   {
     scanf("%d%d%f",&i,&j,&w);                 /*读入边(vi,vj)上的权 wij*/
     g->arcs[i][j]=w;
     g->arcs[j][i]=w;
   }
}
```

该算法的时间复杂度为 $O(n^2)$。

## 6.2.2 邻接表

在图的邻接表表示方法中，对于图 G 中的每个顶点 $v_i$ 连成一条链。这个单链表就称为顶点 $v_i$ 的邻接表。邻接表中每个表节点均有两个域，一个是邻接点域 adjvex，用以存放与 $v_i$ 相邻的顶点的序号；另一个是指针域 nextarc，用来将邻接表的所有表节点连在一起。同时还要为每个顶点 $v_i$ 的邻接表设置一个具有两个域的表头节点：一个是顶点域 vertex，用来存放顶点 $v_i$ 的信息；另一个是指针域 firstarc，用于存放指向 $v_i$ 的邻接表中第一个节点的指针。为了方便访问邻接表中的每个顶点，将所有邻接表的表头节点顺序存储在一个向量中，因此图 G 就可由表头向量和每个头节点的邻接表构成。

显然，对于无向图而言，$v_i$ 的邻接表中每个表节点都对应一条与 $v_i$ 相关联的边；而对于有向图而言，$v_i$ 的邻接表中每个表节点都对应于一条以 $v_i$ 为起点的弧。例如，对于图 6-1 中的无向图 $G_2$，其邻接表表示如图 6-4 所示，其中顶点 $v_1$ 的邻接表上三个表节点中的顶点序号分别是 1,2,3（由于数组下标从 0 开始，故顶点序号从 0 开始）。它们分别表示和 $v_1$ 相关联的三条边 $(v_1,v_2)$、$(v_1,v_3)$ 和 $(v_1,v_4)$。而有向图 $G_1$ 的邻接表表示如图 6-5 所示，其中顶点 $v_1$ 的邻接表上两个表节点中的顶点序号分别是 1 和 2。它们分别表示从 $v_1$ 出发的两条弧 $\langle v_1,v_2\rangle$ 和 $\langle v_1,v_3\rangle$。根据以上讨论，给出邻接表的形式说明如下：

```
#define   MAXVEXNUM   20                   /* 图中最大顶点数 */
typedef struct arcnode
{
  int   adjvex;                            /* 该弧所指的顶点位置 */
  struct arcnode  * nextarc;               /* 指向下一条弧的指针 */
};                                         /* 边表节点 */
typedef struct vexnode
{
  vextype   vertex;                        /* 顶点信息 */
  struct arcnode  * firstarc               /* 指向第一条依附于该顶点的弧 */
};                                         /* 表头节点 */
struct vexnode   g[n];                     /* 图的顶点表 */
```

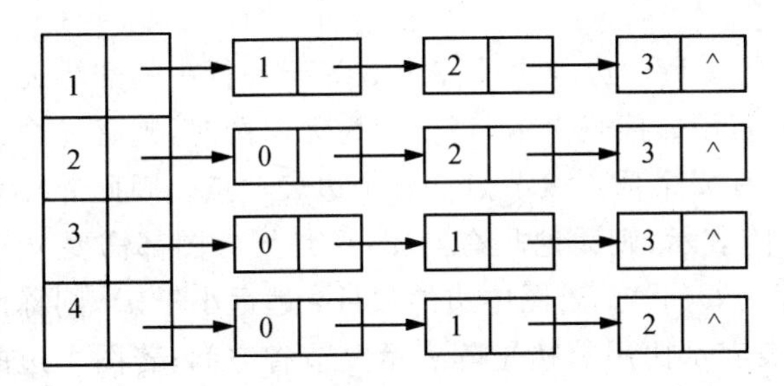

**图 6-4　$G_2$ 的邻接表**

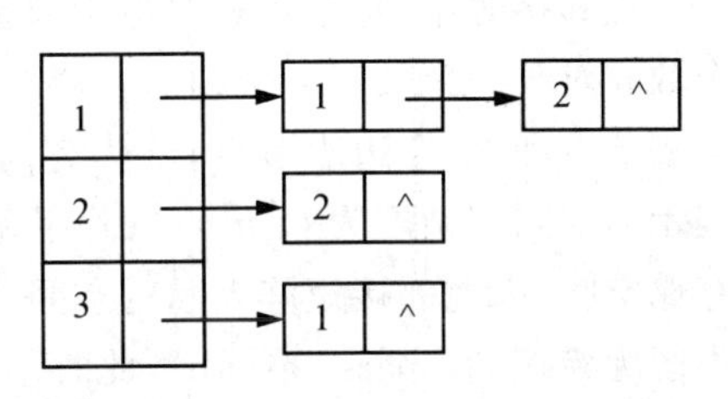

**图 6-5　$G_1$ 的邻接表**

根据以上类型定义，图的邻接表的建立算法如下：

**算法 6-2**

```
creatadjlist(struct vexnode g[])                    /* 建立无向图的邻接表 */
{
  int i,j,k;
  struct adjnode  * s;
  for (i=0;i<n;i++)                                 /* 读入顶点的信息 */
  {
    g[i]. vertex=getchar();
    g[i]. firstarc=NULL;
  }
  for (k=0;k<e;k++)                                 /* 建立边表 */
  {
    scanf("%d%d",&i,&j);                            /* 读入边所对应的两顶点序号 */
    s=(struct arcnode * )malloc(sizeof(struct arcnode));
    s->adjvex=j;
    s->nextarc=g[i]. firstarc;
    g[i]. firstarc=s;
    s=(struct arcnode * )malloc(sizeof(struct arcnode));
    s->adjvex=i;
```

```
        s->nextarc=g[j].firstarc;
        g[j].firstarc=s;
    }
}
```

显然,该算法的时间复杂度为 $O(n+e)$。建立有向图的邻接表与此类似,而且要比上述算法更加简单,每读入一对顶点,只需插入一条边即可;而若要建立有(无)向网的邻接表,则只须在定义节点类型时加上一个表示权值信息的数据域,其建立算法与建立相应的图类似。在此不再一一赘述。

需要注意的是,图的邻接矩阵是唯一的,而图的邻接表却可能有多种,它取决于插入节点的顺序以及读入边的顺序。

邻接表和邻接矩阵是图的两种常用的存储结构。它们各有优点,下面从时间和空间两个方面来对这两种存储方式进行比较。

在邻接表中,每个边表对应于邻接矩阵的一行。边表中节点个数等于一行中的非零元素个数。对于一个具有 $n$ 个顶点,$e$ 条边的图,若用邻接表表示,当该图为无向图时,则有 $n$ 个顶点表节点和 $2e$ 个边表节点;若为有向图,则有 $n$ 个顶点表节点和 $e$ 个边表节点。因此邻接表表示的空间复杂度为 $O(n+e)$;若用邻接矩阵表示,则无论是有向图,还是无向图都需要 $n^2$ 个存储空间,因此邻接矩阵表示的空间复杂度为 $O(n^2)$。若图中边的数目 $e$ 远远小于 $n^2$,则称此类图为稀疏图(sparse graph),此时用邻接表表示比用邻接矩阵表示要节省空间;若图中边的数目 $e$ 接近于 $n^2$(确切地说,在有向图中边数 $e$ 接近于有向完全图的边数 $n(n-1)$,在无向图中边数 $e$ 接近于无向完全图的边数 $n(n-1)/2$),称此类图为稠密图(dense graph)。此时用邻接矩阵表示要节省空间,因为用邻接表表示需要存储指针,存储密度比较低。

在无向图中求顶点的度,邻接矩阵和邻接表两种存储结构都很简单,邻接矩阵第 $i$ 行或第 $i$ 列上非零元素个数即为顶点 $i$ 的度;在邻接表中顶点 $v_i$ 的度则是第 $i$ 个边表中所含节点的个数。在有向图中求顶点的度,采用邻接矩阵表示比用邻接表表示要简单:在邻接矩阵中,第 $i$ 行上非零元素的个数为顶点 $i$ 的出度,第 $i$ 列上的非零元素个数为顶点 $i$ 的入度,两者之和即为该顶点的度;而在邻接表表示中,第 $i$ 个边表节点的个数即为顶点 $i$ 的出度,而顶点 $i$ 的入度比较困难,需要对邻接表进行遍历才能得到,此时可以采用图的逆邻接表表示法,即在 $v_i$ 的边表中每个边表节点均对应一个以 $v_i$ 为终点的弧。图 6-6 即为图 6-1 中 $G_1$ 的逆邻接表。但采用逆邻接表时求节点的出度同样也是很困难的。

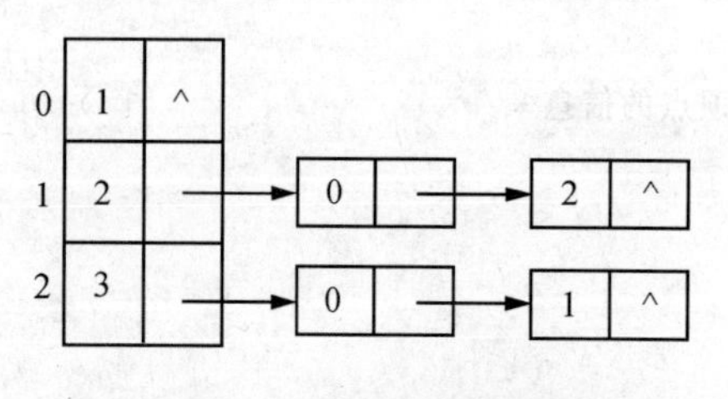


图 6-6 $G_1$ 的逆邻接表

在图的邻接矩阵表示中,很容易看出两个顶点 $v_i$ 和 $v_j$ 之间是否有边,只要看矩阵中相应位置的元素是否为 0 即可;但在邻接表表示中,则须扫描该顶点的边表,最坏情况下,时间复杂度为 $O(n)$。

在邻接矩阵中求边数 $e$,必须检测整个矩阵,所花费时间是 $O(n^2)$,与 $e$ 无关;而在邻接表中求边数 $e$,只须对每个顶点所对应的边表节点计数即可,所用时间为 $O(n+e)$,与 $e$ 有关。因此,当 $e \ll n^2$ 时,采用邻接表表示更节省时间。

## 6.3 图的遍历

图的遍历和树的遍历一样，都是从某顶点出发，访问图G中所有顶点，且每个顶点仅访问一次。但图的遍历更复杂些。因为在图中每个顶点和其他顶点之间都可能有边或弧存在，从一顶点出发，经过其他顶点后很有可能又回到该顶点，因此为了标识图中某顶点是否被访问过，应为每个顶点设置标志变量，即设置一标志数组，初值为0，当某节点被访问后，便将其标识置为1。

对于连通图G，从图G中某顶点出发就可遍历全图。但若图G为非连通图，则从某顶点出发便不能遍历整个图，此时还须选择另外未被访问过的节点重新进行遍历，直到访问到所有节点为止。根据搜索路径的方向不同，图的遍历有两种常用的方法：深度优先搜索和广度优先搜索。

### 6.3.1 深度优先搜索遍历

深度优先搜索(depth-first-search)遍历类似于树的前序遍历。假设给定初态是图中所有顶点均未被访问过，从图中某一顶点 $v_i$ 出发遍历图的定义如下：首先访问出发点 $v_i$，并将其访问标志置为1，然后，从 $v_i$ 出发依次搜索 $v_i$ 的每个邻接点 $v_j$。若 $v_j$ 未被访问过，则以 $v_j$ 为新的出发点继续进行深度优先搜索。

显然上述定义是一个递归定义，其特点是尽可能先从纵深方向对图进行搜索，所以称为深度优先搜索。例如，设 $p$ 为刚访问过的顶点，按深度优先搜索要求，下一步将选择一条从 $p$ 出发检测未被检测过的边 $(p,q)$。若发现顶点 $q$ 已被访问过，则重新选择一条从 $p$ 出发的未被访问过的边；若 $q$ 顶点未被访问过，则沿该条边从 $p$ 到 $q$，访问 $q$ 并将其访问标识置为1。然后从 $q$ 出发，直到搜索完从 $q$ 出发的所有路径，才回溯到顶点 $p$，再选择一条从 $p$ 出发的未被检测过的边，直到从 $p$ 出发的所有的边均被访问过为止。此时若 $p$ 不是初始出发点，则回溯到在 $p$ 之前被访问过的顶点；若 $p$ 是初始出发点，则搜索过程结束。

显然，此时对图中所有和初始出发点有路径相通的节点都已经被访问过了，若是连通图，则从初始顶点出发对图的搜索过程的完成就意味着对图的深度优先遍历的结束。

因为对图的深度优先搜索的定义是递归的，所以很容易写出其递归算法。下面分别讨论用邻接表和邻接矩阵为存储结构时的递归算法。

**算法 6-3**

```
int visit[n];                          /*定义访问标识向量 visit，初值均为 0*/
DFS(graph g,int i)                     /*从 vi出发深度优先搜索图 g,g 用邻接矩阵表示*/
{
  int j;
  print("node %c\n",g.vexs[i]);        /*访问出发点 vi*/
  visit[i]=1;
  for (j=0;j<n;j++)                    /*依次搜索 vi的邻接点*/
    if (g.arcs[i][j]==1)&&(! visit[j])
      DFS(j);
```

```
}
```

**算法 6-4**

```
int visit[n];                                /* 定义访问标识向量 visit,初值均为 0 */
DFSL(struct vexnode gl[n],int i)             /* 从 vi 出发深度优先搜索图 gl,gl 用邻接表表示 */
{
  int j;
  struct arcnode *p;
  printf("node:%c\n",gl[i].vertex);
  visit[i]=1;
  p=gl[i].firstarc;                          /* 取 vi 的边表头指针 */
  while(p! =NULL)
  {
     if (! visit[p->adjvex])
        DFSL(p->adjvex);
     p=p->next;
  }
}
```

对图进行深度优先搜索遍历时,按顶点访问的顺序所输出的顶点序列称为图的深度优先搜索序列,简称 DFS 序列。一个图的 DFS 序列不一定唯一,它与图的存储结构、算法以及初始的出发顶点有关。在 DFS 算法中,当从 $v_i$ 出发搜索时,是在邻接矩阵的第 $i$ 行中从左到右选择下一个未被访问的邻接点作为下一个出发点。若这样的邻接点有多个,则选中的是序号较小的那一个。由于图的邻接矩阵是唯一的,所以从指定的顶点出发,由 DFS 算法所得到的深度优先搜索序列是唯一的。如图 6-7 所示的无向连通图的邻接矩阵为 **A**,其深度优先搜索序列为 12485637。而图的邻接表,与同一顶点邻接的其他顶点不只一个,所构成的邻接表与邻接点的链接次序有关,所以对于同一个图,所得到的邻接表却不只一个,因此,由同一算法 DFSL 所得到的遍历序列也是不唯一的。

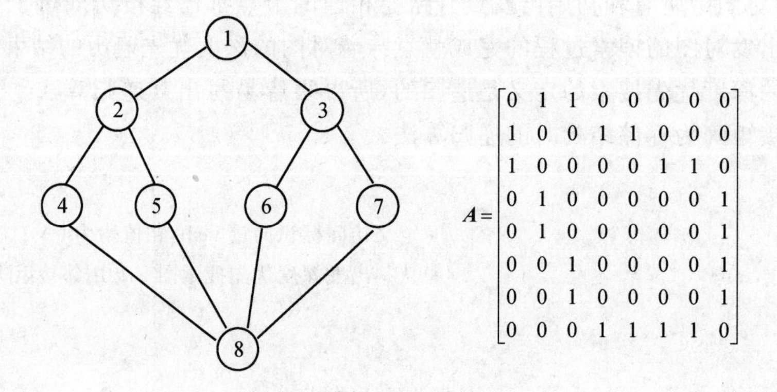


$$A=\begin{bmatrix}0&1&1&0&0&0&0&0\\1&0&0&1&1&0&0&0\\1&0&0&0&0&1&1&0\\0&1&0&0&0&0&0&1\\0&1&0&0&0&0&0&1\\0&0&1&0&0&0&0&1\\0&0&1&0&0&0&0&1\\0&0&0&1&1&1&1&0\end{bmatrix}$$

**图 6-7　图 G 及邻接矩阵 A**

对于具有 $n$ 个顶点 $e$ 条边的连通图,算法 DFS 和 DFSL 均递归调用 $n$ 次。在每次递归调用时,除访问节点和作标记外,主要时间花费在从该节点出发搜索它的邻接点上。用邻接矩阵表示时,搜索一个顶点的所有邻接点需要花费 $O(n)$ 时间来检查矩阵相应行中的 $n$ 个元素,故

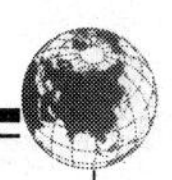

从 $n$ 个顶点出发搜索所需的时间是 $O(n^2)$，即 DFS 的时间复杂度为 $O(n^2)$。用邻接表表示图时，搜索 $n$ 个顶点的所有邻接点就是对各边表节点扫描一遍，故算法 DFSL 的时间复杂度为 $O(n+e)$。算法 DFS 和 DFSL 所用的辅助空间是标志数组和实现递归所用的栈，故它们的空间复杂度为 $O(n)$。

图 6－8 为图 6－7 的邻接表表示。在该邻接表中，从顶点 1 出发的深度优先搜索序列为 12485637。

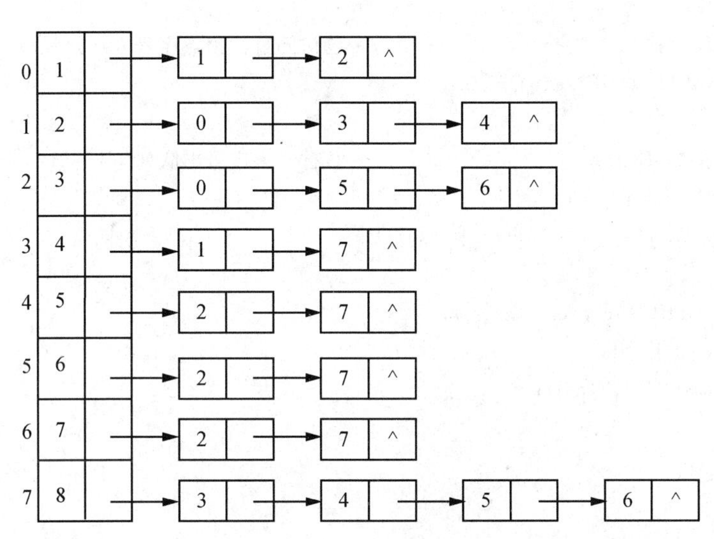


**图 6－8　图 G 的邻接表**

对于上述的递归算法，可以借助于栈来将它改成非递归算法。请读者自行写出深度优先搜索的非递归算法。

### 6.3.2　图的广度优先搜索遍历

广度优先搜索(breadth-first-search)遍历，类似于树的按层次遍历。设图 G 是连通的，且图 G 的初态是所有顶点均未被访问过。从图 G 的任一顶点 $v_i$ 出发按广度优先搜索遍历图的步骤是：访问 $v_i$ 后，依次访问与 $v_i$ 邻接的所有顶点 $w_1, w_2, \cdots, w_t$，再按 $w_1, w_2, \cdots, w_t$ 的顺序访问其中每个顶点的所有未被访问的邻接点，再按此顺序，依次访问它们所有未被访问的邻接点，依此类推，直到图中所有顶点均被访问过为止。

显然，上述搜索法的特点是尽可能先对图进行横向搜索，故称为广度优先搜索。设 $x$ 和 $y$ 是两个先后被访问的顶点，若当前是以 $x$ 为出发点进行搜索，则在访问 $x$ 的所有未被访问的邻接点之后，紧接着是以 $y$ 为出发点进行横向搜索，并对搜索到的未被访问的邻接点进行访问。也就是说，在广度优先搜索中，先访问的节点其邻接点也先被访问。因此，需要引入队列来存储已访问过的顶点。下面对图的邻接矩阵和邻接表两种存储结构分别讨论其广度优先搜索算法。



**算法 6－5**

```
int visit[n];                      /*定义访问标识向量 visit,初值均为 0*/
BFS(graph g,int k)
                                   /*从 vk出发广度优先搜索图 g,g 用邻接矩阵/*
```

```
                                            /*表示,visited为访问标志向量。*/
{
    int i,j;
    sequeue q;
    INITQUEUE(q);                          /*置空队列q*/
    printf("%c\t",g.vexs[k]);              /*访问出发点v_k*/
    visit[k]=1;
    ENQUEUE(q,k);                          /*已访问过的顶点序号入队列*/
    while(! EMPTYQUEUE(q))
    {
      i=DEQUEUE(q);                        /*队首元素序号出队列*/
      for (j=0;j<n;j++)
        if ((g.arcs[i][j]==1)&&(! visit[j]))
          {
            printf("%c\t",g.vexs[j]);
            visit[j]=1;
            ENQUEUE(q,j);
          }
    }
}
```

**算法6-6**

```
int visit[n];                              /*定义访问标识向量visit,初值均为0*/
BFSL(struct arcnode gl[],int k)            /*从v_k出发广度优先搜索图gl,gl用邻接表表示*/
{
    int i;
    arcnode *p;
    sequeue q;
    INITQUEUE(q);
    printf("%c\t",gl[k].vertex);
    visit[k]=1;
    ENQUEUE(q,k);
    while(! EMPTYQUEUE(q))
    {
      i=DEQUEUE(q);
      p=gl[i].firstarc;                    /*取v_i的边表头指针*/
      while(p! =NULL)
        {
          if(! visit[p->adjvex])
            {
              printf("%c\t",gl[p->adjvex].vertex);
              visit[p->adjvex]=1;
              ENQUEUE(q,p->adjvex);
```

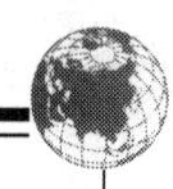

```
            }
            p=p->next;
        }
    }
}
```

同样,将广度优先搜索遍历图得到的顶点序列称为图的广度优先搜索序列,简称 BFS 序列。一个图的 BFS 序列也不是唯一的。它与图的存储结构、采用的算法及初始的出发点有关。当图 G 用 6-8 所示的邻接表表示时,其广度优先搜索序列为 12345678。

对于具有 $n$ 个顶点 $e$ 条边的连通图,由于每个顶点均入队一次,所以算法 BFS 的外层循环次数均为 $n$,算法 BFS 的内循环次数也为 $n$,故 BFS 算法的时间复杂度为 $O(n^2)$。BFSL 算法的内循环次数取决于各节点的边表节点个数,内循环执行的总次数是边表节点的总个数 $2e$,故算法 BFSL 的时间复杂度为 $O(n+e)$。两个算法所用的辅助存储空间是队列和标志数组,故它们的空间复杂度为 $O(n)$。

以上给出的深度优先搜索遍历和广度优先搜索遍历的算法均是从某顶点出发的遍历,这对连通图而言可以遍历全图。但若图是非连通图,则需在相应的算法外再加一层循环,再找出另一个未被访问的顶点,以它为出发点再进行同样的遍历,便可得到非连通图的遍历算法。

## 6.4　生成树

### 6.4.1　生成树

设图 $G=(V,E)$ 是连通图,当从图中任一顶点出发遍历图 G 时,将边的集合 $\boldsymbol{E}$(G)分成两个集合 $\boldsymbol{A}$(G)和 $\boldsymbol{B}$(G)。其中 $\boldsymbol{A}$(G)是遍历图时所经过的边的集合,$\boldsymbol{B}$(G)是遍历图时未经过的边的集合。设图 $G_1=(\boldsymbol{V},\boldsymbol{A})$ 是图 G 的子图,则称图 $G_1$ 是连通图 G 的生成树。显然,由于在遍历中每个顶点仅访问一次,所以在图 $G_1$ 中不会存在回路。在图论中,常常将树定义为一个无回路的图,因此也可以说,若图 G 的子图 $G_1$ 是包含图 G 的所有顶点的树,则称该子图 $G_1$ 是图 G 的生成树(spanning tree)。由于有 $n$ 个顶点的连通图至少有 $n-1$ 条边,而包含 $n-1$ 条边和 $n$ 个顶点的连通图就是无回路的树,所以生成树是连通图的极小连通子图。所谓极小连通子图是指边数最少的连通图。若在生成树中去掉任意一条边,就会使其变成一个非连通图;而在生成树上多添任意一条边,则必定会出现回路。通常情况下,把由深度优先搜索得到的树称为深度优先搜索生成树,简称为 DFS 生成树;把由广度优先搜索得到的树称为广度优先搜索生成树,简称为 BFS 生成树。

求解生成树在许多领域有实际应用意义。例如供电线路的敷设问题,如果要把 $n$ 个城市连成一个供电网络,则至少需要 $n-1$ 条线路,而各条线路的工程花费是不一样的。若任意两个城市之间都可敷设线路,则共有 $n(n-1)/2$ 条线路,那么这个问题就可归结为怎样在这 $n(n-1)/2$ 条线路中选择 $n-1$ 条,使工程的整体花费最小,也就是可归结为求图的最小生成树问题。



### 6.4.2　最小生成树

前已提及,边上带有权值的图称为网或带权图,因此,网的最小生成树就是边上权值之和

最小的生成树。不难想象,若要构造最小生成树,需要解决好以下两个问题:

1) 尽可能选取权值小的边,但不能构成回路。

2) 选取 $n-1$ 条恰当的边把网的 $n$ 个顶点连接起来。

下面介绍两种常用的算法

**1. 普里姆(prim)算法**

设网 $G=(V,E)$ 是连通的,从顶点 $v_0$ 出发构造 G 的最小生成树 T,记作 $T=(U,A)$。普里姆算法的框图如图 6-9 所示。其基本思想是:首先从 $V$ 中选取一个顶点 $v_0$,将生成树 T 置为仅有一个节点 $v_0$ 的树,即 $\boldsymbol{U}=\{v_0\}$,然后只要 $\boldsymbol{U}$ 是 $\boldsymbol{V}$ 的真子集,就在那些一个端点 $u$ 已在 T 中,而另一个端点 $v$ 还未在 T 中的边中,找一条权值最小的边 $(u,v)$,并把这条边 $(u,v)$ 和其不在 T 中的顶点 $v$ 分别并入 T 的边集 $\boldsymbol{A}$ 和顶点集 $\boldsymbol{U}$ 中。如此下去,每次往生成树中并入一个顶点和一条边,直到把所有顶点都包含进生成树 T 为止。此时,必有 $\boldsymbol{U}=\boldsymbol{V}$,$\boldsymbol{A}$ 中有 $n-1$ 条边,这棵生成树就是图 G 的最小生成树。

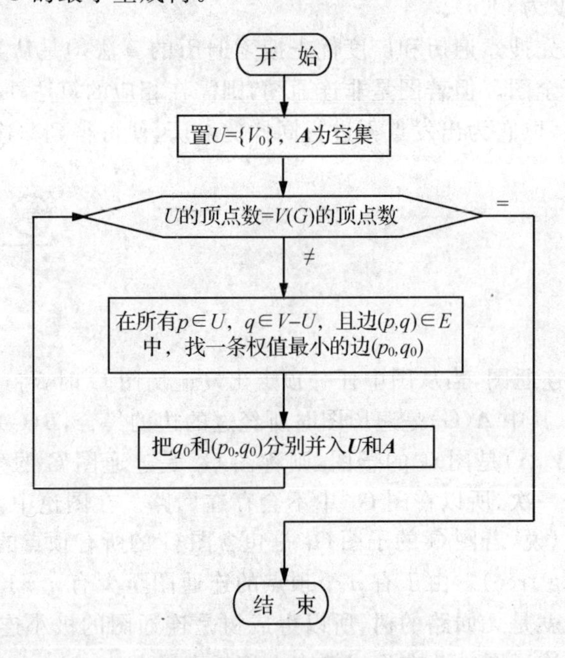


**图 6-9 普里姆算法框图**

以图 6-10 为例,按普里姆算法构造最小生成树的过程如图 6-11 所示。算法的具体实现要取决于网的存储结构,例如,可以用邻接矩阵来存储网,网的邻接矩阵通常称为代价矩阵,它的描述和前述不大一样,一个有 $n$ 个顶点的网用一个 $n$ 阶方阵 cost 表示:

$$\text{cost}[i][j]=\begin{cases} w_{ij} & \text{若}(i,j)\text{或}<i,j>\text{是 G 中的边,且 } i\neq j \\ 0 & i=j \\ \infty & \text{若}(i,j)\text{或}<i,j>\text{不是 G 中的边} \end{cases}$$

其中 $w_{ij}$ 是连接顶点 $i$ 和 $j$ 的边上的权值。

为了叙述的方便,引入一个概念:把顶点 $v$ 和一个集合 $\boldsymbol{U}$ 中各顶点所组成的边的权值最小者称为顶点 $v$ 到集合 $\boldsymbol{U}$ 的距离。在本程序中设立两个辅助数组 closest[$n$]和 lowcost[$n$]。lowcost[$i$]表示顶点 $i$ 到集合 $\boldsymbol{U}$(当前最小生成树的顶点集合)的距离,而 closest[$i$]表示集合

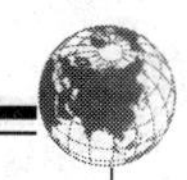

**U** 中的某个顶点。该顶点和顶点 $i$ 所组成的边的权值即为 lowcost[$i$]，也就是说 closest[$i$]∈**U**。$i$ 不是 **U** 中的顶点，$i$ 到集合 **U** 的距离由边($i$,closest[$i$])的权值定义。初始时，$\boldsymbol{U}=\{v_0\}$，所以，closest[$i$] $=v_0(i=0,1,\cdots,n-1,i\neq v_0)$，而 lowcost[$i$]=cost[$v_0$][$i$]。然后组织循环，扫描数组 lowcost，寻找顶点 k，使之满足：

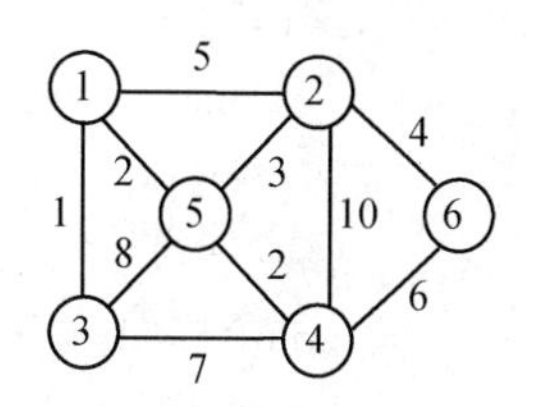


图 6-10　无向网

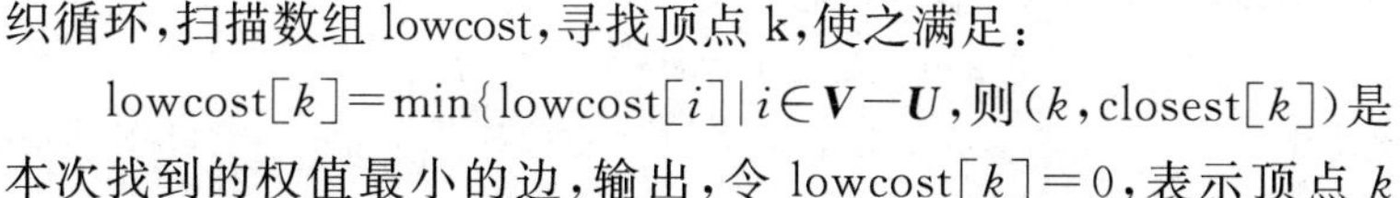

lowcost[$k$]=min{lowcost[$i$] | $i$∈**V**−**U**，则($k$,closest[$k$])是本次找到的权值最小的边，输出，令 lowcost[$k$]=0，表示顶点 $k$ 并入集合 **U**，在程序中并没有真正设立集合 **U**，但集合 **U** 是存在的，当某顶点 $i$ 满足 lowcost[$i$]=0，即顶点 $i$ 和 **U** 的距离为 0，则 $i$ 已在集合里了。每当找到一个顶点 $k$ 并入集合 **U** 后，则要判

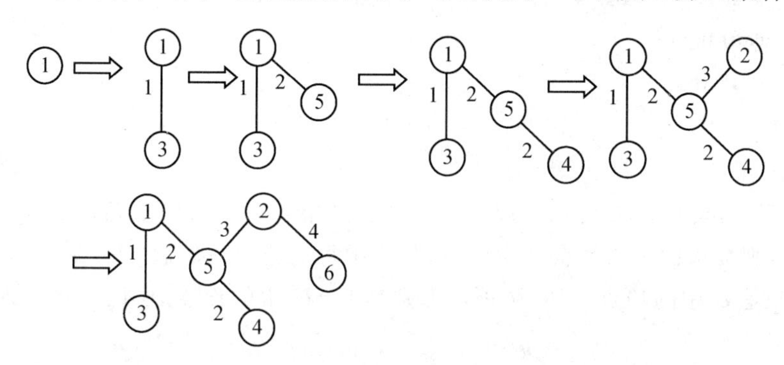

图 6-11　普里姆算法求由顶点 1 出发的最小生成树

断集合 **V**−**U** 内的顶点 $j$ 到集合 **U** 的距离是否改变，如果

```
cost[k][j]<lowcost[j]  则令
    lowcost[j]=cost[k][j];
    closest[j]=k;
```

即顶点 $j$ 到集合 **U** 的距离改变由边($k$,$j$)的权值 cost[$k$][$j$]定义。如此反复寻找顶点 $k$，直到 G 中所有顶点均并入集合 **U** 中为止。具体算法如下：

**算法 6-7**

```
#define nv 6                              /* 定义顶点数 nv */
prim(int cost[n][n],int v0)               /* v0为出发点,cost 为代价矩阵 */
{
   int lowcost[nv],closest[nv],i,j,k;
   for (i=0;i<=nv-1;i++)
   {
      lowcost[i]=cost[v0][i];
      closest[i]= v0;
   }
   for (i=0;i<nv-1;i++)                  /* 寻找 n-1 条权值较小的边 */
   {
      min=32767;
      for (j=0;j<=nv-1;j++)
        if ((lowcost[j]<min)&&(lowcost[j]<>0))
```

```
            {
              min=lowcost[j];
              k=j;
            }
          printf("%d→%d:%d\t",closest[k],k,cost[closest[k],k]);
          lowcost[k]=0;                    /*顶点k并入集合U*/
          for(j=0;j<=nv-1;j++)
            if(cost[k][j]<lowcost[j])
            {
              lowcost[j]=cost[k][j];
              closest[j]=k;
            }
        }
    }
```

在上述程序中,集合 $\boldsymbol{U}$ 是已在生成树中的顶点的集合。当选中某条边($v_i$,$v_j$),若 $v_i$ 和 $v_j$ 都在集合 $\boldsymbol{U}$ 中,则加入此边必然会产生回路,程序中每次选中一条边(closest[$k$],$k$),它的一个顶点 closest[k]是 $\boldsymbol{U}$ 中的顶点,另一个顶点 $k$ 则是 $\boldsymbol{V}-\boldsymbol{U}$ 中的顶点,所以该边加入集合后不会产生回路。

程序的存储量除了开辟一个二维数组来存储代价矩阵外,还设立了两个辅助的一维数组,运算量主要是两个并列的二重循环,所以可记为 $O(nv^2)$,而且运算量与网的边数有关,因此,此算法对于求解边比较稠密的网的最小生成树尤为适宜。

**2. 克鲁斯卡尔(kruskal)算法**

构造最小生成树的另一算法是由克鲁斯卡尔提出的。设 G=($V$,$E$)是连通网,令最小生成树的初始状态为只有 $n$ 个顶点而无边的非连通图 $T=(U,A)$,$U=V$,$A=\Phi$,$T$ 中每个顶点自成一个连通分量。按照权值递增的次序依次选择 $\boldsymbol{E}$ 中的边($u$,$v$),若该边端点 $u$,$v$ 分别是当前 T 的两个连通分量 $T1$,$T2$ 中的顶点,则将该边加入到 $T$ 中,$T1$,$T2$ 也由此边连接生成一个连通分量;若 $u$、$v$ 是当前同一个连通分量中的顶点,则舍去此边(因为每个连通分量都是一棵树,此边添加到树中将形成回路)。依此类推,直到 $T$ 中所有顶点都在一个连通分量上为止,此时 $T$ 便是 G 的最小生成树。算法的框图如图 6-12 所示,以图 6-10 的图 G 为例,按克鲁斯卡尔算法构造网的最小生成树的过程如图 6-13 所示。

克鲁斯卡尔算法的实现首先需要解决两个问题,一是采用什么样的存储结构,二是如何判断所选的边并入最小生成树后不会产生回路。对于前者,由于该算法是按权值递增的顺序来依次选边构造图的最小生成树,所以可以用线性链表来存储网 G 的所有边,一条边对应一个顶点,每个节点设 4 个域:



| i | j | w | next |
|---|---|---|---|

其中 $i$,$j$ 为该边所依附的两个顶点,$w$ 为边上的权值,next 为指针域,指向链表的下一个节点。为了便于按权值递增的次序选边,我们把线性链表的各节点按权值递增的顺序排序后,再构造权值从小到大排序的线性链表。

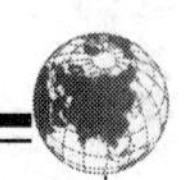

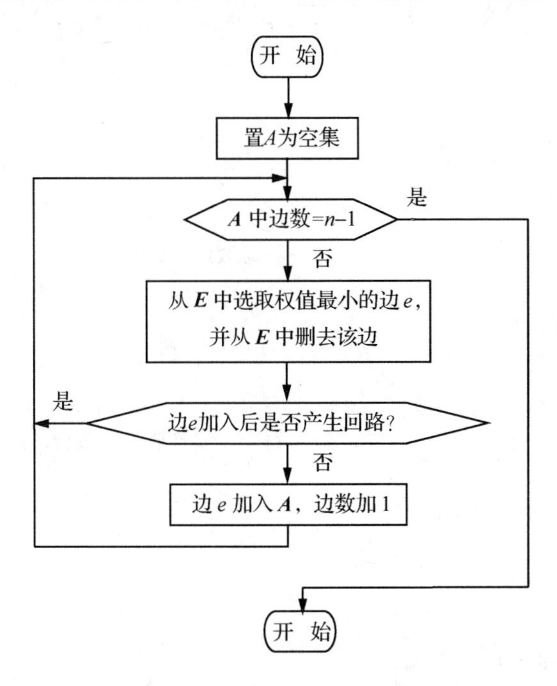


图 6－12　克鲁斯卡尔算法框图

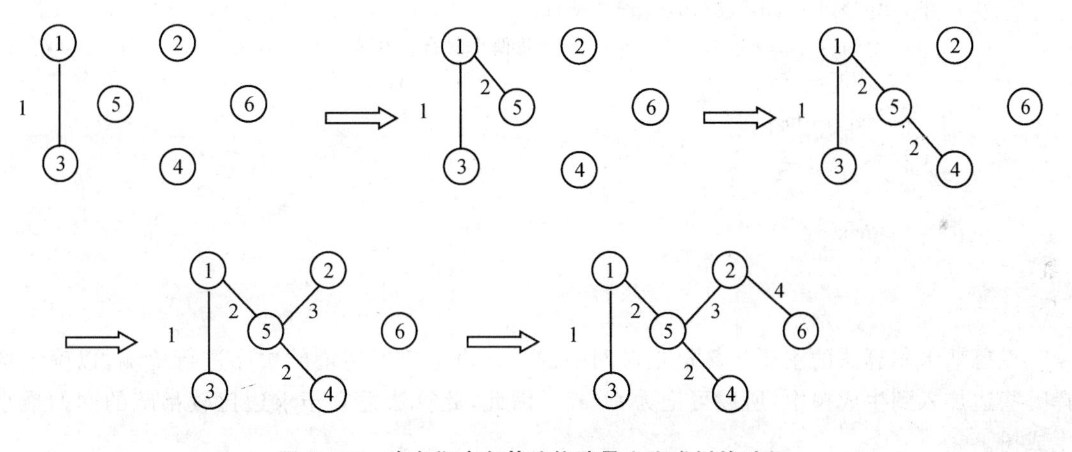

图 6－13　克鲁斯卡尔算法构造最小生成树的过程

对于第二个问题，可以用集合的方法加以解决。设立 $n$ 个集合，初始时 $n$ 个顶点分属于 $n$ 个集合，即每个集合包含一个顶点，选到某边时，当该边的两个顶点在同一集合内，则选择该边必会产生回路，因此应舍去，否则输出该边，并将该边所在的两个集合合并为一个集合，表示这两个集合中的所有顶点已连通。如此反复，直到 $n$ 个集合合并为一个集合为止。由于在 C 语言中没有集合。可采用标志数组 tag[]来表示元素所在的集合，若 tag[$i$]和 tag[$j$]的值相同，则表明两个元素在同一集合中。当新并入一个顶点时，则需要修改与此顶点的 tag 值相同的所有顶点的 tag 值，表明它们同在一个集合中。具体算法如下：

**算法 6－8**

```
#define nv 10
typedef struct node
```

```
{
  int vex1,vex2;
  int w;
  struct node * next;
};
  kruskal(linklist head)
  { int tag[nv];                              /* 标志数组 tag */
    struct node * p;
    int i,n,u,v,u1,v1;
    p=head;
    for(i=0;i<n;i++)
      tag[i]=i;                               /* 每个元素自成一个集合 */
    n=nv;
    while((n>1)&&(p! =NULL))
    {
      u=p->vex1;
      v=p->vex2;
      if (tag[u]! =tag[v])
      {
          printf("%d→%d:%d",u,v,p->w);
          for(i=0;i<nv;i++)                   /* 将两个集合合并成一个集合 */
           if (tag[i]==tag[v])
              tag[i]=tag[u];
          n--;
      }
      p=p->next;
    }
}
```

克鲁斯卡尔算法的主要运算量是对网中的 $e$ 条边按权值递增的次序进行检测,以确定选择哪些边加入到生成树中,所以可记为 $O(e)$。因此,此算法适宜于求边比较稀疏的网的最小生成树。

## 6.5 最短路径

在日常生活中常会遇到这样的问题,从甲地到乙地是否有通路?在有通路的情况下,哪条路最短?交通网络可以用带权图即网表示,图中顶点表示城市,边表示两城市间的道路,边上的权值表示两城市间的距离、交通费用或所需时间等。上述提出的问题就是带权图中的最短路径问题,即求两个顶点之间长度最短的路径,即边上权值之和最小的路径。考虑到交通网络的有向性,在本节讨论的是有向网的最短路径问题。

### 6.5.1 单源最短路径

给定 $G=(V,E)$,G 中的边上均带有权值,若要求 G 中从某个源点到其余各顶点的最短路

径，可以采取比较直观的方法，罗列所有可能存在的路径进行比较。例如对于图 6－14 所示的网 G，如果要求从 0 到 1 的最短路径，从图中可以看出，0 到 1 共有两条路径，一条是(0,1)，路径长度为 50，另一条是(0,2,3,1)，路径长度为 45。比较后便可确定从 0 到 1 的最短路径是(0,2,3,1)，依此类推，就能求出顶点 0 到其余各顶点的最短路径。这种方法虽然简单，但效率低，且不容易在计算机上实现。为了能够在计算机上实现该算法，迪捷斯特拉(dijkstra)提出了按路径长度递增的次序产生最短路径的算法。此算法(设网中权值均非负)把网中所有顶点分成两个集合。凡以 $v$ 为源点，已经确定了最短路的终点并入 ***S*** 集合，***S*** 集合的初态应只包含源点 $v$；另一个集合 ***T*** 则是尚未确定最短路径的顶点的集合。***T*** 集合的初态应包含网中除源点 $v$ 以外的所有的顶点。按各顶点与源点 $v$ 间的最短路径长度递增的次序，逐个把集合 ***T*** 中的顶点加入 ***S*** 集合中去，使得从源点 $v$ 到 ***S*** 集合中顶点的路径长度始终不大于从源点 $v$ 到 ***T*** 集合中各顶点的路径长度。为了能方便地求出从源点 $v$ 到集合 ***T*** 中各顶点的最短路径的递增次序，算法中引进了一个辅助向量 dist。它的某个分量 dist[$i$]，表示当前求出的从源点 $v$ 到顶点 $i$ 的最短路径长度。这个路径长度不一定是真正的最短路径长度，它的初始状态是邻接矩阵中第 $v$ 行的各列的值。显然从源点 $v$ 到各顶点的最短路径长度中最短的一条应该是

$$\text{dist}[u]=\min(\text{dist}[i] \mid i\in V(G))$$

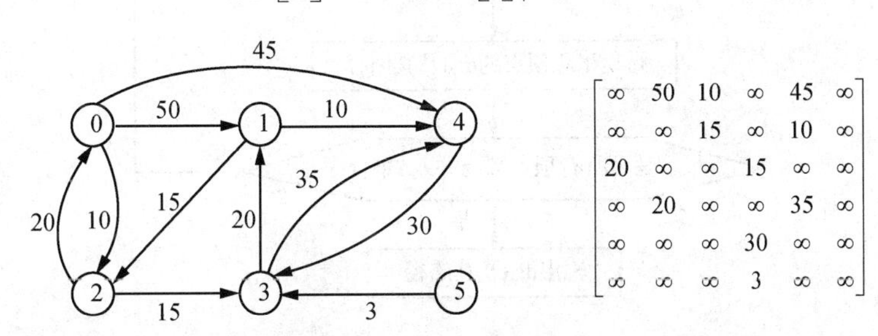


**图 6－14　有向网 G 及其邻接矩阵**

第一次求得的这条最短路径必然是($v$,$u$)，这时顶点 $u$ 应从 ***T*** 集合中删掉并并入 ***S*** 集合中。每当选出一个顶点 $u$ 并并入 ***S*** 集合后，修改 ***T*** 中的最短路径长度 dist。对于 T 中的某个顶点 $i$ 而言，它的最短路径只能是($v$,$i$)或是($v$,$u$,$i$)，而不可能是其他情况，即

若dist[$u$]＋cost[$u$][$i$]＜dist[$i$]则

　dist[$i$]＝dist[$u$]＋cost[$u$][$i$]

当 ***T*** 中各顶点的路径长度修改后再从中选出一个路径长度最短的顶点，从 ***T*** 集合中删除并并入 ***S*** 集合。依此类推，就能求出从源点 $v$ 到所有顶点的最短路径长度。在求解算法的过程中，不仅需要知道最短路径长度，还需要记下该最短路径。为此，设置一个路径向量 Path[$n$]，其中 Path[$i$]表示从源点到顶点 $i$ 的最短路径上该点的前趋顶点，算法结束前，可根据找到源点到顶点 $i$ 的最短路径上每个顶点的前趋顶点，从而得到从源点到 $i$ 顶点的最短路径。

这样依次求出的最短路径所经过的顶点必定是在 ***S*** 集合中，或者从源点 $v$ 直接到达，中间不经过任何顶点。

该算法的框图如图 6－15 所示，具体求解过程及变量说明如下：

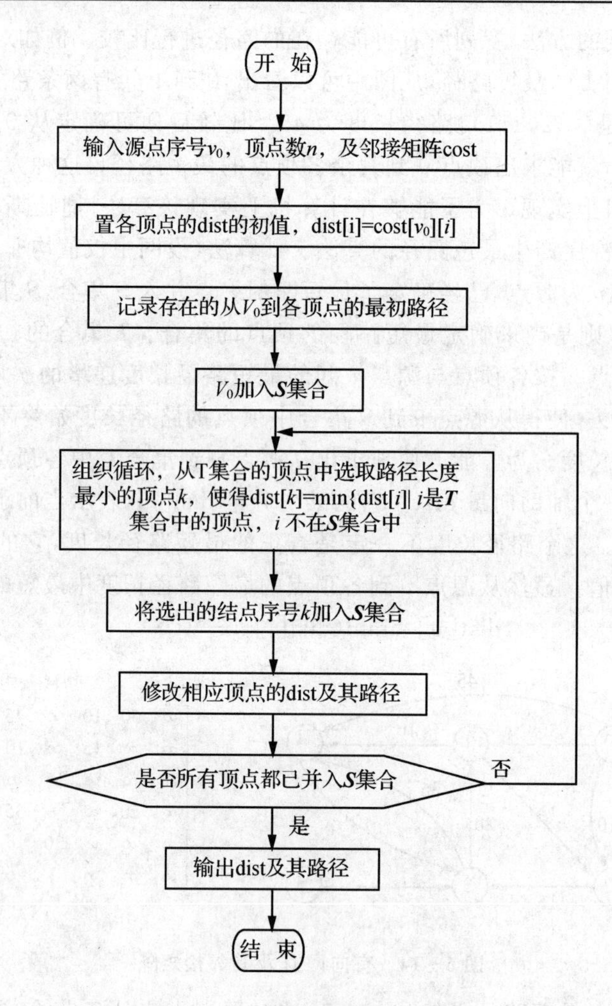


**图 6-15　迪杰斯特拉算法框图**

## 算法 6-9

```
float dist[n];
int path[n],S[n];
DIJKSTRA(int cost[][],int v)
/* 求从源点 v 到其余各顶点的最短路径长度,cost 为有向网络的带权矩阵 */
{
  int i,j,k,v1,pre;
  int min,max=50,inf=32767;
  v1=v;
  for(i=0;i<n;i++)
  {
     dist[i]=cost[v1][i];
     if (dist[i]! =max)
          path[i]=v1;
     else
```

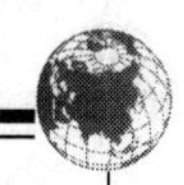

```
            path[i]=-1;
    }
    for(i=0;i<n;i++)
        S[i]=0;
    S[v1]=1;
    dist[v1]=0;                        /*源点 v 送 S*/
    for(i=0;i<n;i++)
    {
        min=inf;                       /*令 inf>max,保证距离为 max 的顶点能并入 S 集合中*/
        for(j=0;j<n;j++)               /*从 T 集合中选出距离值最小的顶点 k*/
          if ((! S[j])&&(dist[j]<min))
          {
            min=dist[j];
            k=j;
          }
        S[k]=1;                        /*将 k 顶点并入 S 集合中*/
        for(j=0;j<n;j++)
          if((! S[j])&&(dist[j]>dist[k]+cost[k][j]))
          {                            /*调整顶点 v 到集合 T 中各顶点的距离*/
              dist[j]=dist[k]+cost[k][j];
              path[j]=k;
          }
    }                                  /*所有顶点均已并入 S 集合*/
   for(i=0;i<n;i++)
   {
     printf("%f\t%d",dist[i],i);
     pre=path[i];
     while(pre! =-1)
     {
        printf("←%d",pre);
        pre=path[pre];
     }
   }
}
```

对图 6-14 所示的有向网 G,若源点为 3,则运算过程中每次循环所得到的 ***S***,dist 和 path 的变化情况如表 6-1 所示:

其中,最后一行为求出的结果:

55　0←2←1←3

20　1←3

35　2←1←3

0　3

30　4←1←3

max 5

表 6-1 dijkstra 算法中数组变化表

| 循　环 | 集合 $S$ | $k$ | dist[0]…dist[5] | path[0]…path[5] |
|---|---|---|---|---|
| 初始化 | {3} | | max 20 max max 35 max | −1 3 −1 −1 3 −1 |
| 1 | {3,1} | 1 | max 20 35 0 30 max | −1 3 1 −1 1 −1 |
| 2 | {3,1,4} | 4 | 55 20 35 0 30 max | −1 3 1 −1 1 −1 |
| 3 | {3,1,4,2} | 2 | 55 20 35 0 30 max | 2 3 1 −1 1 −1 |
| 4 | {3,1,4,2,0} | 0 | 55 20 35 0 30 max | 2 3 1 −1 1 −1 |

显然,如果输出某顶点的最短路径长度为 max,则表示从源点到该顶点无路径;而源点到自身的路径长度为 0。容易看出,dijkstra 算法的时间复杂度为 $O(n^2)$,占用的辅助空间为 $O(n)$。

## 6.5.2 每一对顶点间的最短路径

所有顶点间的最短路径问题是对于给定的有向网 $G=(\boldsymbol{V},\boldsymbol{E})$,要对 G 中任意两个顶点 $u$,$v(u\neq v)$,找出 $u$ 到 $v$ 的最短路径。我们可以利用 dijkstra 算法,把每个顶点作为源点重复执行 $n$ 次即可求出有 $n$ 个顶点的有向网 G 中每对顶点间的最短路径,时间复杂度为 $O(n^3)$。下面介绍另一种求每一对顶点之间的最短路径的算法。它是由弗洛伊德提出的,因此称为弗洛伊德(Floyed)算法。在此算法中仍以邻接矩阵表示有向带权图 G,邻接矩阵用 cost 表示。有向图中的 $n$ 个顶点从 1 开始编号,算法中设立两个矩阵分别用来存放各顶点的路径和相应的路径长度。矩阵 path 表示路径,矩阵 $\boldsymbol{A}$ 表示路径长度。

我们先来讨论如何求得各顶点间的最短路径长度。初始时,设网的代价矩阵 cost 为 $\boldsymbol{A}$ 矩阵的初始值,我们可暂定为 $\boldsymbol{A}^{(0)}$。当然,矩阵 $A^{(0)}$ 的值不可能全是最短路径长度。

若要求最短路径长度,需要进行 $n$ 次试探。对于从顶点 $i$ 到顶点 $j$ 的最短路径长度,首先考虑让路径经过顶点 1,比较路径 $<i,j>$ 和 $<i,1,j>$,取短的为当前求得的最短路径长度。对每一对最短路径都做这样的试探,即可求得 $\boldsymbol{A}^{(1)}$,即 $\boldsymbol{A}^{(1)}$ 是考虑了各顶点除了直接到达外还可经过顶点 1 再到达终点。然后再考虑在 $\boldsymbol{A}^{(1)}$ 基础上让路径经过顶点 2,求得 $\boldsymbol{A}^{(2)}$,依此类推,直到求到 $\boldsymbol{A}^{(n)}$ 为止。一般情况下,若从顶点 $i$ 到顶点 $j$ 的路径经过顶点 $k$ 可以使路径变短的话,则修改 $\boldsymbol{A}^{(k)}[i][j]=\boldsymbol{A}^{(k-1)}[i][k]+\boldsymbol{A}^{(k-1)}[k][j]$,因此,$\boldsymbol{A}^{(k)}[i][j]$ 就是当前求得的从顶点 $i$ 到顶点 $j$ 的最短路径长度,且对应的 $\boldsymbol{P}$ 矩阵上的顶点序号均不大于 $k$。这样经过 $n$ 次试探,就把 $n$ 个顶点都考虑到相应的路径中去了。最后求得的 $\boldsymbol{A}^{(n)}$ 就是各顶点间的最短路径长度,相应的 $\boldsymbol{P}$ 矩阵即为每对顶点间的最短路径上的顶点。那么 $\boldsymbol{P}$ 路径怎样才能记录下最短路径呢?可以采用如下的方法:初始时,矩阵 $\boldsymbol{P}$ 的各元素均赋值为 0,表示每一对顶点之间都是直接到达的,中间不经过任何一个顶点。以后当考虑让路径经过某个顶点 $k$ 时,如果使路径更短,则在修改 $\boldsymbol{A}^{(k)}[i][j]$ 的同时,令 $\boldsymbol{P}[i][j]=k$,即若 $\boldsymbol{P}[i][j]\neq 0$,则其中存放的是从顶点 $i$ 到顶点 $j$ 的路径上所经过的某个顶点。那么如何求出从顶点 $i$ 到顶点 $j$ 的路径上的全部顶点呢?则只需递归地去查 $\boldsymbol{P}[i][k]$ 和 $\boldsymbol{P}[k][j]$,直到其值为 0 为止。该递归过程算法可描述如下:

**算法 6-10**

```
path(int p[n][n],int i,int j)
{
```

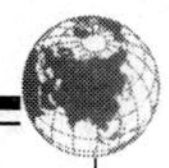

```
  k=p[i-1][j-1];
  if (k! =0)
  {
      path(p,i,k);
      printf("%d",k);
      path(p,k,j);
   }
}
```

描述 Floyed 算法的具体过程如下：

**算法 6－11**

```
FLOYED(float a[n][n], float cost[n][n],int p[n][n])
{
  int i,j,k;
  for (i=0;i<n;i++)
     for(j=0;j<n;j++)
     {
        a[i][j]=cost[i][j];
        p[i][j]=0;
     }
  for(k=1;k<=n;k++)
     for(i=0;i<n;i++)
       for(j=0;j<n;j++)
          if (a[i][k-1]+a[k-1][j]<a[i][j])
          {
            a[i][j]=a[i][k-1]+a[k-1][j];
            p[i][j]=k;
          }
}
```

对于图 6－16 所示的有向带权图 G，由 Floyed 算法产生的两个矩阵序列如图 6－17 所示。

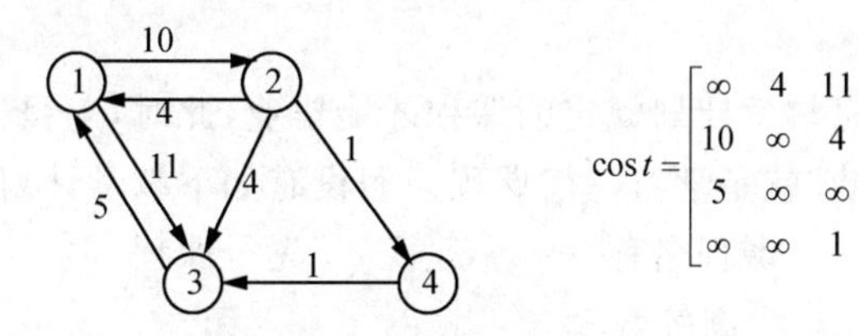


$$\cos t=\begin{bmatrix}\infty & 4 & 11 & \infty\\10 & \infty & 4 & 1\\5 & \infty & \infty & \infty\\\infty & \infty & 1 & \infty\end{bmatrix}$$

**图 6－16　有向带权图 G 及其邻接矩阵**

弗洛伊德算法的运算量主要是一个三重循环，故其时间复杂度为 $O(n^3)$，这与循环调用 Dijkstra 算法的时间复杂度是相同的。为了减少运算量，也可在三重循环体内加上条件，当 $k=i$或 $k=j$ 或 $a[k][j]==\infty$时不进入循环体内执行，以提高效率。

$$A^{(0)}=\begin{bmatrix}\infty & 4 & 11 & \infty\\ 10 & \infty & 4 & 1\\ 5 & \infty & \infty & \infty\\ \infty & \infty & 1 & \infty\end{bmatrix}\quad p^{(0)}=\begin{bmatrix}0&0&0&0\\0&0&0&0\\0&0&0&0\\0&0&0&0\end{bmatrix}$$

$$A^{(1)}=\begin{bmatrix}\infty & 4 & 11 & \infty\\ 10 & \infty & 4 & 1\\ 5 & 9 & \infty & \infty\\ \infty & \infty & 1 & \infty\end{bmatrix}\quad p^{(1)}=\begin{bmatrix}0&0&0&0\\0&0&0&0\\0&1&0&0\\0&0&0&0\end{bmatrix}$$

$$A^{(2)}=\begin{bmatrix}\infty & 4 & 8 & 5\\ 10 & \infty & 4 & 1\\ 5 & 9 & \infty & 10\\ \infty & \infty & 1 & \infty\end{bmatrix}\quad p^{(2)}=\begin{bmatrix}0&0&2&2\\0&0&0&0\\0&1&0&2\\0&0&0&0\end{bmatrix}$$

$$A^{(3)}=\begin{bmatrix}\infty & 4 & 8 & 5\\ 9 & \infty & 4 & 1\\ 5 & 9 & \infty & 10\\ 6 & 10 & 1 & \infty\end{bmatrix}\quad p^{(3)}=\begin{bmatrix}0&0&2&2\\3&0&0&0\\0&1&0&2\\3&3&0&0\end{bmatrix}$$

$$A^{(4)}=\begin{bmatrix}\infty & 4 & 6 & 5\\ 7 & \infty & 2 & 1\\ 5 & 9 & \infty & 10\\ 6 & 10 & 1 & \infty\end{bmatrix}\quad p^{(4)}=\begin{bmatrix}0&0&4&2\\4&0&4&0\\0&1&0&2\\3&3&0&0\end{bmatrix}$$

**图 6-17　网 G 的每对顶点间的最短路径及其长度**

## 6.6　拓扑排序

### 6.6.1　AOV 网

在实际工作中,经常用有向图来表示一个产品的生产流程,一个工程的施工流程或是某项具体活动的流程图。一个大的工程往往被划分成若干个子工程。这些子工程称为“活动”。若这些子工程能顺利完成,那么整个工程也就完成了。一般情况下,在有向图中若我们用顶点来表示“活动”,边表示活动间的先后关系,这种顶点活动网(Activity Of Vertex network)简称为 AOV 网。

例如,每名学生均要修完教学计划规定的课程才能毕业,此时,工程就是学生毕业(修完教学计划规定的课程),而“活动”就是学习一门课程。假设有如下教学计划:

| 课程代号 | 课程名称 | 先行课程 |
|---|---|---|
| C1 | 高等数学 | 无 |
| C2 | 大学物理 | C1 |
| C3 | 程序设计 | C1,C2 |
| C4 | 离散数学 | C1 |
| C5 | 数据结构 | C3,C4 |
| C6 | 计算机原理 | C2 |
| C7 | 编译原理 | C3,C5 |

| C8 | 操作系统 | C5,C6 |
|---|---|---|

上述课程中,有些课程是基础课,不需要先学习其他课程,如“高等数学”;而有些课程则是在先学习了先修课之后才能学习,例如“数据结构”课必须在学习了“程序设计”和“离散数学”之后才能学习,即某课程的先修课程是学习该课程的先决条件。这种先决条件就定义了课程之间的先后关系。这种关系可用图 6-18 的有向图来表示。图中顶点表示课程,有向边表示先决条件,当某两门课程间存在先后关系的时候才有弧相连。该图就是上述课程的 AOV 网。

在 AOV 网中,若在顶点 $i$ 和顶点 $j$ 之间存在一条有向路径,则称顶点 $i$ 是顶点 $j$ 的前趋,或称顶点 $j$ 是顶点 $i$ 的后继。若 $<i,j>$ 是 AOV 网中的一条弧,则称 $i$ 是 $j$ 的直接前趋,或称 $j$ 是 $i$ 的直接后继。例如在图 6-18 中,C1,C2 是 C3 的直接前趋,C7 是 C3 的直接后继,C1,C2 也是 C7 的前趋,但不是直接前趋。可见,在 AOV 网中,弧所表示的优先关系具有传递性。

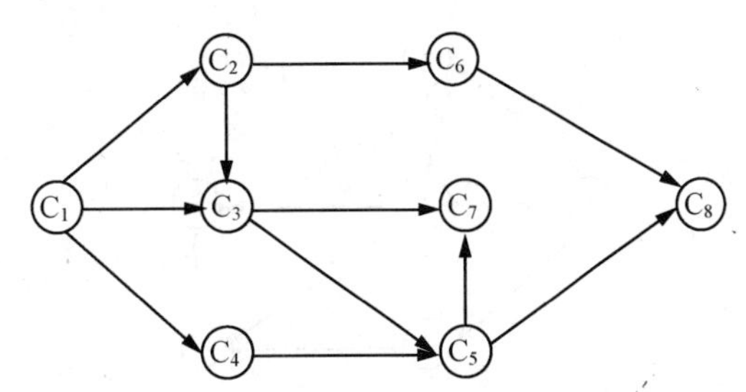

**图 6-18　表示课程间优先关系的 AOV 网**

在 AOV 网中不应出现有向回路,若存在回路,则说明某项“活动”的完成是以自身任务的完成为先决条件的。显然,这样的活动是不可能完成的。若要检查一个工程是否可行,首先就要看它对应的 AOV 网是否存在回路,检查 AOV 网中是否存在回路的方法就是拓扑排序。

## 6.6.2　拓扑排序

对于一个 AOV 网,常常要将它的所有顶点排成一个满足下述关系的线性序列 $v_{i1}$, $v_{i2}$, …, $v_{in}$。在 AOV 网中,若从 $v_i$ 到 $v_j$ 有一条路径,则在该序列中 $v_i$ 必在 $v_j$ 的前面。也就是说,对于一个 AOV 网,构造其所有顶点的线性序列,使此序列不仅保持网中各顶点间原有的先后关系,而且使原来没有先后关系的顶点也人为地建立起先后关系,这样的线性序列即称为拓扑序列,构造 AOV 网的拓扑序列的操作称为拓扑排序。

一般情况下,假设 AOV 网代表一项工程计划,若条件限制只能串行工作,则 AOV 的一个拓扑序列就是这个工程得以完工的一个可行的方案,并非任何 AOV 网的顶点都可以排成拓扑序列。若网中存在回路就找不到该网的拓扑序列,因此若要知道某个 AOV 网中是否存在回路,只要看能否找到该网的拓扑序列。而任何一个无回路的 AOV 网都可以找到一个拓扑序列,并且其拓扑序列不一定是唯一的。因为在某顶点的若干前趋顶点中,对于那些前趋中无先后关系的顶点而言,它们的次序是人为构造出来的,可以是任意的,所以这种拓扑序列很可能不唯一。例如,下面的序列都是图 6-19 所示的 AOV 网的拓扑序列。

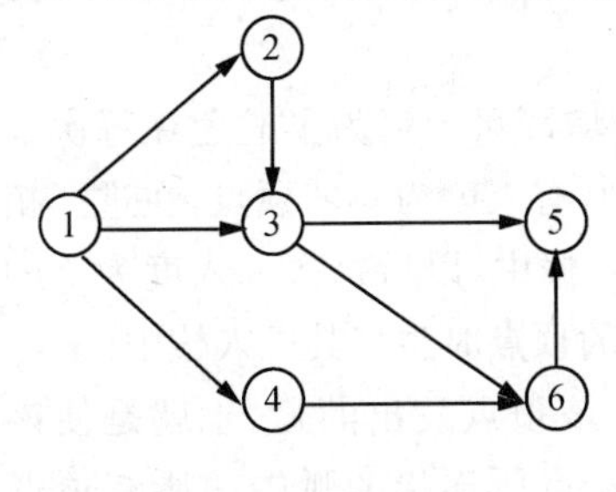

**图 6-19　AOV 网**

1→2→3→4→6→5

1→4→2→3→6→5

对 AOV 网进行拓扑排序的方法和步骤是:

1) 在网中选择没有前趋(即入度为 0)的顶点且输出;

2）从网中删去该顶点，并且删去从该顶点出发的所有弧（即该顶点的所有直接后继顶点的入度都减 1）；

3）重复以上两步，直到网中不存在入度为 0 的顶点为止。

这种操作的结果有两种：一种是网中全部顶点均被输出，说明网中不存在回路；另一种是未输出网中所有顶点，网中剩余顶点均有前趋，这就说明网中存在有向回路。图 6－20 给出了对有向网进行拓扑排序的执行过程。这种拓扑排序只是选择了一种拓扑序列输出的。

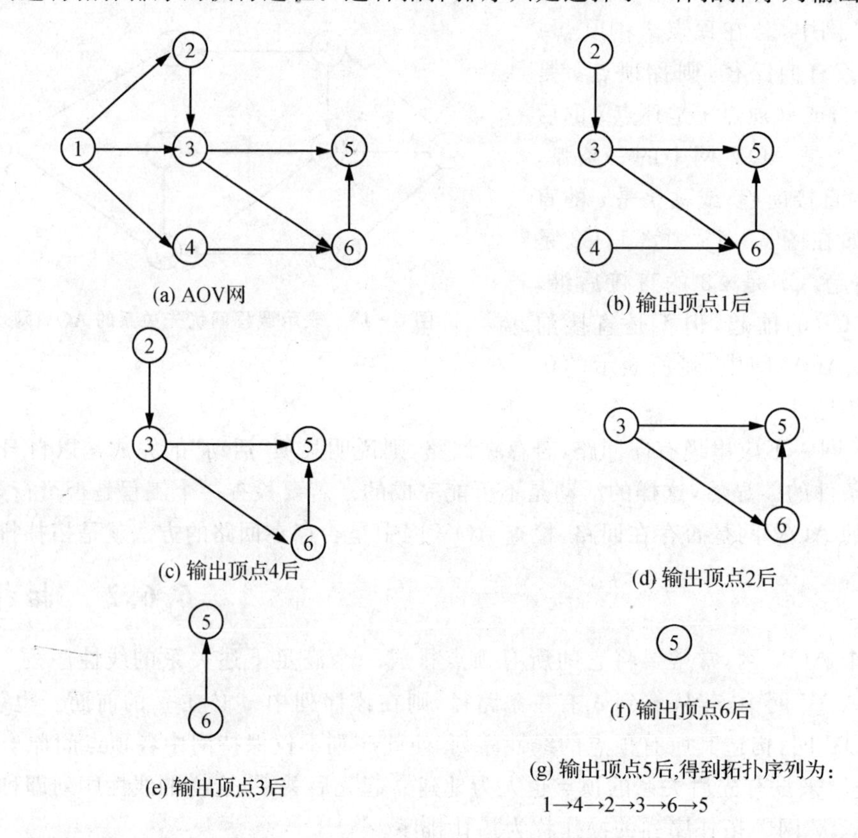


**图 6－20　拓扑排序的执行过程**

网中不存在回路，说明该网所表示的工程项目是可行的。

当用计算机进行拓扑排序时，首先需要解决 AOV 网的拓扑排序问题。我们可以选用邻接表作为网的存储结构，为了便于查询每个顶点的入度，在顶点表中增加一个入度域 id，以表示各个顶点当前的入度值。每个顶点入度域的值可以随邻接表动态生成的过程中累加得到。例如图 6－21(a)所示 AOV 网的邻接表如图 6－21(b)所示。

在算法中，第一步找入度为 0 的顶点只须扫描顶点的入度域即可。但为了避免在每次找入度为 0 的顶点时都对顶点进行重复扫描，可以设一个栈来存储所有入度为 0 的顶点，在进行拓扑排序之前，只要对顶点表扫描一次，将所有入度为 0 的顶点压入栈中，以后每次选入度为 0 的顶点都可直接从栈中取，而当删去某些弧而产生了新的入度为 0 的顶点时也将其压入栈中。

算法的第二步是删去已输出的入度为 0 的顶点以及所有该顶点发出的弧，也就是使该顶点的所有直接后继节点的入度均减 1，在邻接表上就是把该顶点所连接的弧中的所有顶点的入度均减 1。此算法的框图如图 6－22 所示。

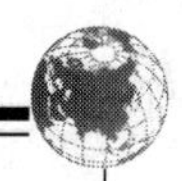

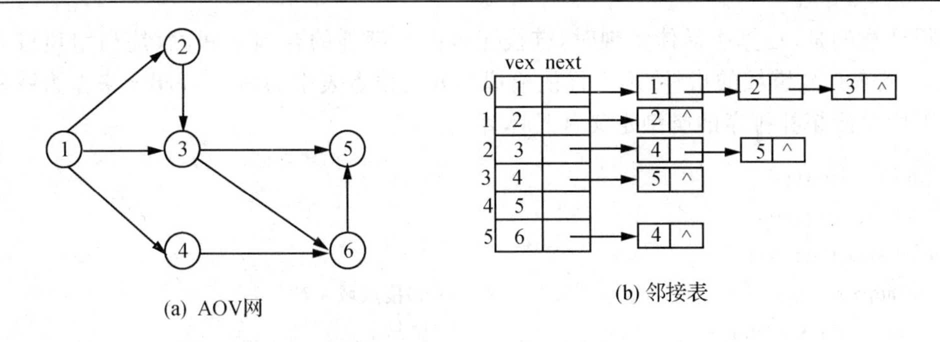


**图 6－21　AOV 网的邻接链表**

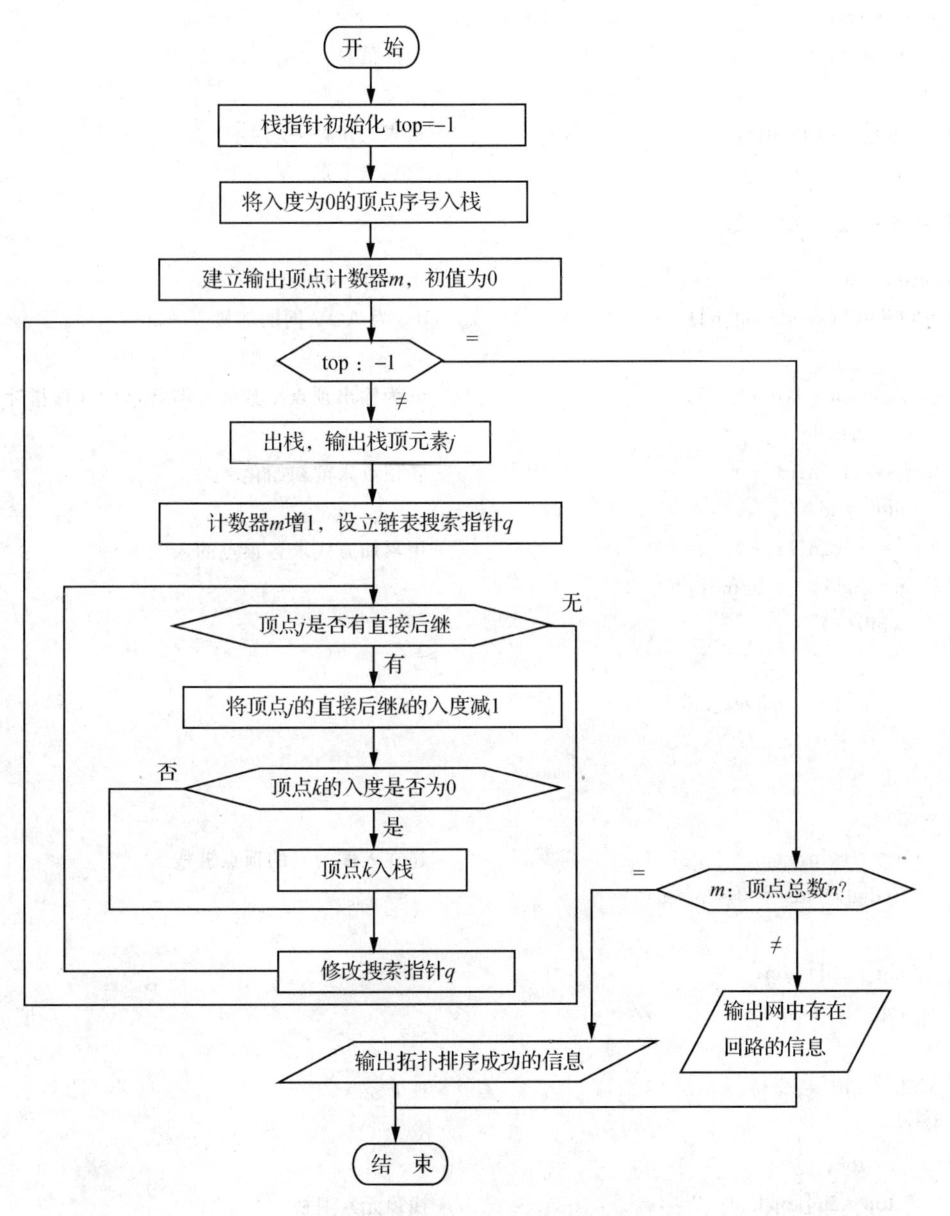


**图 6－22　拓扑排序算法框图**

值得注意的是，在算法具体实现时，链栈无需占用额外的存储空间，而是利用顶点表中值为0的id域来存放链栈的指针（用下标值模拟），利用顶点表中的顶点vertex来作为链栈的顶点域。下面给出拓扑排序的类型定义及具体算法：

```
typedef int datatype;
typedef int vextype;
typedef struct arcnode
{   int adjvex;                          /* 邻接点域 */
    struct node * nextarc;               /* 链域 */
 }arcnode;                               /* 边表节点 */
typedef struct
{   vextype vertex;                      /* 顶点信息 */
    int id;                              /* 入度 */
    arcnode * firstarc;                  /* 边表头指针 */
 }vnode;                                 /* 顶点表节点 */
```

**算法 6-12**

```
#define n 6                              /* AOV网中顶点数 */
TOPOSORT(vnode dig[n])                   /* dig为AOV网的邻接表 */
{
  int i,j,k,m=0,top=-1;                  /* m为输出顶点个数计数器,top为栈顶指针 */
  struct arcnode * p;
  for(i=0;i<n;i++)                       /* 各顶点入度初始化 */
     dig[i].id=0;
  for(i=0;i<n;i++)                       /* 用累加方式求各顶点的入度 */
  {  p=dig[i]->firstarc;
     while(p)
      {
       dig[p->adjvex].id++;
       p=p->next;
      }
  }
  for(i=0;i<n;i++)                       /* 建立入度为0的顶点链栈 */
     if(dig[i].id==0)
  {
     dig[i].id=top;
     top=i;
  }
  while (top! =-1)                       /* 栈非空 */
  {
      j=top;
      top=dig[top].id;                   /* 栈顶元素退栈 */
      printf("%d\t",dig[j].vertex);      /* 输出退栈顶点 */
```

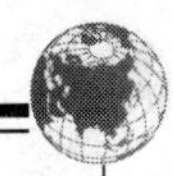

```
        m++;                                /* 输出顶点计数 */
        p=dig[j].firstarc;                  /* p 指向刚输出的顶点的边表节点 */
        while(p)                            /* 删去所有该顶点发出的弧 */
        {
          k=p->adjvex;
          dig[k].id--;
          if(dig[k].id==0)                  /* 将新产生的入度为 0 的顶点入栈 */
          {
            dig[k].id=top;
            top=k;
          }
         p=p->nextarc;                      /* 找下一条邻接的边 */
        }
      }
    if (m<n)
      printf("\n the network has a cycle\n");
  }
```

分析上述算法，设 AOV 网有 $n$ 个顶点和 $e$ 条边，初始建立入度为 0 的顶点栈，检查所有顶点一次，执行时间为 $O(n)$；排序中，若 AOV 网无回路，则每个顶点入、出栈各一次，每个边表节点被检查一次，执行时间是 $O(n+e)$。所以总的时间复杂度为 $O(n+e)$。如果采用其他的存储结构来表示网，则算法要做相应的变化。

如果在 AOV 网中，建立该网的逆邻接表，从而查询各顶点的出度，可以按下述的方法和步骤进行拓扑排序：

1）在 AOV 网中，选一个没有后继的节点（出度为 0 的顶点）并输出。

2）在网中删去该顶点，并删去所有指向该顶点的弧（即该顶点的直接前趋顶点的出度减 1）。

3）重复上述两步，直到网中不再有出度为 0 的顶点为止。若此时全部顶点均已输出，则拓扑排序成功；若不能输出网中所有顶点，则说明网中存在回路。这种排序称为逆拓扑排序。

## 6.7 关键路径

对于一项工程，可以将其表示成一个 AOV 网，通过对其进行拓扑排序即可得到一种或几种可行的方案。而对于一项工程，若想计算完成整个工程需要多少天以及哪些活动是影响工程进度的关键时，又该怎么做呢？可以通过 AOE 网来解决这个问题。

若在带权有向图中，用顶点表示事件，有向边表示活动，边上的权值表示该活动所需的时间，则此带权有向图称为用边表示“活动”的网（Activity On Edge network），简称为 AOE 网。

通常在 AOE 网上列出了完成预定工程计划所需要进行的活动，每项活动的计划完成时间，在整个工程中要发生哪些事件以及这些事件和活动间的关系。从而可以分析该项工程是否切实可行，估算工程的完成时间，确定哪些活动是影响工程工期的关键，并进一步地进行各方面的安排、调度，以缩短整个工程的工期。

在用 AOE 网表示一项工程的施工计划时，顶点表示的事件实际上就是某些活动已经完成或另一些活动可以开始的标志。具体地就是，顶点所表示的事件实际上就是它的进入边所表示的活动均已完成以及它的出发边所表示的活动均可以开始的一种状态。例如图 6－23 所示的 AOE 网包括 11 项活动，9 个事件。事件 $v_1$ 表示整个工程开始，$v_9$ 表示整个工程结束。事件 $v_5$ 表示活动 $a_4$ 和 $a_5$ 已经完成，活动 $a_7$ 和 $a_8$ 可以开始的这样一种状态。假设权值所表示的时间的单位是天，则活动 $a_1$ 需要 6 天完成，$a_2$ 需要 4 天完成……整个工程一开始，活动 $a_1$，$a_2$ 和 $a_3$ 就可以并行地进行，而活动 $a_4$，$a_5$ 和 $a_6$ 只有在事件 $v_2$，$v_3$ 和 $v_4$ 分别发生后才能开始，当活动 $a_{10}$ 和 $a_{11}$ 完成时整个工程也就完成了。

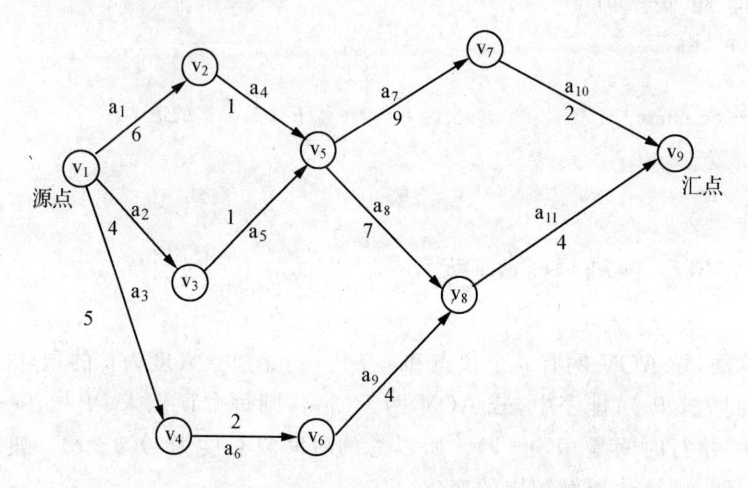


**图 6－23　AOE 网**

对于一项实际的工程而言，一般有一个开始状态和一个结束状态。因此表示实际工程计划的 AOE 网中应该有一个开始点，其入度为 0，称为源点，也应该有一个结束点，其出度为 0，称为汇点，并且网中不能存在回路，否则整个工程是无法完成的。正如前面提到的一样，对于 AOE 网，我们所关心的就是如下两个问题：

1）完成该项工程至少需要多少时间？

2）哪些活动是影响工程进度的关键？

由于在 AOE 网中，有些活动是可以并行完成的，所以完成整个工程的最短时间应该是从源点到汇点的最长路径长度，这里所说的路径长度指的是边上权值之和。我们把从源点到汇点的最长路径长度称为关键路径。关键路径上的活动称为关键活动。若任何一项关键活动没有如期完成，则整个工程的工期就会受到影响；相反，若缩短关键活动的工期通常可以缩短整个工程的工期。

通过以上的分析可知，若要对工程计划进行有效的安排和调度，首先应求出其对应的 AOE 网的关键路径和关键路径上的活动。为此，先定义几个相关变量，并说明其计算方法。

**1. 顶点事件的最早发生时间 $Ve(j)$**

$Ve(j)$是指从源点 $v_1$ 到 $v_j$ 的最长路径长度。这个时间决定了所有从 $v_j$ 发出的弧所表示的活动能够开工的最早日期。其计算方法如下：

$Ve(1)=0$

$Ve(j)=\max\{Ve(i)+\mathrm{dut}(i,j))\}\quad \langle i,j\rangle\in \boldsymbol{T},2\leqslant j\leqslant n$

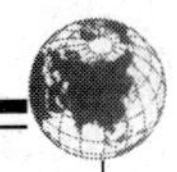

其中，$T$ 是所有到达顶点 $v_j$ 的弧的集合，$n$ 是网中的顶点数，$\mathrm{dut}(i,j)$ 是弧 $<v_i, v_j>$ 的权值。

显然，上述公式是一个从源点开始的递推公式，$Ve(j)$ 的计算必须在 $v_j$ 的所有前趋顶点的最早发生时间全部求出后才能进行，因此必须对 AOE 网进行排序，然后按拓扑有序序列依次求出各顶点事件的最早发生时间。按递推公式可计算出图 6 - 23 中各个事件的最早发生时间：

$Ve(1)=0$

$Ve(2)=Ve(1)+\mathrm{dut}(1,2)=0+6=6$

$Ve(3)=Ve(1)+\mathrm{dut}(1,3)=0+4=4$

$Ve(4)=Ve(1)+\mathrm{dut}(1,4)=0+5=5$

$Ve(5)=\max(Ve(2)+\mathrm{dut}(2,5),Ve(3)+\mathrm{dut}(3,5)\}=\max(6+1,4+1)=7$

$Ve(6)=Ve(4)+\mathrm{dut}(4,6)=5+2=7$

$Ve(7)=Ve(5)+\mathrm{dut}(5,7)=7+9=16$

$Ve(8)=\max(Ve(5)+\mathrm{dut}(5,8),Ve(6)+\mathrm{dut}(6,8)\}=\max(7+7,7+4)=14$

$Ve(9)=\max(Ve(7)+\mathrm{dut}(7,9),Ve(8)+\mathrm{dut}(8,9)\}=\max(16+2,14+4)=18$

**2. 顶点事件的最晚发生时间 $Vl(i)$**

$Vl(i)$ 是指在不拖延整个工程工期的情况下，事件 $v_i$ 所允许的最晚发生时间。对一个工程来说计划用几天完成可以从 AOE 网中求得，其数值就是汇点 $Ve$ 的最早发生时间 $Ve(n)$，而这个时间也就是 $Vl(n)$，其他顶点的最晚发生时间都应从汇点开始，逐步向源点方向递推才能求得，所以 $Vl$ 的计算公式如下：

$Vl(n)=Ve(n)$

$Vl(i)=\min\{Vl(j)-\mathrm{dut}(i,j)\} \quad <i,j>\in \boldsymbol{S},1\leqslant i\leqslant n-1$

其中 $\boldsymbol{S}$ 是所有从顶点 i 发出的弧的集合。

显然，$Vl(i)$ 的计算必须在顶点 $i$ 的所有后继顶点的最晚发生时间全部求出后才能进行。这样必须对 AOE 网进行逆拓扑排序。然后按逆拓扑有序序列进行递推求出各顶点事件的 $Vl$。按该公式计算出图 6 - 23 中各事件的最晚发生时间：

$Vl(9)=Ve(9)=18$

$Vl(8)=Ve(9)-\mathrm{dut}(8,9)=18-4=14$

$Vl(7)=Ve(9)-\mathrm{dut}(7,9)=18-2=16$

$Vl(6)=Ve(8)-\mathrm{dut}(6,8)=14-4=10$

$Vl(5)=\min\{Vl(8)-\mathrm{dut}(5,8),Vl(7)-\mathrm{dut}(5,7)\}=\min\{14-7,16-9\}=7$

$Vl(4)=Ve(6)-\mathrm{dut}(4,6)=10-2=8$

$Vl(3)=Ve(5)-\mathrm{dut}(3,5)=7-1=6$

$Vl(2)=Ve(5)-\mathrm{dut}(2,5)=7-1=6$

$Vl(1)=\min\{Vl(2)-\mathrm{dut}(1,2),Vl(3)-\mathrm{dut}(1,3),Vl(4)-\mathrm{dut}(1,4)\}$

$\quad\quad =\min\{6-6,6-4,8-5\}=0$

**3. 边活动的最早开始时间 $Ee(i)$**

$Ee(i)$ 是指该边所表示的活动 $a_i$ 最早可以开始的时间。若活动 $a_i$ 由弧 $<j,k>$ 表示，则

$$Ee(i)=Ve(j)$$

这说明活动 $a_i$ 的最早开始时间等于事件 $v_j$ 的最早发生时间。这与 AOE 网中关于事件的含义的解释是完全一致的。

**4. 边活动的最晚开始时间 *El*(*i*)**

$El(i)$是指在不推迟整个工程工期的情况下，允许该活动最晚开始的时间。若活动 $a_i$ 由弧 $<j,k>$表示，则

$$El(i)=Vl(k)-\mathrm{dut}(\mathrm{j},k)$$

对于活动 $a_i$ 来说，若 $Ee(i)=El(i)$，则表示该活动的最早开始时间与整个工程计划允许的该活动的最晚开始时间相等，施工时间一点也不能拖延。若 $a_i$ 活动不能按计划日期完成，则整个工程就要延期。若它提前完成，整个工程也可能提前完成，这个活动就是关键活动。

因此，图 6－23 中所有活动的最早开始时间和最晚开始时间如表 6－2 所列。

**表 6－2　边活动的最早和最晚工始时间**

| 活　动 | $a_1$ | $a_2$ | $a_3$ | $a_4$ | $a_5$ | $a_6$ | $a_7$ | $a_8$ | $a_9$ | $a_{10}$ | $a_{11}$ |
|---|---|---|---|---|---|---|---|---|---|---|---|
| *Ee* | 0 | 0 | 0 | 6 | 4 | 5 | 7 | 7 | 7 | 16 | 14 |
| *El* | 0 | 2 | 3 | 6 | 6 | 8 | 7 | 7 | 10 | 16 | 14 |
| *El*－*Ee* | 0 | 2 | 3 | 0 | 2 | 3 | 0 | 0 | 3 | 0 | 0 |

删掉图 6－23 中的所有非关键活动，即可得到该 AOE 网的关键路径，如图 6－24 所示。

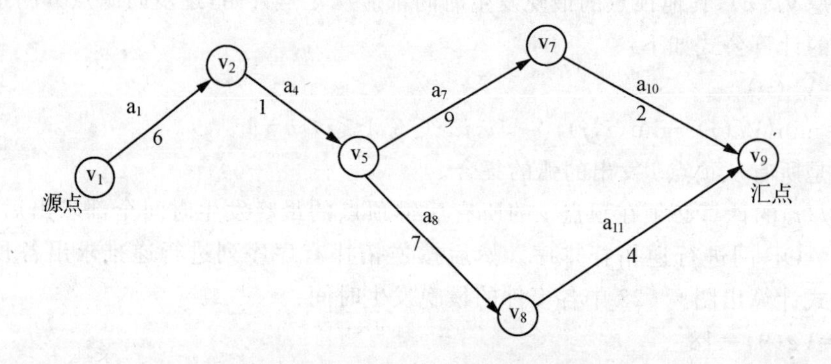


**图 6－24　图 6－23 所示 AOE 网的关键路径**

不是缩短任何一个关键活动的工期都可以缩短整个工程的工期。如图 6－24 中有两条关键路径，$a_1,a_4,a_7,a_{10}$ 和 $a_1,a_4,a_8,a_{11}$，若缩短 $a_1$ 的工期为 5 天，则整个工程可提前 1 天完成；若缩短两天则整个工程可提前 2 天完工，但 $a_1$ 缩短 3 天，整个工程却不能提前 3 天完工，因为此时的关键路径发生了变化，已不再是原来的关键路径，而是另一条比它的路径长度更长的一条路径。可以看出，工程的工期不是可以无限制地缩短的，并且，当有多条关键路径时，若想缩短工期，则应缩短两条路径上的公共活动的工期，或是同时缩短多个活动的工期，才能达到预期的目的。

# 6.8　广义表

## 6.8.1　广义表的定义

广义表(generalized lists)是线性表的推广。前面把 $n\geqslant 0$ 个数据元素 $a_1,a_2,\cdots,a_n$ 构成的有限序列中的 $a_i$ 限定只能是数据元素，即只能是数字、字符、数组、记录等构成数据的基本单位，也就是所说的原子项。若放宽对表元素的这种限制，就引入了广义表的概念。

广义表是 $n\geqslant 0$ 个数据元素的有限序列，记作：

$$A=(a_1,a_2,\cdots,a_n)$$

其中，A 是广义表的名称，$n$ 是它的长度，$a_i(1\leqslant i\leqslant n)$ 或者是数据元素，或者是广义表。若 $a_i$ 是广义表，则称它为广义表 A 的子表。若广义表 A 非空，则 $a_1$ 是 A 的表头，其余元素组成的表 $(a_2,a_3,\cdots,a_n)$ 称为 A 的表尾。显然，广义表的定义是一个递归的定义，广义表中可以包含广义表。为了区分广义表和数据元素，通常用大写的英文字母表示广义表，用小写的英文字母表示数据元素。为了便于理解，先看下面的例子：

$E=()$　　　$E$ 是一个空表，其长度为 0

$L=(a,b)$　　　$L$ 是长度为 2 的广义表，它的两个元素都是原子，因此它是一个线性表。

$A=(x,L)$　　　$A$ 是长度为 2 的广义表，其第一个元素是原子 $x$，第二个元素是子表 L。

$B=(A,y)$　　　$B$ 是长度为 2 的广义表，其第一个元素是子表 A，第二个元素是原子 $y$。

$C=(A,B)$　　　$C$ 是长度为 2 的广义表，它的两个元素都是广义表。

$D=(a,D)$　　　$D$ 的长度为 2，它的第一个元素是原子 $a$，第二个元素是 D 自身，展开后，它是一个无限的广义表。

$F=(())$　　　$F$ 是长度为 1 的广义表，它的元素是一个空表。

从上述例子可以看出，广义表可以共享子表，且允许递归。另外，广义表的元素之间除了次序关系外，还存在层次关系。广义表中元素的最大层次称为广义表的深度，元素的层次就是包含该元素的括号对的数目。例如，表 $A$ 的深度为 2，表 $D$ 的深度为 $\infty$。

如果规定任何表都是有名字的，为了既表示每个表的名字，又说明它的组成，则可以在每个表的前面冠以该表的名字，于是下面也是广义表的表示法。

$E()$

$L(a,b)$

$A(x,(a,b))$

$D(a,D(a,D(\cdots)))$

## 6.8.2　广义表的存储



通常用链式存储方式来存储广义表，链表的节点结构为

| tag | data | link |
|---|---|---|

其中，tag 为标志域，标志该节点所表示的是原子还是子表。若是原子，则 tag=0；若表示

子表,则 tag=1。data 为数据域,当此节点的 tag==0 时存放的是原子的值;当 tag==1 时,存放指向该子表的指针值。link 域为链域,用以存放指向广义表下一个元素的指针值。在链表中,广义表中各元素间的次序及层次关系表示得更加清晰。一般用横向箭头表示元素间的次序,用竖向箭头表示元素间的层次关系。图 6-25 给出了广义表的多重链表存储结构的示例。

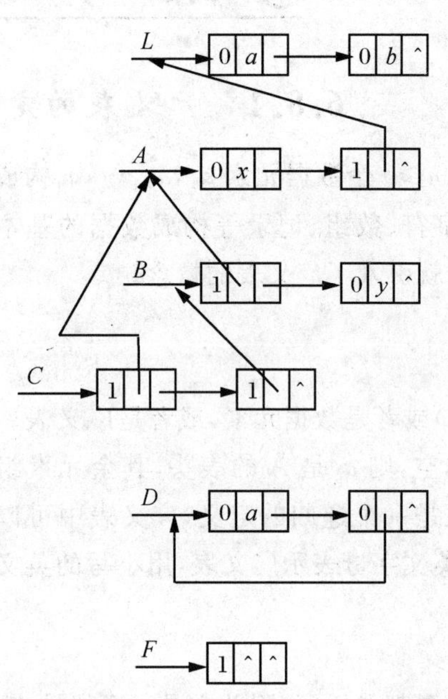


图 6-25 广义表的存储结构示例

广义表是一种应用极为广泛的数据结构。当需要共享资源时,可以用共享子表来实现。

由于广义表是一种非常灵活的数据结构,只要加上适当的约定,任何结构都可以表示成一个广义表。对于树和图来讲,也可以表示成一个广义表。

在广义表上所施行的操作很多,像插入、删除、查找等,这里我们只讨论两个常用的广义表的操作,即取表头和取表尾操作。从表头、表尾的定义可知,广义表的表头可以是原子,也可以是子表;而表尾只能是子表。在前面的例子中,两操作结果如下:

head(L)=a,tail(L)=(b)

head(B)=A,tail(B)=(y)

head(tail(L))=b,tail(tail(L))=()

应该指出,广义表的运算中需要注意的是,对于广义表 A 可能包含在其他一些广义表中,所以究竟什么时候表 A 不再需要了是不清楚的。因此,不能对广义表随便删除,应设法加以标记。

## 习题 6

6-1　对于 6-26 所示的有向图,求每个顶点的入度和出度,并画出图的邻接矩阵、邻接表和逆邻接表。

6-2　分别写出图 6-27 中,从顶点 1 出发对图进行深度优先搜索遍历和广度优先搜索遍历的结果。

6-3　用 C 语言写出用邻接矩阵表示无向图时,从某一顶点出发,用广度优先搜索遍历图的程序,并上机调试。



6-4　写出在有 $n$ 个顶点的有向图的邻接表上,统计每个顶点的入度、出度和度的算法,并上机调试。

6-5　写出图 6-27 所示图的深度优先搜索生成树和广度优先搜索生成树。

6-6　当带权无向图用邻接矩阵存储时,写出求最小生成树的算法,并求出算法的时间复杂度。

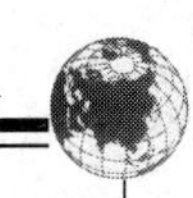

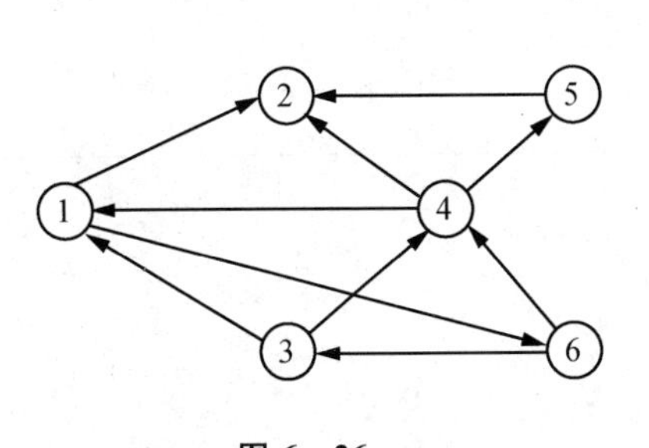


图 6－26

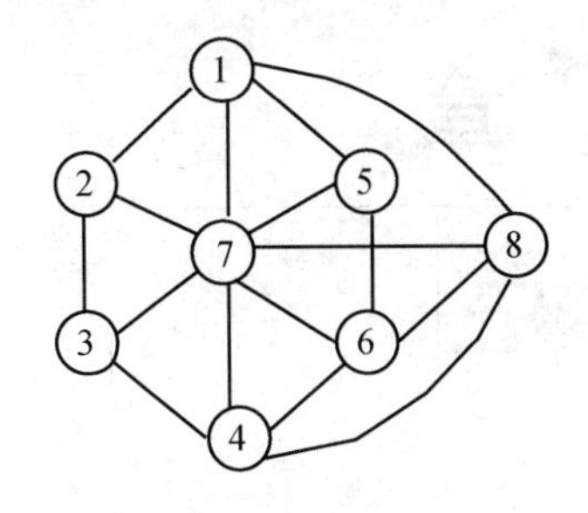


图 6－27

6－7　用迪杰斯特拉算法，求图 6－28 中从顶点 1 到其他顶点的最短路径，要求写出过程。

6－8　用弗洛伊德算法，求图 6－29 中每一对顶点间的最短路径。写出其计算过程。

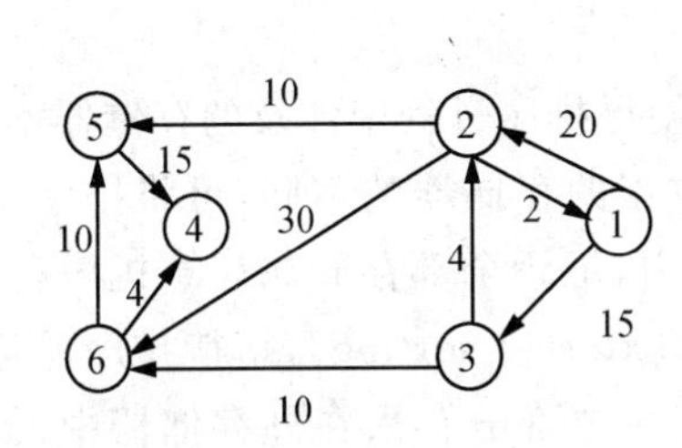


图 6－28

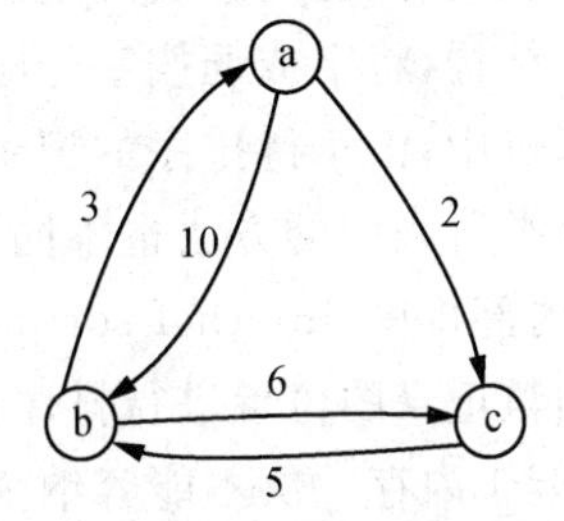


图 6－29

6－9　给出图 6－30 的所有拓扑排序序列，并说明哪个序列是由拓扑排序算法得出的。

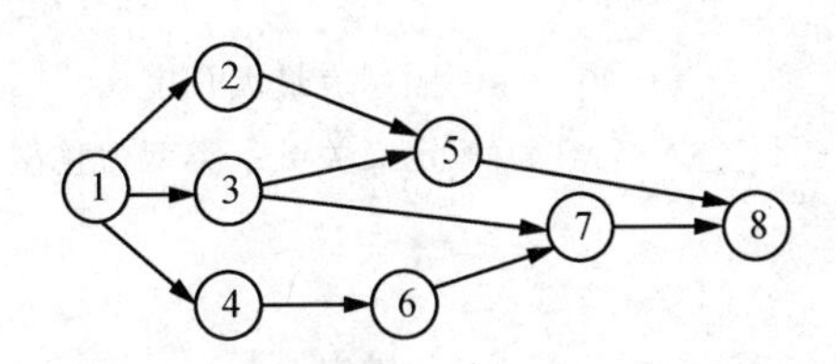


图 6－30

6－10　试求出图 6－31 所示的 AOE 网的关键路径。

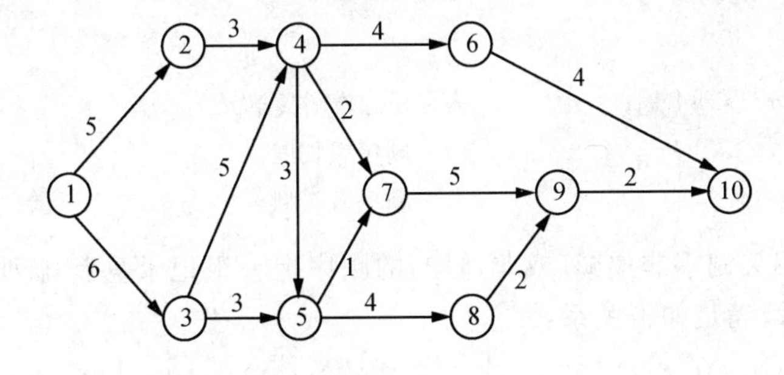


图 6－31

6－11　画出下列广义表的存储结构图，并指明其表头和表尾以及它的深度。

(1) $((()),a,((b,c),(),d),(((e))))$

(2) (((( a),b)),((),d),(e,f)))

# 第7章 排　序

## 7.1　排序的基本概念

排序(sorting)也叫分类,是指将一组记录的任意序列按规定顺序重新排列。排序的目的是便于查询和处理,提高解决问题的效率。它是计算机数据处理中的一种重要操作,如字典是典型的排序结构,将字或词按字母顺序排列,便于查询。

在计算机中,由于待排序的记录的形式、数量不同,使得排序过程中涉及的存储器不同,对记录进行分类所采用的方法也不同。根据排序时存放数据的存储器的不同,可将排序分为两类:一类是内部排序(internal sorting),是指排序的过程中,记录全部存放在计算机内存中,并在内存中调整记录的位置进行排序;另一类是外部排序(external sorting),指待排序的记录数量很大,以至于内存一次不能容纳全部记录时,将记录的主要部分存入在外存储器中,借助计算机的内存储器,调整外存储器上的记录的位置进行排序。本章将集中讨论内部排序。

为了讨论方便,下面将待排序的一组记录存储在地址连续的一组存储单元上。其类型定义如下:

```
#define maxsize 20                      /*顺序表最大长度*/
typedef int Keytype;                    /*定义关键字类型为整型*/
typedef struct
    {
      Keytype key;                      /*关键字*/
      Infotype other;                   /*其他数据项*/
    }Rcdtype;                           /*记录类型*/
typedef    struct
     {
       Rcdtype r[maxsize+1];            /*r[0]作哨兵单元*/
       int length;                      /*顺序表长度*/
     }Sqlist;                           /*顺序表类型*/
```

排序过程就是按关键字非递减(或非递增)的顺序把一组记录重新排列,即对如上的记录数组r经排序处理后,满足如下关系:



$$r[1].key \leqslant r[2].key \leqslant \cdots\cdots \leqslant r[maxsize].key$$

上述定义记录中的关键字key可以是记录的主关键字,也可以是次关键字,甚至是若干数据项的组合。主关键字,是指记录序列中关键字值互不相等,该记录序列经排序后,得到的结果唯一。例如,在一个学生信息记录中,学号即为主关键字。次关键字,是指待排序的记录序列中可能存在两个或两个以上关键字相等,则排序结果不唯一。例如,学生记录中的姓名可看

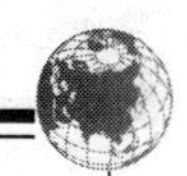

成次关键字。如果在排序之前关键字相等的两个记录 r[$i$] 和 r[$j$]，即 r[$i$]. key == r[$j$]. key ($1 \leqslant i < j \leqslant n$)，r[$i$]位置领先于 r[$j$]，若排序后的序列中 r[$i$]和 r[$j$]分别移至 r[$i_1$]和 r[$j_1$]，且 $i_1$，$j_1$满足 $1 \leqslant i_1 < j_1 \leqslant n$，则称此排序方法是稳定的；反之，如 $1 \leqslant j_1 < i_1 \leqslant n$，则称排序方法是不稳定的。

例如，假定一组记录的关键字为(23,15,72,18,$\underline{23}$,40)，若一种排序方法使排序后的结果为(15,18,23,$\underline{23}$,40,72)，则此方法是稳定的，如果排序后的结果为(15,18,$\underline{23}$,23,40,72)，则此方法是不稳定的。

内部排序的方法很多，每一种方法都有各自的优缺点，很难说明哪一种方法是最好的。在某种条件下，还可通过几种方法相结合来提高算法的效率。为了比较各种算法的效率，要分析算法的时间复杂度，为此要考虑比较关键字的次数和移动记录的次数。根据排序的时间复杂度，可将排序分三类：简单的排序方法，其时间复杂度为 $O(n^2)$；先进的排序方法，其时间复杂度为 $O(\mathrm{nlbn})$；基数排序，其时间复杂度为 $O(d \times n)$。

## 7.2　简单的排序方法

### 7.2.1　气泡排序

气泡排序(bubble sorting)又称冒泡排序。它是一种最简单的排序方法。其基本思想是通过相邻两个记录比较及其交换，使关键字小的元素逐渐从底部移向顶部，就像水底的气泡一样逐渐上浮，最后达到排序的目的。其处理过程是：首先将第一个记录的关键字与第二个记录的关键字比较，若为逆序则交换，然后比较第二个与第三个记录的关键字。依此类推，直到第 $n-1$ 个记录和第 $n$ 个记录的关键字比较完为止。经过此趟处理的结果关键字最大的记录被移至最后一个记录的位置上，然后对前 $n-1$ 个元素进行类似的处理，直至对前 2 个元素处理完为止，总共进行了 $n-1$ 趟处理。具体算法描述如下：

**算法 7-1**

```
void bubsort(Sqlist * L)
{
  Rcdtype t;
  n=L->length;
  for(i=1;i<n;i++)
  for(j=1;j<=n-i;j++)
      if(L->r[j].key> L->r[j+1].key)
      {
          t=L->r[j];
          L->r[j]= L->r[j+1];
          L->r[j+1]=t;
      }
  }
```

在上述算法的执行过程中发现，如果第 $i$ 趟循环中，相邻两元素都是正序，则排序实际已经完成，此后的处理是多余的。如上例中第 6 趟之后的处理是多余的，则可对上述算法改进，设置标记变量 flag。改进的算法如下：

**算法 7-2**

```
void  bubsort1(Sqlist *L)
{
    Rcdtype t;
    i=L->length;
    while(i>1)
    {
        flag=1;
        for(j=1;j<i;j++)
            if(L->r[j].key> L->r[j+1].key)
            {
                t=L->r[j];
                L->r[j]= L->r[j+1];
                L->r[j+1]=t;
              flag=j;
            }
        i=flag;
    }
}
```

例如，待排序的记录关键字序列为($47_1$,34,66,98,74,19,22,$47_2$)，其气泡排序过程如图 7-1所示。气泡排序算法简单，其排序结果是稳定的，时间复杂度为 $O(n^2)$。

### 7.2.2 简单选择排序

选择排序(selection sorting)是另一种常用的排序方法。它的基本思想是在每一趟处理中选出无序序列中关键字最小的元素，与当前无序序列的第一个位置的元素交换。其中最简单的一种选择排序称为简单选择排序。其处理过程如下：从所有 $n$ 个记录中选择出关键字最小的元素，作为有序序列中的第一个元素，与 1 号位置的元素交换，这是第一趟处理。接着再从 $n-1$ 个记录中选择出最小的元素与第 2 号位置的元素交换。依次类推，第 $n-1$ 趟处理从最后两个元素中选出关键字较小的元素作为该序列的第 $n-1$ 个元素与第 $n-1$ 号元素交换，该排序过程结束。其算法描述如下：

**算法 7-3**

```
void selsort(Sqlist *L)
{   Rcdtype t;
    n=L->length;
    for(i=1;i<n;i++)
    {  k=i;
      for(j=i+1;j<=n;j++)
        if(L->r[j].key< L->r[k].key)
```

| 初始序列 | 第一趟比较过程：第一次比较后 | 第二次比较后 | 第三次比较后 | 第四次比较后 | 第五次比较后 | 第六次比较后 | 第七次比较后 |
|---|---|---|---|---|---|---|---|
| $47_1$ | 34 | 34 | 34 | 34 | 34 | 34 | 34 |
| 34 | $47_1$ | $47_1$ | $47_1$ | $47_1$ | $47_1$ | $47_1$ | $47_1$ |
| 66 | 66 | 66 | 66 | 66 | 66 | 66 | 66 |
| 98 | 98 | 98 | 98 | 74 | 74 | 74 | 74 |
| 74 | 74 | 74 | 74 | 98 | 19 | 19 | 19 |
| 19 | 19 | 19 | 19 | 19 | 98 | 22 | 22 |
| 22 | 22 | 22 | 22 | 22 | 22 | 98 | $47_2$ |
| $47_2$ | $47_2$ | $47_2$ | $47_2$ | $47_2$ | $47_2$ | $47_2$ | 98 |

| 第二趟排序后 | 第三趟排序后 | 第四趟排序后 | 第五趟排序后 | 第六趟排序后 | 第七趟排序后 |
|---|---|---|---|---|---|
| 34 | 34 | 34 | 19 | 19 | 19 |
| $47_1$ | $47_1$ | 19 | 22 | 22 | 22 |
| 66 | 19 | 22 | 34 | 34 | 34 |
| 19 | 22 | $47_1$ | $47_1$ | $47_1$ | $47_1$ |
| 22 | $47_2$ | $47_2$ | $47_2$ | $47_2$ | $47_2$ |
| $47_2$ | 66 | 66 | 66 | 66 | 66 |
| 74 | 74 | 74 | 74 | 74 | 74 |
| 98 | 98 | 98 | 98 | 98 | 98 |

**图 7-1　气泡法排序全过程**

```
        k=j;
      if(k! =i)
      {   t=L->r[k];
          L->r[k]= L->r[i];
          L->r[i]=t;
      }
    }
}
```

例如，待排序的记录关键字序列为($47_1$，34，66，98，74，19，22，$47_2$)，其选择排序过程如图 7-2所示。

由于在简单选择排序中存在着不相邻记录间的交换，可能会改变具有相同关键字的记录的前后位置。如上例，其排序结果是不稳定的。该选择排序算法中，主要部分为双层循环，其时间复杂度为 $O(n^2)$。

| | | | | | | | | |
|---|---|---|---|---|---|---|---|---|
| 初始序列 | $47_1$ | 34 | 66 | $47_2$ | 74 | 19 | 22 | 98 |
| 一趟排序 | （19） | 34 | 66 | $47_2$ | 74 | $47_1$ | 22 | 98 |
| 二趟排序 | （19 | 22） | 66 | $47_2$ | 74 | $47_1$ | 34 | 98 |
| 三趟排序 | （19 | 22 | 34） | $47_2$ | 74 | $47_1$ | 66 | 98 |
| 四趟排序 | （19 | 22 | 34 | $47_2$） | 74 | $47_1$ | 66 | 98 |
| 五趟排序 | （19 | 22 | 34 | $47_2$ | $47_1$） | 74 | 66 | 98 |
| 六趟排序 | （19 | 22 | 34 | $47_2$ | $47_1$ | 66） | 74 | 98 |
| 七趟排序 | （19 | 22 | 34 | $47_2$ | $47_1$ | 66 | 74） | 98 |

**图 7-2　简单选择排序全过程**

### 7.2.3　插入排序

插入排序(insert sorting)主要分为直接插入排序和希尔排序等。

**1. 直接插入排序(straight insert sorting)**

直接插入排序是一种简单的排序方法。其基本思想是，依次将待排序的每个记录按其关键字大小插入到已排序好的有序序列中。其处理过程如下：将序列中的第 1 个记录，看成已排序好的有序序列，然后将第 2 个元素插入到这个有序序列中。依此类推，将第 $i$ 个元素插入到由前 $i-1$ 个元素组成的有序序列中，直至最后一个元素。经过 $n-1$ 次插入后，原无序序列变成了新的有序序列。在插入过程中，先将待插入的元素，保存在 $r[0]$ 中，再从原有序序列中的最后一个记录起，按关键字逐个与 $r[0]$.key 比较，若大于 $r[0]$.key 则后移一个位置，直到小于或等于 $r[0]$.key 为止，留出相应的空位，将此元素插到该空位中。其算法描述如下：

**算法 7-4**

```
void inssort(Sqlist  * L)
{  in n,i;
   n=L->length;
   for(i=2;i<=n;i++)
   {
      L->r[0]=L->r[i];
      for(j=i-1;L->r[0].key<L->r[j].key;j--)
         L->r[j+1]=L->r[j];
      L->r[j+1]=L->r[0];
   }
}
```

例如：待排序的记录关键字序列为($47_1$，34，66，$47_2$，74，19，22，97)，按上述算法进行插入排序过程如图 7-3 所示。

当 $L->r[0]$.key<$L->r$[j].key 的情况下，将 $L->r$[j]移至 $L->r$[j+1]，一旦 $L-$

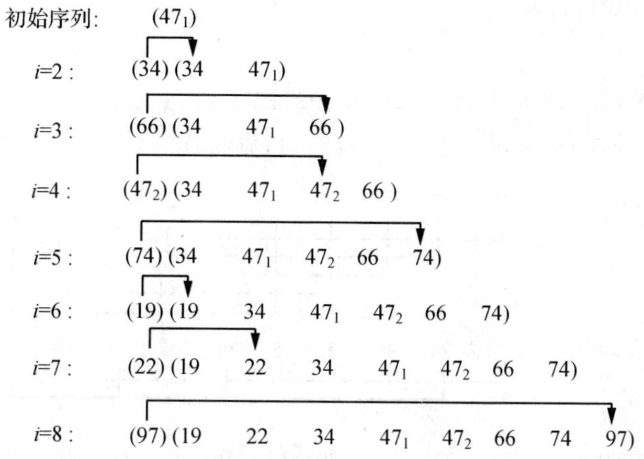

初始序列:　($47_1$)

$i$=2 :　(34) (34　$47_1$)

$i$=3 :　(66) (34　$47_1$　66 )

$i$=4 :　($47_2$) (34　$47_1$　$47_2$　66 )

$i$=5 :　(74) (34　$47_1$　$47_2$　66　74)

$i$=6 :　(19) (19　34　$47_1$　$47_2$　66　74)

$i$=7 :　(22) (19　22　34　$47_1$　$47_2$　66　74)

$i$=8 :　(97) (19　22　34　$47_1$　$47_2$　66　74　97)

**图 7－3　插入排序全过程**

$>r[0]$. key$\geqslant L->r[j]$. $k$ 时，记录不再后移。由此看出，该插入排序的结果是稳定的。在排序过程中，$i$ 由 2 变化至 $n$，$j$ 最坏的情况下由 $i-1$ 至 1，则该算法的主要部分是双层循环，其时间复杂度为 $O(n^2)$。

**2. 希尔排序(Shell sort)**

希尔排序又称缩小增量排序(diminishing increment sort)是由希尔(D. L. Shell)于 1959 年提出的对直接插入排序的一种改进方法。其基本思想是：把记录按下标的一定增量分组，对每组记录用直接插入排序算法排序；随着增量的减少，分组包含的记录越来越多，当增量为 1 时，整个序列合为一组，完成排序。

其处理过程是：选取一系列增量 $d_1 d_2 \cdots d_t$。首先以 $d_1(0<d_1<n-1)$ 为步长，将下标距离为 $d_1$ 的元素归在同一组中，$n$ 个元素分成 $d_1$ 组，对每个组内进行直接插入排序，然后以 $d_2(d_2<d_1)$ 为步长，将下标距离为 $d_2$ 的元素归在同一组中，共 $d_2$ 组，对每个组内进行直接插入排序，依次类推，直至 $d_i=1$，把 $n$ 个元素看成一组，进行直接插入为止。该算法描述如下：

**算法 7－5**

```
void shellinsert(Sqlist  *L,int dk)              /*前后记录位置的增量是 dk*/
{  int i,j;
   for(i=dk+1;i<=L.length;i++)
     if(L->r[i].key<L->r[i-dk].key)
     {
         L->r[0]=L->r[i];
         for(j=i-dk;j>0&&L->r[0].key<L->r[j].key;j-=dk)
            L->r[j+dk]=L->r[j];              /*记录后移,查找插入位置*/
         L->r[j+dk]=L->r[0];                 /*插入*/
     }
}
void shellsort(sqlist *L,int d[],int t)
{  int k;                                    /*按增量序列 d[0‥t-1]对顺序表 L 作希尔排序*/
   for(k=0;k<t; k++)
```

```
        shellinsert(L,d[k]);
    }
```

例如，将排序的关键字序列为($49_1$,37,66,98,75,14,23,$49_2$,56,5)下面分别取增量序列中的增量为 $d_1=10/2=5$，$d_2=5/2=2$，$d_3=2/2=1$，则排序过程如图 7-4 所示。

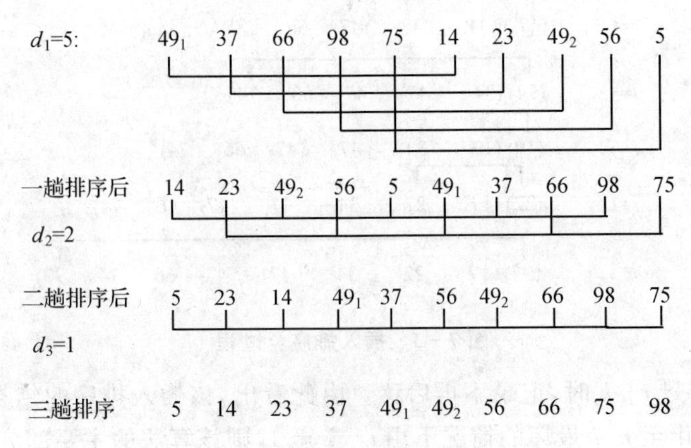


**图 7-4　希尔排序全过程**

对希尔排序的理论分析是一个复杂的问题，特别是如何选择增量序列才能产生最佳的排序效果，至今还没解决。希尔提出取步长 $d_1=\lfloor n/2 \rfloor \cdots, d_{i+1}=\lfloor d_i/2 \rfloor, \cdots, d_t=1, 1\leqslant i\leqslant t-1, t=\mathrm{lb}n$，一般选取增量序列的规则为取 $d_{i+1}$ 在 $\lfloor d_i/3 \rfloor$ 和 $\lfloor d_i/2 \rfloor$ 之间。由于希尔排序中，对每组的记录进行直接插入排序，而相同的记录又不一定在同组中，造成希尔排序过程是不稳定的，其时间复杂性介于 $O(n\mathrm{lb}n)$ 与 $O(n^2)$ 之间，大约为 $O(n^{1.5})$。

## 7.3　先进的排序方法

### 7.3.1　快速排序

快速排序(quick sorting)是对气泡排序的一种改进，是关键字次数少、速度较快的一种排序方法。它的基本思想是：取出某一记录，以该记录所对应的关键字为基准，将待排序记录分成两部分，使得基准位置前所有记录的关键字均少于基准位置记录的关键字，基准位置后面记录的关键字均大于或等于基准位置记录的关键字，然后再分别对基准位置前后的记录序列作为待排序的子序列，重复上述过程，直至所有记录全部排序完为止。

在快速排序过程中，通常把待排序记录(L->r[s]..L->r[t])中的第一个记录 L->r[s]作为基准元素，设两个指针 low 和 high，其初值分别为 $s$ 和 $t$，代表当前待排序记录序列中记录的最小下标及最大下标，其关键字为 privotkey。首先将基准记录移至临时单元，之后将基准元素的关键字 privotkey 与 L->r[high].key 比较，若 L->r[high].key>=privotkey，则 high=high-1；否则将 r[high]移至指针 low 位置，之后检测 r[low]，若 L->r[low].key<=privotkey，则 low=low+1，否则将 r[low]移至指针 high 位置，左端比较与右端比较交替重复执行，直至指针 high 和 low 指向同一位置。该位置则为基准元素最后确定的位置，上述过程称为一趟快速排序。该算法描述如下：

**算法 7－6**

```
partsort(Sqlist *L,int low,int high)
/*对顺序表L中的L->r[low..high]的记录进行一趟快速排序,返回基准元素所在位置,此时,*/
/*在它之前(后)记录的关键字均不大于(小)于基准记录关键字。*/
{
  privotkey=L->r[low].key;                  /*基准记录关键字*/
  L->r[0]=L->r[low];
  while(low<high)
    {
      while(low<high&&L->r[high].key>=privotkey)
        --high;
      if(low<high)
        L->r[low++]=L->r[high];
      while(low<high&&L->r[low].key<=pivotkey)
        ++low;
      if(low<high)
        L->r[high--]=L->r[low];
    }
      L->r[low]=L->r[0];
      return(low);
  }
```

整个快速排序过程为递归过程。快速排序算法如下：

**算法 7－7**

```
void  quicksort(Sqlist *L,int s,int t)
{
  if(s<t)
    {
      privoloc=partsort(L,s,t);             /*将L->r[s..t]一分为二*/
      quicksort(L,s,privotloc-1);           /*对左端子表快速排序*/
      quicksort(L,privotloc+1,t);           /*对右端子表快速排序*/
    }
}
```

在对顺序表 $L$ 进行快速排序调用上述算法时，$s$ 和 $t$ 初值为 1 和 L.length。

例如：待排序的关键字序列为（$49_1$，37，66，98，75，14，23，$49_2$），则排序过程如图 7－5 所示。



实践证明，当 $n$ 较大时，它是目前为止平均情况下速度最快的一种排序方法。快速排序中由于记录的调整是远距离进行的，是一种不稳定的排序方法。在选择基准元素时，理想的情况是最后确定基准元素的位置后，所分的两部分记录序列恰好大小几乎相等。其算法平均情况下时间复杂度为 $O(n\text{lb } n)$，最坏情况是所选的基准记录的关键字最大或最小，这时一次划分后只得到一个子序列，其时间复杂度退化为 $O(n^2)$。为了避免出现退化的情形，在对基准记录

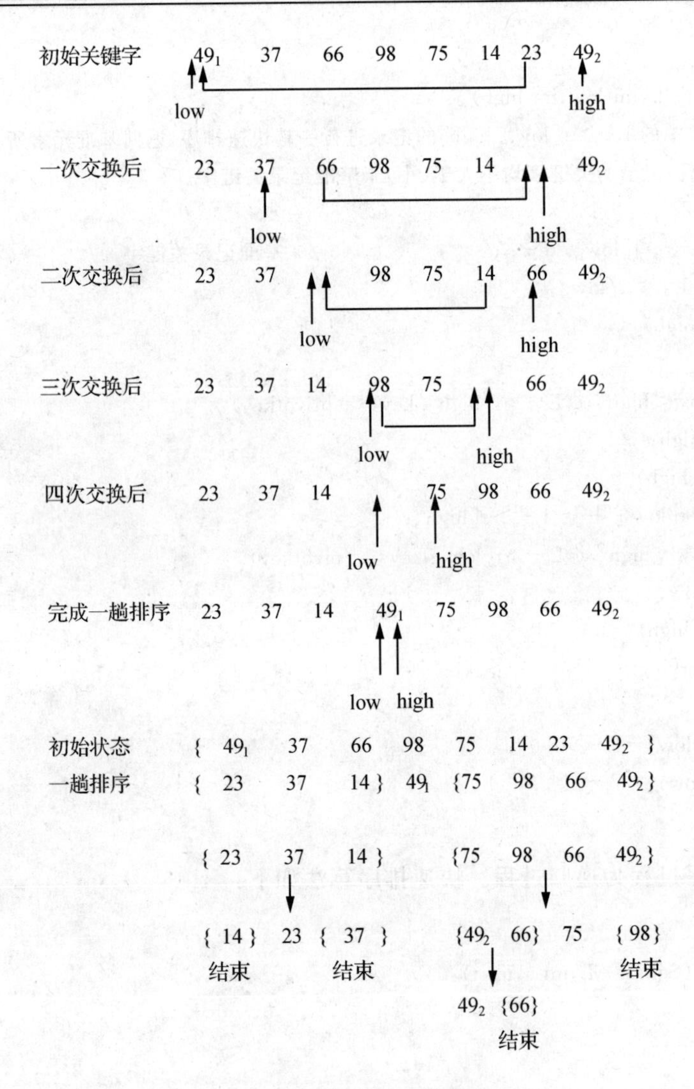


**图 7-5 快速排序全过程**

的选取上可按“三者取中”的原则进行，即对 $L->r[\mathrm{s}].\mathrm{key}$，$L->r[t].\mathrm{key}$，$L->r[s+t]/2].\mathrm{key}$ 三者中取值为中间的元素作为基准记录，将它与 $L->r[\mathrm{s}]$互换后，再按此算法进行一次划分即可。

## 7.3.2 归并排序

归并排序(merge sorting)是指利用“归并”操作的一种排序方法。“归并”是指将两个或两个以上的有序表组合成一个新的有序表的过程。将两个有序表合并成一个有序表称为二路归并，同理有三路归并、四路归并等。这里只讨论二路归并。归并排序的基本思想是将 $n$ 个元素的初始序列看成 $n$ 个长度为 1 的子序列，两两归并，得到$\lceil n/2 \rceil$个长度为 2 或 1 的子序列，再两两归并，直至得到一个长度为 $n$ 的有序序列为止。归并排序的核心操作是归并，而整个归并排序的处理过程可用递归方式完成。

归并算法的处理过程是：设两个有序记录子序列 $R[1..m]$，$R[m+1..n]$归并为有序记录

序列 $R[1..n]$，设置一个辅助数组 $T[n]$，设置三个指针 $i,j,k$，分别指向三个表的当前记录。初始时，$i,j,k$ 分别指向三个有序表的第一个元素，即 $i=1,j=m+1,k=1$。将待排序列的两个有序表的当前记录的关键字进行比较，取出关键字较小的元素作为归并后的一个记录存入 $T$ 中，并将相应表的当前指针后移。重复执行直至其中一个有序表中的元素均取完，再将另一个有序表剩余元素移入归并后的有序表中，其算法如下：

**算法 7-8**

```
void merge(Rcdtype R[],int i,int m,int n)          /*将有序的R[i..m],R[m+1,n]归并*/
{   int j,k,s;
   Rcdtype T[];
   for(j=m+1,s=i;s<=m&&j<=n;k++)
    if(R[s].key<R[j].key)
      T[k]=R[s++];                                  /*设置辅助数组T*/
    else
      T[k]=R[j++];
   while(s<=m)
      T[k++]=R[s++];                                /*将剩余元素复制到T中*/
   while(j<=n )
      T[k++]=R[j++];
   for(j=i;j<=n;j++)                                /*将归并后的元素放回R中*/
      R[j]=T[j];
}
```

实现归并排序的处理过程是：将待排序的记录序列，取中间位置分左右两部分，通过递归调用分别对左右两部分进行归并排序，使左右两个子序列成为有序序列后，调用上述归并过程，使整个序列成为有序序列，归并排序算法描述如下：

**算法 7-9**

```
void msort(Rcdtype R[ ],int s,int t)
{ if(s<t)
 {      m=(s+t)/2;
        msort(R,s,m);
        msort(R,m+1,t);
        merge(R,s,m,t);
    }
}
void   mergesort(Sqlist, *L)
{ msort(L->r,1,L->length); }
```

例如，待排序的关键字序列为($49_1$,34,66,$49_2$,74,19)，则排序过程如图 7-6 所示。

归并通过递归完成记录排序，它的时间复杂度为 $O(n\text{lb}\ n)$。若两个有序表中出现关键字相等的记录时，merge 能够使得前一个有序表中的记录先被复制，从而确保它们相对次序不变，所以说排序算法是稳定的。

第一次调用 ($49_1$ 34 66 | $49_2$ 74 19)

递归 ($49_1$ 34 | 66 | $49_2$ 74 19)

($49_1$ | 34 | 66 | $49_2$ 74 19)

第一次归并后 (34 $49_1$ | 66 | $49_2$ 74 19)

第二次归并后 (34 $49_1$ 66 | $49_2$ 74 | 19)

(34 $49_1$ 66 | $49_2$ | 74 | 19)

(34 $49_1$ 66 | $49_2$ 74 | 19)

(34 $49_1$ 66 | 19 $49_2$ 74)

(19 34 $49_1$ $49_2$ 66 74)

**图 7-6 归并排序算法全过程**

### 7.3.3 堆排序

堆排序(heapsorting)是一种选择排序的方法，是利用堆的特性进行排序。堆是指如果 $n$ 个关键字序列$\{r_1,r_2,\cdots,r_n\}$，以 $r_1$ 为根将关键字序列构成完全二叉树，且完全二叉树中所有非终端节点的值均不大于(或不小于)其左右孩子节点的值，即 $r_i \leqslant r_{2i}$，$r_i \leqslant r_{2i+1}$ 或 $r_i \geqslant r_{2i}$，$r_i \geqslant r_{2i+1}(i=1,2,\cdots,n/2)$。由此 $r_1$ 必为序列中的最小值或最大值，分别称满足上述关系的序列为小根(顶)堆或大根(顶)堆。堆排序的基本思想是首先按关键字建立一个堆，取堆顶元素(即为序列中最小或最大的元素)后将剩余元素调整成一个新堆，再取出堆顶元素，然后重复以上过程，直至取出序列中的所有元素。

堆排序的处理过程是：首先初建堆，此时根节点为整个序列最大元素(或最小元素)，然后将根节点元素与最后一个叶子节点元素交换，再将除交换后的叶子节点外的剩余元素所组成的序列重新调整成堆，重复上述过程，直到所有元素都已处理结束。将待排序序列的元素以顺序表形式存储，则对每个下标为 $j$ 的节点来说，其左、右孩子节点下标分别为 $2j$ 和 $2j+1$。建堆的算法描述如下：

**算法 7-10**

```
typedef Sqlist Heaptype;
void heapadjust(Heaptype * H, int s,int m)                /* 将 H->r[s..m]的元素建成大顶堆 */
{  Heaptype t,rc;
   rc=H->r[s];                                             /* 暂存根节点记录 */
  for(j=2 * s;j<=m;j * =2)                                 /* 沿 key 较大的孩子节点向下筛选 */
  {  if(j<m&&H->r [j]. key<H->r[j+1]. key) /* j 为 key 较大的孩子节点的下标 */
       j++;
     if(rc. key>=H->r[j]. key)
       break;
     H->r[s]=H->r[j];
     s=j;
```

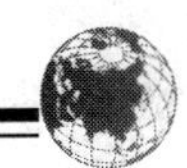

```
    }
    H->r[s]=rc;
}
```

堆排序的算法如下：

**算法 7-11**

```
void heapSort (Heaptype * H)                    /* 对顺序表 H 进行堆排序 */
{   Heaptype   p;
    for(i=H->Length/2;i>0; i--)                 /* 初建大顶堆 */
        headadjust(H,i,H->length);
  for(i=H->Length;i>1; i--)
     {    t=H. r[1];
          H. r[1]=H. r[i];
          H. r[i]=t;                            /* 将堆顶元素与堆底元素交换 */
          heapadjust(H,1,i-1);
       }                                        /* 重新将 H. r[1..i-1]调整为大顶堆 */
 }
```

例如：待排序的序列关键字为($49_1$，34，66，98，75，14，23，$49_2$)，初建堆与输出堆顶后重建堆的过程如图 7-7 所示，重复下去直至输出所有顶点即可完成堆排序。

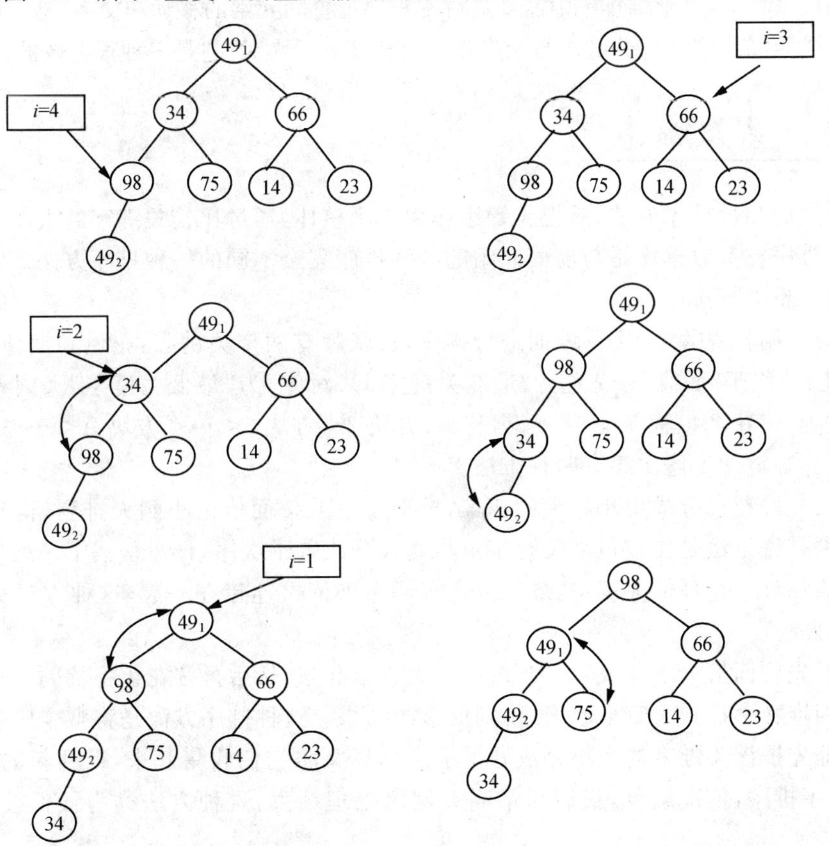


图 7-7　堆排序过程

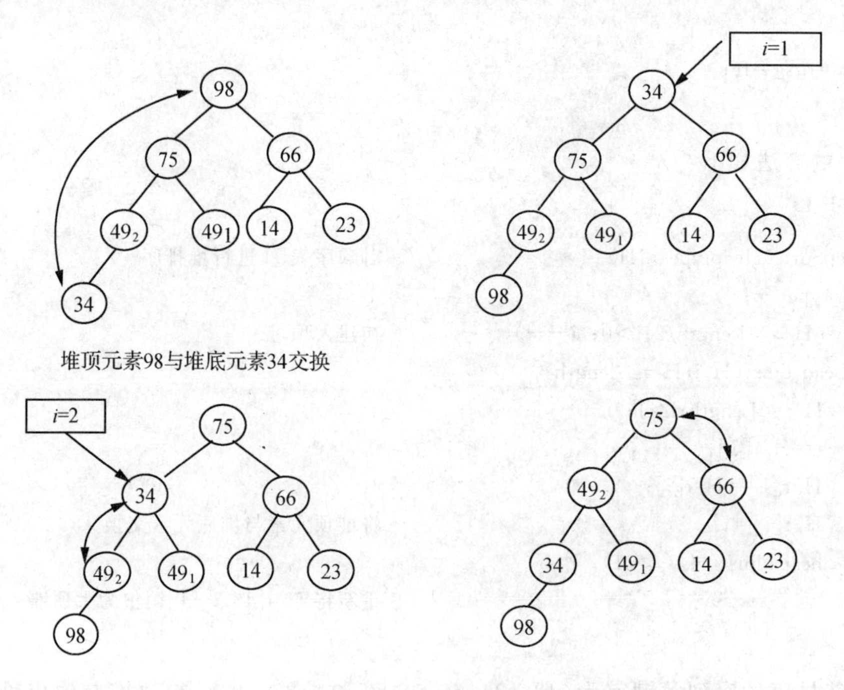


图 7-7 堆排序过程(续)

由上例可以看出,由于堆排序中需要进行不相邻位置间元素的移动和交换,是一种不稳定的排序方法,时间复杂性为 $O(\mathrm{nlbn})$。当元素序列的长度 $n$ 很大时,它是一种很有效的排序方法。

## 7.4 基数排序

前面介绍的几种排序方法,是把关键字作为一个整体,通过比较关键字的大小来调整记录的位置进行排序。基数排序是与前面介绍的各种排序完全不同的一种排序方法。它借助多关键字排序的思想进行排序。

例如,对一副扑克牌中 52 张牌面进行排序,每张牌有两个关键字:花色和面值(2<3<…<A),且"花色"优于"面值"。花色为"最高关键字","面值"为"最低关键字"。则整个一副牌的大小依次为:梅花 2< 梅花 3<…<梅花 A,方块 2<方块 3<…<方块 A<…<黑桃 A。

若将扑克牌整理上述次序有两种方法。

第一种:先按花色分成由小到大的四堆,再将每一堆按面值由小到大排列,得到要求的排序结果,这种排序方法是先按最高关键字由小到大分成若干次序,再对每一子序列按次高关键字排序,逐级细分直至最低关键字,最后按所有子序列依次连接在一起,这种方法称为最高位优先(MSD 方法)。



第二种:先按面值大小分成 13 堆,由小到大收集起来,然后再按花色将整副牌重新分成四堆,最后这四堆牌由小到大收集起来,得到要求的结果。这种排序方法是将整个序列按最低关键字排序,即先按该关键字的大小分成若干子序列后又将它们收集起来,得到新的序列后,又按次低关键字排序,依次重复,最后对最高关键字处理结束,这种方法称为最低位优先(LSD 方法)。

基数排序的基本思想是:对由多关键字组成的序列,采用最低位优先方法对该序列进行多

关键字排序，由最低关键字开始，将整个序列元素“分配”到相应队列中，再依次重新收集成新的序列，再由次低关键字开始重新“分配”和“再收集”，直至按最高关键字进行“分配”和“再收集”，即完成排序的过程，基数排序也称分配排序。

如果待排序的关键字是数组，值在[0,999]范围内，则把每个待排序的数看成一个关键字，它是由三个关键字($k^1$,$k^2$,$k^3$)组成，$k^1$为百位数，为最高关键字；$k^2$为十位数，次高关键字；$k^3$为个位数是最低关键字，每位数值均为0～9，称为基数。具体过程：先以链表存储待排序记录，表头指向第一个记录。第一趟处理：按最低关键字（个位数），将记录分配至10（基数个数）个链队列中，每个队列中记录的关键字个位数相等，其中$r[i]$和$f[i]$分别为第$i$个队列的头指针与尾指针。然后改变所有非空队列的队尾记录的指针域，令其指向下一个非空队列的队首记录，重新将这10个队列的记录构成一个链表。这个过程称为收集。再经过第二趟分配和收集（按十位），及最后一趟分配和收集（按百位，最高关键字），至此排序完毕。

例如，待排序记录的关键字序列为(110,412,185,202,267,69,129,809,404,313)，则排序过程如图7-8所示。

对由顺序表表示法存储的记录进行基数排序可利用“计数”和“复制”的操作实现。分析图7-8(c)和7-8(a)中记录的不同位置可见，在(c)中的第一个记录的关键字为110是对(a)中记录自左至右扫描遇到的第一个个位数最小的记录，关键字为412的记录在(c)中处在第二个位置是因为个位数为“0”、“1”的记录只有1个，而由于个位数为“2”的记录有2个，则(a)中第一个个位数为“3”的记录在(c)中就应该处在第四个位置上，依次类推。由此可见，只要对(a)中记录关键字的“个位数”进行自左至右的扫描计数，便可得到记录在(c)中应处的位置，对(c)中的记录关键字的“十位数”进行自左至右的扫描计数便可得到记录在(e)中应处的位置，对(e)中的记录关键字的“百位数”进行自左至右的扫描计数便可得到记录在(g)中应处的位置。从(a)到(c)，(c)到(e)和从(e)到(g)需要一个辅助空间对记录进行“复制”操作。仍以上述关键字为例，利用“计数”和“复制”进行基数排序的过程如图7-9所示。

从图7-9可见，记录数组“累加”($count[i]=count[i]+count[i-1]$，$i=1,\cdots,9$)后的值count[$i$]表示记录中关键字该位数取值为“0”至“$i$”的记录总数，即“原记录数组”中最后一个关键字，该位数取值为“$i$”的记录应该复制到“复制后的数组”中第count[$i$]个分量中。例如，图7-8(b)中count[4]=5表示关键字个位取“0”至“4”的记录共5个，原记录中最后一个关键字个位为4的记录404，复制到“复制后的数组”中的第5个分量中，位置下标是4；404前个位数为3的记录313的位置下标为4－1=3。

以顺序表存储的记录进行基数排序的算法描述如下：

```
#define   Max_number   6                    /*关键字项数的最大值*/
#define   Radix   10                        /*关键字基数*/
#define   Maxsize   100
typedef   struct
{
  keytype   keys[Max_number];
  infotype   otheritems;
  int   bitsnum;                            /*关键字位数*/
} Rcdtype;                                  /*记录类型*/
```

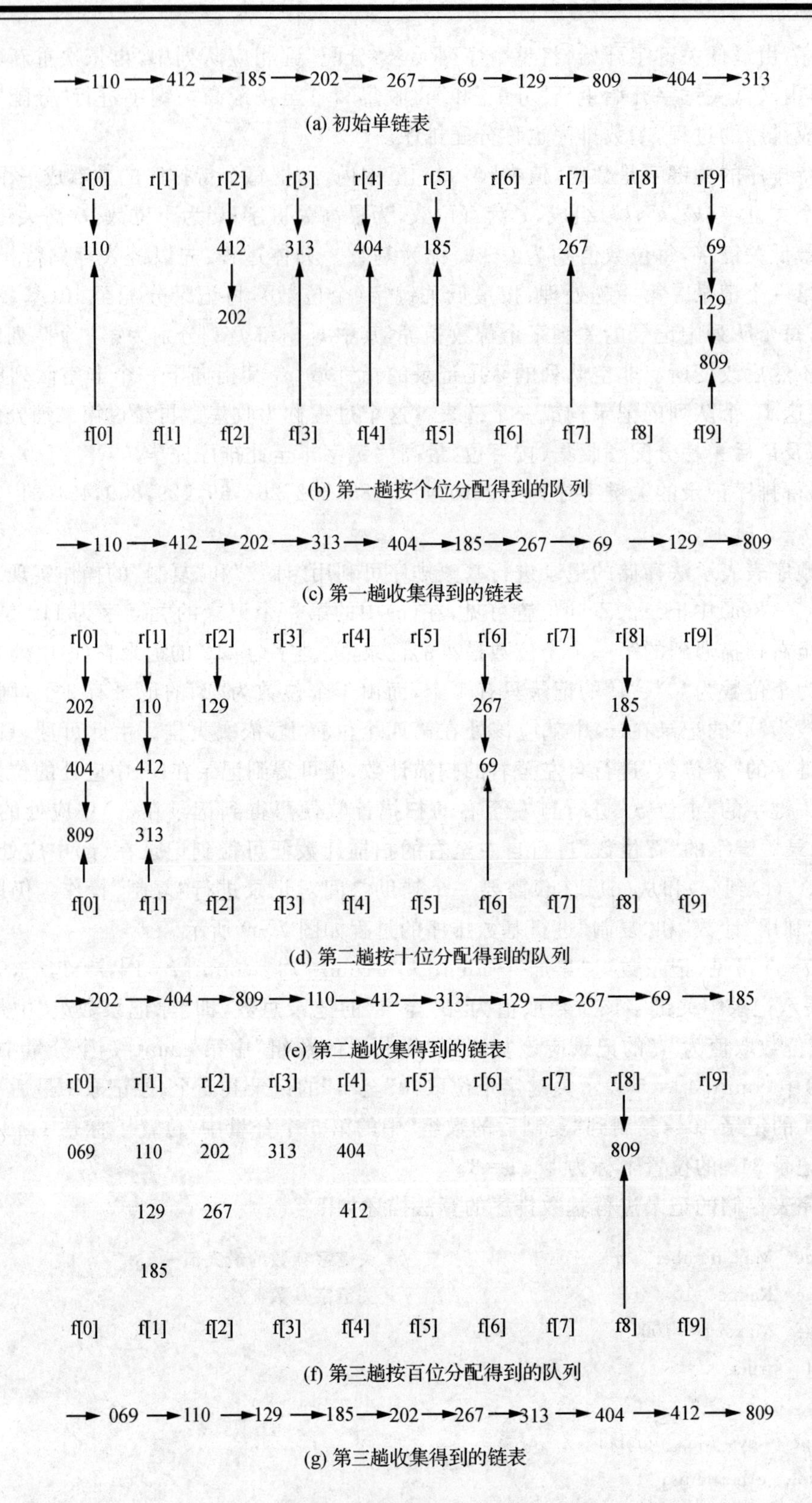

→110 →412 →185 →202 → 267 →69 →129 → 809 →404 →313
(a) 初始单链表
r[0] r[1] r[2] r[3] r[4] r[5] r[6] r[7] r[8] r[9]
110 412 313 404 185 267 69
202 129
809
f[0] f[1] f[2] f[3] f[4] f[5] f[6] f[7] f8] f[9]
(b) 第一趟按个位分配得到的队列
→110 →412 →202 →313 → 404 →185 →267 →69 →129 →809
(c) 第一趟收集得到的链表
r[0] r[1] r[2] r[3] r[4] r[5] r[6] r[7] r[8] r[9]
202 110 129 267 185
404 412 69
809 313
f[0] f[1] f[2] f[3] f[4] f[5] f[6] f[7] f8] f[9]
(d) 第二趟按十位分配得到的队列
→202 →404 →809 →110 →412 →313 →129 →267 →69 →185
(e) 第二趟收集得到的链表
r[0] r[1] r[2] r[3] r[4] r[5] r[6] r[7] r[8] r[9]
069 110 202 313 404 809
129 267 412
185
f[0] f[1] f[2] f[3] f[4] f[5] f[6] f[7] f8] f[9]
(f) 第三趟按百位分配得到的队列
→ 069 →110 →129 →185 →202 →267 →313 → 404 →412 → 809
(g) 第三趟收集得到的链表


**图 7-8 基数排序全过程**

记录数组 A

| 0 | 1 | 2 | 3 | 4 | 5 | 6 | 7 | 8 | 9 |
|---|---|---|---|---|---|---|---|---|---|
| 110 | 412 | 185 | 202 | 267 | 69 | 129 | 809 | 404 | 313 |

计数数组 count（个位情况）

| 0 | 1 | 2 | 3 | 4 | 5 | 6 | 7 | 8 | 9 |
|---|---|---|---|---|---|---|---|---|---|
| 1 | 0 | 2 | 1 | 1 | 1 | 0 | 1 | 0 | 3 |

(a) 初始状态和对“个位数”计数的结果

累加结果 count

| 0 | 1 | 2 | 3 | 4 | 5 | 6 | 7 | 8 | 9 |
|---|---|---|---|---|---|---|---|---|---|
| 1 | 1 | 3 | 4 | 5 | 6 | 6 | 7 | 7 | 10 |

记录数组 B

| 0 | 1 | 2 | 3 | 4 | 5 | 6 | 7 | 8 | 9 |
|---|---|---|---|---|---|---|---|---|---|
| 110 | 412 | 202 | 313 | 404 | 185 | 267 | 69 | 129 | 809 |

(b) 计数器的累加结果和记录“复制”后的状态

计数数组 count（十位情况）

| 0 | 1 | 2 | 3 | 4 | 5 | 6 | 7 | 8 | 9 |
|---|---|---|---|---|---|---|---|---|---|
| 3 | 3 | 1 | 0 | 0 | 0 | 2 | 0 | 1 | 0 |

累加结果 count

| 0 | 1 | 2 | 3 | 4 | 5 | 6 | 7 | 8 | 9 |
|---|---|---|---|---|---|---|---|---|---|
| 3 | 6 | 7 | 7 | 7 | 7 | 9 | 9 | 10 | 10 |

记录数组 A

| 0 | 1 | 2 | 3 | 4 | 5 | 6 | 7 | 8 | 9 |
|---|---|---|---|---|---|---|---|---|---|
| 202 | 404 | 809 | 110 | 412 | 313 | 129 | 267 | 69 | 185 |

(c) 对“十位数”计数累加和记录“复制”后的状态

计数数组 count（百位情况）

| 0 | 1 | 2 | 3 | 4 | 5 | 6 | 7 | 8 | 9 |
|---|---|---|---|---|---|---|---|---|---|
| 1 | 3 | 2 | 1 | 2 | 0 | 0 | 0 | 1 | 0 |

累加结果 count

| 0 | 1 | 2 | 3 | 4 | 5 | 6 | 7 | 8 | 9 |
|---|---|---|---|---|---|---|---|---|---|
| 1 | 4 | 6 | 7 | 9 | 9 | 9 | 9 | 10 | 10 |

记录数组 B

| 0 | 1 | 2 | 3 | 4 | 5 | 6 | 7 | 8 | 9 |
|---|---|---|---|---|---|---|---|---|---|
| 69 | 110 | 129 | 185 | 202 | 267 | 313 | 404 | 412 | 809 |

(d) 对“百位数”计数、累加和记录“复制”后的状态



**图 7-9 利用“计数”和“复制”实现基数排序示例**

## 算法 7-12

```
void  Radixsort(Sqlist * L)
{                                              /* 对顺序表 L 进行基数排序 */
```

```
Rcdtype c[Maxsize];                          /* 辅助数组 */
i=bitsnum-1;
while(i>=0)
  {
    Radixpass(L->r,c,L->length,i);           /* 对 L->r 进行一趟基数排序,排序结果存 c */
    i--;
    if(i>=0)
      {
        Radixpass(c,L->r,L->length,i);       /* 对 c 进行一趟基数排序,排序结果存入 L->r */
        i--;
      }
    else
     for(j=0;j<L->length;j++)
        L->r[j]=c[j];                        /* 排序后的结果在 c 中,复制至 L->r */
  }
}
```

**算法 7-13**

```
void  Radixpass(Rcdtype a[],Rcdtype b[],int n,int i)
{   /* 对数组 a 中记录关键字的"第 i 位"计数,并按计数数组 count 的值将数组 a 中的记录复制到数组
b 中 */
for(j=0;j<Radix;j++)
  count[j]=0;
  for(k=0;k<n;k++)
    count[a[k].keys[i]]++;                   /* 对关键字的第 i 位"计数" */
  for(j=1;j<Radix;j++)
    count[j]=count[j-1]+count[j];            /* 累加操作 */
  for(k=n-1;k>=0;k--)                        /* 从右端开始复制记录 */
    {
      j=a[k].keys[i];
      b[count[j]-1]=a[k];
      count[j]--;
    }
  }
```

如果记录的关键字是由 $d$ 位数字或字母组成的,需要进行 $d$ 趟基数排序,每一趟都要对 $n$ 个记录进行"计数"和"复制",则基数排序的时间复杂度为 $O(d\times n)$,在复制的过程中设定了辅助数组,因此空间复杂度为 $O(n)$。



## 7.5 各种内部排序方法的综合比较

综合以上所讨论的各种内部排序方法,每一种排序方法各有优缺点,很难说出哪一种是最好或最坏的排序方法。对排序方法的选用应根据具体情况而定,主要从以下几个方面进行分

析、比较。

1）时间性能　简单的排序方法：插入排序、气泡排序及简单的选择排序，最好情况下的时间复杂度和平均情况下的时间复杂性均为$O(n^2)$。先进的排序方法有归并排序、堆排序，最好情况、最坏情况和平均情况下的时间复杂度均为$O(n\mathrm{lb}n)$。快速排序法最好情况和平均情况下的时间复杂度为$O(n\mathrm{lb}n)$，最坏情况下转化成$O(n^2)$，基数排序三种情况下的时间复杂度均为$O(\mathrm{d}\times \mathrm{n})$。

2）稳定性　希尔排序、选择排序、快速排序及堆排序均为不稳定排序，其他排序为稳定排序。几种排序方法的综合比较如表7-1所示。

**表7-1　几种排序方法的比较**

| 排序方法 | 平均时间 | 最坏情况 | 最好情况 | 辅助空间 | 稳定性 |
|---|---|---|---|---|---|
| 插入排序 | $O(n^2)$ | $O(n^2)$ | $O(n)$ | $O(1)$ | √ |
| 选择排序 | $O(n^2)$ | $O(n^2)$ | $O(n^2)$ | $O(1)$ | × |
| 气泡排序 | $O(n^2)$ | $O(n^2)$ | $O(n)$ | $O(1)$ | √ |
| 快速排序 | $O(n\mathrm{lb}n)$ | $O(n^2)$ | $O(n\mathrm{lb}n)$ | $O(\log n)$ | × |
| 归并排序 | $O(n\mathrm{lb}n)$ | $O(n\mathrm{lb}n)$ | $O(n\mathrm{lb}n)$ | $O(n)$ | √ |
| 堆排序 | $O(n\mathrm{lb}n)$ | $O(n\mathrm{lb}n)$ | $O(n\mathrm{lb}n)$ | $O(1)$ | × |
| 基数排序 | $O(d\times n)$ | $O(d\times n)$ | $O(d\times n)$ | $O(n)$ | √ |

对于通常选择排序方法时，有以下几种选择：

① 当待排序的记录个数$n$值较小时，可用插入排序法，但若记录所占存储空间大时，应选用选择排序法。当记录个数较大时，应选用快速排序法，但若待排序的记录关键字倾向“有序时”，最好选用归并排序或堆排序。

② 基数排序的时间复杂度为$O(d\times n)$，当待排序记录$n$值很大，而位数小时，可选用基数排序。

综上所述，没有一种是绝对最优的，因此，$n$较小时采用简单排序，$n$较大则采用先进排序法。在实际应用中，可将排序方法综合应用，如可将待排序记录序列逐段进行插入，然后再利用两两归并排序，直至整个序列有序为止。

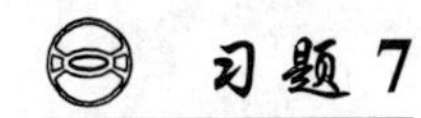

## 习题7

7-1　如下一组关键字(24,36,5,78,21,44,72,13,31,67)，按下列方法将其排序，分别写出每遍处理后的序列。(1)气泡排序 (2)插入排序 (3)选择排序。

7-2　假定被排序的数据集合用单链表表示，表头节点指针为F，节点类型定义如下：

```
typedef  Celltype
        {
          Keytype  data;
          Celltype  * next;
        } Celltype;
 Celltype    * list;
```

分别按插入排序，选择排序写出相应的算法。

7-3　试写出非递归的快速排序算法。

7-4　设每个元素的关键字是由小写字母组成的字符串，其长度为 10，写出对这种类型的数据进行基数分类的函数。

7-5　假定用链表结构表示记录数据，请修改二路归并排序算法。

7-6　奇偶交换排序基本思想是：第一趟对所有奇数 $i$，将 $a[i]$ 和 $a[i+1]$ 进行比较；第二趟对所有偶数 $i$，将 $a[i]$ 和 $a[i+1]$ 进行比较，若 $a[i]>a[i+1]$，则将两者交换，第 3 趟对奇数 $i$，第 4 趟对偶数 $i,\cdots,n$，依次类推，直至整个序列有序为止.

1）试问该排序算法的结束条件是什么？

2）试写出奇偶交换排序的算法。

7-7　写出在含有 $n$ 个元素的堆中增加一个元素，且调整为堆的算法。

7-8　什么是内部排序？什么是排序方法的稳定性？

7-9　冒泡排序法是否稳定？

7-9　试构造对 5 个整数元素进行排序，最多只用 7 次比较的算法思想。

7-10　设有 15 000 个无序的元素，希望用最快的速度挑选出其中前 10 个最大元素。在快速排序、堆排序、归并排序、基数排序和希尔排序中，采用哪种方法最好，并说明理由。

7-11　如果在 100 000 个记录中找出两个最小的记录，一般采用什么排序方法会使所需关键字比较次数最少？

7-12　判断下列序列是否为堆，若不是堆，则把它们调整为堆。

(1) (100,85,95,75,80,60,82,40,20,10,65)

(2) (100,95,85,82,80,75,65,60,40,20,10)

(3) (100,85,40,75,80,60,65,95,82,10,20)

(4) (10,20,40,60,65,75,80,82,85,95,100)

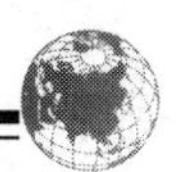

# 第8章 查 找

查找(search)与日常工作生活有密切的关系,也是计算机数据处理中的常用操作。例如,从字典里查找单词,从电话号码簿查找电话号码等。

查找就是在一组数据集合中找到满足某种条件的数据。若找到与给定条件匹配的数据元素,则查找成功。其结果是给出查找数据的全部信息或指示其位置;否则,查找失败。通常称用户查找的数据集合为查找表。查找表中的数据应属于同一类型,数据元素之间的关系完全松散,因此查找表是一种非常灵活的数据结构。根据对查找表中的数据所执行的操作,可将查找表分为静态查找表和动态查找表。静态查找表是指在查找过程中结构始终不变的查找表,例如,查询某个条件下的数据元素或检索某个条件下数据元素的属性。动态查找表是指其结构在查找过程中发生变化的表,例如,在查找过程中同时插入查找表中不存在的数据元素或从查找表中删除已存在的某个数据元素。

查找的方法有多种,这与查找表的数据结构密切相关。下面,将分别介绍静态查找表与动态查找表中的几种查找方法。为了讨论方便,将统一定义数据元素的类型如下:

```
typedef struct
  {
      Keytype   key;             /* 关键字项 */
      Infotype  other;           /* 其他数据项 */
  } Elemtype;                    /* 数据元素 */
```

## 8.1 静态查找表

静态查找表(static search table)可以分为顺序表和静态树表。顺序表又分为有序表和无序表。因表示的方法不同,查找方式也不同。本节将讨论静态查找表的各种表示方法及相应的查找算法。

### 8.1.1 顺序查找

顺序查找(sequential search)又称线性查找,是一种最简单的查找方法。它是指将数据以线性表的形式存储,用线性表来表示静态查找表。其基本思想是:从线性表中第一个记录开始,依次比较每个数据元素的关键字,若记录的关键字与给定值相等,则查找成功返回该元素序号;若查完整个线性表都没有与给定值匹配的元素,则查找失败。

线性表定义表示如下:

```
#define MAX 60
typedef struct
    {
```

```
    Elemtype   elem[MAX+1];          /*0单元闲置,作为哨兵*/
    int length;                      /*表中元素个数*/
  } Slist;
```

查找算法描述如下:

**算法 8-1**

```
int   Search_sequ( Slist st,Keytype k)
/*在顺序表 st 中顺序查找关键字值为 k 的数据元素*/
{   st.elem[0].key=k;
    i=st.length;
    while(st.elem[i].key! =k)
      i--;
    return i;                              /*返回序号,若返回 0,则表示没找到*/
}
```

顺序查找算法简单,对查找表的结构没有要求,其执行效率低,当元素个数较大时,不宜采用该方法。顺序查找最多需要比较 $n$ 次,其时间复杂度为 $O(n)$。

### 8.1.2　折半查找

折半查找(binary search)又称二分查找,是在有序表上进行查找的方法。其基本思想是:确定待查找元素的范围,然后逐步缩小范围直到查找成功或找不到该元素为止。具体步骤是先定义指针 low 和 high,分别指向待查找元素所在范围的下界和上界,指针 mid=(low+high)/2,用来指向中间元素的位置。将待查找元素与下标为 mid 的元素比较,若相等则查找成功,返回序号;若较下标为 mid 的元素大,则继续在 low=mid+1 到 high 的区间内查找;若较下标为 mid 的元素小,则在 low 与 high=mid-1 的区间内查找。当 low>high 时,说明查找失败返回 0 值。折半查找的算法如下:

**算法 8-2**

```
int Search_bina(Slist  st,Keytype  k)
   /*在有序表 st 中折半查找关键字等于 k 的数据元素,若找到返回该元素序号,否则返回 0*/
{
  low=1;
  high=st.length;
  while (low<=high)
    {
      mid=(low+high)/2;
      if(k==st.elem[mid].key)
        return  mid;
      else
        if(k>st.elem[mid].key)
          low=mid+1;
      else
        high=mid-1;
```

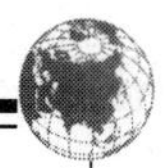

```
    }
    return  0;
}
```

例如:有序查找表中记录关键字为

(9,13,24,37,42,58,65,79,80,91)

给定值为 $k=64$,则折半查找过程如图 8-1 所示。

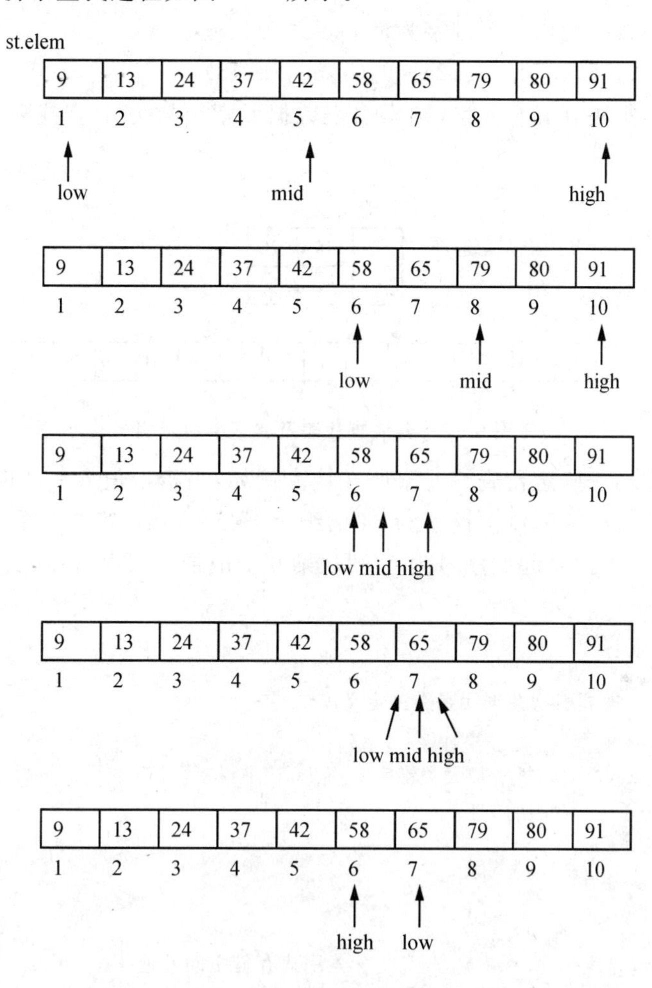


图 8-1 折半查找过程示例

由图 8-1 可以看出,在进行了 4 次 st.elem[mid].key 与 $k=64$ 的比较后,high<low,循环退出,表明表中没有关键字等于 64 的记录。

该查找过程可构造成一棵二叉树,第一层为经过一次就能查找到的节点,第二层上为经过两次能够查找到的节点,依次类推,构造出的二叉树称为判定树。因此,折半查找算法的比较次数不超过相应的二叉树的深度。其时间复杂性为 $O(\mathrm{lb}n)$。其效率要高于顺序查找。



### 8.1.3 分块查找

分块查找又称索引顺序查找。它是介于顺序查找和折半查找之间的查找方法。所谓分块是将线性表中的元素均匀的分成若干块，各块之间要按一定的顺序排列，即前一块中所有元素的关键字，都小于(或大于)后一块中所有元素的关键字，而每个块内的元素是无序的。

分块查找的基本思想是：从各块中抽取最大关键字，构成索引表，因查找表分块有序，则索引表也有序，先在索引表中进行折半查找或顺序查找来确定待查找数据所在块，然后在所在块中顺序查找，因为索引表用来确定待查找元素所在的分块，所以索引表中数据元素其内容应包含该分块的起始序号及该分块中最大关键字两部分。

例如，线性表中数据元素的关键字为

(23,13,14,10,9,34,13,45,39,25,49,61,59,78,48)

将它分为三块，每块有五个元素，则索引表数据元素个数为 3，查找表及其索引表关系如图 8-2 所示。

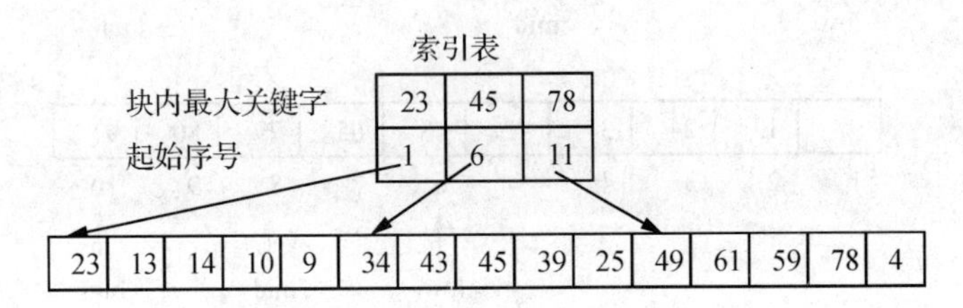


**图 8-2　分块查找表及其索引表示例**

查找过程分两步：先确定待查找元素所在块。例如，当给定值 $k=34$ 时，将 $k$ 与索引表中最大关键字比较，$23<k<45$，则关键字为 34 的记录若存在，必在第二个子表中，通过索引表查出第二个子表的第一个记录起始序号为 6，则从第 6 个记录起顺序查找，直到找到记录或本块结束为止。

索引表定义如下：

```
typedef   struct   /* 索引表数据元素类型定义 */
    {
      Keytype  key;         /* 最大关键字 */
      int start;        /* 起始序号 */
    } Indexelem;
typedef   struct
    {
       Indexelem    * elem;               /* 索引表存储空间基址 */
       int length;                        /* 表中元素个数 */
    } Indextable;
```

分块查找算法如下：

**算法 8-3**



```
int  Search_index(Slist st,Indextable  id ,Keytype  k)
{   /* 在顺序表中 st 分块查找关键字为 k 的数据元素，id 为索引表 */
    low=1;
    high=id.length;
    found=0;
    while (low<=high&&! found)
```

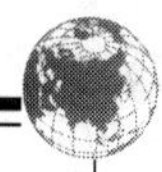

```
{                                        /* 折半查找索引表,确定记录查找空间 */
    mid=(low+high)/2;
    if(k<id.elem[mid].key)
        high=mid-1;
    else
        if (k>id.elem[mid].key)
            low=mid+1;
    else
        {
        found=1;
        low=mid;
        }
}                                        /* 退出循环,low 最后的值即为所确定的块 */
s=id.elem[low].start;                    /* s,t 为进行查找的下界和上界 */
if(low<id.length)
    t=id.elem[low+1].start-1;
                                         /* 该块不是最后一块,上界 t 为下一块的起始地址减 1 */
else
    t=st.length;                         /* 该块不是最后一块,上界 t 为表长 */
for(m=s;m<=t;m++)
    if(st.elem[m].key==k)
        return m;
return 0;
}
```

分块查找实际上进行了两次查找。在索引表中的查找,根据情况,当表中个数少时也可做顺序查找。在进行分块时,每个块中的记录个数也不一定要相同,还可以为记录的插入在每个块中留出若干个空位,该查找也适用于线性链表。

## 8.2 动态查找表

上一节介绍的查找方法适用于顺序表表示的静态环境,对查找表所进行的操作只是用来查询,而在一些实际应用中,查找表不是一次性生成的,而是在应用中逐渐形成的。例如,对库存商品的管理,对每一批新进的商品,首先查找是否存在同类商品。若存在,则需增加同类商品的数量;否则,需要在表中插入新商品名。而在对某种商品清仓时,则需在表中删除该商品名称。这种在程序运行过程中动态生成的查找表,即为动态查找表。

动态查找表最基本的操作是插入与删除,因此顺序结构线性表和有序表不适合用来表示动态查找表。动态查找表可以有不同的表示方法,本节将讨论以树结构表示时的实现方法。



### 8.2.1 二叉平衡树

二叉排序树又称为二叉查找树。前面已经讲过,由于它的操作除查找之外,更主要的是插入和删除,所以它是一种动态查找表。而对于同样一组关键字,可以构造出不同的二叉排序

树，自然查找元素所用的时间也不同。二叉树深度越小，查找元素所用时间越少。因此希望二叉排序树左右子树的深度尽量均衡，于是就出现了二叉平衡树。

二叉平衡树(binary balance tree)，又称为AVL树。它或是空树，或者任何节点的左右子树深度之差的绝对值不超过1。称节点左右深度之差为该节点的平衡因子。平衡树上所有节点的平衡因子只能是－1,0,1。例如图8－3中的图(a)为一棵二叉平衡树，图(b)为一棵非二叉平衡树，节点上方数字为平衡因子。

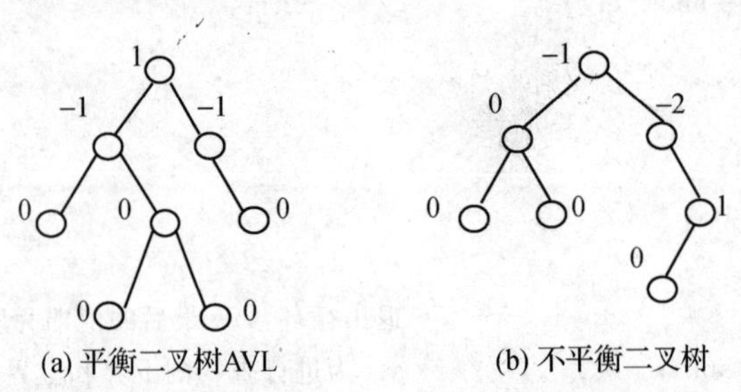


**图8－3　带平衡因子的二叉排序树**

利用平衡二叉树进行查找，其性质优于二叉排序树。下面就来分析如何将二叉排序树调整成为二叉平衡树。设在插入过程中使二叉树失去平衡的最小子树的根节点为 $a$，讨论一下失去平衡后的4种情况的调整规律。

**1. LL型调整**

在节点 $a$ 的左孩子的左子树上插入新节点，使 $a$ 的平衡因子由1变为2而失去平衡，这时应以 $b$ 为轴心顺时针旋转，使 $a$ 成为 $b$ 的右孩子，如图8－4所示。

**2. RR型调整**

在节点 $a$ 的右孩子的右子树上插入新节点，使 $a$ 的平衡因子由－1变为－2而失去平衡，这时应以 $b$ 为轴心逆时针旋转，使a成为b的左孩子，如图8－5所示。

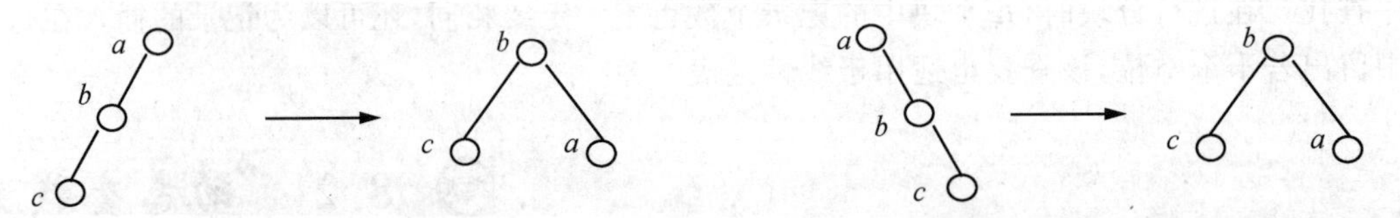


**图8－4　LL型调整过程**　　**图8－5　RR型调整过程**

**3. LR型调整**

在节点 $a$ 的左孩子的右子树上插入新节点，使 $a$ 的平衡因子由1变为2而失去平衡，这时应以插入节点 $c$ 为轴心做逆时针旋转，使 $a$ 的左孩子成为 $c$ 的左孩子，$c$ 成为 $a$ 的左孩子，再以 $c$ 为轴心做顺时针旋转，使节点 $a$ 变成节点 $c$ 的右孩子(先左旋后右旋)，如图8－6所示。



**4. RL型调整**

在节点 $a$ 的右孩子的左子树上插入新节点，使 $a$ 的平衡因子由－1变为－2而失去平衡，这时应以插入节点 $c$ 为轴心做顺时针旋转，使 $a$ 的右孩子成为 $c$ 的右孩子，$c$ 成为 $a$ 的右孩子，再以 $c$ 为轴心做逆时针旋转，使节点 $a$ 变成节点 $c$ 的左孩子(先右旋后左旋)，如图8－7所示。

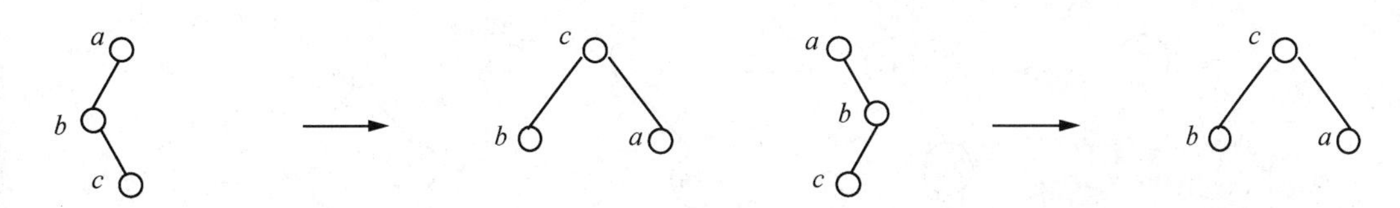


图 8-6 LR 型调整过程　　　　图 8-7 RL 型调整过程

以上 4 种情况,RR 和 LL 对称,RL 和 LR 对称。当平衡二叉树因插入节点失去平衡时,仅需对最小不平衡子树进行调整处理即可。因为经调整后的子树深度与插入之前相同,不影响插入路径上所有祖先节点的平衡,即原有的平衡因子不变。经上述方法调整后的整个二叉树成了一棵新的二叉树。例如,将一组关键字(47,16,21,36,29,59,19,51,54)生成二叉平衡树。

具体生成过程如图 8-8 所示。

二叉平衡树的结构较好,可以提高查找速度,但是对插入、删除过程中的处理复杂,从而降低了运算速度。因此,二叉平衡树主要应用于查找,而应少对其进行插入和删除操作。

### 8.2.2 B_树

二叉平衡树为插入、删除和查找运算提供了良好的结构,但它属于内部查找结构,即只有当整个结构都在内存中才有效。在大型数据库中,当数据量很大时,不允许将这些数据同时纳入内存,而是将这些数据存放在磁盘等外存中,仅当必要时才将其中一小部分调入内存。如果采用一般的检索树结构,在查找一个元素时,由于需要内外存数据的交换操作,其速度是很慢的。针对此种情况,1970 年 R. Bayer 和 E. McCreight 提出了一种适用于外部查找的 B_树结构。它不像传统的树那样,每个节点只含有一个数据元素,而是可含有多个元素,是一种平衡的多叉树。

其定义如下:

1) 树中的节点至多有 $m$ 个孩子。

2) 除根节点外,其他节点至少有 $\lceil m/2 \rceil$ 个孩子。

3) 若根节点不是叶节点,则至少有两个孩子。

4) 所有叶子节点在同一层上,且不带信息(可以看做是实际上不存在的外部节点);

5) 所有非终端节点中包括下列信息:

$n,p_0,k_1,p_1,k_2,p_2,\cdots,k_n,p_n)$

其中,$n$ 为节点中关键字的个数($\lceil m/2 \rceil -1 \leqslant n \leqslant m-1$),$k_i(i=1,2,\cdots,n)$为关键字,且 $k_i < k_{i+1}(i=1,2,\cdots,n-1)$,$p_i(i=0,1,2,\cdots,n-1)$为指向根节点的指针,且 $p_{i-1}$ 所指向的子树中的关键字均小于 $k_i$,$p_i$ 所指向的子树中的关键字均大于 $k_i$。我们称满足如上条件的树结构为 $m$ 阶的 B_树。

图 8-9 所示的是 3 阶 B_树。

由 B_树的定义可以看出,B_树的查找过程与二叉排序树的查找过程相类似。所不同的是二叉排序树的节点为一个关键字两个指针,B_树的节点为 $m-1$ 个关键字 $m$ 个指针。查找过程为:首先从根节点开始,在根节点所包含的关键字中查找给定的关键字,若找到等于给定值的关键字,则查找成功;否则,可以确定待查的关键字在某个 $k_i$ 和 $k_{i+1}$ 之间,取所指向的节点继

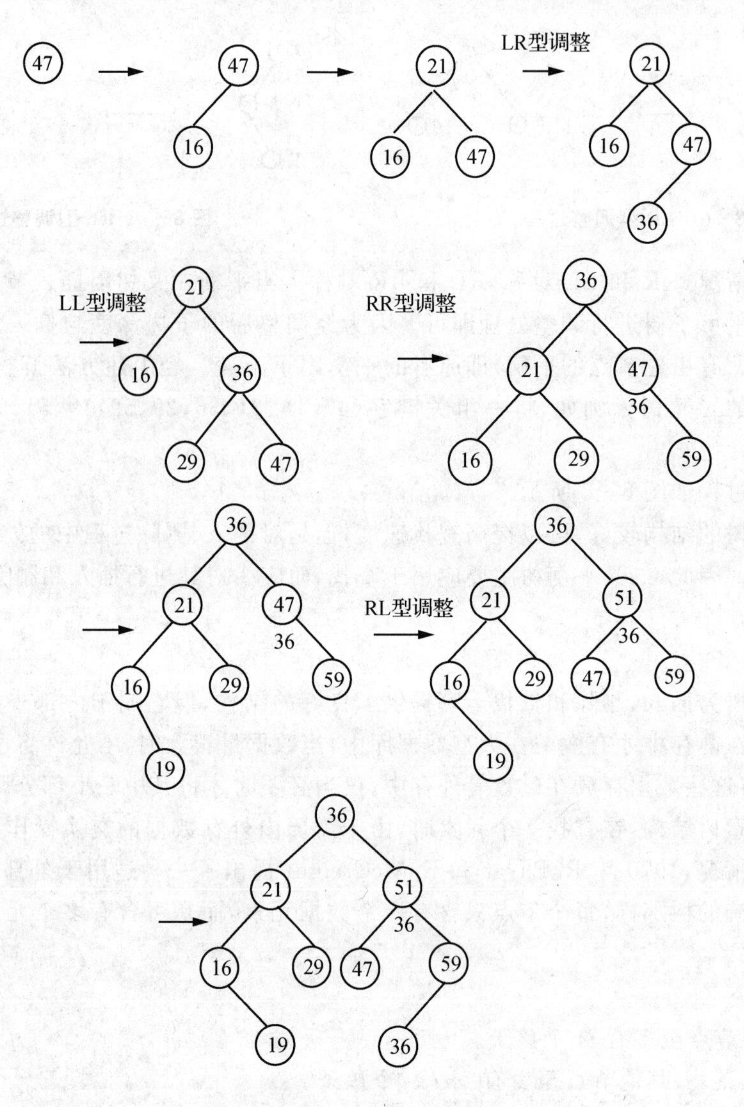


图 8-8 二叉平衡树的生成过程

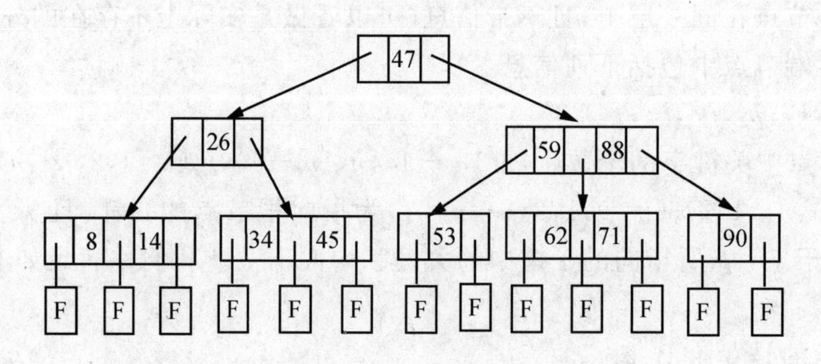


图 8-9 3 阶 B_树

续查找。如此重复下去,直到查找成功或指针 $p_i$ 为空时,查找失败。

B_树是动态查找树,因此它的生成过程也可以从空树开始,在查找的过程中逐个插入关键字来完成。由于 B_树的关键字个数必须大于或等于$\lceil m/2 \rceil-1$,因此每次插入关键字时在

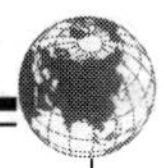

最低层的某个非终端节点中插入。若关键字的个数不超过 $m-1$ 个，则插入完成，否则要产生节点的分裂，即将这个节点分裂为两个，并把中间的一个关键字取出插入到该节点的双亲节点里。如双亲节点是满的，则需要再分裂，再往上插。如需要分裂根节点，则建立一个新的根节点，使整个 B_树增加了一层。

若要删除 B_树上的关键字，首先要找到该关键字所在的节点，并从中删除。若该节点为最下层的非终端节点，且其中关键字个数不少于 $\lceil m/2 \rceil$，则删除完成。否则进行合并节点的操作。合并的情况如下：若该节点中的关键字个数为 $\lceil m/2 \rceil-1$，而该节点相邻的右兄弟（或左兄弟）节点中的关键字个数大于 $\lceil m/2 \rceil-1$，则需将其兄弟节点中的最小（或最大）的关键字上移至双亲中，将双亲节点中小于（或大于）该上移关键字的关键字下移至被删关键字所在的节点中；如被删关键字所在节点和其相邻的兄弟节点中的关键字个数均等于 $\lceil m/2 \rceil-1$，该节点中有右兄弟，且其右兄弟节点由双亲节点中的指针 $p_i$ 所指，则在删除关键字之后，它所在节点中的剩余关键字和指针，加上双亲节点中的关键字 $k_i$ 一起，合并到 $p_i$ 所指的右兄弟中（若没有右兄弟，则合并到左兄弟节点中）。如果因此使双亲节点中的关键字个数小于 $\lceil m/2 \rceil-1$，则依次类推。

## 8.3 哈希表及哈希查找

### 8.3.1 哈希表概念

前面介绍的几种查找方法，由于数据在数据集合中的位置是随机的，因此查找过程中都是经过一系列比较才能确定待查找的元素在数据集合中的位置，查找所需的时间总是与比较的次数有关。本节介绍一种不经过比较，直接由关键字值确定待查元素存储位置的查找方法。这种查找方法称为哈希查找。

在记录的存储位置和它的关键字之间建立一个确定的对应关系 $H$，使每个关键字和结构中一个唯一的存储位置相对应。在查找过程中，根据对应关系 $H$，找到需要的关键字 $k$ 及相应的位置 $H(k)$。称这种对应关系 $H$ 为哈希函数，称 $H(k)$ 的值为哈希地址；这些记录或关键字的存储也是按照该对应关系 H 确定其存储位置来存储的，以这个思想建立的表称为哈希表。

哈希查找的基本思想是：确定将关键字值转换成存储位置的函数 H，以记录中关键字值 $k$ 为自变量，对应的函数值 $H(k)$ 作为其记录的存储地址将其存到相应位置中。查找时通过函数 $H$ 计算得到待查找记录的存储位置。

例如，要建立一个班级人员情况统计表，班级人数为 30 人，用一维数组 $a[31]$ 存储这些记录。这种情况下，以学号为查找的关键字，由它可唯一地确定记录的存储位置，所需查找的记录立即得到。这时，这个数组 $a$ 可看成哈希表，哈希函数 $H(k)=k$。要查看学号为 1 的学生的信息，只需取出 $a[1]$ 的记录即可。然而，多数情况下的哈希函数并非如此简单。

例如一组关键字如下(18,76,51,47,52,87,42)，其中最大关键字元素为 87，可以定义一维数组 $a[88]$，该数组可以看成哈希表。将这一组数存储在与其值一致的下标位置，如 18 存放在 a[18]中。显然该哈希表空间较数据集合大得多，虽查找效率提高，但浪费了空间。

为了节省空间，可以重新考虑一下哈希函数的设定。可以将哈希函数构造成关键字的算

术运算或逻辑运算。如对上述一组关键字下，可以设哈希函数为 $H(k)=k\%m$。这里 $k$ 为关键字值，$m$ 要大于等于这组元素的个数 $n$。该例中 $n=7$，假定取 $m=13$，则得到的每个元素的哈希地址为

$H(18)=18\%13=5$ $\quad$ $H(76)=76\%13=11$

$H(51)=51\%13=12$ $\quad$ $H(47)=47\%13=8$

$H(52)=52\%13=0$ $\quad$ $H(87)=87\%13=9$

$H(42)=42\%13=3$

若根据哈希地址把元素存储在哈希表 $H(m)$ 中，则存储结构如图 8-10 所示。

| 0 | 1 | 2 | 3 | 4 | 5 | 6 | 7 | 8 | 9 | 10 | 11 | 12 |
|---|---|---|---|---|---|---|---|---|---|---|---|---|
| 52 | | | 42 | | 18 | | | 47 | 87 | | 76 | 51 |

图 8-10 哈希表的建立

则从哈希表中查找元素非常简单，如查找关键字为 76 的元素，只需通过哈希函数 $H(k)$ 求出 $k=76$ 时的哈希地址，从下标为 11 的单元中取出即可。

上例中讨论的哈希表是一种理想的情况，即每个关键字对应的哈希地址不相同，但在实际应用中这种情况并不常见。当不同的关键字得到同一个哈希地址时，称这种现象为冲突。冲突是很难避免的，除非哈希地址的变化空间大于或等于关键字的变化区间，而这种情况下的关键字取值不连续时又非常浪费存储单元。把关键字值不同而哈希地址相同的元素称为同义词。如上例中若插入一个关键字值为 60 的新元素，则其对应哈希地址 $H(60)=60\%13=8$，这同原有关键字为 47 的元素发生冲突，使该新元素无法存入下标为 8 的单元中。不同的哈希函数产生冲突的可能性不同。因此应选择恰当的哈希函数避免冲突。而一般情况下，冲突很难避免，因此冲突发生后如何解决也是需要了解的。在构造哈希表时，不仅要设定一个合适的哈希函数，还要设定一个处理冲突的方法。

下面将分别介绍哈希函数的构造方法和处理冲突的方法。

## 8.3.2 哈希函数

构造哈希函数的方法很多，其原则是使哈希地址尽可能均匀地分布在整个地址空间中，同时使计算尽量简单，以节省计算时间。下面将介绍几种常用的哈希函数。

**1. 直接定址法**

取关键字本身或关键字的某个线性函数为哈希地址，该哈希函数 $H(k)$ 为 $H(k)=a\times k+b$。

该方法计算简单，一个关键字对应一个存储地址不会产生冲突。这种方法适用于关键字分布连续的情况，但在实际应用中有一定的局限性。



例如：对解放后出生的人口调查，关键字作为出生年份，可以构造相应的哈希函数为 $H(k)=k-1948$，则哈希表如图 8-11 所示。

**2. 除留取余法**

取关键字 $k$ 除以最接近表长的素数 $m$ 所得的余数为哈希地址，对应的哈希函数 $H(k)$ 为

$$H(k)=k\%m$$

这种方法前面例题已使用过。该方法最简单也最常用。可以对关键字直接取模，也可以

对其进行其他运算后取模。

**3. 平方取中法**

平方取中法是指取关键字平方后的中间几位为哈希地址，因为一个数的平方数与该数的每一位数都有关。所选取的位数与表长有关。

例如，哈希表长1 000，如图8-12所示构造哈希表。

| 地 址 | 1 | 2 | …… | 23 …… |
|---|---|---|---|---|
| 年 份 | 1949 | 1950 | …… | 1971 …… |
| 人 数 | …… | …… | …… | …… |

图8-11 直接定址法构造哈希表

| 关键字 | 平方数 | 哈希地址 |
|---|---|---|
| 1324 | 1752976 | 529 |
| 2541 | 6456681 | 566 |
| 1436 | 2062096 | 620 |

图8-12 平方取中法构造哈希表

平方取中法适用于关键字中每一位的取值都不够分散或分散的位数小于哈希地址所需要的位数的情况。

**4. 折叠法**

当关键字的位数很多，采用平方取中法计算太复杂时，可以采用折叠法，即将关键字分成位数相同的几段(最后一段位数可以少些)，每一段的长度取决于哈希地址的位数，然后取这几段的叠加和(舍去最高进位)作为哈希地址。

折叠法中进行叠加有两种方法：一种为移位叠加，指分割后的每一段最低位对齐相加，最高位舍去；另一种为间界叠加，指从一端向另一端沿分割界来回折叠后对齐相加。

例如哈希表长为1 000时，关键字$k=230203700904121$，则15位数字以每段3位分成5段，每段数字为230，203，700，904，121，这两种叠加的过程如图8-13所示：

| 移位叠加 | 间界叠加 |
|---|---|
| 230 | 230 |
| 203 | 302 |
| 700 | 700 |
| 904 | 409 |
| +) 121 | +)121 |
| 2158 | 1762 |

图8-13 折叠法叠加

其中高位舍去后，对应的哈希地址分别为158和762。

折叠法适用于关键字位数多，而对应的哈希地址的位数要求较少的情况。

**5. 数字分析法**

数字分析法是指先分析关键字中每一位数码的分布情况，取关键字中某些数码分布均匀的若干位作为哈希地址。它要求可能出现的关键字事先知道的情况。

例如以下一组关键字，每个关键字由七位十进制数构成

| | | | | | | | |
|---|---|---|---|---|---|---|---|
| $k_1$ | 7 | 2 | 0 | 5 | 1 | 6 | 1 |
| $k_2$ | 7 | 2 | 1 | 1 | 2 | 4 | 2 |
| $k_3$ | 7 | 2 | 0 | 2 | 0 | 3 | 2 |
| $k_4$ | 7 | 2 | 1 | 2 | 3 | 0 | 2 |
| $k_5$ | 7 | 2 | 0 | 3 | 1 | 5 | 1 |
| $k_6$ | 7 | 2 | 0 | 4 | 2 | 1 | 2 |
| $k_7$ | 7 | 2 | 0 | 7 | 0 | 2 | 1 |

$k_8$　7　2　0　6　0　8　1

　　①　②　③　④　⑤　⑥　⑦

我们对关键字的每一位数字分析发现，第①②位都是7,2；第③位的数字只取0,1；第⑤位的数字取0,1,2,3；第⑦位的数字取1,2，因此第①②③⑤⑦几位数字分布都不够均匀，而第④⑥位的数字分布较均匀，所以取④⑥两位数字为哈希地址。

所有元素的哈希地址得出结果如下：

$H(k_1)=56$　　$H(k_2)=14$　　$H(K_3)=23$

$H(k_4)=20$　　$H(K_5)=35$　　$H(K_6$0=41

$H(K_7)=72$　　$H(K_8)=68$

当分布均匀的位数较多时，可取其中任意两位或其中两位与另外两位的叠加求和舍去进位来作为哈希地址。

以上介绍了建立哈希函数产生哈希地址的方法。在实际应用中，应根据关键字的特点，确定适当的方法，还可以根据具体情况构造出满足需要的随机性能好的哈希函数。

### 8.3.3　处理冲突的方法

实际上冲突是不可避免的，因此构造一个好的哈希函数，应使函数值均匀地分布以减少冲突的发生。一般情况下，所设哈希表的空间较记录集合大，这样可以减少冲突。若哈希表表长为 $m$，元素个数为 $n$，则有

$$\alpha=m/n$$

称 $\alpha$ 为装填因子。$\alpha$ 越小产生冲突的概率越小。常见的处理冲突的方法有两种：开放定址法和链地址法。

**1. 开放定址法**

开放定址法指当发生冲突时，使用某种方法在冲突位置前后寻找可存放记录的空单元。可利用下列公式来求得用来存放该记录的下一个单元的地址。

$$H_i=(H(k)+d_i)\%m$$

其中，$H(k)$为关键字，为 $k$ 的记录所对应的哈希地址（即发生冲突的地址），$d_i$ 为增量序列，$m$ 为哈希表的长度。根据 $d_i$ 的取法，开放定址法又可分为线性探测法、平方探测法和随机探测法等。下面就这几种方法作一介绍。

1）线性探测法是开放定址法处理冲突的一种最简单的探测方法，此时 $d_i$ 的取值为 $d_i=1,2,3,\cdots,m-1$，即它从发生冲突的地址单元起依此探测下一个地址（当探测达到地址为 $m-1$ 的表尾时，再从地址为0的表头单元依次探测），直到碰到一空闲地址或探测完所有地址为止。

例如，假设一组记录关键字为(4,17,29,38,48,53,60,76,82)，试对这组关键字构造哈希表。



取哈希表表长 $m=11$，用除留取余法构造哈希函数 $H(k)=k\%11$，用开放地址法处理冲突，处理过程如下：

$H(4)=4\%11=4$　　$H(17)=17\%11=6$

$H(29)=29\%11=7$　　$H(38)=38\%11=5$

$H(48)=48\%11=4$，与 $H(4)=4$ 发生冲突，由线性探测法探测下标为5的单元，仍然冲突，直到下标为8的单元为空，此时将48放入该单元。

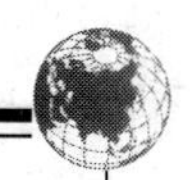

$H(53)=53\%11=9$

$H(60)=60\%11=5$，与 $H(38)=5$ 发生冲突，由线性探测法依次探测，最后将其放入地址为 10 的单元中。

$H(76)=76\%11=10$，与 $H(60)$ 发生冲突，将其最后放入地址为 0 的单元中。

$H(82)=82\%11=5$，与 $H(38)$ 发生冲突，将其最后放入地址为 1 的单元中。

构造结果如图 8-14 所示：

| 0 | 1 | 2 | 3 | 4 | 5 | 6 | 7 | 8 | 9 | 10 |
|---|---|---|---|---|---|---|---|---|---|---|
| 76 | 82 | | | 4 | 38 | 17 | 29 | 48 | 53 | 60 |

**图 8-14　线性探测法解决冲突示例**

平均查找长度 ASL＝(5×1＋1×5＋1×6＋1×2＋1×8)/9＝26/9≈2.9，即每查找一个元素平均需要比较 2.9 次。

由上例看出，线性探测法处理冲突容易造成元素的聚集，从而大大地增加了下一个空闲单元的查找长度。如上例中当关键字为 82 的元素哈希值为 5，而该单元已被占用，经过 8 次比较后才找到了空闲单元，造成这种堆积的根本原因为探测序列过分集中在发生冲突的单元后面，没有在整个哈希表上分散开。

2) 平方探测法能较好地避免堆积现象，较好地解决冲突。此时 $d_i$ 的取值依此为 $d_i=1^2$，$-1^2$，$2^2$，$-2^2$，…。如上例中，$H(48)=48\%11=4$ 与关键字为 4 的元素发生冲突时，由二次探测法可得 $H_1(48)=(4+1)\%11=5$，仍然冲突，又得 $H_2(48)=(4-1)\%11=3$，此时该单元空闲。这与线性探测法相比，避免了冲突的再次发生。因为第二次 $d_2=-1$，将所占单元向前分散开。由此依次可得：

$H(53)=9$

$H(60)=5$ 时发生冲突，以平方探测法得：

$H_1(60)=(5+1)\%11=6$　　$H_2(60)=(5-1)\%11=4$

$H_3(60)=(5+2)\%11=9$　　$H_4(60)=(5-2)\%11=1$，当 $H_4=1$ 时冲突解决。

$H(76)=10$

$H(82)=5$ 时冲突发生，用平方探测法最后得出 $H_8(82)=0$。

构造结果如图 8-15 所示：

| 0 | 1 | 2 | 3 | 4 | 5 | 6 | 7 | 8 | 9 | 10 |
|---|---|---|---|---|---|---|---|---|---|---|
| 82 | 60 | | 48 | 4 | 38 | 17 | 29 | | 53 | 60 |

**图 8-15　二次探测法解决冲突示例**

平均查找长度 ASL＝(6×1＋1×2＋1×4＋1×8)/9＝20/9≈2.2，即每查找一个元素平均需要比较 2.2 次。

从上例可以看出，平方探测法的缺点是不能探测到哈希表上的所有单元。在实际应用中，若探测一半仍找不到空闲单元，说明该哈希表太满，应重新建立。

3) 随机探测法是指选择一个随机函数产生随机序列，并在建立和查找时使用同一随机函数生成随机序列。

**2. 链地址法**

链地址法是指将所有关键字为同义词的记录链接成一线性链表，而其链表头存储在相应的哈希地址对应的存储单元中。

如上例中的记录，采用链地址法处理冲突，如图8-16所示。

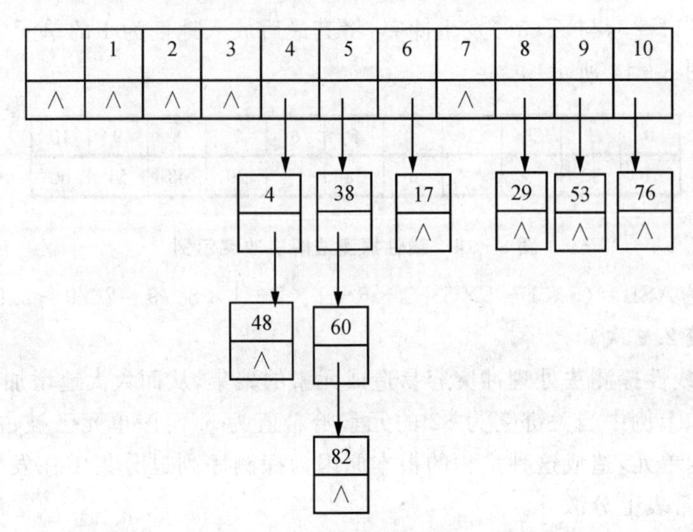


图8-16 链地址法解决冲突示例

平均查找长度 ASL=(6×1+2×2+1×3)/9=13/9≈1.4，即每查找一个元素平均需要比较1.4次。

## 8.3.4 哈希表的查找

哈希表的查找过程与建表过程基本一致。在以开放定址法处理冲突的情况下，对于待查找关键字 $k$，按建表时设定的哈希函数求哈希地址，如表中该位置没有记录，则查找不成功；否则如与待查找元素相等，则查找成功；如不等则根据建表时的处理冲突的方法找下一个地址，直至哈希表中的相应位置为空或所填记录关键字等于待查找记录关键字为止，为空时表示查找不成功。

利用链地址法处理冲突，则查找更简单，只要在该元素对应的哈希地址对应的链表中进行顺序查找即可。如该链表为空或链表中不存在与待查关键字值相等的元素时，查找不成功；找到相同关键字节点时，查找成功。以哈希表存储数据时，插入查找的速度很快，优于前面介绍过的任何一种方法。其缺点是：

1）根据哈希函数计算关键字的哈希地址的过程占用一定的计算时间。

2）占用的存储空间多，为减少冲突的发生，哈希表的长度应大于记录的长度。

3）在哈希表中只能按关键字查找。



## 8.3.5 哈希表的删除

从哈希表中删除一个记录与哈希表解决冲突的方法有关：对链地址法处理冲突的哈希表来说，只需从相应链表中删除该记录的节点即可；对开放定址法处理冲突的哈希表，则必须在该记录的位置上填入一个特殊的关键字记录，而不能用空记录替代，否则会找不到在它之后填

入的“同义词”记录。

## 习题8

8-1 试将实现折半查找的函数写成递归函数。

8-2 已知一组关键字为(27,39,13,44,72,63,53,32,67),试依次插入关键字生成一棵3阶B_树,画出每一次插入一个关键字后的B_树结构。

8-3 假定一个线性表为(33,76,27,64,49,93,24,31,19,76),定义哈希地址空间为HASH[11],若采用除留取余法构造哈希函数和链接法处理冲突,试求出每一个元素的哈希地址,画出最后得到的哈希表。

8-4 对上题中的关键字,试依次插入节点分别生成一棵二叉排序树和二叉平衡树。

8-5 设有一组关键字(17,12,14,153,35,29)需插入表长为12的哈希表中,试设计一个适合该哈希表的哈希函数,并用设计的哈希函数将上述关键字插入到哈希表中,画出其结构;指出用线性探测法解决冲突时构造哈希表的装填因子为多少?

8-6 试设计一个用开放定址法解决冲突的哈希表上删除一个指定节点的算法。

8-7 试写出链地址法处理冲突的算法。

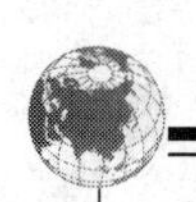



# 第9章 文 件

在大容量数据的处理方面，特别是在事务处理型软件的编制工作中，都不可避免地涉及有关文件的概念和相关知识。如何有效地组织数据，为程序的编制提供方便而又高效地利用数据信息的方法，是本章所要讨论的内容。尽管数据管理技术早已有了很大的提高，如从文件系统发展到数据库系统；但文件系统是数据库系统的基础，数据库系统的许多思想都是从文件系统过渡而来的；因此，从专用、高效和系统软件研制的角度来看，文件系统仍有其不可取代的地位。正如高级语言出现后，汇编语言仍是软件研制的重要工具一样。

## 9.1 文件的基本概念

文件(file)是若干性质相同的记录的集合。文件所包含的数据量一般都很大，它通常被放置在外部存储器上。数据结构中所讨论的文件主要是数据库意义上的文件，而不是操作系统意义上的文件。操作系统中研究的文件是一维的无结构连续序列，数据库所研究的文件是带有结构的记录集合。记录是文件存取的基本单位，每个记录可由若干个数据项构成，数据项是文件中可使用的最小单位。数据项有时也被称为字段(field)，或者称为属性(attribute)。数据项中，其值能唯一标识一个记录的数据项或数据项的组合称为主关键字项(main key)，其他不能唯一标识一个记录的关键字数据项则称为次关键字项。主(或次)关键字项的值称为主(或次)关键字。为讨论方便，在后面的各节中不严格区分关键字项和关键字，即在不易混淆时，将主(或次)关键字项简称为主(或次)关键字，并且假定主关键字项中只含一个数据项。

表9-1是一个简单的职工文件，每个职工的情况是一条记录，每条记录由7个数据项组成。其中，“职工号”可以作为主关键字项，它能唯一地标识一个记录，即它的值对任意两个记录都是不同的；而姓名、性别等数据项只能作为次关键字项，因为他们的值对不同的记录可以是相同的。

表9-1 职工文件示例

| 职工号 | 姓 名 | 性 别 | 职 务 | 婚 否 | 工 资/元 | 学 历 |
|---|---|---|---|---|---|---|
| 101 | 张山 | 男 | 工程师 | 已婚 | 2 500 | 本科 |
| 102 | 李保田 | 男 | 实验师 | 未婚 | 2 500 | 本科 |
| 103 | 王维 | 男 | 讲师 | 已婚 | 2 300 | 硕士 |
| 104 | 周庆 | 男 | 讲师 | 已婚 | 2 300 | 硕士 |
| 105 | 王刚 | 男 | 教授 | 已婚 | 3 200 | 硕士 |
| 106 | 刘流 | 男 | 教授 | 已婚 | 3 200 | 博士 |



文件可以按照记录中关键字的多少，分成单关键字文件和多关键字文件两类。若文件中

的记录只有一个唯一标识记录的主关键字，则称单关键字文件；若文件中的记录除了含有一个主关键字外，还含有若干个次关键字，则称为多关键字文件。

根据文件中记录的性质，文件又可分为定长文件和不定长文件。若文件中各个记录所含有的信息长度相同，则称这类记录为定长记录，由这种定长记录组成的文件称为定长文件；若文件中各个记录所含有的信息长度不等，则称这类记录为不定长记录或变长记录；由不定长记录组成的文件则称为不定长文件或变长文件。表 9-1 所示的职工文件是一个定长文件。

同其他数据结构一样，文件结构也包括逻辑结构、存储结构以及在文件上的各种操作（运算）三个方面。文件的操作是定义在逻辑结构上的，但操作的具体实现要在存储结构上进行。

**1. 文件的逻辑结构及操作**

文件是具有相同数据结构的记录的汇集。文件中各记录之间存在着一定的逻辑关系。文件的各记录间存在的这种逻辑关系就称为文件的逻辑结构。当一个文件的各个记录按照某种次序排列起来时（这种排列的次序可以是记录中关键字的大小，也可以是各个记录存入该文件的时间先后等等），各记录之间就自然地形成了一种线性关系。在这种次序下，文件中每个记录最多只有一个后继记录和一个前趋记录，文件的第一个记录只有后继记录而没有前趋记录，而文件的最后一个记录只有前趋记录而没有后继记录。因此，文件可看成一种线性结构。

文件的操作主要有两类：文件的检索与维护。

检索就是在文件中查找满足给定条件的记录。它既可以按记录的逻辑号（即记录存入文件时的顺序编号）查找，也可以按关键字查找。根据检索条件的不同，可将检索分为 4 种询问，下面以表 9-1 的职工文件为例加以说明。

1）简单询问：只询问单个关键字等于给定值的记录。例如，查询职工号＝101，或姓名＝“张山”的记录。

2）范围询问：只询问单个关键字属于某个范围内的所有记录。例如，查询工资高于 2 500 元的所有职工的记录。

3）函数询问：规定单个关键字的某个函数，询问该函数的某个值。例如，查询全体职工的平均工资是多少。

4）布尔询问：以上 3 种询问用布尔运算（与、或、非）组合起来的询问。例如，若要找出所有工资低于 2 500 元的讲师以及所有工资低于 3 200 元的教授，则查询条件可以写为：（职务＝“讲师”）and（工资＜2 500 元）or（职务＝“教授”）and（工资＜3 200 元）。

维护操作主要是指对文件进行记录的插入、删除及修改等更新操作。此外，有的时候为提高文件操作的效率，还要对文件进行再组织操作；文件被破坏后的恢复操作；以及文件中数据的安全保护等。

无论是文件上的检索操作还是更新操作，都可以有实时和批量两种不同的处理方式。一般情况下，实时处理对应答时间要求比较严格，应当在接受询问后几秒种内完成检索和更新。而批量处理则对应答时间的要求宽松一些。不同的文件系统对此有不同的要求。例如，一个民航自动服务系统，其检索和更新都应当实时处理；而银行的账户管理系统需要实时检索，但可以进行批量更新，即可以将一天的存款和提款情况记录在一个事务文件上，在一天的营业之后再进行批量处理。

**2. 文件的存储结构(物理结构)**

文件的存储结构是指文件在外存储器上的组织方式。采用不同的组织方式就得到不同的存储结构。文件的基本组织方式有 4 种:顺序组织方式、索引组织方式、散列组织方式和链接组织方式。文件组织的各种方式往往是这 4 种基本方式的结合。

由于文件组织方式(即存储结构)在文件处理方面的重要性,通常把不同方式组织的文件给予不同的名称,在文件处理时所采取的方法也就不同。目前文件的组织方式很多,人们对文件组织的分类也不尽相同。本章仅介绍几种常用的文件组织方式:顺序文件、索引文件、散列文件和多关键字文件。至于在实际应用中选择哪一种文件的组织方式,则取决于对文件中记录的使用方式、频繁程度、存取要求、外存的性质和容量等诸方面的因素。

评价一种文件组织方式的效率高低的方法,是看执行一个文件操作所花费的时间。采用某种文件组织方式的主要目的,是为了能高效、方便地对文件进行操作,而检索功能的多寡和速度的快慢,是衡量文件操作质量的重要标志。因此,如何提高检索的效率,是研究各种文件组织方式首先要关注的问题。

## 9.2 顺序文件

顺序文件是指按记录进入文件时间先后的自然顺序存放,其逻辑顺序和物理顺序一致的文件。若顺序文件中的记录按其主关键字有序,则称此顺序文件为顺序有序文件;否则称为顺序无序文件。为了提高检索效率,常常将顺序文件组织成有序文件。本节假定顺序文件是有序的。

一切存储在顺序存取介质(如磁带)上的文件,都只能是顺序文件。顺序文件只能按顺序查找法存取,即顺序扫描文件,按记录的主关键字逐个查找。如果要检索第 $i$ 个记录,必须先检索前 $i-1$ 个记录。这种查找法对于少量的检索是不经济的,但适合于批量检索,即把用户的检索要求先进行积累,一旦待查记录聚集到一定数量之后,便把这批记录按主关键字排序,然后,通过一次顺序扫描文件来完成这一批检索要求。

存储在随机存取介质(如磁盘)上的顺序文件可以用顺序查找法存取,也可以用分块查找法或二分查找法进行存取。

分块查找法在查找时不必扫描整个文件中的记录。例如,按主关键字的递增序,每 100 个记录为一块,各块的最后一个记录的主关键字为 $K_{100}$,$K_{200}$,…,$K_{100i}$…。查找时,将所要查找的记录的主关键字 $K_J$,依次和各块的最后一个记录的主关键字比较,当 $K_J$ 大于 $K_{100(i-1)}$ 且小于或等于 $K_{100i}$ 时,则在第 $i$ 块内进行扫描。

二分查找法只能对较小的文件或一个文件的索引进行查找。当文件很大,在磁盘上占有多个柱面时,二分查找将引起磁头来回移动,增加寻查时间。对磁盘这种随机存取设备,还可对顺序文件进行插值查找和跳步查找。



顺序文件不能使用按线性表那样的方法进行插入、删除和修改(若修改主关键字,则相当于先做删除后做插入)。因为文件中的记录不能像向量空间的数据那样"移动",而只能通过复制整个文件的方法实现上述更新操作。为了减少更新操作的代价,通常也是采用批量处理的方式来实现对顺序文件的更新。其工作原理如图 9-1 所示。

采用这一方式必须引入一个附加文件(常称为事务文件),把所有对顺序文件(以下称主文

件)的更新请求,都放入这个较小的事务文件中。当事务文件变得足够大时,将事务文件按主关键字排序,再按事务文件对主文件进行一次全面的更新,产生一个新的主文件。然后,清空事务文件,以便用来积累此后的更新内容。

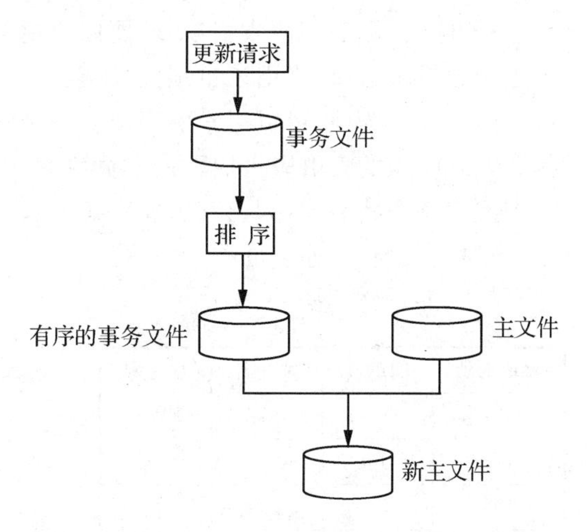


**图9-1　批处理过程示意图**

顺序文件的主要优点是连续存取的速度较快,即如果文件中第 $i$ 个记录刚被存取过,而下一个要存取的是第 $i+1$ 个记录,则这次存取将会很快完成。若顺序文件存放在单一存储设备(如磁带)上时,这个优点总是可以保持的,但若它是存放在多路存储设备(如磁盘)上时,则在多道程序的情况下,由于别的用户可能使磁头移向其他柱面,就会降低这一优点。因此,顺序文件多用在以磁带为存储器的情形。

## 9.3　索引文件

用索引的方法组织文件时,通常是在文件本身(称为主文件)之外,另外建立一张表,指明文件的逻辑记录和物理记录之间的对应关系。这张表叫做索引表。它和主文件一起构成的文件称作索引文件。

索引表中的每一项称为索引项。一般情况下,索引项都是由主关键字和该关键字所在记录的物理地址组成的。显然,索引表必须按主关键字有序,而主文件本身则可以按主关键字有序或无序。若主文件是按主关键字有序的,则称为索引顺序文件(indexed sequential file);否则称为索引非顺序文件(indexed non-sequential file)。

对于索引非顺序文件,由于主文件中记录的存储是无序的,则必须为每个记录建立一个索引项,这样建立的索引表称为稠密索引。对于索引顺序文件,由于主文件中记录按关键字有序,则可对一组记录建立一个索引项。例如,让文件中每个页块对应一个索引项,这种索引表称为稀疏索引。通常可将索引非顺序文件简称为索引文件。本节只讨论这种文件。

索引文件组织方式在存储器上分为两个区:索引区和数据区,前者存放索引表,后者存放主文件。在建立文件过程中,按输入记录的先后次序建立主文件和索引表。这时的索引表的关键字是无序的,待全部记录输入完毕后再对索引表进行排序。排序后的索引表和主文件一起就形成了索引文件。例如,对于表9-2的数据文件,主关键字是职工号,排序前的索引表如表9-3所示,排序后的索引表如表9-4所示,表9-2和表9-4一起形成一个索引文件。



检索分两步进行:首先,将外存上含有索引区的页块送入内存,查找所需记录的物理地址,然后,再将含有该记录的页块送入内存。若索引表不大,则可将索引表一次读入内存。此时,在索引文件中进行检索只需两次访问外存:一次读索引,一次读记录。同时,由于索引表是有序的,所以,对索引表的查找可用顺序查找或二分查找等方法。

索引文件的更新操作也很简单。插入时,将插入记录置于数据区的末尾,并在索引表中插入索引项;删除时,删去相应索引项;若要修改主关键字,则必须修改索引表。

当记录数目很大时,索引表也很大,以至于一个页块容纳不下。在这种情况下查阅索引仍要多次访问外存。为此,可以对索引表建立一个索引,称为查找表。

例如,表 9-4 的索引表占用了三个页块的外存,每个页块能容纳三个索引项,则可为之建立一个查找表。查找表中,列出索引表的每一页块最后一个索引项中的关键字(该块中最大的关键字)及该块的地址,如表 9-5 所示。

**表 9-2 数据文件**

| 物理地址 | 职工号 | 姓 名 | 性 别 |
|---|---|---|---|
| 101 | 03 | 米丽 | 女 |
| 102 | 10 | 孙岩 | 男 |
| 103 | 07 | 王丽 | 女 |
| 104 | 05 | 李丽 | 女 |
| 105 | 06 | 刘全 | 男 |
| 106 | 12 | 王刚 | 男 |
| 107 | 14 | 赵毅 | 男 |
| 108 | 09 | 钱伍 | 男 |

**表 9-3 排序前的索引表**

| 物理地址 | 关键字 | 物理地址 |
|---|---|---|
| 201 | 03 | 101 |
| 201 | 10 | 102 |
| 201 | 07 | 103 |
| 202 | 05 | 104 |
| 202 | 06 | 105 |
| 202 | 12 | 106 |
| 203 | 14 | 107 |
| 203 | 09 | 108 |

**表 9-4 排序后的索引表**

| 物理地址 | 关键字 | 物理地址 |
|---|---|---|
| 201 | 03 | 101 |
| 201 | 05 | 104 |
| 201 | 06 | 105 |
| 202 | 07 | 103 |
| 202 | 09 | 108 |
| 202 | 10 | 102 |
| 203 | 12 | 106 |
| 203 | 14 | 107 |

**表 9-5 查找表示例**

| 最大关键字 | 物理块号 |
|---|---|
| 06 | 201 |
| 10 | 202 |
| 14 | 203 |

在检索记录时,先查查找表,再查索引表,然后,读取记录,三次访问外存即可。若查找表中项目还很多;则可建立再高一级的索引。通常最高可达四级索引:

数据文件→索引表→查找表→第二查找表→第三查找表。而检索过程从最高一级索引(第三查找表)开始,需要 5 次访问外存。



上述的多级索引是一种静态索引,各级索引均为顺序表,其结构简单,但修改很不方便,每次修改都要重组索引。因此,当数据文件在使用过程中记录变动较多时,应采用动态索引。例如二叉排序树(或 AVL 树)、B_树(或其变型),这些都是树表结构,插入、删除都很方便。又由于它们本身是层次结构,因而无须建立多级索引,而且建立索引表的过程即是排序过程。通常,当数据文件的记录数不是很多,内存容量足以容纳整个索引表时,可采用二叉排序树(或 AVL 树)作索引;当文件很大时,索引表(树表)本身也在外存,则查找索引时尚需多次访问外

存，并且访问外存的次数，恰好为查找路径上的节点数。显然，为减少访问外存的次数，就应尽量缩减索引表的深度。因此，此时宜采用 $m$ 叉的 B_树（或其变型）作索引表，$m$ 的选择取决于索引项的多少和缓冲区的大小。总之，因为访问外存的时间比内存中查找的时间大得多，所以，评价外存中的索引表的查找性能，主要着眼于访问外存的次数，即索引表的深度。

## 9.4 索引顺序文件

上节介绍的索引非顺序文件适用于随机存取。这是由于主文件是无序的，顺序存取将会频繁地引起磁头移动，因此索引非顺序文件不适合于顺序存取。而索引顺序文件的主文件也是有序的，所以，它既适合于随机存取，也适合于顺序存取。另一方面，索引非顺序文件的索引是稠密索引，而索引顺序文件的索引是稀疏索引，后者的索引占用空间较少。因此，索引顺序文件是最常用的一种文件组织。本节将介绍两种最常用的索引顺序文件：ISAM 文件和 VSAM 文件。

### 9.4.1 ISAM 文件

ISAM 为 Indexed Sequential Access Method（索引顺序存取方法）的缩写，是一种专为磁盘存取文件设计的文件组织方式，采用静态索引结构。由于磁盘是以盘组、柱面和磁道三级地址存取的设备，则可对磁盘上的数据文件建立盘组、柱面和磁道多级索引。下面只讨论在同一个盘组上建立的 ISAM 文件。

ISAM 文件由多级主索引、柱面索引、磁道索引和主文件组成。存放在同一个磁盘上的 ISAM 文件，如图 9-2 所示。其中：$C$ 表示柱面；$T$ 表示磁道；$C_iT_j$ 表示 $i$ 号柱面，$j$ 号磁道；$R_i$ 表示主关键字为 $i$ 的记录。从图中可看出，主索引是柱面索引的索引，这里只有一级主索引。若文件占用的柱面索引很大，使得一级主索引也很大时，可采用多级主索引。当然，若柱面索引较小时，则主索引可省略。通常主索引和柱面索引放在同一个柱面上，图 9-2 中主索引和柱面索引是放在 0 号柱面上，主索引放在该柱面最前面的一个磁道上，其后的磁道中存放柱面索引。每个存放主文件的柱面都建立有一个磁道索引，放在该柱面的最前面的磁道 $T_0$ 上，其后的若干个磁道是存放主文件记录的基本区。该柱面最后的若干个磁道是溢出区。基本区中记录是按主关键字大小顺序存储的，溢出区被整个柱面上的基本区中各磁道共享。当基本区中某磁道溢出时，就将该磁道的溢出记录，按主关键字大小链成一个链表（以下简称溢出链表），放入溢出区。各级索引中的索引项结构，如图 9-3 所示。请注意磁道索引中的每一个索引项，都由两个子索引项组成：基本索引项和溢出索引项。

在 ISAM 文件上检索记录时，从主索引出发，找到相应的柱面索引表，从柱面索引表找到记录所在柱面的磁道索引表，再从磁道索引找到记录所在磁道的起始地址，由此出发，在该磁道上进行顺序查找，直到找到待查找的记录为止。若找遍该磁道也不存在此记录，则表明该文件中无此记录；若被查找的记录在溢出区，则可从磁道索引项的溢出索引项，得到溢出链表的头指针，然后，对该表进行顺序查找。例如，要在图 9-2 中查找记录 $R_{78}$，先查主索引，即读入 $C_0T_0$，因为，$78<300$，则查找柱面索引的 $C_0T_1$（不妨设每个磁道可存放 5 个索引项），即读入 $C_0T_1$，因为，$70<78<150$，所以，进一步把 $C_2T_0$ 读入内存，查磁道索引，因为，$78<81$，所以，$C_2T_1$ 即为 $R_{78}$ 所存放的磁道，读入 $C_2T_1$ 后即可查得 $R_{78}$。

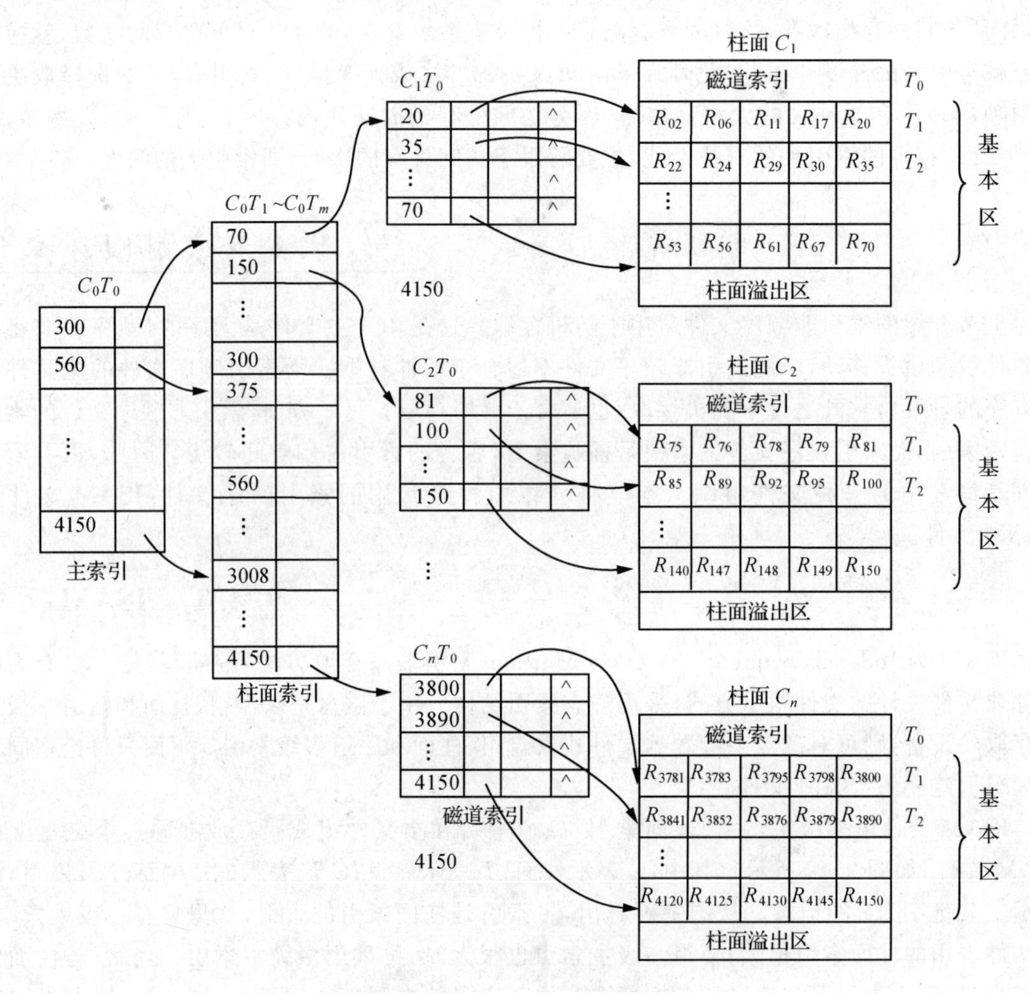


**图 9－2　ISAM 文件结构示例**

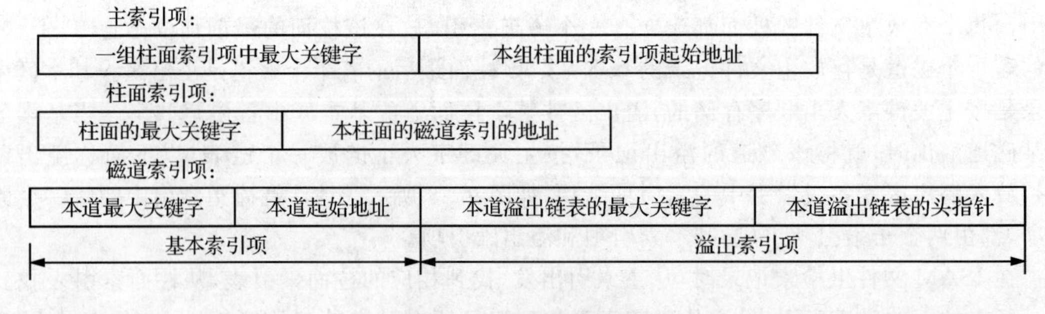


**图 9－3　各种索引项格式**



通常，为了提高检索效率，可让主索引常驻内存，并将柱面索引表，放在数据文件所占空间居中位置的柱面上。这样，从柱面索引表查找到磁道索引表时，磁头移动距离的平均值最小。

当插入新记录时，首先找到它应插入的磁道。若该磁道不满，则将新记录插入该磁道的适当位置上即可；若该磁道已满，则新记录或者插在该磁道上，或者直接插入到该磁道的溢出链表上。插入后，可能要修改磁道索引中的基本索引项和溢出索引项。例如，依次将记录 $R_{72}$，

$R_{87}$,$R_{91}$插入到图 9－2 的文件后，第二个柱面的磁道索引及该柱面中主文件的变化状况，如图 9－4 所示。当插入 $R_{72}$时，应将它插在 $C_2T_1$上，因为，72<75，所以，$R_{72}$应插在该磁道的第一个记录的位置上，而该磁道上原记录依次后移一个位置，于是最后一个记录 $R_{81}$被移入溢出区。由于该磁道上最大关键字由 81 变成了 79，故它的溢出链表也由空变为含有一个记录 $R_{81}$的表。因此，将 $C_2T_1$对应的磁道索引项中基本索引项的最大关键字，由 81 改为 79；将溢出索引项的最大关键字置为 81，且令溢出链表头指针指向 $R_{81}$的位置，类似地，$R_{87}$和 $R_{91}$被先后插入到第 2 号柱面的第 2 号磁道 $C_2T_2$上。插入 $R_{87}$时，$R_{100}$被移到溢出区，插入 $R_{91}$时，$R_{95}$被移到溢出区，即该磁道溢出链表上有两个记录。虽然物理位置上 $R_{100}$在 $R_{95}$之前，但作为按关键字有序的链表，$R_{95}$是链表上的第一个记录，$R_{100}$是第二个记录。因此，$C_2T_2$对应的溢出索引项中，最大关键字为 100。而溢出链表的头指针指向 $R_{95}$的位置；$C_2T_2$移出 $R_{95}$和移出 $R_{100}$后，92 变为该磁道上最大关键字，所以，$C_2T_2$对应的基本索引项中最大关键字由 100 变为 92。

ISAM 文件中删除记录的操作，比插入简单得多，只要找到待删除的记录，在其存储位置上作删除标记即可，而不需要移动记录或改变指针。在经过多次的增删后，文件的结构可能变得很不合理。此时，大量的记录进入溢出区，而基本区中又浪费很多空间。因此，通常需要周期性地整理 ISAM 文件，把记录读入内存，重新排列，复制成一个新的 ISAM 文件，填满基本区而空出溢出区。

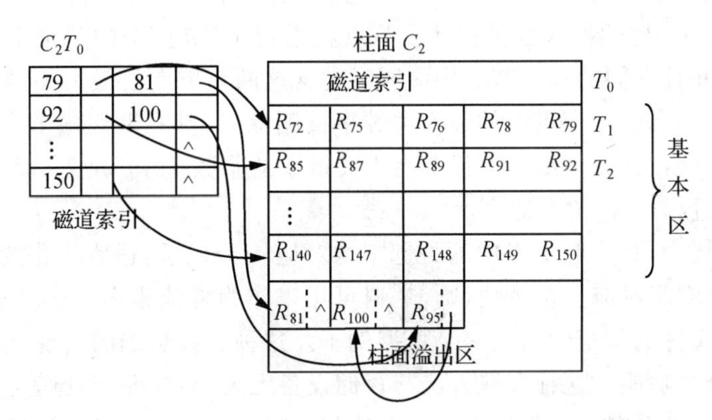


**图 9－4　在图 9－2 所示文件中插入 $R_{72}$,$R_{87}$,$R_{91}$后的状况**

## 9.4.2　VSAM 文件

VSAM 是 Virtual Storage Access Method（虚拟存储存取方法）的缩写，也是一种索引顺序文件的组织方式，采用 $B^+$ 树作为动态索引结构。在讨论 VSAM 文件之前，下面先介绍 $B^+$ 树。

$B^+$ 树是一种常用于文件组织的 B_树的变型树。一棵 $m$ 阶的 $B^+$ 树和 $m$ 阶的 B_树的差异是：

1）有 $K$ 个孩子的节点必有 $K$ 个关键字。

2）所有的叶子节点，包含了全部关键字的信息及指向相应的记录指针，且叶子节点本身依照关键字的大小、从小到大顺序链接。

3）上面各层节点中的关键字，均是下一层相应节点中最大关键字的复写（当然也可采用“最小关键字复写”原则）。

例如,图 9-5 是一棵 3 阶的 $B^+$ 树。通常在 $B^+$ 树上有两个头指针,一个指向根节点,另一个指向关键字最小的叶子节点。因此,可以对 $B^+$ 树进行两种查找运算,一种是从最小关键字起,顺序查找;另一种是从根节点开始,进行随机查找。

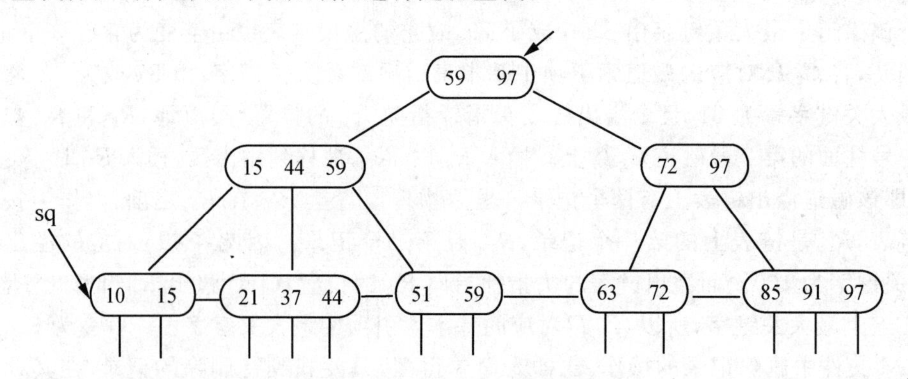


**图 9-5 一颗 3 阶的 $B^+$ 树**

在 $B^+$ 树上进行随机查找、插入和删除的过程,基本上与 B_树类似。只是在查找时,若非终端节点上的关键字等于给定值,则并不终止,而是继续向下查找直到到达叶子节点。因此,在 $B^+$ 树中,不管查找成功与否,每次查找都是走了一条从根到叶子节点的路径。$B^+$ 树查找的分析类似于 B_树。$B^+$ 树的插入也仅在叶子节点上进行,当节点中的关键字个数大于 $m$ 时要分裂成两个节点,并且它们的双亲节点中应同时包含这两个节点的最大关键字。$B^+$ 树的删除仅在叶子节点进行。当叶子节点中的最大关键字被删除时,其在非终端节点中的值可以作为一个"分界关键字"存在。若因删除而使节点中关键字的个数少于$\lceil m/2 \rceil$时,则和该节点的兄弟节点合并,合并过程与 B_树类似。

在上述的 $B^+$ 树中,每个叶节点中的关键字均对应一个记录,适宜于作为稠密索引。但若让叶子节点中的关键字对应一个页块,则 $B^+$ 树可用来作为稀疏索引。IBM 公司的 VSAM 文件是用 $B^+$ 树作为文件的稀疏索引的一个典型例子。这种文件组织的实现,使用了 IBM370 系列的操作系统的分页功能。这种存取方法与存储设备无关,与柱面、磁道等物理存储单位没有必然的联系。例如,可以在一个磁道中放 $n$ 个控制区间,也可以一个控制区间跨 $n$ 个磁道。

VSAM 文件的结构如图 9-6 所示。它由三部分组成:索引集,顺序集和数据集。文件的记录均存放在数据集中。数据集中的一个节点称为控制区间(control interval),是一个 I/O 操作的基本单位,每个控制区间含有一个或多个数据记录。顺序集和索引集一起构成一棵 $B^+$ 树,作为文件的索引部分。顺序集中存放每个控制区间的索引项。由两部分信息组成,即该控制区间中的最大关键字和指向控制区间的指针。若干相邻的控制区间的索引项,形成顺序集中的一个节点。节点之间用指针相链接,而每个节点又在其上一层的节点中建有索引,且逐层向上建立索引。所有的索引项都由最大关键字和指针两部分信息组成,这些高层的索引项形成 $B^+$ 树的非终端节点。因此,VSAM 文件既可在顺序集中进行顺序存取,又可以从最高层的索引($B^+$ 树的根节点)出发,进行按关键字存取。顺序集中一个节点连同其对应的所有控制区间形成一个整体,称为控制区域(control range)。它相当于 ISAM 文件中的一个柱面,而控制区间相当于一个磁道。

在 VSAM 文件中,记录既可以是定长的,也可以是不定长的,因而在控制区间中,除了存放记录本身之外,还有每个记录的控制信息和整个区间的控制信息(如区间中存放的记录数

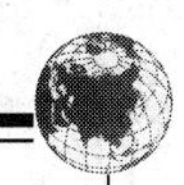

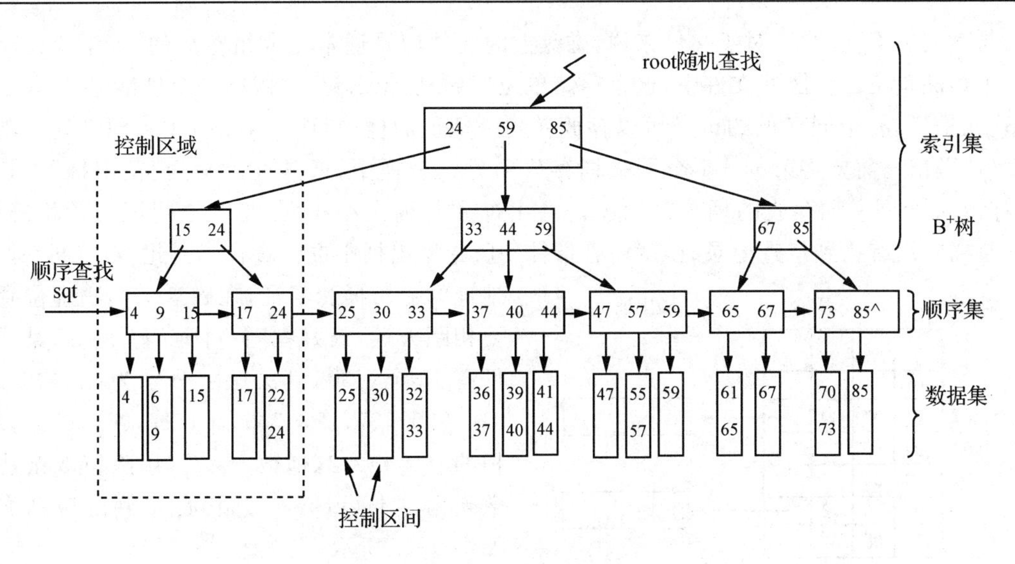


图 9-6　VSAM 文件的结构示意图

等)，控制区间的结构如表 9-6 所列。

表 9-6　控制区间的结构示例

| 记录 1 | 记录 2 | …… | 记录 $n$ | 记录的控制信息 | 控制区间的控制信息 |
|---|---|---|---|---|---|

VSAM 文件中没有溢出区，解决插入的方法是在最初建文件时留出空间：一是每个控制区间内并未填满记录，而是在最末一个记录和控制信息之间留有空隙；二是在每个控制区域中有一些完全空的控制区间，并在顺序集的索引中指明这些空区间。当插入新记录时，大多数的新记录能插入到相应的控制区间内。但要注意：为了保持区间内记录的关键字从小到大有序，则需将区间内关键字大于插入记录关键字的记录，向控制信息的方向移动。若在若干记录插入之后，控制区间已满，则在下一个记录插入时，要进行控制区间的分裂，即把近乎一半的记录移到同一控制区域内全空的控制区间中，并修改顺序集中相应索引。倘若控制区域中已经没有全空的控制区间，则要进行控制区域的分裂，此时顺序集中的节点亦要分开，由此尚需修改索引集中的节点信息。由于控制区域较大，通常很少发生分裂的情况。

在 VSAM 文件中删除记录时，需将同一控制区间中比删除记录关键字大的记录向前移动，把空间留给以后插入的新记录。若整个控制区间变空，则回收作空闲区间用，且需删除顺序集中相应的索引项。

和 ISAM 文件相比，基于 $B^+$ 树的 VSAM 文件有如下优点：能保持较高的查找效率，查找一个新插入记录和查找一个原有记录具有相同的速度；动态地分配和释放存储空间，可以保持平均 75％的存储利用率；永远不必对文件进行再组织。因而基于 $B^+$ 树的 VSAM 文件，通常被作为大型索引顺序文件的标准组织。



## 9.5　散列文件

散列文件是利用散列法组织的文件，亦称直接存取文件。它类似于散列表，即根据文件中关键字的特点，设计一个散列函数和处理冲突的方法，将记录散列到存储设备上。

与散列表不同的是,对于文件来说,磁盘上的文件记录通常是成组存放的,若干个记录组成一个存储单位。在散列文件中,这个存储单位叫做桶(bucket)。假如一个桶能存放 $m$ 个记录,这就是说,$m$ 个同义词的记录可以存放在同一地址的桶中,而当第 $m+1$ 个同义词出现时才发生“溢出”,需要将第 $m+1$ 个同义词存放到另一个桶中,通常称此桶为“溢出桶”。相对地,称为 $m$ 个同义词存放的桶为“基桶”。溢出桶和基桶大小相同,相互之间用指针相链接。当在基桶中没有找到待查记录时,就沿着指针到所指溢出桶中进行查找。因此,希望同一散列地址的溢出桶和基桶,在磁盘上的物理位置不要相距太远,最好在同一柱面上,例如,某一文件有 16 个记录,其关键字分别为:23,05,26,01,18,02,27,12,07,09,04,19,06,16,33,24。桶的容量 $m=3$,桶数 $b=7$。用除留取余法作散列函数 H(key% 7),由此得到的散列文件如图 9-7 所示。

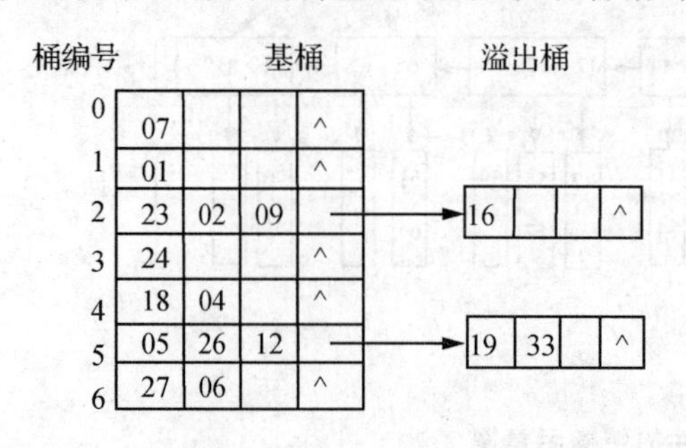


图 9-7　散列文件示例

在散列文件中进行查找时,首先根据给定值求出散列桶地址,将基桶的记录读入内存,进行顺序查找,若找到关键字等于给定值的记录,则检索成功;否则,读入溢出桶的记录继续进行查找。

在散列文件中删去一个记录,仅需对被删记录作删除标记即可。

散列文件的优点是:文件随机存放,记录不需进行排序;插入、删除方便;存取速度快;不需要索引区,节省存储空间。

散列文件的缺点是:不能进行顺序存取,只能按关键字随机存取,且询问方式限于简单询问,并且在经过多次插入、删除后,也可能造成文件结构不合理,需要重新组织文件。

## 9.6　多关键字文件

以上各节介绍的都是只含一个主关键字的文件。若需对主关键字以外的其他次关键字进行查询,则只能顺序存取主文件中的每一个记录进行比较,从而效率很低。为此,除了按以上各节讨论的方法组织文件之外,还需要对被查询的次关键字也建立相应的索引,这种包含有多个次关键字索引的文件称为多关键字文件。次关键字索引本身可以是顺序表,也可以是树表。下面讨论两种多关键字文件的组织方法。

### 9.6.1　多重表文件

多重表文件是将索引方法和链接方法相结合的一种组织方式。它对每个需要查询的次关键字建立一个索引,同时将具有相同次关键字的记录链接成一个链表,并将此链表的头指针、链表长度及次关键字,作为索引表的一个索引项。通常多重表文件的主文件是一个顺序文件,如表 9-7 所列。

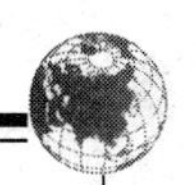

表 9-7　多重表文件

| 物理地址 | 职工号 | 姓　名 | 职　务 | 工资级别 | 职务链 | 工资链 |
|---|---|---|---|---|---|---|
| 101 | 03 | 丁一 | 教授 | 12 | 110 | |
| 102 | 10 | 王二 | 教授 | 11 | 107 | 106 |
| 103 | 07 | 张三 | 讲师 | 13 | 108 | 107 |
| 104 | 05 | 李四 | 助教 | 14 | 105 | 110 |
| 105 | 06 | 王刚 | 助教 | 13 | ^ | 103 |
| 106 | 12 | 和森 | 讲师 | 11 | ^ | ^ |
| 107 | 14 | 刘为 | 教授 | 13 | ^ | ^ |
| 108 | 09 | 林林 | 讲师 | 10 | 106 | ^ |
| 109 | 01 | 马莉 | 助教 | 14 | 104 | 104 |
| 110 | 08 | 李伟 | 教授 | 14 | 102 | ^ |

在本例中，主关键字是职工号，次关键字是职务和工资级别。它设有两个链接字段，分别将具有相同职务和相同工资级别的记录链在一起，由此形成的职务索引和工资级别索引见表 9-8和 9-9。有了这些索引，便易于处理各种有关次关键字的查询。例如，要查询所有讲师，则只需在职务索引中先找到次关健字“讲师”的索引项，然后从它的头指针出发，列出该链表上所有的记录即可。又如，若要查询工资级别为 11 的所有教授，则既可以从职务索引的“教授”的头指针出发，也可以从工资级别索引的“11”的头指针出发，读出链表上的每个记录，判定它是否满足查询条件。在这种情况下，可先比较两个链表的长度，然后在较短的链表上查找。

表 9-8　职务索引

| 次关键字 | 头指针 | 链　长 |
|---|---|---|
| 教授 | 101 | 4 |
| 讲师 | 103 | 3 |
| 助教 | 109 | 3 |

表 9-9　工资级别索引

| 次关键字 | 头指针 | 链　长 |
|---|---|---|
| 10 | 108 | 1 |
| 11 | 102 | 2 |
| 12 | 101 | 1 |
| 13 | 105 | 3 |
| 14 | 109 | 3 |

在上例中，各个有相同次关键字的链表，是按主关键字的大小链接的。如果不要求保持链表的某种次序，则插入一个新记录是容易的，此时可将记录插在链表的头指针之后。但是，要删去一个记录却很繁琐，需在每个次关键字的链表中删去该记录。

### 9.6.2　倒排文件

倒排文件和多重表文件的区别在于次关键字索引的结构不同。倒排文件中的次关键字索引称做倒排表。具有相同次关键字的记录之间不进行链接，而是在倒排表中列出具有该次关键字记录的物理地址。例如，对表 9-7 所示的多重表文件，去掉两个链接字段后，所建立的职务倒排表和工资级别倒排表，如表 9-10 和 9-11 所示，倒排表和文件一起就构成了倒排文件。

表 9-10　职务倒排表

| 次关键字 | 物理地址 |
|---|---|
| 教授 | 101,102,107,110 |
| 讲师 | 103,106,108 |
| 助教 | 104,105,109 |

表 9-11　工资级别倒排表

| 次关键字 | 物理地址 |
|---|---|
| 10 | 108 |
| 11 | 102,106 |
| 12 | 101 |
| 13 | 102,105,107 |
| 14 | 104,109,110 |

在表 9-10 和 9-11 的倒排表中，各索引项的物理地址是有序的，也可以将这些物理地址按主关键字有序排列，例如“教授”对应的物理地址可排列为：101,110,102,107。

倒排表的主要优点是：在处理复杂的多关键字查询时，可在倒排表中先完成查询的交、并等逻辑运算，得到结果后再对记录进行存取。这样不必对每个记录随机存取，把对记录的查询转换为地址集合的运算，从而提高查找速度。例如，要找出所有工资级别小于 13 的教授，则只需将次关键字为 10,11 和 12 的物理地址集合先作“并”运算，然后，与教授的物理地址集合做“交”运算：

$(\{108\} \cup \{102,106\} \cup \{101\}) \cap \{101,102,107,110\} = \{101,102\}$

即符合条件的记录，其物理地址是 101 和 102。在插入和删除记录时，也要修改倒排表。

值得注意的是，在倒排表中，有时不是列出物理地址，而是列出主关键字。这样的倒排表存取速度较慢，但由于主关键字可看成是记录的符号地址，因此它的优点是存储具有相对独立性。例如，表 9-12 就是按上述方法对表 9-7 所组织的职务倒排表。

表 9-12　另一种倒排表

| 次关键字 | 记录主关键字 |
|---|---|
| 教授 | 03,18,10,14 |
| 讲师 | 07,09,14 |
| 助教 | 01,05,06 |

在一般的文件组织中，是先找记录，然后再找到该记录所含的各次关键字；而倒排文件中，是先给定次关键字，然后查找含有该次关键字的各个记录，这种文件的查找次序正好与一般文件的查找次序相反，因此称之为“倒排”。由此也可以看出，多重表文件实际上也是倒排文件，只不过索引的方法不同。

## 习题 9

9-1　文件的检索方式有几种？试说明之。

9-2　试叙述各种文件组织的特点。

9-3　设有一个职工文件，其记录格式为：

| 职工号 | 姓名 | 性别 | 职务 | 年龄 | 工资 |
|---|---|---|---|---|---|

其中职工号为关键字，并设该文件有如下 5 个记录组成：

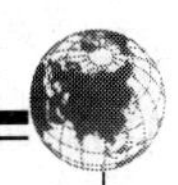

| 地　址 | 职工号 | 姓　名 | 性　别 | 职　务 | 年　龄 | 工　资 |
|---|---|---|---|---|---|---|
| | 39 | 李铁 | 男 | 工程师 | 32 | 2 500 |
| | 50 | 李伟峰 | 男 | 工程师 | 37 | 2 700 |
| | 10 | 王刚 | 男 | 实验师 | 24 | 2 300 |
| | 75 | 杜曼曼 | 女 | 实验员 | 18 | 2 000 |
| | 27 | 王梨花 | 女 | 工程师 | 33 | 2 500 |

1）若该文件为顺序文件，请写出文件的存储器结构。

2）若该文件为索引顺序文件，请写出索引表。

3）若该文件为倒排文件，请写出关于性别的倒排表和关于职务的倒排表。

9-4　在上题所述的文件中，对下列检索写出检索条件的形式，并写出结果记录的职工号。

(1) 男性职工；

(2) 工资超过平均工资的职工；

(3) 职务为工程师或实验师的职工；

(4) 年龄超过25岁的工程师或实验师的男性职工。

# 下篇 算法分析

# 第10章 蛮力法

利用计算机求解问题,通常习惯于解决问题的最直接方式。例如求两个数的最大公约数,按照最大公约数的定义,只要把能同时被两者整除的最大数找到即可。利用计算机在进行程序设计时,可以定义循环变量,其取值从这两个数中较小数开始递减到1,循环的过程中,该变量能同时被两者整除,则变量此刻的取值就是这两个数的最大公约数。这种解决问题的方法就是所说的蛮力法。可以看出,蛮力法解决问题的方式简单可靠,经常被应用在算法设计之中。

## 10.1 算法概述

蛮力法采用的是简单直接解决问题的方法。在计算机性能高,运算速度快的条件下,它是解决问题时所采取的一种“懒惰”算法。这种算法不经过(或者说经过很少)思考,把问题所有情况或所有过程交给计算机去一一尝试,从中找到问题的解。可以看出,蛮力法所依赖的基本手段是穷举,对所处理问题的所有可能解进行遍历,以获得问题的解。

下面这些算法都是典型的能够用蛮力法求解问题的例子,如基于定义的矩阵乘法算法、选择排序、冒泡排序、顺序查找、简单的字符串匹配算法、货郎担问题、背包问题和分配问题等。穷举法是常用于解组合问题的一种蛮力方法。它要求生成问题中的每一个组合对象,选出其中满足该问题约束的对象,然后找出一个期望的对象。穷举法在求解问题时需列出所有可行解,除非相关问题的实例规模非常小,否则穷举法几乎是不实用的。



实际应用中由于效率的原因,蛮力法可能不被使用。但作为更复杂算法的基础,蛮力法在算法设计策略中仍占据重要的地位,主要原因如下:

1)理论上,蛮力法能解决计算领域的各种问题;

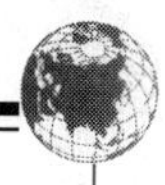

2）实际中，蛮力法经常用来解决较小规模的问题；

3）相对实例不多的求解问题，使用蛮力法会比设计一个更高效的算法更有价值；

4）相对一些重要的问题，蛮力法能产生合理的有实用价值的算法，且不受问题规模的限制；

5）在研究或教学中，蛮力法可以作为某类问题时间性能的底限，来衡量同样问题的更高效算法。

例如在计算 $a^n$ 时，直接 $n$ 个 $a$ 相乘，程序设计中乘积过程循环 $n$ 次，即得出问题的解，这就是简单直接的蛮力法求解过程，无需其他的算法设计。又如《算经》中著名的“百钱百鸡问题”：鸡翁一，值钱五；鸡母一，值钱三；雏鸡三，值钱一；百钱买百鸡，翁、母、雏各几何？利用蛮力法设计该问题，一百元钱买一百只鸡，若全买公鸡最多 100/5＝20 只；同理，若全买母鸡最多 33 只，若全买鸡雏最多 100 只，将这公鸡、母鸡、雏鸡的取值从 1 遍历到终止个数，将可能的取值穷举出来，通过百钱百鸡作为约束条件，即可求出问题的解。该算法穷举尝试了 20×33×100＝66 000 次，算法效率过低。可以对该算法进行改进，由于公鸡、母鸡的个数确定后，雏鸡的数量也就固定了。这样，只需将公鸡母鸡的取值从 1 遍历到终止个数，在满足条件的情况下，求出问题的解，这时只需穷举尝试 20×33＝660 次，提高了算法效率。由此例可以看出，同一问题设定不同的穷举范围或不同的穷举对象，解决问题的差别有可能会很大。

## 10.2　货郎担问题

货郎担问题是图论中非常经典的一个问题，易于描述却难以解决，至今仍有很多人在研究它。对于这个问题，求其最优解可以使用蛮力法、贪心法或分支限界法等。蛮力法虽然能获得该问题的最优解，但只是针对问题规模较小的情况。当问题规模较大时，该算法是无效的。迄今为止并没有找到求得最优解的有效算法，但可以用别的方法求得它的相对较好的近似解。本节主要对货郎担的穷举法求解进行设计和分析。

### 10.2.1　问题陈述

货郎担问题：设有 $N$ 个城市，假设每两个城市之间都有直通道路，两个城市之间的路程是已知的。一个货郎担要到每个城市推销商品，最后回到原出发地，问这个货郎应如何选择路线，货郎担每个城市经过一次，且仅一次，而总行程最短。该问题又称为旅行商问题、邮递员问题、售货员问题。在实际生活中，很多问题可以归结为这类问题。

在图论中货郎担问题可描述为，设图 $G=(V,E)$ 是一个无向图，$\boldsymbol{V}=\{1,2,\cdots,N\}$，表示城市顶点，边 $(i,j)\in E$，表示城市 $i$ 到城市 $j$ 的距离，$i,j=1,2,\cdots,N$。这样，可以用图的邻接矩阵 $\boldsymbol{C}$ 来表示各个城市之间的距离，把这个矩阵称为费用矩阵。图中各条边的权值 $C_{ij}>0$，当 $i=j$ 时，$C_{ij}=\infty$。一条路线的总行程是这条路线上所有边的权值之和。该问题就是在图 G 中找到一条具有最小权值的路线。



### 10.2.2　问题分析及算法设计分析

穷举法求解该问题，就是一一列出问题的所有可能解，然后进行比较，取权值最小的解即为最优解。$N$ 个城市的货郎担问题，如果起始城市确定的话，根据约束条件每个城市经过仅一次，判断第二个城市有 $N-1$ 个选择，依次类推，共有 $(N-1)!$ 个行走路线，对这些路线的权值作比较从而找出总行程最短的路线。可以看出，货郎担问题是一个排列问题，算法的执行时间随问题规模的增大而增长。当 $N$ 较大时，计算量巨大，需要占用大量的 CPU 时间和内存空间，况且没有有效的算法，不宜在计算机上执行，故利用穷举法求解货郎担问题基本是不可取的。

货郎担的每一条路线，对应于城市编号 $1,2,\cdots,N$ 的一个排列。用一个数组来存放这个排列中的数据，数组中的元素依次存放旅行路线中的城市编号。$N$ 个城市共有 $N!$ 个排列，于是，货郎担共有 $N!$ 条路线可供选择。采用穷举法逐一计算每一条路线的费用，从中找出费用最小的路线，便可求出问题的解。

**算法 10-1**

```
void salesman_problem(int n,float &min,int t[],float c[][])
{                                    /* 城市个数 n,费用矩阵 C[][],旅行路线 t[],最小费用 min */
    int p[n],i = 1;    float cost;
    min = MAX_FLOAT_NUM;             /* 最小费用初值设置为一个较大的数 */
    while (i <= n!)
     { 产生 n 个城市的第 i 个排列于 p;
       cost = 路线 p 的费用;
       if (cost < min)
          { 把数组 p 的内容拷贝到数组 t;
            min = cost;          }
       i++;       }
}
```

算法 10-1 的执行时间取决于程序中的 while 循环。它产生一个路线的城市排列，并计算该路线所需要的时间。这个循环的循环体共需执行 $n!$ 次，则利用穷举法解决货郎担问题的时间复杂度为 $O(n!)$。假定每执行一次需要 1 μs 时间，则整个算法的执行时间随 $n$ 的增长而增长的情况，如表 10-1 所列。从表中看到，当 $n=10$ 时，运行时间是 3.62 s，算法是可行的；当 $n=13$ 时，运行时间是 1.72 小时，还可以接受；当 $n=16$ 时，运行时间是 242 天，就不实用了；当 $n=20$ 时，运行时间是 7 万 7 千多年，这样的算法就不可取了。

**表 10-1　算法 10-1 的执行时间随 $n$ 的增长而增长的情况**

| $n$ | $n!$ /μs | $n$ | $n!$ /s | $n$ | $n!$ /day | $n$ | $n!$ /year |
|---|---|---|---|---|---|---|---|
| 5 | 120 | 9 | 362m | 13 | 0.072 | 17 | 11.27 |
| 6 | 720 | 10 | 3.62 | 14 | 24 | 18 | 203 |
| 7 | 5.04 | 11 | 39.9 | 15 | 15 | 19 | 3857 |
| 8 | 40.3 | 12 | 479.0 | 16 | 242 | 20 | 77146 |



### 10.2.3　实例分析

**例 10-1**　4 个城市的货郎担路线图及费用矩阵如图 10-1 所示。

为简化起见，确定初始城市，则问题求解过程如下：

初始城市确定为 A，则下一个城市可以选择 B、C 或 D。同理可以继续在当前选择的路线中确定下一个没有经过的城市。因此，所有经过的路线及费用，可以利用如图 10-2 所示的树

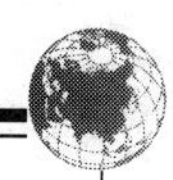

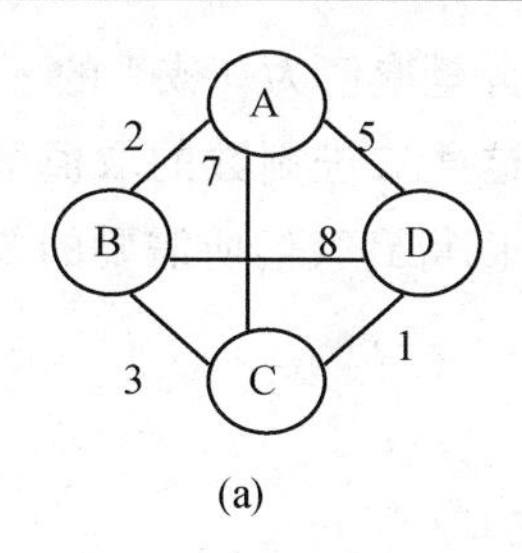


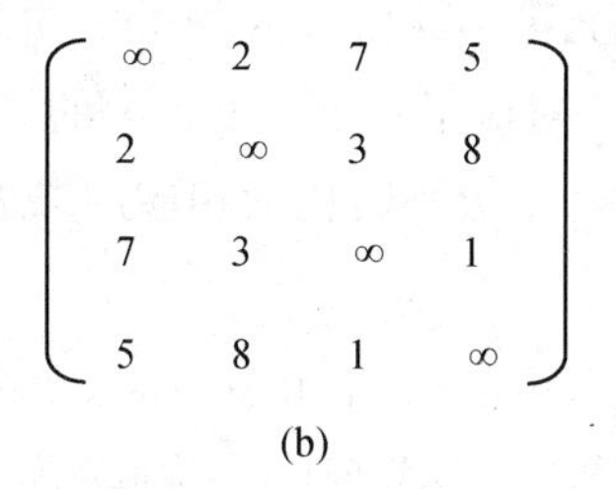


**图 10-1 货郎担问题路线图及邻接矩阵**

型结构表示。

通过对6条路径的费用计算可以得出两条最佳路线:A-B-C-D-A和A-D-C-B-A,费用为11。注意到,在图中有3对不同的路径,因为最终都是回到起点,所以对每对路径来说,不同的只是路径的方向,因此可能的解有$(n-1)!/2$个。虽然将这个数量减半,但数量级并没有变化,仍是一个非常大的数,随着$n$的增长,货郎担问题的可能解也在迅速地增长。

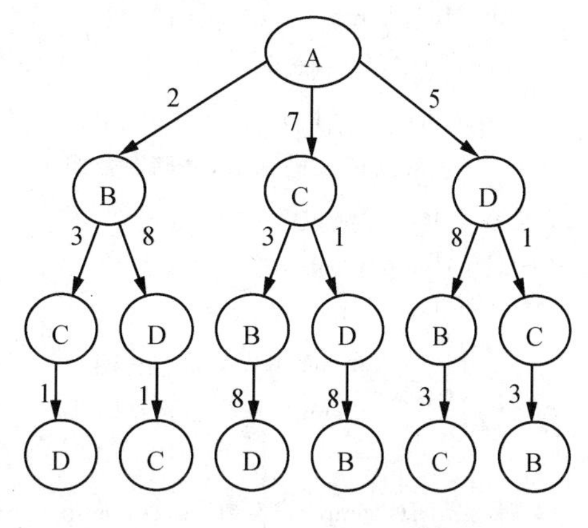


**图 10-2 货郎担问题的树型结构**

## 10.3 0/1背包问题

背包问题是一类具有广泛使用背景的经典组合优化问题。从实际应用来看,很多问题都能归结为背包问题,如装箱问题、存储分配等都是典型的应用实例。0/1背包问题在很多算法中都提出了解决方案,可以选择穷举法、贪心法、动态规划算法、回溯法、分支限界算法等。本节描述了该问题的穷举法解决过程。

### 10.3.1 问题陈述

背包问题:给定$n$个物品和一个背包,$n$个物品的质量为$\{w_1,w_2,\cdots,w_n\}$,价值为$\{v_1,v_2,\cdots,v_n\}$,背包的容量为$C$。问如何选择装入背包的物品,使得物品的总质量不超过背包的容量,且装入背包中物品的总价值最大?

0/1背包问题:在背包问题的基础上,附加一定的约束条件。对物品的装入只有两种选择,全部装入或者不装入。不能将物品装入背包多次,也不能将物品部分装入。

### 10.3.2 问题分析及算法设计分析



蛮力法解决0/1背包问题,实际上就是在其子集中求最优解的过程。利用蛮力法设计该问题时,可以考虑利用一个$n$元组$(x_1,x_2,\cdots,x_n)$来表示物品的取舍,如$x_i=1$代表第$i$个物品放入背包中,$x_i=0$代表第$i$个物品不放入背包中。显然,这个$n$元组等价于一个选择方案,用穷举法解决背包问题,则是要穷举所有的选取方案。根据上述方法,只要穷举出所有的$n$元组,就可以得到问题的解,即$(x_1,x_2,\cdots,x_n)$的取值范围为(0,0,…0,0),(0,0,…,0,1),(0,0,…,

1,0),(0,0,…,1,1),……,(1,1,…,1,1)。可以看出每个分量取值为0或1的$n$元组的个数为$2^n$个,每个$n$元组其实对应了一个长度为$n$的二进制数,且这些二进制数的取值范围为$0\sim2^n-1$。因此,如果把$0\sim2^n-1$分别转化为相应的二进制数,就可以得到我们所需要的$2^n$个$n$元组。

**算法 10-2**

```
void Knapsack_problem(int n,float &max,float w[],float v[],int x[],float C)
    /*物品个数 n,质量矩阵 w[],价值矩阵 v[],背包容量 C*/
    /*物品选择矩阵 x[],最大价值 max*/
  {   int  i, j, temp_w, temp_v;
      for(i=0;i<2^n;i++)
        {  x[0..n-1]=0;
           i转换成二进制数,存储在数组 x 中;
           temp_w=0;
           temp_v=0;
           for(j=0;j<n;j++)
               { temp_w+=x[j]*w[j];            /*某次选择的物品总质量*/
                 temp_v+=x[j]*v[j];            /*某次选择的价值总量*/
               }
           if((temp_w<=C)&&(temp_v>max))
               {  max=temp_v;
                  保存该 x 数组;
               }
        }
  }
```

对于一个具有$n$个元素的集合,其子集数量为$2^n$。所以无论生成子集的算法效率多高,蛮力法都会导致一个$O(2^n)$的算法。用穷举法解决0/1背包问题,控制程序的外循环次数为$2^n$,内循环次数为$n$,因此该算法的时间复杂度为$O(n2^n)$。

## 10.4 狱吏问题

狱吏问题是初等数学建模中的一个非常重要的实例。本节用蛮力法对该问题进行求解和分析。

### 10.4.1 问题陈述



狱吏问题:某国王对囚犯进行大赦,让一个狱吏$n$次通过一排锁着的$n$间牢房,每通过一次,按所定规则转动一次门锁。每转动一次,原来锁着的被打开,原来打开的被锁上。通过$n$次后,门锁开着的牢房犯人放出,否则不得获释。问通过$n$次后,哪些牢房的锁是打开的?

转动规则如下:第一次通过牢房,从第一间开始要转动每一把门锁,即把全部锁打开;第二次通过牢房,从第二间开始转动,每隔一间转动一次;第$k$次通过牢房,从第$k$间开始转动,每隔$k-1$间转动一次。

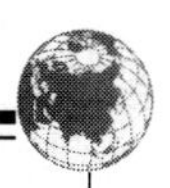

### 10.4.2 问题分析和算法设计分析

设置一个有 $n$ 个元素的一维数组 $a$，每个数组元素记录所对应牢房锁的状态，可以设置1为被锁上，0为被打开。数组元素的初始值均为1，则 $i$ 号锁的状态变化用算术运算 $a[i]=1-a[i]$ 表示。1到n次转动的过程穷举如下：第一次转动的是 $1,2,\cdots,n$ 号牢房；第二次转动的是 $2,4,6,\cdots,n$ 号牢房；第三次转动的是 $3,6,9,\cdots,n$ 号牢房；第 $i$ 次转动的是 $i,2i,3i,\cdots,n$ 号牢房。用蛮力法通过循环模拟狱吏的开关锁过程，$n$ 次循环结束后，值为0的数组元素所对应的第 $i$ 号牢房就是最终的解。

**算法 10-3**

```
void Jailer_problem(int n,int a[])
{                                    /*牢房个数n*/
        int i,j;
        for(i=1;i<=n;i++)
            a[i]=1;
        for(i=1;i<=n;i++)
            for(j=i;j<=n;j=j+i)
                a[i]=1-a[i];
        for(i=1;i<=n;i++)
            if(a[i]==0)
                printf("%d  is  free",i);
    }
```

蛮力法求解该问题，主要的操作是开关锁，即 $a[i]=1-a[i]$。算法的时间复杂度以该语句的执行次数做计算，第一次开关锁次数为 $n$ 次，第二次每隔一个牢房开关一次，则开关锁次数为 $n/2$。依此类推，算法的时间复杂度为 $n(1+1/2+1/3+\cdots+1/n)=O(n\mathrm{lb}n)$。

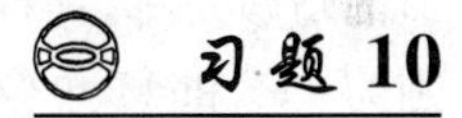

## 习题10

10-1　用穷举法解8皇后问题：在国际象棋盘上放8个皇后，国际象棋棋盘共有8行8列，皇后可以吃掉与之同行同列以及同一对角线上的其他皇后。为让她们共存，请编写算法找出各种放置方法。

10-2　有一堆棋子，2枚2枚地数，最后余1枚；3枚3枚地数，最后余2枚；5枚5枚地数，最后余4枚；6枚6枚地数，最后余5枚；7枚7枚地数，最后正好数完。编程求出这堆棋子最少有多少枚棋子。

10-3　一个 $n$ 阶幻方是把从1到 $n^2$ 的整数填入一个 $n$ 阶方阵，每个整数只出现一次，使得每一行、每一列、每一条主对角线的和都相等。

1）证明，如果一个 $n$ 阶幻方存在的话，所讨论的和一定等于 $n(n^2+1)/2$。

2）设计一个穷举算法，生成阶数为 $n$ 的所有幻方。

10-4　给定 $n$ 个正整数，把它们划分为不相交的两个子集，其元素和相同（这种问题并不总是有解）。为该问题设计一个穷举查找算法，应尽量减少该算法需要生成的子集的数量。

10-5　串匹配问题：给定两个串 $S=$"$s_1s_2\cdots s_n$"和 $T=$"$t_1t_2\cdots t_m$"，在主串S中查找子串T的过程称为串匹配，也称模式匹配。试用蛮力法编程求解串匹配问题。

# 第 11 章 贪心法

在求最优解的问题中，蛮力法是把满足约束条件的解一一列举出来，通过比较最终确定最优解。这种解决的方法虽然能获得最优解，但是当解的范围特别大时，效率会很低，甚至是无效的。这时，可以考虑用“贪心”的策略，在一步步求解的过程中，每一步都选取当前状态下最优的选择。例如在货郎担问题中，初始城市确定后，可以先选择与初始城市行程最近的城市，即局部最优，然后从这个城市出发，再判断与这个城市最近行程的下一个城市，依此类推，最终返回初始城市。可以看出，与蛮力法相比采用这种贪心策略解决问题，因为不需要对所有可行解都进行处理，极大地提高了效率。

## 11.1 算法概述

贪心法又称为登山法。其基本思想是指从问题的某一个初始解出发逐步逼近给定的目标，当到达该算法中的某一步不需要再继续前进时，算法停止。它的每一步都做出局部最优的选择，以期在总体上仍然达到最优。贪心法面对问题时，只根据当前局部信息做出决策，不对之后的状态进行分析。因此，并不是对所有问题都能得到整体最优解，有时只能得到最优解的近似解。例如平时购物找钱时，为使找回零钱的币数最少，不考虑找零钱的所有可能方案，而是从最大面值的币种开始，按递减的顺序考虑各币种，先尽量用大面值的币种，当不足大面值币种的金额时才去考虑下一种较小面值的币种，这就是贪心法。因为银行对其发行币种和币值的巧妙安排，这种方法在现实中总是最优。但做如下假设，则情况将发生变化：只有面值分别为 1,5 和 11 单位的钱币，如果希望找回总额为 15 单位的钱币。按贪心算法，应找 1 个 11 单位面值的钱币和 4 个 1 单位面值的钱币，共找回 5 个钱币，但其最优解应是 3 个面值为 5 单位的钱币。

贪心法可以解决若干领域的问题。例如数据结构中的哈夫曼树、构造最小生成树的 Prim 算法和 Kruskal 算法、求解单源最短路径的 Dijkstra 算法，生活中的活动安排问题、背包问题、多机调度问题、最优装载问题等都是采用贪心策略获得了问题的最优解。那么对于具体的问题，该如何判断是否可以用贪心法去求解，以及能否获得该问题的最佳解？这依赖于贪心问题的两个重要的性质：贪心选择性质和最优子结构性质。

### 11.1.1 贪心选择性质



贪心选择性质是指所求问题的整体最优解可以通过一系列局部最优的选择，即通过贪心选择来达到。贪心选择要具有无后向性，即某阶段状态一旦确定以后，不受这个状态以后的决策影响，但可以依赖于以往所做过的选择。每做出一次贪心选择就将所求问题简化为规模更小的子问题。

要证明一个问题是否具有贪心选择性，就必须证明每一步所做的贪心选择最终将产生问

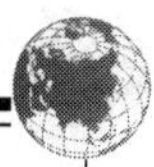

题的整体最优解。可以用如下方法证明：首先考查问题的一个整体最优解，并证明可以修改这个最优解，使其以贪心选择开始。做出贪心选择后，原问题简化为规模更小的类似子问题。然后，用数学归纳法证明，通过每一步做贪心选择，最终可以得到问题的整体最优解。在实际应用中，至于什么问题具有什么样的贪心选择性质是不确定的，需要具体问题具体分析。接下来又如何证明贪心选择后简化了的规模更小的子问题与原问题性质相似呢？这又用到了该问题的最优子结构性质。

### 11.1.2　最优子结构性质

如果一个问题的最优解包含其子问题的最优解，那么称该问题具有最优子结构性质。也就是说，每个子问题的最优解的集合就是整体最优解。一个问题必须拥有最优子结构性质，才能保证贪心算法返回最优解。因为贪心算法解决问题的过程把问题分解成子问题，依次研究每个子问题，由子问题的最优解递推到最终问题的最优解。

### 11.1.3　贪心算法的设计步骤

贪心法没有固定的算法框架，做出贪心选择的依据称为贪心准则，算法设计的关键是贪心准则的确定。对于同一个问题，贪心准则可能不是唯一的，往往其中很多看起来都是可行的。但是根据其中大部分贪心准则得到的解并不一定是当前问题的最优解，最优贪心准则是使用贪心法设计求解问题的核心。一般情况下，最优贪心准则并不容易选择，很多时候是依靠直觉或经验。有时候最优贪心准则对某类问题有效，但是一旦问题中的数据发生改变，先前的最优解准则就得不到最优解了。所以贪心准则一定要精心确定，在使用之前，最好对准则的可行性进行证明。

贪心法解决问题，一般采用以下步骤完成：

1）分解　将原问题分解成若干个相互独立的阶段。

2）解决　对于每个阶段求局部最优解，即进行贪心选择。在每个阶段，选择一旦做出就不可更改。贪心准则的制定是用贪心法解决最优化问题的关键。它关系到问题能否得到成功解决及解决质量的高低。

3）合并　将各个阶段的解合并为原问题的一个可行解。

利用贪心法求解，可能会存在下面的问题：

1）不能保证最后求得的解是最佳的；

2）不能用来求最大或最小解问题；

3）只能求满足某些约束条件的可行解的范围。

例如 5 个城市的货郎担问题，城市间的行程费用如图 11-1 所示。利用贪心法求解，过程如下：下面把路线费用作为度量标准，将路线费用最小这个目标落实在每前进一步的子目标上，这个子目标就是有一个城市通向所有其他未到过的城市通路中具有最小费用的边，这条边就是可行解的一个元素。

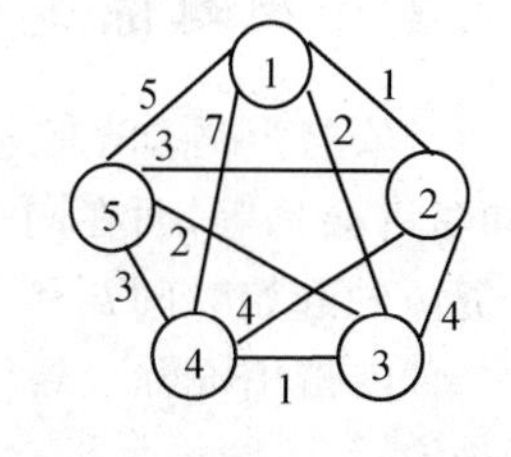

图 11-1　货郎担问题路线

假设从基地城市 $N=1$ 出发，用图 11-2 来解释这个算法，图中走过的节点用小方块表示，尚未到达的节点用圆圈表示。

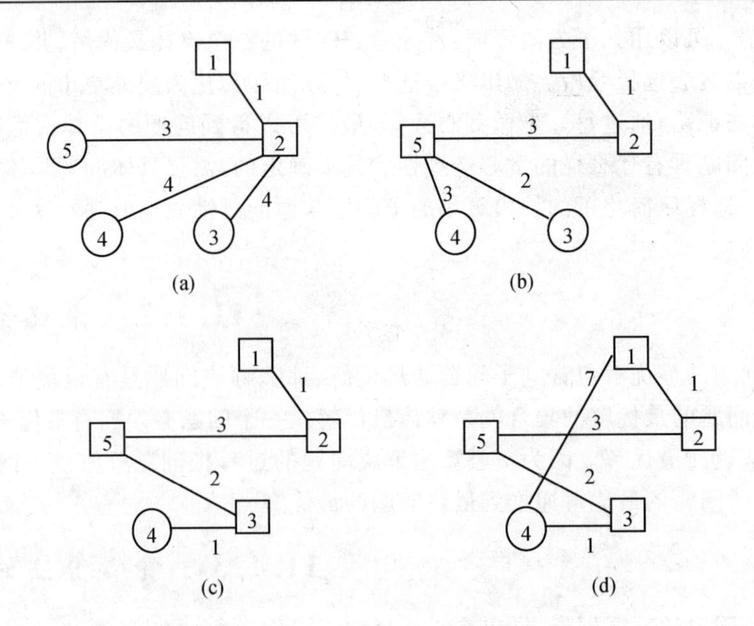


图 11-2 货郎担问题贪心路线

从图 11-2 中不难发现,最后返回基地城市 1 时费用为 7,这个费用是最昂贵的。这条路线的总费用为 14,路线为:

1→5→3→4→1

很明显这条路线不是最佳路线。最佳路线总费用为 10,路线是:

1→2→5→4→3→1

可以看出,贪心法设计没有整体规划,虽然开始的每一步它都取最佳值,但没考虑后面的费用,有可能后面的费用较高。所以贪心法没有求得最佳解。下面对贪心法解决的典型问题进行描述分析。

## 11.2 活动安排问题

活动安排问题是用贪心法获得最优解的一个典型实例。该问题要求高效地安排一系列争用某一公共资源的活动,其实质就是在所给的活动集合中选出最大的相容活动子集合。贪心算法提供了一个简单、有效的方法使得尽可能多的活动能兼容地使用公共资源。

### 11.2.1 问题陈述

活动安排问题:设有 $n$ 个活动的集合 $\boldsymbol{E}=\{1,2,\cdots,n\}$,其中每个活动都要求使用同一资源,如演讲会场等,而在同一时间内只有一个活动能使用该资源。每个活动 $i$ 都有一个要求使用该资源的起始时间 $b_i$ 和一个结束时间 $e_i$,且 $b_i < e_i$。如果选择了活动 $i$,则它在半开时间区间 $[b_i,e_i)$ 内占用资源。若区间 $[b_i,e_i)$ 与区间 $[b_j,e_j)$ 不相交,则称活动 $i$ 与活动 $j$ 是相容的。也就是说,当 $b_i \geqslant e_j$ 或 $b_j \geqslant e_i$ 时,活动 $i$ 与活动 $j$ 相容。

### 11.2.2 问题分析及算法设计分析

为实现问题目标,必然对先完成的活动优先处理,这样才能尽可能多地去完成其他活动。

也就是选取结束时间作为量度标准，将所有活动的结束时间作比较，由小到大排序，先结束的优先加入到解空间中，再对剩余活动的开始时间与之比较，进行下一步的选择。下面用 C 语言对该算法进行描述。该算法执行的前提条件是将活动按结束时间的非递减排序。

**算法 11－1**

```
int GreedySelector(int b[], int e[], int a[],int n)
 {                    /* 活动起始时间 b[]和结束时间 e[],被选择的活动 a[i]=1,否则 a[i]=0 */
   int i,j=0;
   int count=1;
   a[0]=1;
   for ( i=1;i<n;i++)
     {
     if (b[i]>=e[j])
       {
           a[i]=1;
           j=i;
           count++;
       }
      else
           a[i]=0;
     }
    return count;
}
```

由于输入的活动已按其结束时间的非递减有序，所以算法 GreedySelector 每次总是选择具有最早完成时间的相容活动加入集合 $a$ 中。直观上，按这种方法选择相容活动能为未安排活动留下尽可能多的时间。也就是说，该算法的贪心选择的意义是使剩余的可安排时间极大化，以便安排尽可能多的相容活动。

算法 GreedySelector 的效率极高。如果所给出的活动未按非递减排序，可以用 $O(n\mathrm{lb}n)$ 的时间进行排序。当输入的活动已按结束时间非递减排序后，该算法只需 $O(n)$ 的时间安排 $n$ 个活动，就能保证最多的活动相容地使用公共资源。

### 11.2.3　实例分析

设待安排的 10 个活动的开始时间和结束时间按结束时间的非递减排序如表 11－1 所示。

**表 11－1　活动安排时间表**

| 活动序号 $n$ | 开始时间 $b_i$ | 结束时间 $e_i$ | 活动序号 $n$ | 开始时间 $b_i$ | 结束时间 $e_i$ |
|---|---|---|---|---|---|
| 1 | 1 | 4 | 6 | 6 | 9 |
| 2 | 3 | 5 | 7 | 5 | 10 |
| 3 | 2 | 6 | 8 | 8 | 11 |
| 4 | 5 | 7 | 9 | 2 | 12 |
| 5 | 3 | 8 | 10 | 12 | 13 |

分析如下:根据上面介绍的活动安排方法,首先将活动1安排第一个执行,它的结束时间为4;开始时间大于4的第一个活动是活动4,则活动4第二个执行,它的结束时间为7;同样,大于7的第一个活动是活动8,则活动8第三个执行,它的结束时间为11;大于11的活动只有最后一个活动10,所以最后执行的活动为活动10。可以得到活动方案为 $a=\{1,4,8,10\}$。

### 11.2.4 最优性分析

贪心法对于活动安排问题总能获得整体最优解,即能保证最终所确定的相容活动集合的规模最大。这是由贪心选择性质和最优子结构性质决定的。下面我们利用数学归纳法来证明。

**1. 贪心选择性质**

根据算法的要求,活动是按照其结束时间的非递减排列的,故活动1具有最早的完成时间。那么首先证明活动1肯定要进行,以保证此问题的求解是从贪心选择开始的。设A是活动安排问题的一个最优解,并且选入A中的活动也是按照其结束时间的非递减顺序排列的。设A中的第一个活动是 $i$,若 $i=1$,则A就是以贪心选择开始的最优解。如果 $i>1$,那么可以设一个新的解 B=A-{i}∪1。由前面的假设可知,$e_i \leqslant e_j$,而且A中的活动是相容的,所以B中的活动也是相容的。同时两组解中活动的个数都是相同的,所以解B也一定是最优解,并且是以贪心选择开始的最优解。由此可见,总存在以贪心选择开始的最优活动安排方案。

**2. 最优子结构**

做出了贪心选择,即选择了活动1后,原问题就简化成与活动1相容的活动进行活动安排的子问题。那么,简化后的子问题的解可以表示成 A1=A-{1}。假设在此问题中可以找到另一个解B1,它比A1包含更多活动,那么将活动1加到B1后产生的一个解B比A包含更多的活动,是整个问题的一个最优解。这显然与假设A是一个最优解相矛盾。所以每一步贪心选择都将问题简化为一个更小的与原问题具有相同形式的子问题,每一步贪心选择得到的最优解都包含了其子问题的最优解。

通过数学归纳法可以证明在求解的每一步都如此。所以活动安排问题具有贪心选择性质和最优子结构性质。

## 11.3 背包问题

背包问题是一个典型的可以用贪心算法获得最优解的问题。蛮力法中提出了0/1背包问题的求解过程。这里的背包问题与0/1背包类似,所不同的是对物品选择时,可以选择物品的一部分,而不一定是全部装入到背包中。



### 11.3.1 问题陈述

背包问题:已知有一个可容纳质量为C的背包以及 $n$ 种物品。其中第 $i$ 件物品的质量为 $w_i$,每件物品的价值为 $v_i$($v_i>0$)。假设将第 $i$ 件物品的一部分 $x_i$($0\leqslant x_i\leqslant 1$)放入背包,则获得的价值为 $x_i \times v_i$。由背包的容量是C,我们可以得到一个约束条件,即装入背包的物品的总质量不能超过C。此问题就是要求在这个约束条件下,怎样装物品能获得最大的价值?

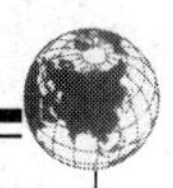

### 11.3.2　问题分析及算法设计分析

由问题陈述,可以得出问题形式化描述如下:

要求找出一个 $n$ 元组向量$(x_1,x_2,\cdots,x_n)$,使得在约束条件 $\sum_{1\leqslant i\leqslant n} w_i x_i \leqslant \boldsymbol{C}$ 下获得 $\sum_{1\leqslant i\leqslant n} v_i x_i$ 的最大值,其中 $0\leqslant x_i\leqslant 1, v_i>0, w_i>0$。

用贪心法分析此问题时,首先需要进行贪心准则的确定。该问题要求在限制容量的背包中装入最大价值的物品。那我们对物品的选取可以有三种情况:一是从质量的角度,每次都选取质量最轻的物品放入背包中,以期望能尽可能多的放入物品;二是从价值的角度,每次都选择价值最大的物品放入背包中,以期望能尽可能快的获得更大的价值;三是从物品的单位价值考虑,因为物品可以部分放入,选择单位价值最大的物品放入,综合考虑质量价值因素,以获得最大价值。那么哪种情况可以作为最优贪心准则呢?很显然前两种情况对问题的考虑太片面,而第三种情况将质量价值进行了综合分析,从直观上看它应该获得问题的最优解。

按照第三种情况的物品选择策略,用贪心法求解背包问题步骤如下:首先计算每种物品的单位价值 $v_i/w_i$,并按非递增顺序排列,然后依贪心选择策略,尽可能多的将单位价值最高的物品装入背包。若将这种物品全部装入背包,背包中物品的总质量仍没超过背包限量 C,则选择单位质量价格次高的物品并尽可能多地装入背包。依次进行,直到背包装满为止。

**算法 11-2**

```
Void Knapsack(float w[],float v[],float x[],float C,int n)
{                              /* 物品质量 w[],价值 v[],被选择的物品单元矩阵 x[] */
        int i;
        float remain;
        for(i=0;i<n;i++)
             x[i]=0;
         remain=C;
         for(i=0;i<n;i++)
           {  if (w[i]>remain)   break;
              x[i]=1;
              remain=remain-w[i];
           }
         if(i<n)
             x[i]=remain/w[i];
  }
```

该算法实现的前提是物品已经按照单位价值非递增顺序排列出来,排序的时间复杂度为 $O(n\text{lb}n)$,占用了 Knapsack 的主要时间,上述算法所用的时间为 $O(n)$。因此,完整的背包问题的时间复杂度应为 $O(n\text{lb}n)$。



### 11.3.3　实例分析

**例 11-1**　求如下背包的最优解,假设背包的容量为 8,有 3 件物品,价值和质量分别为(18,12,10)和(4,3,2),如何使用贪心法选择物品,使得装入背包中物品的总价值最大?

**解** 用贪心法求解有价值、质量和单位价值三种贪心准则。下面按这三种贪心准则分别求出每次的结果，以作对比。

1) 价值准则：按物品价值递减次序装入背包。物品1有最大的价值18，质量为4，可以完全放入到背包中，背包剩余空间为4；物品2次之，价值为12，质量为3，放入物品2后，剩余空间为1；物品3可以放入1/2部分，价值为10×1/2=5。由此得到的解为$(x_1,x_2,x_3)=(1,1,1/2)$，总价值为18+12+5=35。

2) 质量准则：按物品质量递增次序装入背包。物品3有最轻的质量2，价值为10，可以完全放入背包中，背包剩余空间为6；物品2次之，质量为3，价值为12，可完全放入背包中，放入后背包剩余空间为3；物品1可以放入3/4，价值为18×3/4=11.5。由此得到的解$(x_1,x_2,x_3)=(3/4,1,1)$，总价值为11.5+12+10=35.5。

3) 单位价值准则：物品按单位价值递减次序装入背包。三种物品单位价值分别为(18/4,12/3,10/2)=(4.5,4,5)。则先放入物品3，价值为10，可以完全放入背包中，背包剩余空间为6；物品1次之，质量为4，价值为18，可完全放入背包中，放入后背包剩余空间为2；物品2可以放入2/3，价值为12×2/3=8。由此得到的解$(x_1,x_2,x_3)=(1,2/3,1)$，总价值为18+8+10=36。

可以看出，以单位价值准则能获得最大的背包价值。

### 11.3.4 最优性分析

对于背包问题，采用单位价值作为贪心准则可以获得最优解。下面对这一结论做出证明。

设$x[i]$是背包问题按照单位价值非递增作为贪心准则得到的解向量。首先判断如果$x$向量元素均为1时，表示所有物品都放入到背包中，该解必然是最优解；否则，设$j$是解向量元素不为1的最小下标。可以看出，小于$j$的所有向量元素值均为1，大于$j$的所有向量元素值均为0。假设$x$向量不是该问题的最优解，则必然存在一个最优解向量$y$。其中$y$中元素满足条件$\sum v_i \times y_i > \sum v_i \times x_i$，根据约束条件可知$\sum w_i \times y_i = C$。若$k$是使$y_k \neq x_k$的最小下标，那么$x_k, y_k$的大小关系有三种情况：

1) 设$k<j$，可知$x_k=1$，因为$y_k \neq x_k$，所以$y_k<x_k$。

2) 设$k=j$，根据约束条件$\sum w_i \times x_i = C$，且当$1 \leqslant i < j$时，可知$y_i = x_i = 1$，当$j < i \leqslant n$时，可知$y_i = 0$。如果$y_k > x_k$，那么很显然$\sum w_i \times y_i > C$，不符合约束条件。如果$y_k = x_k$，则与假设$y_k \neq x_k$矛盾，所以$y_k < x_k$。

3) 设$k>j$，则$\sum w_i \times y_i > C$，这也是不可能的。由此可以推断$y_k<x_k$。

那么，假设增大$y_k$的值，使得$y_k=x_k$，那么肯定是从$(y_{k+1},\cdots,y_n)$中减去了同样的量以保证所用的总容量仍是$C$。如此，又得到了一个新的可行解$z[n]$。其中当$1 \leqslant i \leqslant k$时，$z_i=x_i$，并且$\sum_{k<i\leqslant n} w_i(y_i - z_i) = w_k(z_k - y_k)$。由此可知：

$$\sum_{1\leqslant i\leqslant n} v_i z_i = \sum_{1\leqslant i\leqslant n} v_i y_i + (z_k - y_k) w_k v_k / w_k - \sum_{k<i\leqslant n} (y_i - z_i) w_i v_i / w_i \geqslant$$

$$\sum_{1\leqslant i\leqslant n} v_i y_i + \left[ (z_k - y_k) w_k - \sum_{k<i\leqslant n} (y_i - z_i) w_i \right] v_i / w_i =$$

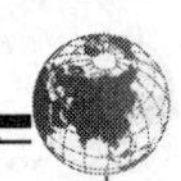

$$\sum_{1 \leqslant i \leqslant n} v_i y_i$$

如果 $\sum_{1 \leqslant i \leqslant n} v_i z_i > \sum_{1 \leqslant i \leqslant n} v_i y_i$，那么 $y[n]$就不会是最优解。如果 $\sum_{1 \leqslant i \leqslant n} v_i z_i = \sum_{1 \leqslant i \leqslant n} v_i y_i$，那么如果 $z[n]=x[n]$,则 $x[n]$就是最优解。但是如果 $z[n] \neq x[n]$,则继续重复上面的证明过程,最终可证明 $x[n]$就是最优解。

## 11.4　集装箱装载问题

装载问题是 0/1 背包的一个特例,贪心法虽然无法求得 0/1 背包问题的最优解,但是却可以获得装载问题的最优解。

### 11.4.1　问题陈述

集装箱装载问题:是指有一批集装箱要装上一艘载质量为 $C$ 的轮船。其中集装箱 $i$ 的质量为 $w_i$。在装载体积不受限制的情况下,如何尽可能多地将集装箱装上轮船。

该问题形式化描述如下:

约束条件:$\sum_{i=1}^{n} w_i x_i \leqslant C$,其中 $x_i \in \{0,1\}, 1 \leqslant i \leqslant n$

目标函数:$\sum_{i=1}^{n} x_i$,

要求在满足约束条件的情况下,如何获得目标函数的最大值?

### 11.4.2　问题分析及算法设计分析

集装箱装载问题可用贪心算法求解。由于体积不受限制,为保证在总质量受约束的条件下装入更多的集装箱,采用质量最轻者优先装载的贪心选择策略,可产生装载问题的最优解,具体算法描述如下。

**算法 11－3**

```
Void Loading(float C,int n, float w[], int x[])
{            /* 物品质量数组 w[],轮船承载质量 C,被装入的集装箱 x[] */
    int i;
    float opt=0;
    for (i=0; i<n; i++)
        x[i] = 0;
    for (i=0;i<n;i++)
      {  opt=opt+w[i];
         if(opt<=C)
            x[i] = 1;
         else
            break;
      }
}
```

集装箱装载问题的主要计算是对集装箱按其质量从小到大的排序，所以算法时间复杂度是 $O(n\mathrm{lb}n)$。

### 11.4.3 最优性分析

**1. 贪心选择性质**

设集装箱已经按照质量从小到大进行了排序，则$(x_1,x_2,\cdots,x_n)$是装载问题的一个最优解。又设 $k$ 是被选中集装箱的最大下标。如果给定的装载问题有最优解，则 $1\leqslant k\leqslant n$。

1）当 $k=1$ 时，$(x_1,x_2,\cdots,x_n)$是满足贪心选择性质的最优解。

2）当 $k>1$ 时，取 $y_1=1,y_k=0,y_i=x_i,1<i\leqslant n,i\neq k$，则

$$\sum_{i=1}^{n}w_iy_i=w_1-w_k+\sum_{i=2}^{n}w_ix_i\leqslant\sum_{i=1}^{n}w_ix_i\leqslant C$$

因此，$(y_1,y_2,\cdots,y_n)$是所给问题的可行解。由 $\sum_{i=1}^{n}y_i=\sum_{i=1}^{n}x_i$ 可知，$(y_1,y_2,\cdots,y_n)$是满足贪心选择性质的最优解，所以装载问题具有贪心选择性质。

**2. 最优子结构性质**

设$(x_1,x_2,\cdots,x_n)$是装载问题满足贪心选择性质的最优解。可以看出，$x_1=1$，且$(x_1,x_2,\cdots,x_n)$是轮船载质量为 $C-w_i$，待装船集装箱为$\{2,3,\cdots,n\}$时相应装载问题的最优解，即装载问题具有最优子结构性质。

由上分析，装载问题具有贪心选择性质和最优子结构性质，由此证明装载问题通过贪心法获得的解是最优解。

贪心法是一种不追求最优解，只希望得到较为满意解的方法。贪心法一般可以快速得到满意的解，因为它省去了为找最优解要穷尽所有可能而必须耗费的大量时间。虽然贪心算法不能对所有问题都得到整体最优解，但对许多问题它能产生整体最优解。在一些情况下，即使贪心算法不能得到整体最优解，其最终结果却是最优解的很好近似。

## 习题 11

11-1　若在 0/1 背包问题中，各物品依质量递增排列时，其价值恰好依递减序排列。对这个特殊的 0/1 背包问题，设计一个有效算法找出最优解，并说明算法的正确性。

11-2　设有 $n$ 个顾客同时等待一项服务。顾客 $i$ 需要的服务时间为 $t_i$，$1\leqslant i\leqslant n$。应如何安排 $n$ 个顾客的服务次序才能使总的等待时间达到最小？总的等待时间是每个顾客等待服务时间的总和。

11-3　一辆汽车加满油后可行驶 $n$ 公里。旅途中有若干个加油站。设计一个有效算法，指出应在哪些加油站停靠加油，使沿途加油次数最少。并证明算法能产生一个最优解。



11-4　一个小孩买了价值 33 美分的糖，并将 1 元的钱交给售货员。售货员希望用数量最少的硬币找给小孩。假设提供了数量不限的面值为 25 美分、10 美分、5 美分及 1 美分的硬币。售货员分步骤组成要找的零钱数，每次加入一个硬币。选择硬币时所采用的贪心准则如下：每一次选择应使零钱数尽量增大。为保证解法的可行性（即所给的零钱等于要找的零钱数），所选择的硬币不应使零钱总数超过最终所需的数目。

11-5　设在一台机器上要完成 $n$ 个作业，完成每个作业所需时间相同，每个作业 $i$ 都有 1 个截止期限 $d_i>0$（$d_i$ 是一个整数），当且仅当作业 $i$ 在截止期限 $d_i$ 前完成，才能获得效益值 $p_i>0$。求每个作业能在自己截止期限前完成，可获得的最大效益值？

设 $n=7$，$(p_1,\cdots,p_7)=(35,30,25,20,15,10,5)$，$(d_1,\cdots,d_7)=(4,2,4,3,4,8,3)$，求满足限期的作业完成能获得的最大效益是多少？

11-6　设有 $n$ 个独立的作业$\{1,2,\cdots,n\}$，这 $n$ 个作业由 $m$ 台相同的机器进行加工处理。设处理作业 $i$ 所需要的时间是 $t_i$，同时作业 $i$ 可以在任意一台机器上加工处理，但是在作业处理完成之前不允许中断处理。同时，任何一个作业都只能看成一个整体，即不能将一个作业再分成几部分。那么要求使用贪心法设计一个算法，使能够给多机调度问题设计出一种作业调度方案，使所给的 $n$ 个作业在尽可能短的时间内由 $m$ 台机器加工处理完成。

11-7　数列极差问题。黑板上写了 $N$ 个正整数做成的一个数列，进行如下操作：每一次擦去其中的两个数 $a$ 和 $b$，然后在数列中加入一个数 $a\times b+1$，如此下去直至黑板上剩下一个数，在所有按这种操作方式最后得到的数中，最大的为 max，最小的为 min，则该数列的极差定义为 $M=\max-\min$。如何利用贪心法求出数列的极差 $M$。

11-8　设有 $n$ 个程序$\{1,2,\cdots,n\}$要存放在长度为 $L$ 的磁带上。程序 $i$ 存放在磁带上的长度是 $L_i$，程序存储问题要求确定这 $n$ 个程序在磁带上的一个存储方案，使得能够在磁带上存储尽可能多的程序。对于给定的 $n$ 个程序存放在磁带上的长度，编程计算磁带上最多可以存储的程序数。

11-9　设 T 是一棵带权树，树的每一条边带一个正权。又设 $\boldsymbol{S}$ 是 T 的顶点集，T/$\boldsymbol{S}$ 是从树 T 中将 $\boldsymbol{S}$ 中顶点删去后得到的森林。如果 T/$\boldsymbol{S}$ 中所有树的从根到叶的路径长度都不超过 $d$，则称 T/$\boldsymbol{S}$ 是一个 $d$ 森林。

1）设计一个算法求 T 的最小顶点集 $\boldsymbol{S}$，使 T/$\boldsymbol{S}$ 是 d 森林（提示：从叶向根移动）。

2）分析算法的正确性。

3）设 T 中有 $n$ 个顶点，则算法的计算时间复杂性应为 $O(n)$。

11-10　设 $x_1,x_2,\cdots,x_n$ 是实直线上的 $n$ 个点。用单位长度的闭区间覆盖这 $n$ 个点，至少需要多少个单位闭区间？设计解此问题的有效算法，并证明算法的正确性。

11-11　给定 $n$ 位正整数 $a$，去掉其中任意 $k\leqslant n$ 个数字后，剩下的数字按原次序排列组成一个新的正整数。对于给定的 $n$ 位正整数 $a$ 和正整数 $k$，设计一个算法找出剩下数字组成的新数最小的删数方案。

# 第12章 分治法

当计算机求解的问题规模较大，直接求解困难甚至根本没办法直接求解时，往往会考虑能否将该问题分割成几个具有同等性质的子问题，将问题规模减小后完成求解过程。基于这种指导思想，引出了分治法。

## 12.1 算法概述

分治法就是利用分而治之的思想解决问题。把一个复杂难以直接解决的规模很大的问题，分解成几个规模较小的性质相同或相似的子问题，各个击破，分而治之，最后逐步合并子问题的解从而求出原问题的解。如果划分后子问题的规模仍然很大，可以对子问题反复使用分治法，直到子问题容易得出解为止。由于子问题的性质与原问题相同或相似，所以在分治法中经常使用递归技术求解问题，两者之间是相辅相成的。很多高效的算法都是用分治法解决的，如数据结构中的折半查找、归并排序、快速排序和二叉树遍历等；计算几何问题中的最近对问题、背包问题等；数学中的大整数乘法、Strassen 矩阵乘法等都是运用分治法获得问题的解。分治法还可以方便直接地运用到并行和分布式处理系统中。

那么到底哪些问题适用于分治法呢？依据分治法的算法思想，一般来说，能用分治法解决的问题通常具有以下几个特征：

1）该问题的规模缩小到一定的程度就可以容易地解决；

2）该问题可以分解为若干个规模较小的性质相同的子问题，即该问题具有最优子结构性质；

3）根据该问题分解出的子问题的解可以求出该问题的解；

4）该问题所分解出的各个子问题是相互独立的，即子问题之间不包含公共的子问题。

第一条特征是绝大多数问题都可以满足的，因为随着问题规模的缩小，问题的计算复杂度相应也会减小；第二条特征是应用分治法的前提，也是大多数问题可以满足的，此特征反映了递归思想的应用；第三条特征是关键，能否利用分治法完全取决于问题是否具有第三条特征，如果具备了第一条和第二条特征，而不具备第三条特征，则可以考虑贪心法或动态规划法；第四条特征涉及分治法的效率，如果各子问题是不独立的，则分治法要做许多不必要的工作，重复地求解公共的子问题，此时虽然可用分治法，但一般用动态规划法更好。



### 12.1.1 分治法的设计步骤

依据分治法的算法思想，分治法求解问题可以按以下步骤进行：

1）分解　将原问题分解成若干个相互独立，与原问题性质相同的子问题；

2）处理　若子问题容易处理就直接求解，否则继续分解为更小的子问题，直到子问题容易求解为止；

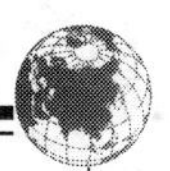

3）合并　将已求解的各个子问题的解逐步合并得到原问题的解。

还有一种特殊的分治法称为“减治法”，就是某些问题分解后，不必求出所有子问题的解，只需对其中的一个子问题求解就能获得原问题的解，不需要执行第三步，比如折半查找、深度优先查找、广度优先查找等。将原问题分成两部分后，一旦判断出待查找数据在哪个子问题中，就没必要对另一部分做处理，按照分治的思想，子问题规模不断缩小，最后一个子问题的解就是原问题的解。本章主要讨论的是子问题的解最终需合并成原问题解的分治算法。按照分治法的求解步骤，分治法的算法结构如下：

**算法 12－1**

```
Divide_and_Conquer(n)
{  if  (n<=n0)
      {  求解子问题;
         return(子问题的解);
      }
   将原问题分解成 k 个子问题 p1,p2,…,pk;
   for(i=1;i<=k;i++)
      xi=Divide_and_Conquer(|pi|);
   Merge(x1,x2,…,xk);
 }
```

其中，|p|表示问题的规模；n0 表示阈值，当问题规模小于该阈值时，可以直接求出问题的解，否则递归调用该算法直到能直接求出问题的解为止；Merge 表示对子集的合并过程，但在减治法中，不需要执行这一步。

利用分治法解决问题时，原问题划分为多少个子问题比较合适，子问题的规模是否相同，子问题分解到什么情况可以去求解？这些都需要具体问题具体分析。一般来说，在算法设计中，每次问题分解的子问题个数一般都是固定的，而且规模均等，这样能保证正确的递归调用。如果每次都将子问题分解为原问题规模的一半时，称为二分法。二分法是分治法中较常采用的分解策略，如折半查找、归并排序等都是采用二分法实现的。

### 12.1.2　分治法的算法分析

举个例子，求 $n$ 个自然数的和，利用分治法来解决该问题，可以将 $n$ 个自然数分成两个子集，分别对这两个子集求和，这两个和相加就得到了 $n$ 个自然数的和。子集的和可以递归上述过程，直到子集中只有一个元素为止。还可以使用蛮力法通过循环对 $n$ 个自然数相加就得到了最终的结果。这两种方法比较一下哪个更简单呢？很显然，第二种方法更高效些。分治法需要将 $n$ 个自然数递归成最后只有一个元素的子集，然后对子集一级级求和。很显然，整个算法执行过程中包括递归分解的时间和子集求和的时间，而实际上子集求和所占用的时间跟用蛮力法直接求和所需时间是相同的，只是求和的顺序不同而已。因此，不是所有的分治法都更有效，需要具体情况具体分析。从分治法的设计步骤来看，分治法往往是与递归算法结合在一起来完成算法设计的。因此，其算法效率可以通过递归方程来进行分析。

下面分析用分治法求解规模为 $n$ 的问题所需的时间。设该问题可以分解成 $m$ 个规模为 $n/m$ 的子问题，分解阈值为 $n_0=1$，且求解阈值内的子问题所需时间为某一常数 k，设将原问题

分解及子问题合并需要 $f(n)$ 个单位时间。用 $T(n)$ 表示利用分治法解决规模为 $n$ 的问题所需的时间，则有：

$$T(n)=\begin{cases}O(1) & n=1\\ kT(n/m)f(n) & n>1\end{cases}$$

将递归式展开后可以得到：

$$T(n)=n^{\mathrm{lb}m^k}+\sum_{i=0}^{\mathrm{lb}m^{n-1}}k^i f(n/m^i)$$

当 $f(n)$ 为常数时，

$$T(n)=\begin{cases}O(n\mathrm{lb}m^k) & k\neq 1\\ O(\mathrm{lb}n) & k=1\end{cases}$$

当 $f(n)=cn$ 时，

$$T(n)=\begin{cases}O(n\mathrm{lb}m^k) & k>m\\ O(n\mathrm{lb}n) & k=m\\ O(n) & k<m\end{cases}$$

根据该公式，在 $m$,$k$ 值确定的情况下，可以计算出算法的时间复杂度。下面通过具体实例来体会分治法的设计思想。

## 12.2 大整数乘法

通常的数学计算中，所能处理的整数范围很大，但是如果这个处理过程要让计算机来完成的话，由于计算机硬件只能对一定范围内的整数直接进行处理，就无法利用计算机直接处理大整数。当然，也可以用浮点型数据来表示这些大整数，但在这种情况下，只能近似地表示它的大小，计算结果中的有效数字也受到限制。如在当代密码技术领域中，需要对超过 100 位的十进制数进行乘法运算。这样的整数过长，现代计算机的一个"字"装不下，因此需要对它们进行特别的处理。这就是研究高效的大整数乘法算法的现实需求。

### 12.2.1 问题陈述

由计算机组成原理可知，计算机所做的乘法运算是通过循环累加来实现的，所以在计算机对大整数的处理中，一方面考虑如何对大整数进行存储来确保其精度；另一方面在大整数乘法运算中，还需要考虑如何以增加少量加法运算为代价，来减少乘法运算的执行总次数，以此来提高运算的速度。由此引出了大整数乘法问题。

### 12.2.2 问题分析及算法设计分析

**1. 问题的分析**



如果使用笔算方法对两个 $n$ 位整数相乘，第一个数中的 $n$ 个数字都分别要被第二个数中的 $n$ 个数字相乘，这样一共做 $n^n$ 次相乘。如果两个数字位数不同，可以在较短的数前补零，使得两个数的位数相同。下面看一下如何通过分治法来减少两个整数相乘时的乘法次数。

为了便于理解，先研究两个整数相乘的实例。如 12 和 34 相乘，把这两个数字用下面方式表示：

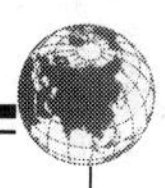

$$12=1\times10+2$$

$$34=3\times10+4$$

$$12\times34=(1\times10+2)\times(3\times10+4)=$$
$$(1\times3)10^2+(1\times4+2\times3)10+2\times4$$

按笔算算法需要进行 4 次的乘法运算，即对 1×3、1×4、2×3、2×4 的运算。

为了减少乘法次数，设法将中间项 1×4+2×3 用 1×3 和 2×4 表示，得出如下表示：1×4+2×3=(1+2)×(3+4)−1×3−2×4

由此看出，12×34 的四次乘积化简成三次乘积，即对 1×3、(1+2)×(3+4)、2×4 的运算。同时，把两位数乘积问题化简为一位数乘积问题。

将该过程推广到两个任意两位数 $x$，$y$ 的乘积中，其中

$$x=a\times10+b$$

$$y=c\times10+d$$

按照乘法定义，$x\times y=(a\times10+b)\times(c\times10+d)=$

$$(a\times c)10^2+(a\times d+b\times c)10+b\times d$$

其中，$a\times d+b\times c=(a+b)\times(c+d)-a\times c-b\times d$

因此，$x$，$y$ 乘法运算由 4 次乘法运算转换成了 3 次乘法，减少了乘法次数。

下面把两个两位数乘法运算推广到两个 $n$ 位数的乘法中。设这两个 $n$ 位数是 $x$、$y$，$n$ 是一个偶数，把这两个数字从中间一分为二。$x$ 的前半部分记作 $a$，后半部分记作 $b$；$y$ 的前半部分记作 $c$，后半部分记作 $d$。则 $x$，$y$ 的表示如下：

$$x=a\times10^{n/2}+b$$

$$y=c\times10^{n/2}+d$$

$x\times y$ 计算过程与其是两位数时的计算过程相同，所不同的是他们的位数，即

$$x\times y=(a\times c)10^n+(a\times d+b\times c)10^{n/2}+b\times d=$$
$$(a\times c)10^n+[(a+b)\times(c+d)-a\times c-b\times d]10^{n/2}+b\times d$$

同样可以把 4 次乘法运算按上述两位数的转换方法转换成 3 次乘法运算。

其中的 $a$,$b$,$c$,$d$ 分别是 $n/2$ 位数，通过递归方式，对这三次乘法运算进一步降位转换，直到 1 位数为止。

**2. 算法设计**

对上面描述的大整数乘法问题进行算法设计时，首先应考虑大整数的存储方式，由于计算机实际处理整数范围的局限性，定义整型或长整型数据类型都无法存储太大的整数。为了更有效的对任意大小的数据进行存储，下面采用字符数组来存储大整数数据。为了方便运算，将两个乘数及其乘积的各个位数字都按由低位到高位的顺序，逐位存储在数组元素中。乘积过程中，对每一位数字的处理时，只要把字符数组中对应的数字字符取出来转换成数值数据再进行处理即可。

下面对两个两位数乘积算法进行分析，首先将两位数 $x$，$y$ 以字符串的形式存放，并利用数字字符和数值数据转换的公式，可以把其中的 $a$,$b$,$c$,$d$ 由数字字符转换成数值数据。然后用字符数组 $z$ 存储将 $x\times y$ 的结果转换成的字符串。

| $x$ | $a$ | $b$ | \0 |
|---|---|---|---|

| $y$ | $C$ | $D$ | \0 |
|---|---|---|---|

| $z$ | $z4$ | $z3$ | $z2$ | $z1$ | \0 |
|---|---|---|---|---|---|

下面对 $x\times y$ 中的三次乘法结果进行计算后放入到 $z$ 数组中。待存放的方式为：

1）10 的最低幂系数 $b\times c$ 的结果如果是两位数的话，由低位到高位待存放到 $z1$，$z2$ 中；

2）10 的次低幂系数 $(a+b)\times(c+d)-a\times c-b\times d$ 的结果如果是三位数的话，由低位到高位待存放到 $z2$，$z3$，$z4$ 中；

3）10 的最高幂系数 $a\times c$ 的结果如果是二位数的话，由低位到高位待存放到 $z3$，$z4$ 中。

由于同位的数字需要相加，相加的过程中有可能产生进位，因此，实际上的存放过程表现为：

1）$b\times c$ 的低位存放到 $z1$ 中；

2）将 $b\times c$ 和 $(a+b)\times(c+d)-a\times c-b\times d$ 待存放到 $z2$ 的位数相加，其结果低位放入到 $z2$ 中；

3）将在 2)中相加结果的高位与 $(a+b)\times(c+d)-a\times c-b\times d$ 和 $a\times c$ 待存放到 $z3$ 的部分相加，其结果低位放入到 $z3$ 中；

4）将在 3)中相加结果的高位与 $(a+b)\times(c+d)-a\times c-b\times d$ 和 $a\times c$ 待存放到 $z4$ 的部分相加。

经过以上过程，最终将 $x$，$y$ 乘积的每一位由低到高存放到 $z$ 字符串中。两位整数乘积的分治算法具体描述如下：

**算法 12-2**

```
Two_digit_integer_Mult(char x[],char y[],char z[])
{                                        /*存储两位整数的字符串为 x 和 y,乘积结果字符串为 z*/
  int m,e,n,i;
  for(i=1;i<=2;i++)                      /*字符串中的数字字符转换成数值*/
  {   x[i]=x[i]-48;
      y[i]=y[i]-48;
  }
  z[0]='\0';
  z[1]=x[1]*y[1]%10;                     /*过程 1)*/
  m=x[1]*y[1]/10;                        /*b、c 相乘后的高位放到变量 m 中*/
  e=(x[2]+x[1])*(y[2]+y[1])-x[1]*y[1]-x[2]*y[2];
                                         /*10 的次低幂系数(a+b)*(c+d)-a*c-b*d*/
  n=e%10;
  z[2]=(m+n)%10;                         /*过程 2)*/
  z[3]=((m+n)/10+e/10%10+x[2]*y[2]%10)%10;                          /*过程 3)*/
  z[4]=((m+n)/10+e/10%10+x[2]*y[2]%10)/10+e/100+x[2]*y[2]/10;       /*过程 4)*/
  for(i=1;i<=4;i++)
      z[i]=z[i]+48;                      /*数值转换成字符串中的数字字符*/
}
```



**算法 12-3**

```
Mult(char x[],char y[],char z[]);   /*n 位整数的分治法乘积*/
{                                    /*假设 x 串的长度 n 大于等于 y 串的长度*/
 if(strlen(x)==2)
```

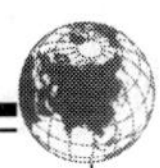

```
    Two_digit_integer_Mult(char x,char y,char z)
  else
    { for(i=0;i<strlen(x)/2;i++)           /* a=x 的左边 n/2 位 */
          a[i]=x[i+strlen(x)/2];
      a[i]='\0';
      for(i=0;i<strlen(x)/2;i++)           /* b=x 的右边 n/2 位 */
          b[i]=x[i];
      b[i]='\0';
      for(i=0;i<strlen(y)/2;i++)           /* c=y 的左边 n/2 位 */
          c[i]=y[i+strlen(x)/2];
      c[i]='\0';
      for(i=0;i<strlen(y)/2;i++)           /* d=y 的右边 n/2 位 */
          d[i]=y[i];
      d[i]='\0';
      Mult(a,c,m1);
      Mult(a+b,c+d,m2);
      Mult(b,d,m3);
      Z=Merge(m1,m2,m3);                   /* 将三部分合并 */
    }
}
```

**3. 算法分析**

$n$ 位数的乘法需要对 $n/2$ 位数进行三次乘法运算，乘法次数的递推式表示如下：

$$T(n)=\begin{cases}1 & n=1\\ 3T(n/2) & n>1\end{cases}$$

求解该递归式，设 $n=2^k$：

$$T(n)=3T(n/2)=3^2T(n/2^2)=3^3T(n/2^3)=\cdots=3^kT(n/2^k)=3^k=3\mathrm{lb}n$$

根据对数性质 $a^{\mathrm{lbb}^c}=c^{\mathrm{lbb}^a}$，最后得出，$T(n)=O(n^{\mathrm{lb}3})=O(n^{1.59})$。

当整数不大时，利用分治法来进行整数乘法，其运行时间很可能比按定义求解的笔算方法长。但实验数据显示，当整数位数大于 600 位时，分治法的性能就超过了笔算方法的性能。另外，对于多项式乘积问题的优化也可以通过上述过程处理。

## 12.3　棋盘问题

大整数相乘问题是对一维数据问题进行二分法求解，可以得到两个独立的子问题，那二维数据的二分法分解，能得到几个独立的问题呢？分治法求解问题的一个显著特征是原问题分解的子问题应与原问题相同，那么如果分解的子问题与原问题不同时，又该如何处理呢？棋盘问题是一个典型的二维数据二分法实例，且原问题、子问题结构有所不同，那么该如何实现其分治法求解过程？带着这些问题，下面将对棋盘问题进行分析。

### 12.3.1　问题陈述

棋盘问题：在一个 $2^k\times2^k$ 个方格组成的棋盘中，恰有一个方格与其他方格不同，称该方格

为一特殊方格，且称该棋盘为一特殊棋盘。在棋盘覆盖问题中，要用图 12-1 所示的 4 种不同形态的 L 型骨牌覆盖给定的特殊棋盘上除特殊方格以外的所有方格，且任何 2 个 L 型骨牌不得重叠覆盖。

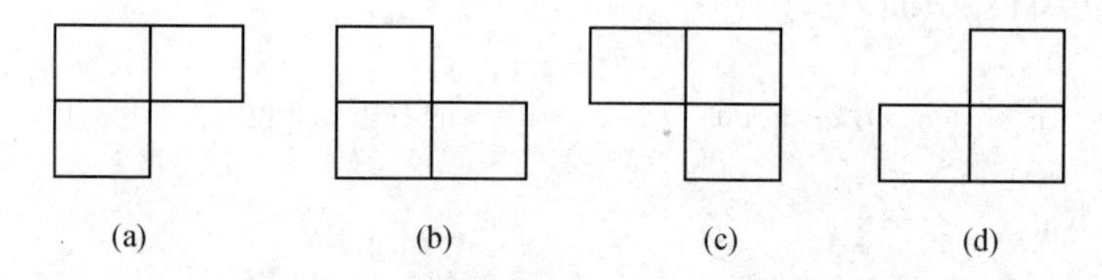


**图 12-1　4 种不同形态的 L 型骨牌**

## 12.3.2　问题分析及算法设计分析

**1. 问题的分析**

利用分治法求解 $2^k \times 2^k$ 棋盘的覆盖，先将该棋盘分成相等的 4 块子棋盘。其中特殊方格位于 4 个中的一个，构造剩下没特殊方格的 3 个子棋盘。这里将这三个没特殊方格的子棋盘特殊化处理，也将子棋盘中的一个方格设为特殊方格。根据没特殊方格的子棋盘在这 4 个子棋盘的位置情况，选择设置特殊方格方式如下：

1）若左上的子棋盘不存在特殊方格，则将该子棋盘右下角的那个方格假设为特殊方格；

2）若右上的子棋盘不存在特殊方格，则将该子棋盘左下角的那个方格假设为特殊方格；

3）若左下的子棋盘不存在特殊方格，则将该子棋盘右上角的那个方格假设为特殊方格；

4）若右下的子棋盘不存在特殊方格，则将该子棋盘左上角的那个方格假设为特殊方格；

可以看出，上面 4 种，只能且必定只有三个成立，那么三个假设的特殊方格刚好构成一个 L 型骨架。构造过程如下：在 $2^k \times 2^k$ 棋盘如图 12-2(a)中，有一个特殊方格。当把该棋盘分成 4 个相等的子棋盘如图 12-2(b)后，右上的子棋盘因包含特殊方格，是一个特殊子棋盘，而其余三个子棋盘没有特殊方格，不是特殊子棋盘。为了构造这三个子棋盘成特殊棋盘，按照上述规则，在没有特殊方格的子棋盘中设定一个特殊方格如图 12-2(c)，可以看出三个设定的特殊方格组合在一起就是一个 L 型骨牌。这样 4 个子棋盘都与原棋盘结构相似，我们就可以采用递归算法对这 4 个子棋盘进行进一步处理了。

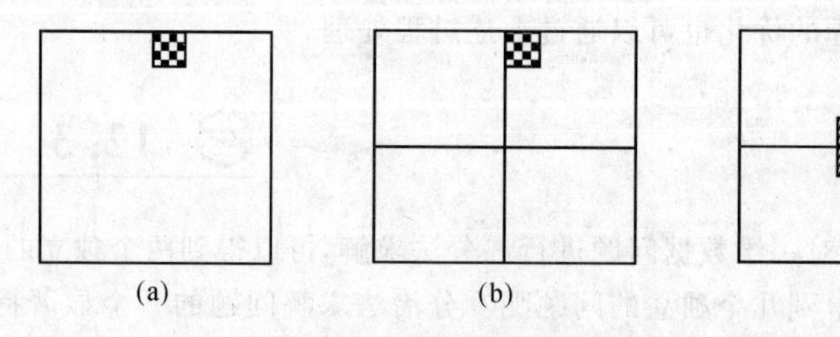


**图 12-2　棋盘分割**



**2. 算法设计**

在任意一个 $2^k \times 2^k$ 棋盘覆盖中，用到的 L 型骨牌个数恰好是 $(4^k-1)/3$。算法设计中，定义整形数组 board 表示棋盘，board[0][0]是棋盘左上角方格。tile 是算法中的一个全局整型变量，用来表示 L 型骨牌的编号，初始值为 0。算法的输入变量如下：

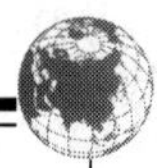

tr:表示棋盘左上角方格的行号；
tc:表示棋盘左上角方格的列号；
dr:表示特殊方格所在的行号；
dc:表示特殊方格所在的列号；
size:$2^k$,表示棋盘的规格 $2^k \times 2^k$。

定义了程序中需要的变量和棋盘问题中的各种数据表示形式后,棋盘分治算法描述如下：

**算法 12-4**

```
void  ChessBoard(int tr,int tc,int dr ,int dc,int size)
{                                    /* 棋盘尺寸 size,特殊方格所在的行号 dr,列号 dc */
   if(size==1)   return;
   t=tile++;                                              /* L 型骨牌号 */
   s=size/2;
   /* 覆盖左上角子棋盘 */
   if  (dr<tr+s&&dc<tc+s)                                 /* 特殊方格在此棋盘中 */
      ChessBoard(tr,tc,dr,dc,s);
   else
      {  board[tr+s-1][tc+s-1]=t;                         /* 用 t 号 L 型骨牌覆盖右下角 */
         ChessBoard(tr,tc,tr+s-1,tc+s-1,s);               /* 覆盖其余方格 */
      }
   /* 覆盖右上角子棋盘 */
   if  (dr<tr+s&&dc>=tc+s)
       ChessBoard(tr,tc+s,dr,dc,s);
   else
       {  board[tr+s-1][tc+s]=t;
          ChessBoard(tr,tc+s,tr+s-1,tc+s,s);
       }
    /* 覆盖左下角子棋盘 */
   if  (dr>=tr+s&&dc<tc+s)
       ChessBoard(tr+s,tc,dr,dc,s);
   else
       {  board[tr+s][tc+s-1]=t;
          ChessBoard(tr+s,tc,tr+s,tc+s-1,s);
       }
    /* 覆盖右下角子棋盘 */
   if  (dr>=tr+s&&dc>=tc+s)
       ChessBoard(tr+s,tc+s,dr,dc,s);
   else
       {  board[tr+s][tc+s]=t;
          ChessBoard(tr+s,tc+s,tr+s,tc+s,s);
       }
 }
```

**3. 算法分析**

设 $T(k)$是算法 ChessBoard 覆盖一个 $2^k \times 2^k$ 棋盘所需的时间。从分治策略可知,$T(k)$满足如下递归方程:

$$T(k) = \begin{cases} O(1) & k = 1 \\ 4T(k-1) + O(1) & k > 1 \end{cases}$$

解此递归方程可得 $T(k)=O(4^k)$。由于覆盖 $2^k \times 2^k$ 棋盘所需的 L 骨牌个数为$(4^k-1)/3$,故 ChessBoard 算法是一个在渐近意义下最优的算法。

## 12.4 循环赛日程表

分治法不仅可以用来设计算法,还可以应用于其他场合,如设计电路、构造数学证明等问题都可以利用分治法获得结果。循环赛日程安排是分治法的一个经典应用。下面利用分治法对循环赛日程安排算法进行描述分析。

### 12.4.1 问题陈述

循环赛日程安排:设有 $n=2^k$个运动员要进行网球循环赛,现要设计一个满足以下要求的比赛日程表:

1) 每个选手必须与其他 $n-1$ 个选手各赛一次;

2) 每个选手一天只能参赛一次;

3) 比赛在 $n-1$ 天内结束。

### 12.4.2 问题分析及算法设计分析

根据已知条件,将比赛日程表设计成有 $n$ 行和 $n-1$ 列的数组。数组中的第 $i$ 行,第 $j$ 列的元素代表第 $i$ 个选手在第 $j$ 天所遇到的选手,其中 $1 \leqslant i \leqslant n, 1 \leqslant j \leqslant n-1$。

按分治策略,可以将所有的选手分为两半,则 $n$ 个选手的比赛日程表可以通过 $n/2$ 个选手的比赛日程表来决定。通过二分法递归地对选手进行划分,直到只剩下两个选手时,比赛日程表的制定就变得很简单,这时只要让这两个选手进行比赛就可以了。

现假设只有 8 位选手参赛(见表 12-1),若 1 至 4 号选手之间的比赛日程填在日程表的左上角(4 行 3 列),5 至 8 号选手之间的比赛日程填在日程表的左下角(4 行 3 列),那么左下角的内容可由左上角的对应项加上数字 4 得到。至此,剩余的右上角(4 行 4 列)是为编号小的 1 至 4 号选手与编号大的 5 至 8 号选手之间的比赛日程安排。例如,在第 4 天,让 1 至 4 号选手分别与 5 至 8 号选手比赛,以后各天,依次由前一天的日程安排,让 5 至 8 号选手"循环轮转"即可。最后,比赛日程表的右下角的比赛日程表可由右上角的对应项减去数字 4 得到。



**表 12-1 8 个选手的比赛日程表**

| | 第 1 天 | 第 2 天 | 第 3 天 | 第 4 天 | 第 5 天 | 第 6 天 | 第 7 天 |
|---|---|---|---|---|---|---|---|
| 1 号选手 | 2 | 3 | 4 | 5 | 6 | 7 | 8 |
| 2 号选手 | 1 | 4 | 3 | 6 | 5 | 8 | 7 |
| 3 号选手 | 4 | 1 | 2 | 7 | 8 | 5 | 6 |

续表 12-1

| | 第 1 天 | 第 2 天 | 第 3 天 | 第 4 天 | 第 5 天 | 第 6 天 | 第 7 天 |
|---|---|---|---|---|---|---|---|
| 4 号选手 | 3 | 2 | 1 | 8 | 7 | 6 | 5 |
| 5 号选手 | 6 | 7 | 8 | 1 | 2 | 3 | 4 |
| 6 号选手 | 5 | 8 | 7 | 2 | 1 | 4 | 3 |
| 7 号选手 | 8 | 5 | 6 | 3 | 4 | 1 | 2 |
| 8 号选手 | 7 | 6 | 5 | 4 | 3 | 2 | 1 |

通过上面描述，分析出比赛结果后，利用分治法分别用递归和非递归方式实现该问题。

**算法 12-5**

```
void Table_Unrecursive(int k,int calendar[][])   /* 非递归分治法 */
{    /* 运动员个数 n=2^k，比赛表 calendar [][]，其中第 1 列为 1 至 8 号的序号 */
     int m=1,n=1;
     for(i=1;i<=k;i++)
        n=n*2;
     for(i=1;i<=n;i++)
        calendar[1][i]=i;
     for(s=1;s<=k;s++)
        {    n=n/2;
             for(t=1;t<=n;t++)
                for(i=m+1;i<=2*m;i++)
                    for(j=m+1;j<=2*m;j++)
                       { /* 十字形交叉赋值 */
                        calendar[i][j+(t-1)*m*2]=calendar[i-m][j+(t-1)*m*2-m];
                        calendar[i][j+(t-1)*m*2-m]=calendar[i-m][j+(t-1)*m*2];
                        }
             m=m*2;
        }
}
```

对非递归的分治法求解循环赛日程表问题，分析该问题时间复杂度时，考虑其主要操作是对 calendar 数组的赋值过程，它是由上述 $s,t,i,j$ 4 个循环变量进行的控制。数组中的元素共 $n^2$ 个，每次循环都完成了对其中两个元素的赋值，很显然循环次数为 $n^2/2$，该算法的时间复杂度为 $O(n^2)$

**算法 12-6**

```
void Table_Recursive(int n)                    /* 递归分治法 */
{
   if (n==1)
   {  calendar[0][0]=1;
      return;
   }
```

```
    Table_Recursive(n/2);
    Merge(n);
}
void  Merge( int n )
{
    int  i,j;
    int m=n/2;
    for(i=0;i<m;i++)
      for(j=0;j<m;j++)
        {
                                  /*由左上角小块的值算出对应的右上角小块的值*/
          calendar[i][j+m]=calendar[i][j]+m;
                                  /*由右上角小块的值算出对应的左下角小块的值*/
          calendar [i+m][j]= calendar [i][j+m];
                                  /*由左上角小块的值算出对应的右下角小块的值*/
          calendar [i+m][j+m]= calendar [i][j];
        }
}
```

对递归的分治法求解循环赛日程表问题,在合并的过程中调用的 Merge 算法。该算法主要的语句是双重循环,循环次数为 $n^2/4$,因此可列出如下递归式:

$$T(n)=\begin{cases}O(1) & n=1\\ T(n/2)+n^2/4 & n>1\end{cases}$$

解此递归方程,可得该算法的时间复杂度 $T(n)=O(n^2)$。

## 习题 12

12-1　用分治法求解 $n$ 个不同元素集合中的两个最大和两个最小元素。

12-2　利用分治法求解一组数据的和。

12-3　有如下两个多项式:

$$P(x)=1+x-x^2+2x^3$$

$$Q(x)=1-x+2x^2-3x^3$$

用分治法计算这两个多项式的乘积。

12-4　应用分治法求解最近点对问题,即平面上给定的 $n$ 个点,给出所有点对的最短距离。



12-5　依据分治法求解两个大数相乘的算法策略,完成求解两个 $n\times n$ 阶的矩阵 $\boldsymbol{A}$ 与 $\boldsymbol{B}$ 的乘积的算法。假设 $n=2^k$,要求算法的复杂性要小于 $O(n^3)$。

12-6　在一个由元素组成的表中,出现次数最多的元素称为众数。试写出一个寻找众数的算法,并分析其计算复杂性。

12-7　考虑国际象棋棋盘上某个位置的一匹马,它是否可能只走 63 步,正好走过除起点外的其他 63 个位置各一次?如果有一种这样的走法,则称所走的这条路线为一匹马的周游

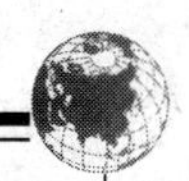

路线。试设计一个分治算法找出一匹马的周游路线。

12-8　设有 $n$ 个运动员要进行网球循环赛。现要设计一个满足以下要求的比赛日程表：

1）每个选手必须与其他 $n-1$ 个选手各赛一次；

2）每个选手一天只能参赛一次；

3）当 $n$ 是偶数时，循环赛进行 $n-1$ 天；当 $n$ 是奇数时，循环赛进行 $n$ 天。

12-9　Gray 码是一个长度为 $2^n$ 的序列。序列中无相同元素，每个元素都是长度为 $n$ 位的串，相邻元素恰好只有 1 位不同。用分治策略设计一个算法对任意的 $n$ 构造成相应的 Gray 码。

12-10　设计一个分治算法计算二叉树的高度。

12-11　若 $\boldsymbol{A}$ 和 $\boldsymbol{B}$ 是 2 个 $n \times n$ 的矩阵，假设 $n$ 是 2 的幂。利用分治法求解矩阵乘积问题。

12-12　判断一个长度为 $n$ 的二进制串中是否包含连续的两个 0，基本操作是检查串中的每一位是 0 或是 1。对于 $n=2,3,4,5$，设计一个算法使得检查的位数少于 $n$ 位，也能解决这个问题。

# 第13章 动态规划法

分治法求解较大规模的问题时，先简化问题规模，把该问题分解成几个子问题，最终通过子问题的解获得原问题的解。在分解问题的过程中采用的是自顶向下的方法，将大问题分割成独立的子问题，再对子问题递归分解，最终通过最小子问题的解层层合并，最终获得原问题的解。反之，如果在求解过程中采用自底向上的方法，先求出最小规模子问题的解，向上逐步扩大问题的规模，最终获得原问题的解，这样的处理过程就引出了动态规划法。

## 13.1 算法概述

动态规划法主要是针对最优化问题采用的一种算法。其基本思想是，把求解的问题分成许多阶段或多个子问题，然后按顺序求解各个子问题。前一子问题的解，为后一子问题的求解提供了有用的信息。在求解任意子问题时，列出各种可能的局部解，通过决策保留那些有可能达到最优的局部解，丢弃其他局部解。依次解决各子问题，最后一个子问题就是初始问题的解。可以看出，动态规划法是对多阶段决策过程的求解，它的决策不是线性的，而是全面考虑各种不同的情况分阶段作出决策。每一阶段的决策都会使问题的规模和状态发生变化，而决策序列就是在这种变化的状态中产生出来的，因此称之为“动态”的。这种解决多阶段决策最优化的过程称为动态规划法。数据结构中用于计算有向图传递闭包的 Warshall 算法、计算完全最短路径的 Floyed 算法、最优二叉查找树等，数学应用中的矩阵乘积问题、复杂工程问题的多种应用如资源分配问题、前面介绍过的 0/1 背包问题、货郎担问题、作业调度问题等都可以通过动态规划法获得最优解。

那么到底哪些问题适用于动态规划法呢？如果原问题能分解为独立子问题，用分治法较为简单方便。当子问题不独立时，则采用动态规划法。通常，能用动态规划法解决的问题应该具有下面三个性质：

1）最优化子结构　如果问题的最优解所包含的子问题也是最优的，称该问题具有最优子结构，满足最优化原理。

2）无后向性　某阶段状态一旦确定，不受这个状态以后决策的影响，即某状态以后的过程不会影响以前的状态，只与当前状态有关。

3）子问题重叠　子问题之间不独立，一个子问题在下一阶段决策中可能被多次使用到。该性质不是动态规划适用的必要条件，但如果该性质无法满足，动态规划法解决相应问题的优势将不复存在。



### 13.1.1 动态规划法的设计步骤

在求解具体问题时，可以按下列步骤来设计动态规划法：

1）找出最优解的性质，并刻画其结构特征；

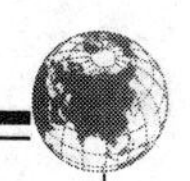

2）递归地定义最优值；

3）自底向上计算最优值；

4）根据计算最优值时得到的信息，构造最优解。

如果该问题只需求出最优值，则可省去步骤 4)；若要进一步求出问题的最优解，则必须执行步骤 4)，此时需要记录更多算法执行过程中的中间数据，以便根据这些数据构造出最优解。

下面通过对 0/1 背包问题的动态规划法求解，来理解动态规划法的算法思想。

**例 13－1**　设 $n$ 个物品中第 $i$ 个物品的质量和价值分别为 $w_i$ 和 $v_i$，背包承载量为 $C$，求这些物品中最有价值的能装入背包的子集，假设所有物体的质量和背包的承载量是正整数。

**解**　根据上述动态规划法的设计步骤，对背包问题处理如下：

首先根据最优解的性质，构造该问题结构特征。在这里假设 $v(i,j)$ 表示在前 $i$ 个物品中选择物品装入到承载量为 $j$ 的背包中，使该背包获得最大价值。那么该问题就可以表示成求解 $v(n,C)$，即在前 $n$ 个物品中进行选择，使放到承载量为 $C$ 的背包中的物品具有最大价值。

接下来递归定义最优值。因为对物品只有两个选择，放入背包或不放入。那么 $v(i,j)$ 问题就可以分成两个子集：包括第 $i$ 个物品的子集和不包括第 $i$ 个物品的子集。求出这两个子集中的最优值，即是 $v(i,j)$ 的最优解。其中，包含第 $i$ 个物品的子集最优解又可以表示成 $v_i + v(i-1, j-w_i)$，不包括第 $i$ 个物品的子集可以表示成 $v(i-1,j)$。当然，如果第 $i$ 个物品质量超出了背包剩余承载量，则该物品也不能放入背包中。因此，构造如下的递归公式：

$$v(i,j)=\begin{cases}\max\{v(i-1,j),v_i+v(i-1,j-w_i)\} & w_i \leqslant j \\ v(i-1,j) & w_i > j\end{cases}$$

可以得出该递归公式的初始条件：当 $j \geqslant 0$ 时，$v(0,j)=0$；当 $i \geqslant 0$ 时，$v(i,0)=0$。由初始条件，自底向上，最终能得出原问题的最优值。再根据计算最优值时得到的信息，自顶而下构造出对应最优值的最优解。

通过下面实例，可更好地理解动态规划法求解 0/1 背包的过程。物品质量价值如表 13－1所列，背包承载量是 $C=5$。

根据上面公式，知道背包问题的初始值 $v(0,j)$、$v(i,0)$ 均为 0。按顺序，先求出 $v(1,j)$，然后求出 $v(2,j)$，$v(3,j)$ 和 $v(4,j)$，最后求出的就是 $v(4,5)$，也就是该问题的最佳值。根据背包问题的递归公式，按上述求解过程，获得背包问题的动态规划如表 13－2 所列。

**表 13－1　0/1 背包的物品质量价值表**

| 物　品 | 质　量 | 价　值 |
|---|---|---|
| 1 | 2 | 12 |
| 2 | 1 | 10 |
| 3 | 3 | 20 |
| 4 | 2 | 15 |

**表 13－2　背包问题对应的动态规划表**

| i \ j | 0 | 1 | 2 | 3 | 4 | 5 |
|---|---|---|---|---|---|---|
| 0 | 0 | 0 | 0 | 0 | 0 | 0 |
| 1 | 0 | 0 | 12 | 12 | 12 | 12 |
| 2 | 0 | 10 | 12 | 22 | 22 | 22 |
| 3 | 0 | 10 | 12 | 22 | 30 | 32 |
| 4 | 0 | 10 | 15 | 25 | 30 | 37 |

最大的总价值为 $v(4,5)=37$。可以通过回溯这个表格单元的计算过程来求得最优子集的组成元素。因为 $v(4,5) \neq v(3,5)$，说明物品 4 及装入物品 4 后背包余下的 $5-2=3$ 个单位

质量的一个最优子集都包括在最优解中,而后者是由元素 $v(3,3)$来表示的。因为 $v(3,3)=v(2,3)$,说明物品 3 不是最优子集的一部分。$v(2,3)\neq v(1,3)$,说明物体 2 是最优选择的一部分。该最优子集用 $v(1,2)$表示背包余下的组成部分。同理,$v(1,2)\neq v(0,2)$,说明物品 1 是最优子集的最后一部分。整个过程自顶向下最终获得该问题的最优解,即物品的选择为{物品 1,物品 2,物品 4},其构造的最大价值为 37。

因为动态规划法在不同问题的应用中表现形式多样,所以其算法复杂度需要根据具体问题进行具体分析。

### 13.1.2 动态规划法与贪心法的比较分析

在用贪心法求解问题的时候,也是采用多阶段决策,通过一系列贪心决策最终找到了问题的解,但贪心法不能保证能获得最优解。其主要原因在于贪心法在进行求解的过程中,只考虑眼前利益,没有衡量问题的整体情况,每一步根据策略只保留一个结果,自顶向下最终获得问题的解。动态规划法的每一个决策不是只计算一个结果,而是一组中间结果,以保证最优解路径不被丢弃;而这些结果在后面的步骤中可能会多次引用,每走一步问题规模不断缩小,最终得到问题的最优解。下面通过数塔问题,比较两个算法的区别。

**例 13-2** 如图 13-1 所示,有一个三角形的数塔,要求找到一条路径,使得该路径上节点值的和最大。

1) 贪心法求解 在选择路径的时候,每一步都往较大数的方向移动。如果选择自顶向下,则选择路径和为:

$$9+15+8+9+10=51$$

设 $n$ 为数塔层数,共做了 $n-1$ 次比较,算法的时间复杂度为 $O(n)$。如果选择自底向上,则选择路径和为:

$$19+2+10+12+9=52$$

这时,先对最底层 $n$ 个元素进行了比较,找出最大值,共进行了 $n-1$ 次比较,向上的过程中最多可进行 $n-2$ 次比较,整个过程共进行了 $2n-3$ 次比较。该算法的时间复杂度为 $O(n)$。

2) 动态规划法求解 将该问题按阶段划分,采用自底向上逐层的决策。不同于贪心法,每次做出的不是唯一的决策。动态规划法求解过程如图 13-2 所示。

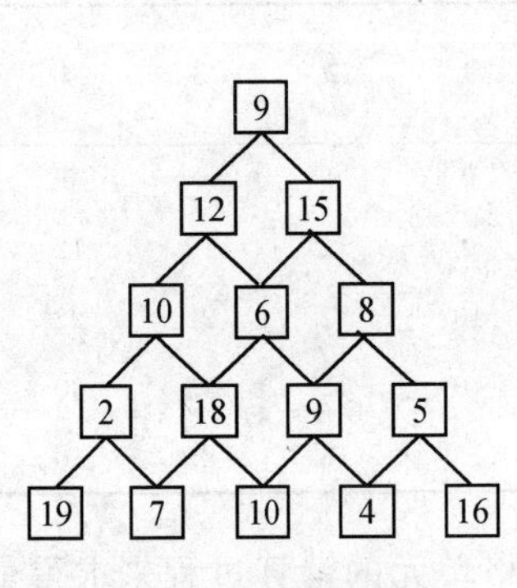


图 13-1 数塔问题

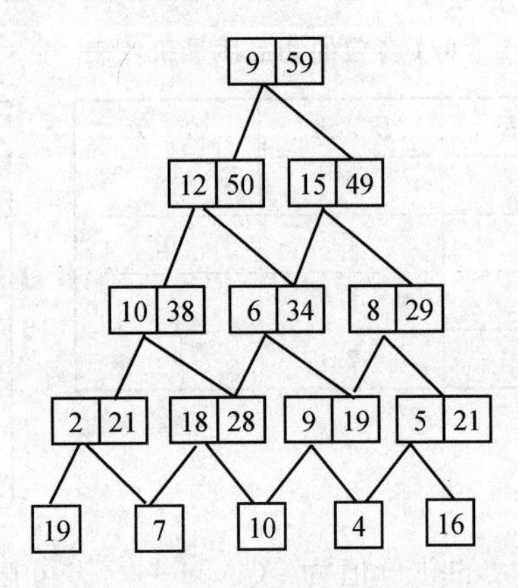


图 13-2 数塔问题动态规划法各层取值

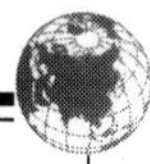

首先对第四层数据进行处理，对经过第四层四个数据的路径，均做出判断，保留其最优解。第五层的 19 和 7 均经过第四层的 2，则选择其中的较大值 19，保留在第四层，此时经过 2 最优解为 19+2=21；第五层的 7 和 10 均经过第四层的 18，则选择 10，保留在第四层，此时经过 18 的最优解为 18+10=28；同理，第五层到达第四层 9 的最优解是 10+9=19，第五层到达第四层 5 的最优解是 16+5=21。由此，第五层到达第四层后四条路径最优解自左向右分别是 21、28、19 和 21。

再对第三层数据进行处理，对经过第三层三个数据的路径，求出最优解。逐层向上，最终获得第一层的最优值，即该问题的最优解 59。再由上到下依次确定路径：9→12→10→18→10。

该算法由第 $n-1$ 层开始。该层做了 $n-1$ 次比较判断，由底向上，共进行了 $n-1+n-2+\cdots+1=n\times(n-1)/2$ 次比较。该算法的时间复杂度为 $O(n^2)$。

由此可以看出，贪心法求解速度快，但不能保证获得最优解。动态规划法由于对每一阶段不同路径的最优解都做保留，为下一阶段服务，衡量问题全面，最终获得了最优解。

## 13.2　矩阵连乘问题

0/1 背包问题和数塔问题都突出了动态规划法的阶段性，即每一阶段都要全面考虑各种情况，然后做出必要的决策，矩阵连乘问题也是按照同样的策略进行设计的。

### 13.2.1　问题陈述

矩阵连乘问题：给定 $n$ 个矩阵 $\boldsymbol{A}_1,\boldsymbol{A}_2,\cdots,\boldsymbol{A}_n$，其中 $\boldsymbol{A}_i$ 与 $A_{i+1}$ 是可乘的，$i=1,2,\cdots,n-1$。矩阵的乘法满足结合律，因此在计算矩阵的连乘时可以有多种不同的乘积次序，而不同的乘积次序会使矩阵乘积过程中的计算量有很大不同，由此引出了矩阵连乘问题。当这 n 个矩阵相乘时，以什么方式结合能保证矩阵连乘时需要的数乘次数最少？

例如，矩阵 $\boldsymbol{A}_1\boldsymbol{A}_2\boldsymbol{A}_3\boldsymbol{A}_4$ 相乘，可以有以下 5 种不同的乘积结合次序：$(\boldsymbol{A}_1(\boldsymbol{A}_2(\boldsymbol{A}_3\boldsymbol{A}_4)))$，$(\boldsymbol{A}_1((\boldsymbol{A}_2\boldsymbol{A}_3)\boldsymbol{A}_4))$，$((\boldsymbol{A}_1\boldsymbol{A}_2)(\boldsymbol{A}_3\boldsymbol{A}_4))$，$((\boldsymbol{A}_1(\boldsymbol{A}_2\boldsymbol{A}_3))\boldsymbol{A}_4)$，$(((\boldsymbol{A}_1\boldsymbol{A}_2)\boldsymbol{A}_3)\boldsymbol{A}_4)$。矩阵连乘问题就是从这五种方式中找出所需数乘次数最少的连乘方式。

### 13.2.2　问题分析及算法设计分析

**1. 问题的分析**

首先计算两个矩阵乘积所需的计算量。两个矩阵 $\boldsymbol{A}$ 和 $\boldsymbol{B}$ 可乘的条件是矩阵 $\boldsymbol{A}$ 的列数等于矩阵 $\boldsymbol{B}$ 的行数。如果 $\boldsymbol{A}$ 是一个 $p\times q$ 矩阵，$\boldsymbol{B}$ 是一个 $\boldsymbol{q}\times\boldsymbol{r}$ 矩阵，则其乘积 $\boldsymbol{AB}$ 是一个 $p\times r$ 矩阵，根据矩阵乘积的定义，可以得出 $\boldsymbol{AB}$ 乘积共需要 $pqr$ 次数乘运算。

下面对多个矩阵连乘问题进行分析，为了更好地理解矩阵乘积次序对整个计算量的影响，先举一个实例。有三个矩阵 $\boldsymbol{A}_1$，$\boldsymbol{A}_2$ 和 $\boldsymbol{A}_3$，维数分别为 100×20，20×5，5×50。按照 $((\boldsymbol{A}_1\boldsymbol{A}_2)\boldsymbol{A}_3)$ 的次序计算，3 个矩阵连乘需要的数乘次数为 100×20×5+100×5×50=35 000，按照 $(\boldsymbol{A}_1(\boldsymbol{A}_2\boldsymbol{A}_3))$ 的次序计算，3 个矩阵连乘需要的数乘次数为 20×5×50+100×20×50=105 000，两次的计算量相差 3 倍。由此可见，不同的乘积次序对计算量有很大影响，矩阵连乘问题就是矩阵连乘的最优计算次序问题。

如果用蛮力法求解该问题，当 $n$ 较小的时候还可以获得最优解；当 $n$ 较大时，算法不可行。通过对该问题的分析可以看出，该问题不能分解成独立的子问题，因此应考虑用动态规划法来求解该问题。

**2. 算法的设计与分析**

动态规划法把该问题划分成多阶段的决策问题。首先从该问题的最小子问题求解，即两个矩阵相乘，然后 3 个矩阵相乘，即尝试所有两个矩阵相乘后结合第三个矩阵方式，从中找到乘法运算最少的结合方式。依次类推，最后得到 $n$ 个矩阵相乘所用的最少的乘积次数及结合方式。

1）根据动态规划法求解问题的设计步骤。首先找出最优解的性质，并刻画其结构特征。为了表示方便，将矩阵连乘积 $\boldsymbol{A}_i\boldsymbol{A}_{i+1}\cdots\boldsymbol{A}_j$ 记为 $\boldsymbol{A}(i:j)$，则该问题就是求 $\boldsymbol{A}(1:n)$ 的最优计算次序。把该问题转换为子问题求解，设在 $\boldsymbol{A}_k$ 和 $\boldsymbol{A}_{k+1}$ 之间把 $\boldsymbol{A}(1:n)$ 断开，则矩阵连乘积转化为 $((\boldsymbol{A}_1\cdots\boldsymbol{A}_k)(\boldsymbol{A}_{k+1}\boldsymbol{A}_n))$，依此次序，先求 $\boldsymbol{A}(1:k)$ 和 $\boldsymbol{A}(k+1:n)$，再求 $\boldsymbol{A}(1:k)$ 乘 $\boldsymbol{A}(k+1:n)$ 的计算量，三者相加，获得该次序下的计算量。通过反证法，可以证明 $\boldsymbol{A}(1:n)$ 的最优次序所包含的矩阵结合 $\boldsymbol{A}(1:k)$ 和 $\boldsymbol{A}(k+1:n)$ 的次序也是最优的，即该算法具有最优子结构性质。

2）构造递归公式。设 $\boldsymbol{A}(i:j)$ 所需的最少数乘次数为 $m(i,j)$，则原问题的最优解就是 $m(1,n)$。当 $i=j$ 时，$\boldsymbol{A}(i:j)=\boldsymbol{A}_i$ 为单一矩阵，无需计算，此时 $m(i,j)=0$；当 $i<j$ 时，若 $\boldsymbol{A}(i:j)$ 从 $\boldsymbol{A}_k$ 和 $\boldsymbol{A}_{k+1}$ 之间断开，则 $m(i,j)=m(i,k)+m(k+1,j)+r_i\times r_{k+1}\times r_{j+1}$，其中 $r_i$ 表示 $\boldsymbol{A}_i$ 的行数，$A_{i-1}$ 的列数。由于 $i\leqslant k<j$，所以 $k$ 是使 $\boldsymbol{A}(i:j)$ 计算量达到最小值的那个位置。从而推导出如下递归公式：

$$m(i,j)=\begin{cases}\min\{m(i,k)+m(k+1,j)+r_i\times r_{k+1}\times r_{j+1}\} & i<j\\ 0 & i=j\end{cases}$$

3）自底向上计算最优值。先求出该矩阵连乘中所有两个矩阵连乘积，在两个矩阵连乘积的基础上，求三个矩阵连乘积，找到最优解。依次类推，最后求出 $n$ 个矩阵连乘积最优解。

4）根据计算最优值时得到的信息构造最优解。自上而下，记录对应于 $m(1,n)$ 的断开位置 $k$，原问题分解为 $m(1,k)$ 和 $m(k+1,n)$，继续记录 $m(1,k)$ 和 $m(k+1,n)$ 的断开位置，最终得到了整个问题的乘积次序。

**算法 13-1**

```
int MatricChain(int i,int j)                    /* 递归动态规划法求解 m(i,j)问题 */
{   int  min,temp;
    if(i==j)  return(0);                        /* 矩阵连乘中只有一个矩阵 Ai 时 */
    if(i==j-1)                                  /* 矩阵连乘中有两个矩阵 AiAi+1 时 */
    {   path[i][i+1]=i;
        return(r[i]*r[i+1]*r[i+2]);             /* 各矩阵的行列数数组 r[] */
    }
    /* 矩阵连乘中有两个以上矩阵时，k 在 i,j 间取值，找到最小的乘法运算次数 */
    min= MatricChain(i,i)+ MatricChain(i+1,j)+r[i]*r[i+1]*r[j+1];
    path[i][j]=i;
    for(k=i+1;k<j;k++)
    {   temp= MatricChain(i,k)+ MatricChain(k+1,j)+r[i]*r[k+1]*r[j+1];
        if(temp<min)
```

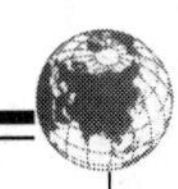

```
            {  min=temp;
               path[i][j]=k;
            }
        }
        return(min);
    }
```

数组 $r$，存储各矩阵的行列数。如 $\boldsymbol{A}_1$ 的行列数分别为 $r[1]$ 和 $r[2]$；$\boldsymbol{A}_2$ 的行列数分别为 $r[2]$ 和 $r[3]$，即 $A_i$ 的行列数分别是 $r[i]$，$r[i+1]$。path 保存的是每一次决策获得最佳解时的分割矩阵的下标，由此记录了矩阵结合方式，为使其全局有效，定义 path 为全局数组。

递归算法求解该问题时，因为有很多重复的递归情况，即子问题出现重叠，导致算法的效率很低。为了避免有些子问题的重复求解，设计非递归求解算法。

**算法 13－2**

```
void  MatricChain(int n,int r[],int *m[],int *path[])  /*非递归的动态规划法*/
{
        for(i=1;i<=n;i++)
            m[i][i]=0;
        for(k=2;k<=n;k++)
            for(i=1;i<=n-k+1;i++)
            {  j=i+k-1;
               m[i][j]=m[i+1][j]+r[i]*r[i+1]*r[j+1];
               path[i][j]=i;
               for(l=i+1;l<j;l++)
               {  temp=m[i][l]+m[l+1][j]+r[i]*r[l+1]*r[j+1];
                  if(temp<m[i][j])
                  {  m[i][j]=temp;
                     path[i][j]=l;
                  }
               }
            }
}
```

该算法首先计算出只有一个矩阵的乘积次数，即 $m[i][i]=0$；然后，计算出所有两个矩阵相乘的最优解，再计算所有三个矩阵相乘的最优解，依次最后求出 $n$ 个矩阵相乘的最优解。

非递归的矩阵连乘问题，主要计算量取决于算法中对 $k,i,l$ 的三重循环。所以该算法的时间复杂度为 $O(n^3)$。

### 13.2.3　实例分析



**例 13－3**　设要计算矩阵连乘积 $\boldsymbol{A}_1\boldsymbol{A}_2\boldsymbol{A}_3\boldsymbol{A}_4$，其中各矩阵的维数分别为 $\boldsymbol{A}_1(5\times20)$，$\boldsymbol{A}_2(20\times50)$，$\boldsymbol{A}_3(50\times1)$，$A_4(1\times100)$。

**解**　已知矩阵的大小，可得 $r1,r2,r3,r4$，r5 的值分别为 5，20，50，1，100。实现算法各阶段决策过程如下：

1）首先从最小子问题求解，即只有一个矩阵，无法构成乘积。

$m(1,1)=m(2,2)=m(3,3)=m(4,4)=0$；

2）再计算次小子问题，即两个矩阵的乘积次数。

$m(1,2)=r1\times r2\times r3=5\ 000$，$m(2,3)=r2\times r3\times r4=1\ 000$，

$m(3,4)=r3\times r4\times r5=5\ 000$。

3）接着求三个矩阵的乘积次数，即 $m(1,3)$ 和 $m(2,4)$。

$$
\begin{aligned}
m(1,3)=&\min\{\mathrm{m}(1,1)+\mathrm{m}(2,3)+r1\times r2\times r4,\\
&\quad \mathrm{m}(1,2)+\mathrm{m}(3,3)+r1\times r3\times r4\}\\
&=\min\{1\ 000+100,5\ 000+250\}=1\ 100
\end{aligned}
$$

$$
\begin{aligned}
m(2,4)=&\min\{\mathrm{m}(2,2+m(3,4)+r2\times r3\times r5,\\
&\quad \mathrm{m}(2,3)+\mathrm{m}(4,4)+r2\times r4\times r5\}\\
&=\min\{5\ 000+100\ 000,1\ 000+2\ 000\}=3\ 000
\end{aligned}
$$

4）最后求四个矩阵的乘积次数，即原问题的最优解 m(1,4)。

$$
\begin{aligned}
m(1,4)=&\min\{m(1,1)+m(2,4)+r1\times r2\times r5,m(1,2)+m(3,4)\\
&\quad +\mathrm{r1}\times \mathrm{r3}\times \mathrm{r5},m(1,3)+\mathrm{m}(4,4)+r1\times r4\times r5\}\\
&=\min\{3\ 000+10\ 000,5\ 000+5\ 000+25\ 000,1\ 100+500\}\\
&=1\ 600。
\end{aligned}
$$

由此可知，这四个矩阵连乘所用到的最小乘积次数是 1 600，再自上而下得出结合方式。$m(1,4)$的最小值由 $m(1,3)+m(4,4)+r1\times r4\times r5$ 获得，因此先进行 $\boldsymbol{A}_1\boldsymbol{A}_2\boldsymbol{A}_3$ 的乘积，最后乘上 $\boldsymbol{A}_4$。而 $m(1,3)$的最小值由 $m(1,1)+m(2,3)+r1\times r2\times r4$ 获得，因此先将 $\boldsymbol{A}_2\boldsymbol{A}_3$ 相乘后，再与 $\boldsymbol{A}_1$ 相乘。由此推导出结合顺序是 $(\boldsymbol{A}_1(\boldsymbol{A}_2\boldsymbol{A}_3))\boldsymbol{A}_4$。

## 13.3 最长公共子序列问题

求解任意给定的两个字符串的最长公共子序列(LCS)的问题是计算机科学中一个基本且重要的问题，是一种仅允许对模式和正文进行插入和删除编辑操作的近似串匹配问题，在信息检索、数据挖掘、自动命题、生物序列相似性分析、网络入侵检测、网络远程教学、电子商务等领域有着广泛的应用。

### 13.3.1 问题陈述

最长公共子序列问题：字符序列的子序列是指从该字符序列中随意地（不一定连续）去掉若干个字符（可能一个也不去掉）后所形成的字符序列。令给定的字符序列 $X=\{x_0,x_1,\cdots,x_{m-1}\}$，序列 $Y=\{y_0,y_1,\cdots,y_{k-1}\}$ 是 $X$ 的子序列，存在 $X$ 的一个严格递增下标序列 $i=\{i_0,i_1,\cdots,i_{k-1}\}$，使得对所有的 $j=0,1,\cdots,k-1$，有 $x_i=y_j$。例如，$X$=“ABCBDAB”，$Y$=“BCDB”是 $X$ 的一个子序列。

一个序列 $S$，如果分别是两个或多个已知序列的子序列，且是满足条件的公共子序列中最长的，则称 $S$ 为已知序列的最长公共子序列。

最长公共子序列问题即是给定两个序列 $X$ 和 $Y$，序列 $Z$ 是 $X$ 和 $Y$ 的公共子序列，即 $Z$ 同时是 $X$ 和 $Y$ 的子序列，求最长的公共子序列 $Z$ 的问题。

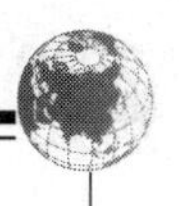

## 13.3.2　问题分析及算法设计分析

**1. 问题的分析**

设 $X_m=\{x_1,x_2,\cdots,x_m\}$，$Y_n=\{y_1,y_2,\cdots,y_n\}$，$Z_k=\{z_1,z_2,\cdots,z_k\}$为 $X$，$Y$ 的最长公共子序列。如何缩小问题的规模，将最长公共子序列问题分解成若干子问题，建立各阶段子问题之间的关系模型，是利用动态规划法求解该问题的关键。不难证明最长公共子序列问题具有以下性质：

1）如果 $x_m=y_n$，则 $z_k=x_m=y_n$，因此$\{z_1,z_2,\cdots,z_{k-1}\}$是$\{x_1,x_2,\cdots,x_{m-1}\}$和$\{y_1,y_2,\cdots,y_{n-1}\}$的一个最长公共子序列，即 $Z_{k-1}$是 $X_{m-1}$和 $Y_{n-1}$的最长公共子序列。

2）如果 $x_m\neq y_n$，且 $z_k\neq x_m$，则$\{z_1,z_2,\cdots,z_k\}$是$\{x_1,x_2,\cdots,x_{m-1}\}$和$\{y_1,y_2,\cdots,y_n\}$的最长公共子序列，即 $Z_k$是 $X_{m-1}$和 $Y_n$的最长公共子序列。

3）如果 $x_m\neq y_n$，且 $z_k\neq y_n$，则$\{z_1,z_2,\cdots,z_k\}$是$\{x_1,x_2,\cdots,x_m\}$和$\{y_1,y_2,\cdots,y_{n-1}\}$的最长公共子序列，即 $Z_k$是 $X_m$和 $Y_{n-1}$的最长公共子序列。

因此，在寻找 $X_m$和 $Y_n$的最长公共子序列时，比较两个序列中最后一个元素的大小。如有 $x_m=y_n$，则进一步解决一个子问题，找 $X_{m-1}$和 $Y_{n-1}$的最长公共子序列；如果 $x_m\neq y_n$，则要解决两个子问题，即找出 $X_{m-1}$和 $Y_n$的最长公共子序列和 $X_m$和 $Y_{n-1}$的最长公共子序列，比较这两个最长公共子序列，取较长者作为 $X_m$和 $Y_n$的最长公共子序列。此时，这两个子问题都包含一个公共子问题，即计算 $X_{m-1}$和 $Y_{n-1}$的最长公共子序列。

由上述分析，根据最优子结构性质，建立该问题的递归关系，令 $c[i][j]$表示序列 $x_m$和 $y_n$的最长公共子序列的长度。

$$c[i][j]=\begin{cases}0 & i=0,j=0\\ c[i-1][j-1]+1 & i,j>0;x_m=y_n\\ \max\{c[i][j-1],c[i-1][j]\} & i,j>0;x_m\neq y_n\end{cases}$$

**2. 算法的设计与分析**

根据上述问题的分析，下面利用递归和非递归两种形式的算法求解最长公共子序列长度及最长公共子序列问题。

**算法 13－3**

```
int  LcsLength(int i,int j)                /* 递归求 x[i]和 y[j]最长公共子序列长度 */
{  int temp1,temp2;
   if(i==0||j==0)
      c[i][j]=0;                          /* 最长公共子序列长度的数组 c */
   else
      if(x[i-1]==y[j-1])
        c[i][j]=LcsLength(i-1,j-1)+1;
      else
        {  temp1=LcsLength(i,j-1);
           temp2=LcsLength(i-1,j);
           if(temp1>temp2)
              c[i][j]=temp1;
           else
```

```
                c[i][j]=temp2;
            }
        return c[i][j];
    }
    BuileLcs(int k,int i,int j)                /*求x[i]和y[j]的长度为k的最长公共子序列*/
    {   if(i==0&&j==0)
            return;
        if(c[i][j]==c[i-1][j])
            BuileLcs(k,i-1,j);
        else if(c[i][j]==c[i][j-1])
            BuileLcs(k,i,j-1);
        else
          {  str[k-1]=x[i-1];                  /*最长公共子序列 str[k]*/
             BuileLcs(k-1,i-1,j-1);
          }
    }
```

**算法 13-4**

```
int  LcsLength(int x[],int y[])             /*非递归动态规划法求解最长公共子序列长度*/
{      for(i=1;i<m;i++)
           c[i][0]=0;
       for(i=1;i<n;i++)
           c[0][i]=0;
       for(i=1;i<=m;i++)
         for(j=1;j<=n;j++)
             {   if (x[i-1]==y[j-1])
                      c[i][j]=c[i-1][j-1]+1;
                 else   if(c[i-1][j]>=c[i][j-1])
                      c[i][j]=c[i-1][j];
                 else
                      c[i][j]=c[i][j-1];
             }
      return c[m][n];
    }


BuileLcs(int k,int i,int j)                 /*求x[i]和y[j]的长度为k的最长公共子序列*/
{
    while(k>0)
    {   if(c[i][j]==c[i-1][j])
            i=i-1;
        else   if(c[i][j]==c[i][j-1])
            j=j-1;
        else
```

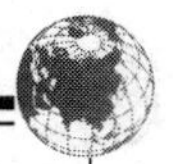

```
        {
          str[k-1]=x[i-1];
          j=j-1;
          i=i-1;
          k=k-1;
        }
    }
}
```

分析这两种动态规划法求解最长公共子序列问题，求解最长公共子序列长度的算法，其时间复杂度为 $O(m\times n)$。求最长公共子序列的算法，其时间复杂度为 $O(m+n)$。虽然递归和非递归算法时间复杂度相同，但在递归算法实现中，递归调用需要占用栈空间，加之要调用返回，算法的实际运算时间和空间效率并不高。

### 13.3.3　实例分析

**例 13－4**　设给定两个序列 $X=$“ABCBDAB”，$Y=$“BDCABA”，求两者的最大公共子序列。

$$c[i][j]=\begin{cases}0 & i=0,j=0\\ c[i-1][j-1]+1 & i,j>0;x_m=y_n\\ \max\{c[i][j-1],c[i-1][j]\} & i,j>0;x_m\neq y_n\end{cases}$$

**解**　两个序列长度分别是 7 和 6，先从规模最小的子问题求解，逐步扩大问题的规模，直到求出原问题的解。根据递归关系式分析如下：$c[i][j]$表示$\{x_1,\cdots,x_i\}$和$\{y_1,\cdots,y_j\}$的最长公共子序列的长度，初始值 $c[0][j]=c[i][0]=0$。当 $x_i=y_j$时，$c[i][j]$的值是它的上一行上一列元素即 $c[i-1][j-1]$的值加 1；当 $x_i\neq y_j$时，$c[i][j]$的值就是它的上一行同列元素和上一列同行元素中较大的那个值，即 $\max\{c[i][j-1],c[i-1][j]\}$。按照这种构造方式，$c[i][j]$中的所有元素都填入表中，则右下角元素 $c[m][n]$的值即为最长公共子序列的长度。表 13－3 中斜箭头始端对应的字符组成在一起就是两个序列的最长子序列。该算法有两个最长子序列为 BCBA 和 BCAB，长度为 4。

**表 13－3　最长公共子序列算法的各阶段结果**

| C[i][j] | y1/ B | y2/ D | y3/ C | y4/ A | y5/ B | y6 /A |
|---|---|---|---|---|---|---|
| x1/ A | 0 | 0 | 0 | 1 | 1 | 1 |
| x2/ B | 1 | 1 | 1 | 1 | 2 | 2 |
| x3/ C | 1 | 1 | 2 | 2 | 2 | 2 |
| x4/ B | 1 | 1 | 2 | 2 | 3 | 3 |
| x5/ D | 1 | 2 | 2 | 2 | 3 | 3 |
| x6/ A | 1 | 2 | 2 | 3 | 3 | 4 |
| x7/ B | 1 | 2 | 2 | 3 | 4 | 4 |

## 13.4　流水作业调度问题

在工厂生产调度或者多道程序处理中，常常涉及组织流水作业的问题。一个大型作业往往由一系列任务所组成。例如，在多道程序运行环境下的一组程序，总是先进行输入，而后执行。在执行中经常要输出一些信息和打印最后结果等，这就是一种流水作业方式。

### 13.4.1　问题陈述

流水作业调度问题：设有 $n$ 个作业，每一个作业 $i$ 均被分解为 $m$ 项任务，$T_{i1}, T_{i2}, \cdots, T_{im}$（$1 \leqslant i \leqslant n$，故共有 $n \times m$ 个任务），要把这些任务安排到 m 台机器上进行加工。如果任务的安排满足下列 3 个条件，则称该安排为流水作业调度：

1）每个作业 $i$ 的第 $j$ 项任务 $T_{ij}$（$1 \leqslant i \leqslant n, 1 \leqslant j \leqslant m$）只能安排在机器 $P_j$ 上进行加工；

2）作业的任务必须依次完成，前一项任务完成之后才能开始着手下一项任务，即作业 $i$ 的第 $j$ 项任务 $T_{ij}$（$1 \leqslant i \leqslant n, 2 \leqslant j \leqslant m$）在第 $j-1$ 项任务 $T_{i,j-1}$ 完成之后进行；

3）任何一台机器在任何一个时刻最多只能承担一项任务。

该问题的最优解，是指作业 $i$ 的第 $j$ 个任务 $T_{ij}$，在机器 $P_j$ 上进行加工所需时间 $t_{ij}$（$1 \leqslant i \leqslant n, 1 \leqslant j \leqslant m$）已知的情况下，找到一种安排任务的方法，使得完成这 $n$ 个作业的加工时间最少，这个安排被称为最优流水作业调度。

在作业调度的过程中，有两种调度方式，一种为优先调度，另一种称为非优先调度。任务加工的过程中允许被中断，将处理机让给另一个任务优先使用，这种调度称为优先调度。反之，任务一旦执行，就不允许被中断直到任务完成为止，这种调度称为非优先调度。对于同一个问题，到底采用哪种调度方式更好，需要具体情况具体分析。

### 13.4.2　问题分析及算法设计分析

**1. 问题的分析**

首先讨论两个处理机的情况，即每个作业分解为两个任务。为了方便，用 $a_i$ 表示第一个处理机完成第 $i$ 个作业第一项任务 $T_{i1}$ 所需时间，用 $b_i$ 表示第二个处理机完成第 $i$ 个作业第二项任务 $T_{i2}$ 所需时间。作业调度的好坏由各作业执行的顺序所确定，一旦排列次序确定，每个任务都将在最早的可能时间开始。

可以看出，最优作业调度具有如下性质：在所确定的最优调度的排列中去掉第一个执行的作业后，剩下作业的排列仍然还是一个最优调度，即该问题具有最优子结构的性质。而且，在计算规模为 $n$ 的作业最优调度时，该作业集合的子集合的最优调度会被多次用到，即该问题亦具有高度重复性。



设 $D=\{D_1, D_2, \cdots, D_k\}$ 是前 $k$ 个作业的某一调度。$f_1$ 和 $f_2$ 是在这个调度下的两个处理机 $P_1, P_2$ 各自完成前 $k$ 个作业的两个任务所需的时间，$f_1=\{a_1, a_2, \cdots, a_i\}$，$f_2=\{b_1, b_2, \cdots, b_k\}$。根据最优子结构性质，$n$ 个作业按某一确定顺序执行情况的好坏完全可以用 $t=f_2-f_1$ 决定。它表示如果还要在 $P_1, P_2$ 上处理其他作业，必须在 $P_1, P_2$ 上同时处理前 $k$ 个作业的不同的任务之后，$P_2$ 还要用 $t$ 时间处理前 $k$ 个作业中没有处理完的任务，即在 $t$ 时间段及以前，$P_2$ 不能用来去处理别的作业任务。设没完成的作业集合为 $\boldsymbol{S}$，$g(\boldsymbol{S}, t)$ 则是在最优调度下完成

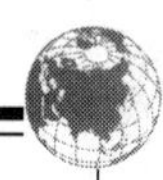

作业子集 $\boldsymbol{S}$ 所用的时间。显然 $n$ 个作业，最优调度时间是 $g(\{1,2,\cdots,n\},0)$。

分析全部作业的调度过程。在对 $\boldsymbol{S}$ 中的第一个作业开始进行加工时，机器 $P_2$ 上加工的其他作业可能还尚未完成，不能立即用来对 $\boldsymbol{S}$ 中的作业进行加工。假设对机器 $P_2$ 需等待 $t$ 个时间单位以后，才可以用于加工 $\boldsymbol{S}$ 中的作业（$t$ 也可以为 0 即无须等待）。则可用下述递归表达式来表出 $g(\boldsymbol{S},t)$：

$$g(\boldsymbol{S},t)=\min\ \{a_i+\ g(\boldsymbol{S}-\{i\},b_i+\max\{t-a_i,0\})\}\qquad i\in S$$

即当选定作业 $i$ 为 $\boldsymbol{S}$ 中第一个加工作业之后，在机器 $P_2$ 上开始对 $\boldsymbol{S}-\{i\}$ 中的作业进行加工之前，所需要的等待时间为 $b_i+\max\{t-a_i,0\}$。这是因为，若 $P_2$ 在开始加工 $\boldsymbol{S}$ 中的作业之前需等待 $t$ 个时间单位，且 $t>a_i$，则作业 $i$ 在 $P_1$ 上加工完毕（需时 $a_i$）之后，还要再等 $t-a_i$ 个时间单位才能开始在 $P_2$ 上加工；若 $t\leqslant a_i$，则作业 i 在 $P_1$ 上加工完毕之后，立即可以在 $P_2$ 上加工，等待时间为 0。故 $P_2$ 在开始对 $\boldsymbol{S}-\{i\}$ 中的作业进行加工之前，所需要的等待时间为 $b_i+\max\{t-a_i,0\}$。

当 $\boldsymbol{S}=N$，即全部作业开始加工时，由于 $P_2$ 上尚无任何正在加工的作业，故此时等待时间 $t=0$。于是有 $g(N,0)=\min\ \{a_i+\ g(N-\{i\},b_i)\}$。

但该算法的时间复杂度为指数级，因为算法中对 $N$ 的每一个非空子集都要进行一次计算，而 $N$ 的非空子集共有 $2n-1$ 个。因此，不能直接使用动态规划法来求解该问题，而需要对算法作一定的改进。

**2. 流水作业调度的 Johnson 法则**

设 $\pi$ 是作业子集 $\boldsymbol{S}$ 在机器 $P_2$ 的等待时间为 $t$ 时的任一最优调度. 该调度安排在最前面的两个作业分别是 $i$ 和 $j$。即 $\pi(1)=i,\pi(2)=j$。由动态规划递归式可得：

$$\begin{aligned}g(\boldsymbol{S},t)&=a_i+g(\boldsymbol{S}-\{i\},b_i+\max\{t-a_i,0\})=\\&a_i+a_j+g(\boldsymbol{S}-\{i,j\},t_{ij})\end{aligned}$$

其中：

$$\begin{aligned}t_{ij}&=b_j+\max\{b_i+\max\{t-a_i,0\}-a_j,\ 0\}=\\&b_j+b_i-a_j+\max\{\max\{t-a_i,0\},a_j-b_i\}=\\&b_j+b_i-a_j+\max\{t-a_i,0,a_j-b_i\}=\\&b_j+b_i-a_j-a_i+\max\{t,a_i,a_i+a_j-b_i\}\end{aligned}$$

将调度 $\pi$ 中的作业 $i$ 与 $j$ 的加工次序交换（其他加工次序不变）所得调度记为 $\pi'$，则调度 $\pi'$ 的最早完工时间

$$g'(\boldsymbol{S},t)=a_i+a_j+g(\boldsymbol{S}-\{i,j\},t_{ji})$$

$$t_{ji}=b_j+b_i-a_j-a_i+\max\{t,a_j,a_i+a_j-b_j\}$$

显然，若 $t_{ij}\leqslant t_{ji}$，则有 $g(\boldsymbol{S},t)\leqslant g'(\boldsymbol{S},t)$，即 $i$ 在前，$j$ 在后的安排用时较少；反之，若 $t_{ij}>t_{ji}$，则 $j$ 在前，$i$ 在后的安排用时较少。

如果作业 $i$ 和 $j$ 满足 $\min\{a_j,b_i\}\geqslant\min\{a_i,b_j\}$，则称作业满足 Johnson 不等式。

很显然，若作业满足 Johnson 不等式，则

$$\max\{-a_j,-b_i\}\leqslant\max\{-a_i,-b_j\}$$

从而：

$$a_i+a_j+\max\{-a_j,-b_i\}\leqslant a_i+a_j+\max\{-a_i,-b_j\}$$

$$\max\{a_i,a_i+a_j-b_i\}\leqslant\max\{a_j,a_i+a_j-b_j\}$$

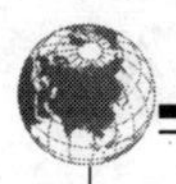


因此，对任何 $t \geqslant 0$，$\max\{t, a_i, a_i+a_j-b_i\} \leqslant \max\{t, a_j, a_i+a_j-b_j\}$

$$t_{ij}-t_{ji}=\max\{t, a_i, a_i+a_j-b_i\}-\max\{t, a_j, a_i+a_j-b_j\} \leqslant 0$$

即当 $\min\{a_i, a_j, b_i, b_j\}$ 为 $a_i$ 或者 $b_j$ 时，Johnson 不等式成立，此时把 $i$ 排在前，$j$ 排在后的调度用时较少；反之，若 $\min\{a_i, a_j, b_i, b_j\}$ 为 $a_j$ 或者 $b_i$ 时，则 $j$ 排在前，$i$ 排在后的调度用时较少。这种根据 Johnson 不等式推导出的调度方式称为满足 Johnson 法则的调度。

将此情况推广到一般：

(1) 当 $\min\{a_1, a_2, \cdots, a_n, b_1, b_2, \cdots, b_n\}=a_k$ 时，则对任何 $i \neq k$，都有 $\min\{a_i, b_k\} \geqslant \min\{a_k, b_i\}$ 成立，故此时应将作业 $k$ 安排在最前面，作为最优调度的第一个执行的作业；

(2) 当 $\min\{a_1, a_2, \cdots, a_n, b_1, b_2, \cdots, b_n\}= b_k$ 时，则对任何 $i \neq k$，也都有 $\min\{a_k, b_i\} \geqslant \min\{a_i, b_k\}$ 成立，故此时应将作业 $k$ 安排在最后面，作为最优调度的最后一个执行的作业。

通过递归调用，将 $n$ 个作业中首先执行(或最后执行)的作业确定之后，对剩下的 $n-1$ 个作业递归调用确定其中的一个作业，作为 $n-1$ 个作业中最先或最后执行的作业；反复使用这个方法直到最后只剩一个作业为止，就可得出了流水作业最优调度方式。

**3. 算法的设计与分析**

由上面分析得知，流水作业调度问题一定存在满足 Johnson 法则的最优调度，且可通过下面的流水作业调度问题的 Johnson 算法确定：

1) 令 $N_1=\{i \mid a_i<b_i\}$，$N_2=\{i \mid a_i \geqslant b_i\}$；

2) 将 $N_1$ 中的作业按 $a_i$ 的非递减排序，将 $N_2$ 中的作业按 $b_i$ 的非递增排序；

3) $N_1$ 中作业与 $N_2$ 中作业构成满足 Johnson 法则的最优调度。

**算法 13-5**

```
struct  Element
      {  int key;
         int index;
         int job;
      }
int  FlowShop(int a[],int b[],int c[])    /* 满足 Johnson 法则的流水作业调度问题 */
{                                         /* n 个作业的两个任务处理的时间数组 a[],b[] */
     int i,key;
     struct  Element  d[n];
     for(i=0;i<n;i++)
     {  key=a[i]>b[i]? a[i]:b[i];
        if(a[i]<=b[i])
            job=1;
        else
            job=0;
        d[i].key=key;
        d[i].index=i;
        d[i].job=job;
     }
     mergeSort(d);              /* 合并排序 */
```

```
        int j=0,k=n-1;
        for(i=0;i<n;i++)
          { if (d[i].job)
                c[j++]=d[i].index;
            else
                 c[k--]=d[i].index;
            }
         j=a[c[0]];
         k=j+b[c[0]];
         for(i=1;i<n;i++)
           { j+=a[c[i]];
             k=j>k? k+b[c[i]]:j+b[c[i]];
           }
        return   k;
}
```

该算法的主要计算时间是在对作业集 $a_i$ 和 $b_j$ 长度为 $2n$ 的排序。因此，该算法的时间复杂度 $O(n\text{lb}n)$，所需空间为 $O(n)$。上面研究的是对任务数为 2 时的作业调度问题的动态规划法解决方案，当任务数超过 2 时，Johnson 法则不成立，只能用最初的递归公式来进行，其时间复杂度为指数级。

### 13.4.3　实例分析

**例 13-5**　设 n=4，(a1,a2,a3,a4)=(5,12,4,8)，(b1,b2,b3,b4)=(6,2,14,7)，求作业最佳调度方式。

**解**　1) N1={i|ai<bi}={1,3}，N2={i|ai>=bi}={2,4}；

2) 将 N1 中的作业按 $a_i$ 的非递减排序，则{3,1}；

将 N2 中的作业按 $b_i$ 的非递增排序，则{4,2}；

3) 得出作业的最佳调度方式为{3,1,4,2}。

本例的调度图解如图 13-3 所示：

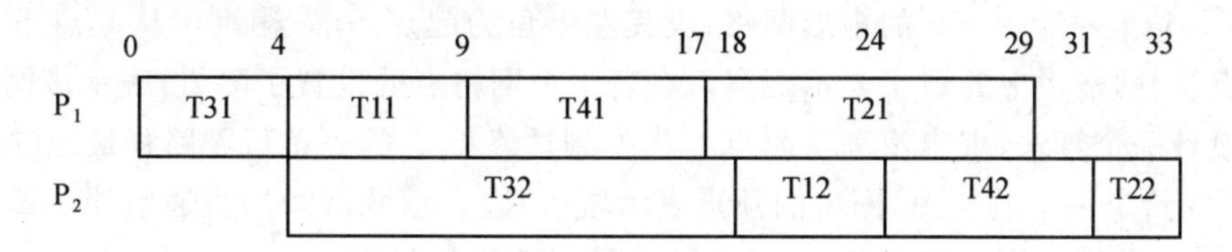


图 13-3　作业调度顺序



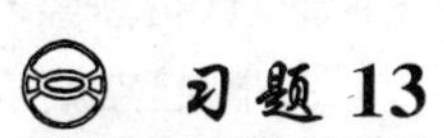

## 习题 13

13-1　试给出售货员路线问题的动态规划法。

13-2　用两台处理机 A 和 B 处理 $n$ 个作业。设第 $i$ 个作业交给机器 A 处理时所需的时间为 $a_i$，若由机器 B 来处理，所需时间为 $b_i$。由于各作业的特点和机器性能关系，很可能对于

某些 $i$,有 $a_i \geqslant b_i$,而对于某些 $j, j \neq i$,有 $a_j < b_j$。即不能将一个作业分开由两台机器处理,也没有一台机器能同时处理 2 个作业。设计一个动态规划算法,使得这两台机器处理完这 $n$ 个作业的时间最短(从任何一台机器开工到最后一台机器完工的总时间)。研究一个实例:$(a_1, a_2, a_3, a_4, a_5, a_6) = (2,5,7,10,5,2)$;$(b_1, b_2, b_3, b_4, b_5, b_6) = (3,8,4,11,3,4)$。

13-3　设 A 和 B 是两个字符串。要用最少的字符操作将字符串 A 转换为字符串 B。这里所说的字符操作包括:删除一个字符;插入一个字符;将一个字符改为另一个字符。将字符串 A 变换为字符串 B 所用的最少字符操作数称为字符串 A 到 B 的编辑距离,记为 $d(A,B)$。试设计一个有效算法,对任意给出的两个字符串 A 和 B,计算出它们的编辑距离 $d(A,B)$。

13-4　某一印刷厂有 6 项加工任务,对印刷车间和装订车间所需时间见表 13-4。

**表 13-4　加工时间表**

| 任务 | J1 | J2 | J3 | J4 | J5 | J6 |
|---|---|---|---|---|---|---|
| 印刷车间/元 | 3 | 12 | 5 | 2 | 9 | 11 |
| 装订车间/元 | 8 | 10 | 9 | 6 | 3 | 1 |

完成每项任务都要先去印刷车间印刷,再到装订车间装订。问怎样安排这 6 项加工任务的加工工序,使得加工总工时最小。

13-5　资源分配问题。设有 $n$ 个资源,分配给 $m$ 个项目,求总利润最大的资源分配方案。求解一个实例,现有 $n=7$ 万元投资到 A,B,C 这 3 个项目中,利润见表 13-5。求总利润最大的资源分配方案。

**表 13-5　投资与利润表**

| 额<br>项 | 1 | 2 | 3 | 4 | 5 | 6 | 7 |
|---|---|---|---|---|---|---|---|
| A | 0.11 | 0.13 | 0.15 | 0.21 | 0.24 | 0.30 | 0.35 |
| B | 0.12 | 0.16 | 0.21 | 0.23 | 0.25 | 0.24 | 0.34 |
| C | 0.08 | 0.12 | 0.20 | 0.24 | 0.26 | 0.30 | 0.35 |

13-6　给定一个 $m \times n$ 的矩形网格,设其左上角为起点 $S$,一辆汽车从起点 $S$ 出发驶向右下角终点 $T$,网格边上的数字表示距离。在若干个网格点处设置了障碍,表示该网格点不可到达。试设计一个算法,求出汽车从起点 $S$ 出发到达终点 $T$ 的一条行驶路程最短的路线。

13-7　给定一个航空图,图中的顶点表示城市,边表示城市间的直通航线。试设计一个算法,计算出一条满足下述约束条件,且含城市最多的旅行路线。

1) 从最西端的城市出发,单方向由西向东到达最东端的城市。然后,再单方向由东到西飞回起点(可途经若干城市)。

2) 除起点城市外,每个城市最多只经过一次。

13-8　Ackerman 函数 $A(m,n)$ 可递归地定义如下:

$$A(m,n) = \begin{cases} n+1 & m=0 \\ A(m-1,1) & m>0, n=0 \\ A(m-1,A(m,n-1)) & m>0, n>0 \end{cases}$$

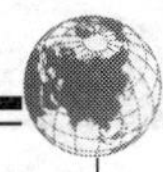

试设计一个计算 $A(m,n)$ 的动态规划算法。该算法只占用 $O(m)$ 空间。(提示:用两个数组 $a[m]$ 和 $b[m]$,使得对任何 $i$ 有 $a[i]=A(i,b[i])$)

13-9　设有 $n$ 种不同面值的硬币,各硬币的面值存于数组 $T$ 中。现要用这些面值的硬币找钱。可以使用的各种面值的硬币个数不限。当只用硬币面值 $T[1],T[2],\cdots,T[i]$ 时,可找出钱数 $j$ 的最少硬币个数记为 $C(i,j)$。找不出钱数 $j$ 时,即 $C(i,j)=\infty$。设计一个动态规划法,对于 $1\leqslant j\leqslant L$,计算出所有的 $C(n,j)$。算法中只允许使用一个长度为 $L$ 的数组。用 $L$ 和 $n$ 作为变量表示算法的计算时间复杂性。

13-10　有一个由数字 1,2,…,9 组成的数字串,长度不超过 200,问如何将 $M(1\leqslant M\leqslant 20)$ 个加号插入这个数字串中,使得所形成的算术表达式的值最小。

**注意:** 加号不能加在数字串的最前面或最末尾,也不应有两个或两个以上的加号相邻;$M$ 的值一定小于数字串的长度。例如:数字串 79846,若需加入两个加号,则最佳方案是 79+8+46,算术表达式的值是 133。

13-11　有 $n$ 个整数排成一圈,现在要从中找出连续的一段数串,使得这串数的和最大。

# 第14章 回溯法

穷举法是先生成问题所有的候选解，然后再从候选解中找出符合问题约束条件的解。利用穷举法求解问题，随着问题规模的增大，候选解也会成指数增加。实际求解过程中，很多候选解可以在求解中途被约束条件淘汰，从而降低算法的复杂性。基于这种指导思想，引出了回溯法。

## 14.1 算法概述

回溯法可以看成是对穷举法的一个改进。其基本思想是，采用类似穷举的思想对问题的解进行搜索尝试，把不满足约束条件的求解路径"剪枝"，即搜索的过程中一旦发现不满足某一约束条件，则立即中止本次操作，返回上一级操作去尝试别的路径，采用一种"走不通就掉头"的思想，控制搜索路径。回溯法是算法设计中使用最普遍的方法之一，有"通用的解题法"之称，求解过程与树的深度优先搜索十分相似。它适用于解一些组合数较大的问题。0/1背包问题、图的 $m$ 着色问题、货郎担问题、连续邮资问题、$n$ 后问题等都可通过回溯法求得最优解。

### 14.1.1 问题的解空间

复杂问题常常有很多的可能解，这些可能解构成了问题的解空间。回溯法需要在问题的解空间中搜索问题的解，所以利用回溯法求解问题，必须先明确定义问题的解空间。

下面把问题的解表示成一个解向量或 $n$ 元组 $(x_1,x_2,\cdots,x_n)$，则对于给定问题的解空间就是解向量 $(x_1,x_2,\cdots,x_n)$ 的定义域，问题的解空间中至少有一个向量是该问题的解。如 $n$ 个可选择物品的0/1背包问题，其解空间是由长度为 $n$ 的0/1向量组成，向量的个数为 $2^n$，该解空间包含对解向量元素的所有赋值。当 $n=3$ 时，其解空间是(0,0,0)，(0,0,1)，(0,1,0)，(0,1,1)，(1,0,0)，(1,0,1)(1,1,0)，(1,1,1)，问题的解必然存在这8个解向量中。

确定正确的解空间很重要，如果没有确定正确的解空间就开始搜索，可能会增加很多重复解，或者根本就搜索不到正确的解。为了方便回溯法对解空间的搜索，通常将解空间用树表示出来。解空间的这种树结构称为状态空间树。树的根节点代表搜索的初始状态。树的第一层节点表示对解向量的第一个分量所做的选择，第二层节点代表了对解向量的第二个分量所做的选择。依次类推，从树的根节点到叶子节点的路径就构成了解空间的一个可能解。



例如，$n=3$ 的0/1背包问题，其状态空间树是一个完全二叉树，如图14-1所示。

回溯法所求问题通常都会满足一系列约束条件。约束条件可分为显式约束条件和隐式约束条件。显式约束条件是指解向量中分量的取值范围，如0/1背包中的显式约束条件是解向量的分量只能取值为0或1；隐式约束条件则规定了问题可行解必须满足的条件，0/1背包问题的隐式约束条件是所选物品的质量不能超过背包的承载量。很显然，满足显式约束条件的 $n$ 元组就是所求问题的一个可能的解空间，而隐式约束条件确定了解向量中各分量之间的

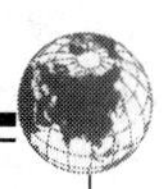

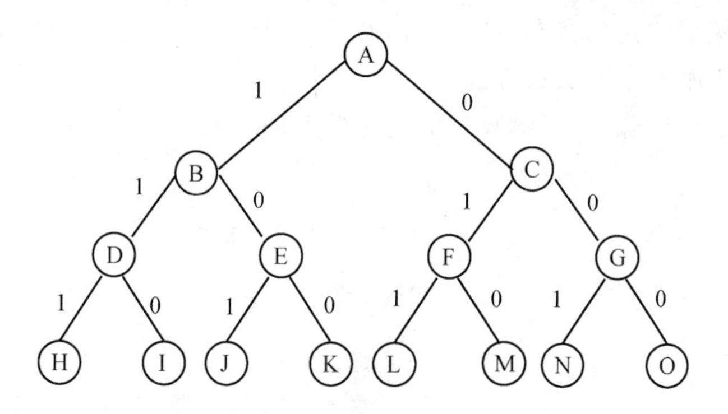


图 14-1　0/1 背包问题的解空间树

关系。

### 14.1.2　回溯法的设计步骤

回溯法在问题的解空间树中，按深度优先策略，从根节点出发搜索解空间树。算法搜索至解空间树的任意一点时（该节点成为活节点，同时也成为当前的扩展节点），先判断该节点是否包含问题的解。如果肯定不包含，则跳过对该节点（此时该节点成为死节点）为根的子树的搜索，往回移动（回溯）至其父节点；否则，进入该子树，继续按深度优先策略搜索。回溯法以这种工作方式递归地在解空间中搜索，直至找到所要求的解或解空间中已无活节点为止。

例如，$n=3$ 的 0/1 背包问题，设 $w=\{18,14,16\}$，$v=\{48,30,30\}$，$c=30$。

参见图 14-1，回溯法搜索过程如下：开始时，根节点 $A$ 是唯一的活节点，也是当前扩展节点。它有两个子节点 $B$ 和 $C$。先选择 B 节点，B 成为当前扩展节点，也是活节点，表示物品 1 放入到背包中，此时背包剩余容量为 30－18＝12，价值为 48。B 有两个子节点 D 和 E。如果选择 D，即选择物品 2 放入背包，背包剩余承载量不足以放入物品 2，导致不可行解，D 节点成为死节点，结束对 D 的深度搜索。由 D 回溯到 B，再选择 B 的另一个子节点 E，即物品 2 不被放入背包，E 成为新的扩展节点，此时，背包剩余容量为 12，价值为 48。从 E 节点处，可以向下移至 J 或 K。移至 J 则表示选择物品 3 放入背包，背包剩余承载量不足以放入物品 3，导致不可行解，J 成为死节点。回溯到 E 再移至 K 是可行的。K 是叶节点，故得到一个可行解。该解的价值为 48，确定该条路径(1,0,0)。由于 K 不能继续扩展，该节点成为死节点。由 K 回溯到 E，E 没有可扩展的节点，也成为死节点。由 E 回溯到 B，同理，B 成为死节点。由 B 回溯到 A，此时背包剩余容量为 30，价值为 0。由 A 扩展到 C，背包容量价值不变。C 节点可向下移至 F 或 G。假设移至 F，F 成为新的扩展节点，此时背包剩余容量为 16，价值为 30。F 向下可移至 L 或 M，选择 L，此时背包剩余容量为 0，价值为 60。L 为叶节点，且是迄今为止价值最高的可行解，确定该条路径(0,1,1)，记录该解 60。由 L 回溯到 F，此时，背包剩余容量为 16，价值为 30，继续向下选择 M…，按此方式继续直到整个解空间搜索完毕。搜索后找到的最好的解(0,1,1)就是 0/1 背包的最优解，最优值为 60。



根据对 0/1 背包问题的求解过程分析，可以看出用回溯法解题分为三个步骤：

1）对所给问题，定义问题的解空间；

2）确定易于搜索的解空间结构（状态空间树）；

3）以深度优先方式搜索解空间，并在搜索过程中避免无效搜索。

当使用回溯法搜索问题的状态空间树时，通常采用两种方法避免无效搜索：一是用约束函数在扩展节点处剪去不满足约束条件的子树；二是用限界函数剪去得不到最优解的子树。

按照回溯法的求解步骤，将回溯算法的通用框架抽象地描述如下：

**算法 14-1**

```
BackTrack_ Unrecursive(int n)              /* 非递归回溯法框架 */
{
    int a[n],int i;
    初始化数组 a[];                          /* 问题的解向量 */
    i=1;                                    /* 变量 i 记录树的层数,初始化为 1 */
    while(i>0&& 未达到目标)                  /* 没有回溯到头 */
    {   if   (i>n)                          /* 搜索到叶节点 */
            搜索到一个解,输出;
        else                                /* 处理第 i 个元素,即解向量的第 i 个分量 */
        {   a[i]第一个可能的值;               /* 该节点的第一个分支 */
            while (a[i]不满足约束条件 && 在搜索空间内)
                a[i]下一个可能的值;            /* 该节点的另一分支 */
            if ( a[i]在搜索空间内 )
            {
                标识占用的资源;
                i++;                        /* 扩展到下一个节点,即深度搜索 */
            }
            else
            {
                清理所占用的状态空间; /* 回溯 */
                i--;
            }
        }
    }
}
```

**算法 14-2**

```
int a[n];                                   /* n 和 a[n]都为全局变量 */
BackTrack_ Recursive(int i)                 /* 递归回溯框架 */
{  if ( i>n )
       输出结果;
   else
     for(j=下界;j<=上界;j++)
                                            /* 枚举 i 所有可能的路径,即当前节点未搜索过的子树 */
       if (f(j))                            /* f(j)表示限界函数和约束条件 */
         {  a[i]=j;
            …;                              /* 其他操作 */
            BackTrack_ Recursive  (i+1);
```

```
        回溯前的清理工作;
      }
}
```

回溯法在最坏的情况要搜索整个解空间,算法的复杂度是指数型。但若剪枝操作有力,则平均性能往往很好。

## 14.2　n 后问题

$n$ 后问题及由它推广的 $n$ 后问题,是一个古老而著名的问题,是十九世纪著名的数学家高斯提出的。该问题是回溯法的典型实例。本节主要对 $n$ 后问题的回溯法求解进行设计和分析。

### 14.2.1　问题陈述

在 $n\times n$ 格的棋盘上放置彼此不受攻击的 $n$ 个皇后。按照国际象棋的规则,皇后可以攻击与之处在同一行或同一列或同一斜线上的棋子。$n$ 后问题等价于在 $n\times n$ 格的棋盘上放置 $n$ 个皇后,任何 2 个皇后不放在同一行或同一列或同一斜线上。

### 14.2.2　问题分析及算法设计分析

**1. 问题的分析**

$n$ 后中任意两个皇后的摆放不能同行、同列或同一斜线。当 $n=1$ 时,问题很简单;当 $n=2$ 和 $n=3$ 时,问题无解;当 $n=4$ 时,利用回溯法求解。很显然,每个皇后必须各占一行,需要得到的解就是如何在棋盘上为每个皇后分配一列。下面对四后问题的回溯法求解过程进行描述。

首先从空棋盘开始,把皇后 1 放到第一行第一列(1,1)。该节点作为当前扩展节点。皇后 2,经过第一列和第二列尝试失败后(这两次产生两个死节点),放到第一个可能的位置(2,3)。该节点成为当前扩展节点。对该节点的子节点尝试全部失败,该节点成为死节点。回溯到它的父节点,重新对皇后 2 进行放置,放到下一个可能的位置(2,4)。该节点成为当前扩展节点。深度搜索后,皇后 3 放入位置(3,2)。此时,无法放置皇后 4,则该节点成为死节点。回溯到底,把皇后 1 移到(1,2)。做同样处理,将皇后 2 放到(2,4),皇后 3 放到(3,1),皇后 4 到(4,3),就得出了该问题的一个解。整个回溯求解过程如图 14－2 所示。此时,回溯过程只获得了问题的一个解。可以继续对状态空间树进行深度搜索,以获得问题的全部解。

**2. 算法设计**

图 14－2 中,节点按行列表示相应的位置。事实上,因为每个皇后的行已经确定,即皇后 1 只能在第一行,皇后 2 只能在第 2 行…,只需确定每个皇后所在的列就可以。因此,该问题的解向量设置为一维向量$(a_1,a_2,\cdots,a_n)$,其中 $a_i$ 代表第 $i$ 个皇后的所在的列。$n$ 后问题的解空间向量个数为 $n^n$。该问题的显式约束条件是 $1\leqslant a_i\leqslant n$,隐式约束条件是 $a_i,a_j$ 互不相等,即皇后不在同一列;同一斜线上的点斜率为 1 或－1,皇后不在同一斜线等价于 $abs((i-j)/(a_i-a_j))\neq 1$,其中 $1\leqslant i,j\leqslant n$。

用回溯法求解 $n$ 后问题时,用完全 $n$ 叉树表示解空间的状态空间树。虽然状态空间树中

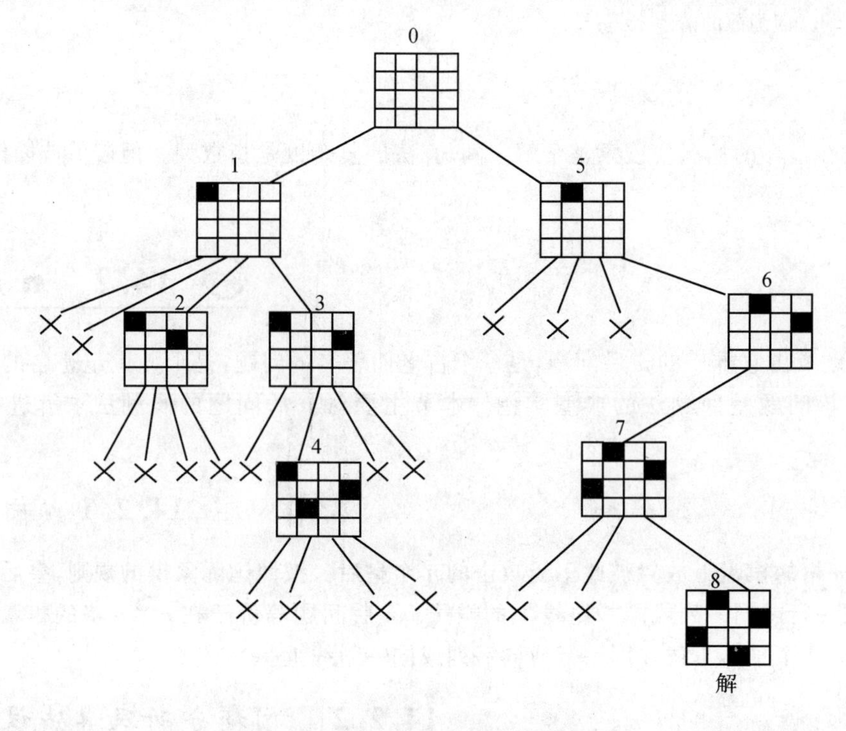


图 14-2　回溯法求 4 后的一个解过程

的路径有 $n^n$ 个，但算法不会真正搜索那么多路径。因为在进行路径选择的时候，需要进行条件判断，通过隐式约束剪掉不满足行、列及斜线约束的子树。1，2 号皇后不能在同一列，解空间中形如（1，1，$a_3$，…，$a_n$），其解向量个数为 $n^{n-2}$，因此，最多需要对 $n^n - n^{n-2}$ 条路径进行搜索。

**算法 14-3**

```
int  place(int k)                                          /* 判断皇后位置是否可行 */
{    int j;
     for (j=0;j<k;j++)
        if ((abs(k-j)==abs(a[k]-a[j]))||(a[j]==a[k])   /* 隐式约束 */
            return 0;
     return 1;
 }
void Queen_Recursive(int t)                                /* 递归的 n 后问题 */
{          int i;
           if (t>n)
              sum++;                                       /* sum 记录可行解的个数 */
           else
             for (i=0;i<n;i++)
              {
                  if (place(t))
                  { a[t]=i;
                     Queen_ Recursive(t+1);
                  }
```

```
        }
}
```

**算法 14-4**

```
void Queen_Unrecursive(int n,int a[])              /* 非递归的 n 后问题 */
{     a[0]= -1;
      int k=0;
      while(k>=0)
       {    a[k]++;                                 /* 在解空间中由小到大试探 */
            while((a[k]<n)&&!(place(k)))            /* 为第 k 个皇后搜索位置 */
              a[k]++;
            if(a[k]< n)
               if(k==n-1)                           /* 输出一组解 */
                { for(i=0;i<n;i++)
                     printf("%d",a[i]);
                }
                else
                {  k++;                             /* 寻找下一个皇后的位置 */
                   a[k]=0;                          /* 第 k 个皇后位置尝试从 0 开始取值 */
                }
            else
              k--;                                  /* 回溯 */
       }
}
```

## 14.3　图的 m—着色问题

任何一张地图,只需四种颜色就可以保证相邻的两个国家着上不同的颜色,这就是历史上有名的“四色猜想”。“四色猜想”是图的 $m$—着色判定问题的一个特殊形式。将地图上的一个国家看成是一个顶点,而图中连接两个顶点的边则表示两个顶点所代表的国家相邻,将地图以无向连通图的形式表达出来。四色猜想问题也就转化为图的着色问题:为使图中任意边的两个顶点着不同颜色,至少需要多少种颜色?

### 14.3.1　问题陈述

图的 $m$—着色问题可以用两种问题形式来描述:给定无向连通图 $C=(V,E)$和 $m$ 种不同的颜色,用这些颜色为图 $G$ 的各顶点着色,每个顶点着一种颜色。是否有一种着色法使 $G$ 中每条边的 2 个顶点着不同颜色,这个问题是图的 $m$ 可着色判定问题;若一个图最少需要 $m$ 种颜色才能使图中每条边连接的 2 个顶点着不同颜色,则称这个数 $m$ 为该图的色数。求一个图的色数 $m$ 的问题称为图的 $m$ 可着色优化问题。很显然,图的 $m$ 可着色优化问题是图的 $m$ 可着色判定问题的一个扩展。

## 14.3.2 问题分析及算法设计分析

**1. 问题的分析**

对图的 $m$—着色判定问题，可以通过回溯的方法，不断地为每一个节点着色，在前面 $n-1$ 个节点都合法地着色之后，开始对第 $n$ 个节点进行着色。此时穷举可用的 $m$ 个颜色，通过和第 $n$ 个节点相邻的节点的颜色，来判断这个颜色是否合法。如果找到一种颜色使得第 $n$ 个节点能够着色，说明 $m$ 种颜色的方案是可行的。问题返回真即可，表示该判定问题有解。如果需要把问题的解表示出来，则在对图节点着色的过程中，保留着色方案。

图的着色优化问题，需要求出最少的着色数 $m$。有了 $m$ 色判定问题的求解算法，只要将颜色数 $m$ 从 1 到 $n$ 穷举出来，调用 $m$ 色判定问题的算法。如果有最小的 $m$ 能够使图着色判定问题有解，则 $m$ 就是要求的最少着色数。

为了方便问题的理解，给出一个 $m=3,n=3$ 的状态空间树，如图 14-3 所示。

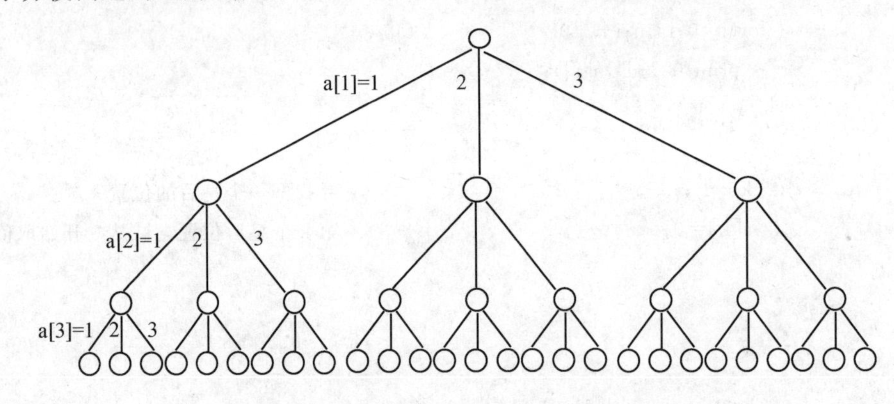


**图 14-3　着色问题 $m=3,n=3$ 的状态空间树**

**2. 算法设计**

先分析图的 $m$ 着色判定问题。用 $m$ 种颜色为无向图 $C=(V,E)$ 着色，$V$ 的顶点个数为 $n$，可以用一个 $n$ 元组 $C=(C_1,C_2,\cdots,C_n)$ 来描述图的一种可能着色，$C_i\in\{1,2,\cdots,m\}$，$(1\leqslant i\leqslant n)$，表示赋予顶点 $i$ 的颜色。问题的解空间就是 $C$ 的取值集合。例如，图中顶点个数 $n$ 为 5，颜色个数 $m=3$，则该问题的解向量个数为 $3^5=243$，设 5 元组(1,2,2,3,1)是问题的一个解向量，表示对具有 5 个顶点的无向图的一种着色：顶点 1 着颜色 1，顶点 2 着颜色 2，顶点 3 着颜色 2，…。如果在 $n$ 元组 $C$ 中，所有相邻顶点都不会着相同颜色，则称此 $n$ 元组为可行解，否则为无效解。

回溯法求解图的着色问题，首先把所有顶点的颜色初始化为 0，然后依次为每个顶点着色。在图着色问题的解空间树中，如果从根节点到当前节点对应的一个部分解，也就是说当前所有颜色的指派都没有冲突，则在当前节点处选择第一棵子树继续搜索，也就是为下一个顶点着颜色。否则，对当前子树的兄弟子树继续搜索，也就是为当前顶点着下一个颜色。如果所有 $m$ 种颜色都已尝试过并且都产生冲突，则回溯到当前节点的父节点处，上一个顶点的颜色被改变。依此类推，如果搜索到某个叶节点时，颜色都未发生冲突，则表示找到了一种着色方案。如果想找出所有的着色方案，则继续回溯，直到最后返回根节点。如果最后返回根节点时，仍未找到合适的着色方案，说明问题无解，也就是说提供的 $m$ 个颜色无法保证连接边的两个顶

点颜色不同。

图的 $m$ 着色判定问题的解向量$(a_1,a_2,\cdots,a_i,\cdots,a_n)$表示顶点 $i$ 所着颜色 $a[i]$。问题的显式约束条件是 $1\leqslant a_i\leqslant m$，隐式约束条件是顶点 $i$ 与已着色的相邻顶点颜色不重复。用图的邻接矩阵 $e$ 表示无向连通图 $G=(V,E)$，若$(i,j)$属于图 $G=(V,E)$的边集 $E$，则 $e[i][j]=1$；否则 $e[i][j]=0$。

**算法 14－5**

```
void GraphColor_Recursive(int t)              /* 递归的图 m 着色问题,t 为状态树的层数 */
{   int i;
    if (t>n)
      {
      sum++;
                  /* sum 为全局变量,初值为 0;最终如果 sum 仍为 0,则代表问题无解 */
      for(i=1;i<=n;i++)
        printf("%d ",a[i]);
      }
    else
      {
          for (i=1;i<=m;i++)
           if (ok(t))
             {   a[t]=i;
               GraphColor_Recursive  (t+1);
             }
         a[t]=0;
       }
}
int ok(int k)                                              /* 判断顶点 k 的着色是否发生冲突 */
{
   int j;
    for ( j=1;j<=n;j++)
       if (e[k][j] && (a[j]==a[k]))                    /* e 为图的邻接矩阵 */
            return 0;                                  /* 发生冲突 */
    return 1;
}
```

**算法 14－6**

```
void GraphColor_Unrecursive(int n, int m, int e[ ][ ])        /* 非递归的图 m 着色问题 */
{
   for (i=1; i<=n; i++ )                                   /* 将数组 a[n]初始化为 0 */
      a[i]=0;
    k=1;
   while (k>0)
   {
```

```
        a[k]++;
        while (a[k]<=m)
            if (ok(k))
                break;
            else
                a[k]++;                         /*搜索下一个颜色*/
      if (a[k]<=m && k==n)                      /*求解完毕,输出解*/
          {
             for (i=1; i<=n; i++)
                  printf("%d",a[i]);
             return;
          }
        else if (a[k]<=m && k<n)
             k++;                               /*处理下一个顶点*/
        else
            {
              a[k]=0;
              k=k-1;                            /*回溯*/
            }
        }
}
```

**3. 算法分析**

图的 $m$－着色问题的解空间树中节点个数是 $\sum_{i=0}^{n-1} m^i$，对于每一个节点，在最坏情况下，用 $ok$ 检查当前扩展节点的每一个儿子所相应的颜色可用性需耗时 $O(m\times n)$。因此，回溯法总的时间耗费是 $\sum_{i=0}^{n-1} m^i(m\times n)=n\times m(m^n-1)/(m-1)=O(n\times m^n)$ 。

## 习题 14

14－1　用回溯法求解售货员路线问题。

14－2　求解迷宫问题。迷宫用一个二维数组表示，其元素值有两个：0 和 1。0 表示通路，1 表示阻塞。数组左上方元素为迷宫入口，右下方元素为迷宫出口，现在要求寻找一条从入口到出口的通路(并不一定是最短的)。

14－3　连续邮资问题。假设国家发行 $n$ 种不同面值的邮票，并且规定每张信封上最多只允许贴 $m$ 张邮票。连续邮资问题要求对于给定的 $n$ 和 $m$ 的值，利用回溯法给出邮票面值的最佳设计，在 1 张信封上可贴出从邮资 1 开始，增量为 1 的最大连续邮资区间。例如，当 $n=5,m=4$ 时，面值为(1,3,11,15,32)的 5 种邮票可以贴出邮资的最大连续邮资区间是 1～70。

14－4　最小长度电路板排列问题。在电路板排列问题中，连续块的长度是指该连续块中第 1 块电路板到最后 1 块电路板间的距离。试设计一个回溯法找出所给 $n$ 个电路板的最佳排列，使得 $m$ 个连接块中最大长度达到最小。

14-5　马的遍历问题。在 $n\times m$ 的棋盘中，马只能走日。马从位置 $(x,y)$ 处出发，把棋盘的每一点都走一次，且只走一次，找出所有路径。

14-6　素数环问题。把从 1 到 20 这 20 个数摆成一个环，要求相邻的两个数的和是一个素数。

14-7　有一批集装箱，共有 $n$ 个，现在要将它们装上两艘承载质量分别为 $C_1$ 和 $C_2$ 的轮船，其中第 $i$ 个集装箱的质量是 $w_i$，并且 $w_1+\cdots+w_n\leqslant C_1+C_2$。要求确定一个合理的装载方案，使得这 $n$ 个集装箱都能装上这两艘轮船。如果有，求出一种方案。设计一个回溯法，求解给定的装载问题。

14-8　圆排列问题。给定 $n$ 个大小不等的圆 $c_1,c_2,\cdots,c_n$。现在要将这 $n$ 个圆排进一个矩形框中，并且每一个圆都要与矩形框的底边相切。设计一个回溯算法，能从 $n$ 个圆的所有排列中找出有最小长度的圆排列。

14-9　运动员最佳配对问题。一个羽毛球队有男女各 $n$ 个人，给定两个 $n\times n$ 的矩阵 $P$ 和 $Q$。设 $P[i][j]$ 是男运动员 $i$ 和女运动员 $j$ 配对组成混合双打时的竞赛优势；$Q[i][j]$ 是女运动员 $i$ 与男运动员 $j$ 配对组成混合双打时的竞赛优势。据实际情况可知，由于技术的搭配和心理状态等因素的影响，$P[i][j]$ 不一定就等于 $Q[j][i]$。设计一个回溯法，计算出男女运动员的最佳配对方法，使各组男女竞赛优势乘积的总和达到最大。

14-10　世界名画陈列馆问题。世界名画陈列馆由 $m\times n$ 个陈列室组成，为防止名画被盗，需在陈列室中设置警卫机器人哨位。每个警卫机器人除了监视它所在的陈列室外，还可以监视与它所在陈列室相邻的上、下、左、右 4 个陈列室。试设计一个安排警卫机器人哨位的算法，使得名画陈列馆中每一陈列室都在警卫机器人监视之下，且所用的警卫机器人最少。

# 第15章 计算复杂性理论

在前面章节已经介绍了许多算法，可以求解各种各样不同的问题，通过计算机执行算法步骤，得出最终的结果。在设计算法的时候，不仅仅希望算法能够通过计算机执行，而且希望算法能够在最短的时间内执行。这就涉及解决问题采用的算法复杂度如何，算法的难易程度如何？实际上，解决该问题的算法的复杂性是由问题固有的复杂性决定的。问题形式多种多样，有些问题无法用任何算法来求解；有些问题可以用算法求解，但无法在多项式时间内获得答案；有些问题可以采用一定的算法在多项式时间内求解，但往往局限于最优情况。因此，一般在讨论问题计算复杂性的基础上，再讨论解决该问题的算法。

## 15.1 计算复杂性概述

在本书的开始部分已经介绍了算法的复杂性，那么问题的复杂性和算法的复杂性有什么区别呢？算法的复杂性是指解决问题的一个具体算法的执行时间，这属于算法的性质；而问题的复杂性是指这个问题本身的复杂程度，是问题的性质。比如排序问题，解决排序问题的算法有很多种，各算法的复杂性有所不同，如果只通过元素间的相互比较来确定元素位置，没有其他附加的可用信息，则排序问题的复杂性是$O(n\text{lb}n)$，冒泡法的复杂性是$O(n^2)$，快速排序平均情况的时间复杂性是$O(n\text{lb}n)$等等。排序问题的复杂性是指在所有的解决该问题的算法中最好算法的复杂性。很显然，问题的复杂性不可能通过枚举各种可能算法来得到，一般都是预先估计一个值，然后从理论上证明。

计算复杂性所研究的是问题的复杂性，而不是算法的复杂性。通俗地说，计算复杂性就是用计算机求解问题的难易程度。问题的计算复杂性可以用解决该问题所需计算量的多少来度量。如果知道一个问题的计算复杂度下界，就能正确地评价求解该问题的各种算法的效率，从而确定对已有算法的改进余地。

### 15.1.1 易解问题和难解问题

如何表达一个问题的复杂性呢？本书中讨论的大多数问题都能够用某些算法在多项式时间内求解，如排序查找问题、图的连通性判别问题等等。这些能够在多项式时间内求解的问题称为易解问题。而有些问题，如货郎担问题、背包问题等，迄今为止，尚未开发出在多项式时间内求解该问题的算法。这类问题往往需要在指数时间内求解，算法的执行时间会随着问题规模的增大而迅速增大。不能在多项式时间内解决的问题称为难解问题。这里所说的多项式时间和指数时间是针对问题的规模而言，即解决问题所需的时间是问题规模的多项式函数还是指数函数。

为什么按照这种方式确定问题的“难易”呢？对于难解问题，无法保证当问题的规模较大时，能在合理的时间内求出问题的解。对于使用多项式类型的算法来说，多项式的次数一般很

少会大于 3，而且多项式中不包含特别大的系数。另外，多项式函数具有很多方便的特性，如两个多项式的和仍是多项式。通过计算复杂性的理论，根据问题的复杂性对问题分类，只要用一种主要的计算模型来描述问题，用一种合理的编码方案描述输入，问题的难解性都是相同的。

有很多问题，如货郎担问题，从表面看似乎并不比排序或图的搜索等问题更困难，然而人们至今还没有找到解决该问题的多项式时间算法，也没有人能够证明这些问题需要多项式时间下界。这类问题的计算复杂性至今未知。

### 15.1.2　不可解问题与停机问题

有一些问题，任何计算机不管耗费多少时间都不能解决该问题，这类问题称为不可解问题，如著名的“图灵停机问题”。

停机问题是指给定一段计算机程序和它的一个输入，判断该程序对于该输入是否会终止，还是会无限运行下去。这可以通过反证法来证明该问题是不可解的。

**证明：**假设 A 是一个能够求解停机问题的算法。也就是说，对于任何程序 P 和它的输入 I 有：

$$A(P,I)=\begin{cases}1,\text{如果程序 P 对于输入 I 会停机}\\0,\text{如果程序 P 对于输入 I 不会停机}\end{cases}$$

把程序 P 看成是它自己的一个输入，然后利用算法 A 对于(P,P)的输出构造下面这个程序 Q：

$$Q(P)=\begin{cases}\text{停机，如果 } A(P,P)=0\text{，即程序 P 对于输入 P 不会停机}\\\text{不停机，如果 } A(P,P)=1\text{，即程序 P 对于输入 P 会停机}\end{cases}$$

然后用 Q 替代 P，得到：

$$Q(Q)=\begin{cases}\text{停机，如果 } A(Q,Q)=0\text{，即程序 Q 对于输入 Q 不会停机}\\\text{不停机，如果 } A(Q,Q)=1\text{，即程序 Q 对于输入 Q 会停机}\end{cases}$$

这就产生了矛盾，因为 Q 的两种输出都是不可能的，因此必定存在某些无法判断的问题。

在对问题复杂度分析时，如能比较彻底地分析的问题，则尽可能准确地确定其计算复杂性。而实际中的许多问题，人们至今无法了解其内在的计算复杂性，只能用分类的方法将计算复杂性大致相同的问题归类进行研究。

## 15.2　P 类与 NP 类问题

在对问题复杂性研究中知道，有些问题可以在多项式时间内求出解；有些问题虽然有解，但不能在多项式时间内求出；还有些问题根本没有解。在计算机上求某个问题的解可能困难，但是判断一个待定解是否能解决该问题却是简单的。因此，为了简化问题，下面将问题抽象，只考虑一类简单的问题——判定性问题，即只需要回答是或否的问题，如哈密顿回路问题。众所周知，找到一个哈密顿回路很困难，但是给出一条路径判断是否是哈密顿回路则容易得多。由这种判定性问题，引出了问题的新的分类方法：P 类和 NP 类问题。



### 15.2.1　确定性算法和非确定性算法

在定义 P 类 NP 类问题之前，先了解两个基本的概念：确定性算法和不确定性算法。

**1. 确定性算法**

确定性算法是通过每一步基于问题信息作出决定而产生问题解的算法。确定性算法,在确定了问题的一个实例后,整个执行过程中每一步都只有一个选择,也就是说对于同样的输入,它的输出从不改变。通常所编写的程序,用到的都是一些确定性算法,如排序算法、查找算法等。

**2. 不确定算法**

不确定算法是通过适当的猜想产生正确答案的算法,没有方法说明得出正确结论的依据。一个不确定算法由下列两个阶段组成,它把一个判定问题的实例 P 作为它的输入,并进行下面的操作:

非确定(猜测)阶段:生成一个任意字符串 $s$,把它当作给定实例 P 的一个候选解。$s$ 可能对应 P 的一个解,也可以不对应,它甚至可能不是所求解的合适形式。算法在每次运行中都可能生成不同的字符串,它仅仅要求在多项式时间内产生这个串。

确定(验证)阶段:在这个阶段,一个确定性算法首先验证产生的解串 $s$,是否是合适的形式。如果不是,则算法停下来并回答否;如果解是合适形式,那么算法继续检查 $s$ 是否是问题实例 P 的解。如果它确实是 P 的解,那么它停下并且回答"是",否则它停下来回答"否"或者根本就不停下来,这个阶段要求在多项式时间内完成。

例如找大质数问题。已知目前最大质数,那么下一个大质数应该是多少呢?事实没有公式能推导出来,因此问题的答案无法直接计算得到,只能通过猜想来得到结果。这类问题通常有个算法,不能直接告诉你答案是什么,但是可以告诉你,某个可能的结果是正确的还是错误的,这就是不确定算法。

## 15.2.2 P 类问题和 NP 类问题

**1. 判定问题与最优化问题**

通过对判定问题和最优化问题的讨论,可以判定两个问题之间的难度关系,从而根据需要对相应的问题进行必要地转换。

判定问题是指只需要回答"是"或"否"的问题。最优化问题是指需要求出问题的最优解及使之达到最优解的一组相关元素的问题。如最短路径问题,不仅需要求出两者的最短路径,而且需要得出这个路径的值,这就是优化问题。一般都可以通过给最优化问题的值设定一个范围将优化问题转化为一个判定问题。任何一般的最优化问题都可以转化为一系列判定问题,比如求图中从 $A$ 到 $B$ 的最短路径,可以转化成"从 $A$ 到 $B$ 是否存在长度为大于 $k$ 的路径"。

当要证明一个判定问题很困难时,可以充分地利用最优化问题和判定问题之间的关系。从某种角度来说,判定问题总会比较容易些,至少不会比最优化问题难。如果最优化问题容易解决,那么所对应的判定问题也就很容易解决。例如最短路径问题,如果求出图中的最短路径,即求出它的最优化问题,那么是否存在有一条长度小于 $k$ 的路径问题就很容易解决,此时只需要将 $k$ 和最短路径作比较,就可以回答这个判定问题。下面介绍的 P 类,NP 类及 NP 完全问题都属于判定问题。



**2. P 类问题**

这里的 P 是指 Polynomial(多项式的)。如果一个判定性问题的复杂度是该问题的一个实例的规模 $n$ 的多项式函数,则说这种能用确定性算法在多项式时间内求解的判定性问题属

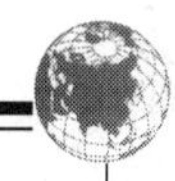

于 P 类问题。P 类问题就是所有复杂度为多项式时间的问题的集合。

在前面章节中讨论的许多问题都属于 P 类问题，如各种排序问题、图的搜索问题等。P 类问题属于易解问题，但由于它是判定性问题，并不能说所有易解问题都是 P 类问题。

**3. NP 类问题**

NP 里面的 N，不是 Non-Polynomial 的 N，是 Non-Deterministic，非确定性的含义。有些问题很难找到多项式时间的算法（或许根本不存在），比如找出无向图中的哈密顿回路问题，但是如果知道了问题的一个可能解（该解不能通过确定性算法产生），便可以在多项式时间内判断这个解是否正确。显然，判定某个解是否是问题的解比对这个问题进行求解简单得多。如哈密顿回路问题，给一个任意的回路，很容易判断它是否是哈密顿回路（只要看是不是所有的顶点都在回路中就可以了）。

这种可以在多项式时间内验证一个解是否正确的问题称为 NP 问题。也就是说，NP 类问题可以用一个确定算法在多项式时间内检查或验证它们的解。

**4. P 类和 NP 类问题的关系**

一个问题如果属于 P，可以在不确定算法的验证阶段，简单地忽略掉在猜测阶段生成的串 $s$，而是用确定多项式时间的算法对其求解。因此，可以判定所有的 P 类问题都是属于 NP 问题的，即 P⊆NP。也就是说，能用多项式时间解决一个问题，必然能用多项式时间验证一个问题的解是否正确。因此，NP 问题不一定都是难解的问题，比如简单的数组排序问题是 P 类问题，由于 P 属于 NP，所以也是 NP 问题。但 NP 中还包含哈密顿回路问题、货郎担问题的判定版本、背包问题等等几百种难度很高的组合优化问题，这类问题至今没找出在多项式时间内求解的算法。前面介绍的停机问题是不可解问题，因此不是 NP 问题。

P 类问题是确定性计算模型下的易解问题类；NP 类问题是非确定性计算模型下的易验证问题类。通常情况下，解一个问题要比验证问题的一个解困难得多，特别在有限的时间内更是如此。因此大多数计算机科学家认为 NP 类中包含了不属于 P 类的问题，即 P≠NP，但这个问题至今没有获得明确的解答。

## 15.3　NP 完全问题

为了试图证明 P＝NP 或 P≠NP，引入了 NP 完全问题。研究发现有一系列特殊的 NP 问题，这类 NP 问题就是 NP 完全问题，也称为 NPC 问题，其中 C 代表完全（complete）。NP 完全问题是 NP 问题中复杂性最高的问题。NP 完全问题有种性质，每一个 NPC 问题都可以在多项式时间内转化成任何一个 NP 问题。那么如果一个 NP 完全问题能在多项式时间内得到解决，NP 中的每一个问题也可以在多项式时间内求解。到底能不能找到在多项式时间内求解的 NP 完全问题呢？如果能找到，就能推导出 P＝NP。下面将详细了解 NP 完全问题并回答这个问题。



### 15.3.1　多项式归约

通过问题变换的技巧，可以将 2 个不同问题的计算复杂性联系在一起。这样就可以将一个问题的计算复杂性归结为另一个问题的计算复杂性，从而实现问题的计算复杂性归约。

具体地说，假设有 2 个问题 A 和 B，将问题 A 变换为问题 B 是指：

1）将问题 A 的输入变换为问题 B 的适当输入；

2）解出问题 B；

3）把问题 B 的输出变换为问题 A 的正确解。

若用 $O(\tau(n))$时间能完成上述变换的第 1)步和第 3)步，则称问题 A 是 $\tau(n)$时间可变换到问题 B，且简记 $A\propto_{\tau(n)}B$，其中的 $n$ 通常为问题 A 的规模。当 $\tau(n)$为 $n$ 的多项式时，称问题 A 可在多项式时间内变换（或归约）为问题 B。特别地，当 $\tau(n)$为 $n$ 的线性函数时，称问题 A 可线性地变换（或归约）为问题 B。

判定问题 A 到判定问题 B 的多项式归约过程为：假定有一个判定问题 A 可以在多项式时间内解决，同时已知一个判定问题 B 可以在多项式时间内解决的具体方法，假定存在一个转换函数 F，它可以把问题 A 的输入 $x$ 在多项式时间内转换为问题 B 的输入 $F(x)$，使得问题 A 对于 $x$ 能得到正确结果当且仅当问题 B 对于输入 $F(x)$有正确结果。

转换函数 $F$ 称为从 A 到 B 的多项式归约，或称问题 A 是可以多项式归约为 B。它们之间的关系可以表示为 $A\leqslant_P B$。多项式归约关系具有传递性，即如果存在关系 $A\leqslant_P B$，$B\leqslant_P C$，则 $A\leqslant_P C$。

多项式归约有个重要的定理：如果 A 可以多项式归约到 B，并且 B 有一个多项式时间的算法，那么 A 也存在一个多项式时间的算法。在对 NP 完全性证明问题上，会充分利用多项式归约的这些性质和定理。

## 15.3.2 NP 完全性

对于 NP 完全性问题有如下定义。当一个判定问题 B 是 NP 完全问题时，需满足以下条件：

1）它属于 NP 类型；

2）对 NP 中的任何问题 A，都能够在多项式时间内化简为 B，即 $A\leqslant_P B$。

通俗地讲，如果一个 NP 问题的所有解，都可以在多项式时间内进行正确与否的验证，那么该问题称为“完全多项式非确定性问题”，简称 NP 完全问题。NP 完全问题是 NP 类的一个子类。通过 NP 完全性的概念可知，任何 NP 中的问题都可以在多项式时间内变换成为 NP 完全问题。例如，货郎担问题的判定问题是 NP 完全问题。所以 NP 中的任何问题的任何特例可以在多项式时间内机械地转换成货郎担问题的一个特例。货郎担问题如被证明在 P 内，则 P = NP。

NP 完全问题具有如下定理：只要存在任意一个 NP 完全问题 A，可以在多项式时间内解决，即 $A\in P$，则有 P＝NP。同样，如果任意一个 NP 问题都不具有多项式时间界的算法，那么，就没有任何 NP 完全问题能找到在多项式时间内求解的算法。通过该定理，可以把对 P＝NP 问题的讨论转移到对 NP 完全问题的讨论上。到现在为止，还没有任何 NP 完全问题能设计出具有多项式时间的算法。因此，目前还不能证明 P＝NP 成立与否，但是大多数学者认为 P≠NP。



在前面章节讨论的很多问题都是典型的 NP 完全问题。Cook 在 1971 年找到了第一个 NPC 问题，即可满足性问题（逻辑运算问题），此后人们又陆续发现很多 NPC 问题，现在可能已经有 3 000 多个了。类似哈密顿回路/路径问题、货郎担问题、集团问题、最小边覆盖问题（注意和路径覆盖的区别）等等很多问题都是 NPC 问题。那么如何来证明一个判定问题是

NP 完全问题呢？证明一个判定问题是 NP 完全问题需要经过两个步骤：首先，需要证明所讨论的问题属于 NP 问题，也就是在多项式的时间里检验一个任意生成的串，以确定它是不是可以作为问题的一个解；第二步是证明 NP 中的每一个问题都能多项式归约成所讨论的问题。由于多项式归约的传递性，为了完成这一步证明，可以证明一个已知的 NP 完全问题能够在多项式时间内转化为所讨论的问题。

NP 完全问题用计算机难以解决，但有时人们在日常生活中经常会碰到。如果知道所面对的是一个 NP 完全问题，最好不要指望能够设计出一个能够对它所有实例求解的多项式时间算法，只需关注那些能缓解问题难度的方法就可以了，对这类问题研究并加以解决，有很重要的现实意义。

### 15.3.3 Cook 定理

对于问题的 NP 完全性证明，需要用到下面定理：

$L$ 是 NP 完全的，则

1) $L\in \mathrm{P}$，当且仅当 P＝NP；

2) 若 $L\propto_{\mathrm{p}} L_1$，且 $L_1\in \mathrm{NP}$，则 $L$ 是 NP 完全的。

可以看出，定理的 2）是证明问题 NP 完全性的有利工具，如果能找到一个 NP 完全问题 $L_1$，对于 $L_1\in \mathrm{NP}$，只要证明问题 $L$ 可在多项式时间内归约为 $L_1$，即 $L\propto_p L_1$，就可证明 $L$ 也是 NP 完全的。1971 年，多伦多大学教授 Cook 找到了第一个 NP 完全问题，这就是著名的 Cook 定理。

**定理(Cook 定理)：**布尔表达式的可满足性问题 SAT 是 NP 完全的。

布尔表达式是指由布尔变量和布尔运算符构成的表达式。如果对于布尔变量的一组赋值(真或假)，使得布尔表达式的值为真，则称该布尔表达式是可满足的。

Cook 定理给出了第一个 NP 完全问题，使得任何问题，只要能证明该问题是 NP 问题，且 SAT 都能在多项式时间内变换为该问题，则能证明该问题是 NP 完全问题。现在验证的 NP 完全问题都是直接或间接以 SAT 的 NP 完全性为基础得到证明的。

### 15.3.4 NP 完全性证明

第一个 NP 完全问题出现后，又陆续找出了许多 NP 完全问题。目前的 NP 完全问题已有了几千种，问题的 NP 完全性可以根据已知的 NP 完全问题来证明。下面根据货郎担问题(TSP)的 NP 完全性证明，来学习如何通过归约一个已知典型 NP 完全问题证明另一个问题是 NP 完全的。

货郎担判定问题描述：给定一个无向完全图 G＝$(V,E)$及定义在 $V\times V$ 上的一个费用矩阵 $\boldsymbol{C}$ 和一个整数 $k$，判定 **G** 是否存在经过 $V$ 中各顶点恰好一次的回路，使得该回路的费用不超过 $k$。

**证明** 首先，需要证明该问题属于 NP 问题。给定货郎担判定问题的一个实例(G,$C$,$k$)和一个由 $n$ 个顶点组成的顶点序列。算法要验证这 $n$ 个顶点组成的序列是图 G 的一条回路，且经过每个顶点一次。另外，将每条边的费用加起来，并验证所得的和不超过 $k$。这个过程显然可在多项式时间内完成，则 TSP$\in$NP。

其次，找到一个 NP 完全问题能在多项式时间内变换为货郎担问题。货郎担问题与哈密

顿回路问题(HAM-CYCLE)相似,哈密顿回路问题已证明是NP完全问题,只要在多项式时间内把哈密顿问题变换为货郎担问题,即HAM-CYCLE∝pTSP。就可以证明货郎担问题是NP完全问题。

设图G=$(V,E)$是哈密顿问题的一个实例,由此,构造货郎担问题的一个实例。设$E=\{(i,j)\mid i,j\in V\}$,构造一个完全图G$'(V,E')$,定义费用矩阵$\boldsymbol{C}$为

$$C(i,j)=\begin{cases}0 & (i,j)\in E\\ 1 & (i,j)\notin E\end{cases}$$

则相应的TSP实例为$(G',C,0)$,很显然可在多项式时间内完成。

接着证明G有个哈密顿回路,当且仅当G$'$有一个费用为0的货郎担回路。事实上,若G有一个哈密顿回路H,显然H也是G的一个货郎担回路。由于H的每一个边都属于E,故每边的费用均为0。因此,H是G的一个费用为0的货郎担回路。反之,若G有一个费用为0的货郎担回路H,由费用矩阵$\boldsymbol{C}$的定义可知,H的每个边费用均为0,从而H的每条边均属于E,因此,H为G的一条哈密顿回路。因此,HAM-CYCLE∝pTSP。

综上所述,TSP问题是NP完全问题。

## 习题15

15-1　设计一个算法,对于给定的$n$和$k$,$1\leqslant k\leqslant n$,产生$\{1,\cdots,n\}$的至多包含$k$个元素的所有子集。要求算法从一个子集产生下一个子集所需的运算次数为$O(k)$,与$n$无关。

15-2　已知算法A、B和多项式阶算法C,A对C的调用为常数次,B对C的调用为多项式次。证明:A是一个多项式阶算法,B是一个指数阶算法。

15-3　哈密顿回路是指经过图的所有顶点且仅经过一次最终回到起点的路径。证明:若哈密顿回路问题属于P类,则求图G的一条哈密顿回路是多项式时间可解的。

15-4　证明:若任一个NP类问题都不能在多项式时间内解决,则NP完全问题不具有多项式时间界的算法存在。

15-5　证明多项式归约的传递性。

15-6　子图同构问题:两个图G1和G2,问G1是否和G2的一个子图同构。证明该问题是NP完全的。

15-7　已知一个图G以及该图的两个顶点$u$和$v$,寻找该图中必须从$u$开始到$v$结束的哈密顿路径。证明:该问题可以多项式归约为普通的哈密顿路径问题。

15-8　对货郎担问题进行一些限制:边的权只能取1或2。证明该问题仍是NP完全的。

15-9　最长简单回路问题是确定给定图G=$(V,E)$中一条长度最大的简单回路(其中没有重复出现的顶点)的问题。证明最长简单回路问题是NP完全问题。

# 第 16 章 分布式算法

随着计算机软硬件技术和计算机网络技术的发展,计算机的应用越来越广泛,计算机系统已从早期的基于主机的集中处理模式发展到今天的基于网络互联的分布式处理模式。提高计算机的计算能力、数据的透明访问、高性能和高可靠性成为当今的一个研究热点。分布式计算是随着计算机网络的发展而兴起的,现已成为提高求解规模和速度及系统可靠性的重要手段。在数值模拟、生物工程、军事、航天航空等应用领域中被广泛应用。随着网络技术的发展以及网络计算的兴起,分布式计算技术不断地发展和完善,在计算机技术的发展和应用中发挥着越来越重要的作用。

## 16.1 分布式系统

随着计算机网络技术的发展,计算机之间可以相互通信,任何一台计算机上的用户可以共享网络上其他计算机的资源。但是,计算机网络并不是一个一体化的系统,它没有标准的、统一的接口。网上各站点的计算机有各自的系统调用命令、数据格式等,为完成一个共同的计算任务,分布在不同主机上的各合作进程的同步协作也难以自动实现。大量的实际应用要求一个完整的、一体化的系统,而且该系统应具有分布处理能力,如在分布事务处理、分布数据处理、办公自动化系统等实际应用中,用户希望以统一的界面、标准的接口去使用系统的各种资源,去实现所需要的各种操作。这就导致了分布式系统的出现。

### 16.1.1 分布式系统概述

分布式系统又称为分布计算系统,是当前较新的研究领域。到目前分布式系统还没有统一的定义,可以把它理解为多个相互连接的处理资源组成的计算系统,在整个系统的控制下可合作执行一个共同的任务,最少依赖于集中的程序、数据和硬件。这些处理资源既是独立的一个个体,又可以在系统协调管理下共同完成某一个任务。在分布式系统中,一组独立的计算机展现给用户的是一个统一的整体,就好像是一个集中的单机系统。系统拥有多种通用的物理和逻辑资源,可以动态地分配任务,分散的物理和逻辑资源通过计算机网络实现信息交换。系统中存在一个以全局的方式管理计算机资源的分布式操作系统。

通常,对用户来说,分布式系统只有一个模型或范型。这个模型的作用是将独立的计算机连接起来,隐藏其中单个计算机在系统中承担任务的细节。在操作系统之上有一层软件负责实现这个模型。计算机网络不是分布式系统,因为这种统一性,模型以及其中的软件都不存在。计算机网络并没有使这些机器看起来是统一的,可以把计算机网络看成是分布式系统的物理基础。

下面举一个实例了解分布式系统。如某个公司的工作站网络,该系统包括每个用户自己的工作站和机房内的一个公共处理器池。这些处理器根据用户的需要动态调配。该系统可能

包含一个单一的文件系统，允许所有的机器通过相同的方法并且使用相同的路径名来访问所有文件。当用户输入一个命令时，系统将寻找执行该命令的最佳位置，可能会在用户自己的工作站上直接执行该命令，也可能会在别人的一个空闲工作站上执行，还有可能由机房中某个尚未分配的处理器执行。该系统把所有的用户组合在一起，就像是统一的一个单处理器分时系统，这就是一个分布式系统。

### 16.1.2 分布式计算

分布式计算是近年提出的一种新的计算方式。分布式计算就是在两个或多个软件中互相共享信息，这些软件既可以在同一台计算机上运行，也可以在通过网络连接起来的多台计算机上运行。分布式计算研究如何把一个需要非常巨大的计算能力才能解决的问题分成许多小的部分，然后把这些部分分配给许多计算机进行处理，最后把这些计算结果综合起来得到最终的结果。分布式计算和其他算法相比具有以下几个优点：稀有资源可以共享；通过分布式计算可以在多台计算机上平衡计算负载；可以把程序放在最适合它运行的计算机上。其中，共享稀有资源和平衡负载是计算机分布式计算的核心思想之一。

分布式算法是用于解决多个互联处理器运行问题的算法。分布式算法的各部分并发和独立地运行，每一部分只承载有限的信息。即使处理器在通信信道中以不同的速度运行，或即使某些构件出了故障，这些算法仍然能够正常工作。分布式算法在电信、分布式信息处理、科学计算、实时进程控制等方面有着广泛的应用。例如，电话系统、航班订票系统、银行系统、全球信息系统、天气预报系统以及飞机和核电站控制系统都依赖于分布式算法。很明显，确保分布式算法准确、高效地运行是非常重要的。然而，由于这种算法的执行环境很复杂，所以设计分布式算法就成为了一项极端困难的任务。

### 16.1.3 分布式系统特点

**1. 资源共享**

分布式系统的一个最重要的特点是资源的共享，即系统中的用户可以方便地访问远程资源，并且以受控的方式与其他用户共享资源。资源可理解为多种形式，如打印机、计算机、数据、文件、网页、网络等等。用户链接到资源后，协作和信息交换会变得更为方便，但相应的安全性就越来越重要。

**2. 透明性**

事物的某些属性对外是看不见的，称之为透明性。分布式系统的透明性在于系统中的用户和应用程序看不到机器的边界和网络本身，感觉就是一个单机系统。用户不必知道系统资源放在何处，程序在何处运行。这种透明性体现在多个方面：

1）名字透明　系统中的对象命名是全局的，不管在什么地方访问这个对象，使用的名字都是一样的，因此程序的移动不会影响它的正确性。



2）访问透明　数据的表示形式及资源访问方式的不同，不会影响到用户的使用，用户对本地资源和远程资源的访问方式是一样的。

3）位置透明　资源的名字中不包含资源的物理位置信息，因此资源在系统中移动，只要资源的名字保持不变，不会影响到程序的正常运行。

4）迁移透明　资源的移动不会影响该资源的访问方式，这需要名字透明和位置透明的

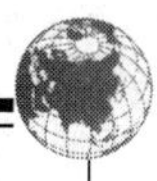

支持。

5）复制透明　为了增加系统的可用性或者提升系统性能，可以对资源进行复制。如对该资源进行修改，须修改对象的所有副本。

6）并发透明　多个进程可能并发访问同一个资源，任何一个用户都不会感觉到他人也在使用自己正在使用的资源，相互之间不会产生干扰和破坏。

7）故障透明　系统中的某一部分出现故障，不会影响到整个系统，系统仍可正常运行，故障透明是分布式系统中的一个难点。

实际在设计实现分布式系统时，达到系统的完全透明是很困难的，而且在考虑系统透明性的同时需要综合其他因素，如透明性对系统性能的影响。因此，需要选择折中方案。

**3. 开放性**

分布式系统的开放性是指根据一系列准则来提供服务。这些准则描述了所提供服务的语法和语义。分布式系统的服务是通过接口来指定的。良好的接口规范说明应该是完整和中立的，即实现接口的所有内容已经作出了规定，接口的实现过程不需要被描述出来。这样保证了系统的灵活性，能方便地把不同开发人员开发的不同组件组合成整个系统，实现了系统的互操作性和可移植性。但系统的灵活性实现起来是比较困难的，这需要把系统组织成相对较小而且容易替换或修改的组件集合。这时不只是提供最高层的接口定义，而且应该提供系统内部各部件间的接口定义，并且描述它们的交互方式。

**4. 可扩展性**

系统的可扩展性是指规模、地域和管理的可扩展。规模的扩展是指可以方便地把更多的用户和资源加入到系统中去，但因此就会受到集中的服务、数据和算法的限制；地域的扩展是指系统中的用户和资源地理位置可以相距遥远，但是因此会造成远距离机器通信时性能及可靠性的问题。在局域网内实现分布式系统相对简单，但在广域网内实现开放分布式系统就会带来很多问题。

分布式系统的这些特性，给系统带来了许多新的问题，如资源的多重性使得系统产生的差错类型和次数都比集中式系统多；使得系统的差错处理和恢复变得复杂，而且给资源管理带来了新的困难；资源的分散使得远距离进程之间的通信产生不可预测的延迟，使得系统的控制和同步问题变得复杂；系统的异构性引起资源的数据表示、编码及控制方式的不同，由此产生了编译、命名、保护及共享等新的问题。

由此可以看出，组建一个性能稳定、安全的分布式系统是有很多相关问题需要解决的。下面将会介绍分布式系统中的一些典型技术和相应算法。

### 16.1.4　分布式系统的体系结构

分布式系统往往是由各种复杂的系统组成。其组件被定义分散在多台机器上。这就需要恰当地组织好这些系统。分布式系统中软件组件的组织方式和相互作用的方式称为是软件体系结构，最终需要软件组件放置到实际机器上实现，这种实现称为系统体系结构。



分层体系结构是将分布式系统分成若干逻辑层。每一层有自己的设计及实现问题、各层之间存在关联问题及系统的最优化问题。每一层可以看成是逻辑层，层层之间称为接口。每层内部定义了某一类对象及对它们的操作，对其他层是透明的。接口是为了在两个实体间进行信息交换而做的一些约定。

**1. 两层体系结构**

两层体系结构是指客户/服务器模型，这是分布式系统最经常被引用的体系结构。该模型将分布式系统中的进程分成两组：服务器是实现特定服务的进程，如数据库服务；客户是通过往服务器发送请求来请求服务，然后等待服务器回复的进程。客户进程与各服务器进程（在分离的主计算机上）交互以访问它们所管理的共享资源。服务可以被实现为在分离的主计算机上的多个服务器进程，它们按需要交互地向客户进程提供一个服务。这些服务器可以划分该服务所基于的对象集合，并在它们之间分布它们，或者在若干个主机上维护这些对象的复制副本。

在底层网络安全性高的情况下，如在局域网中，可以通过简单的无连接协议实现客户和服务器之间的通信。此时，当客户请求一个服务时，它只须把要给服务器的消息封装，标明所要的服务及所需的输入数据，就可以把消息发送给服务器。服务器总是等待进入请求，然后处理请求，并把结果封装到回复信息中，最后把该信息发送给客户。

在不可靠的网络环境下，如广域网，客户和服务器间使用可靠的基于连接的协议。此时，一旦客户要请求一个服务，它首先在发送该请求之前创建一个到该服务器的连接。服务器使用同一连接来发送回复消息，然后断开该连接。

客户/服务器这种分布模型，一个主要的问题是如何对客户和服务器进行划分。如分布式数据库的服务器一般总是作为另一个文件服务器的客户来处理请求，以负责数据库表的实现，因为数据库表是建立在文件服务器上的。

**2. 三层体系结构**

分布式系统的软件组织有很多方案，其中三层结构模型是最常用的结构模型。这种模型将应用系统的功能分解为三个不同的软件层次，每层的功能对应了逻辑上一致的处理。这三个逻辑层次自上而下为用户接口层、处理层及数据层。

用户接口层含有直接与用户交互所需的一切。客户通常实现用户接口层。该层由允许终端用户与应用程序交互的程序组成，不同系统的用户接口层差别很大。

处理层含有应用程序的核心功能，它一般接受用户接口层所提交的命令，通过数据层在对用户命令进行合法性校验后对数据进行相应的操作。

数据层管理实际使用的数据。传统的数据层一般是一个关系数据库，但随着系统的广泛应用，现在的数据层数据越来越复杂多样。

**3. 基于中间件的分布式系统**

从实现方法看，分布式系统分为两类：一种广泛用于同构性系统中，整个系统只有一个固定的操作系统，各个计算机均运行该操作系统，统一管理和分配资源；另一种主要应用在异构系统中，系统中各个主机独立运行自己的操作系统，并在它们的上面加上一些新成分进行通信和资源共享，形成网络操作系统。在网络操作系统之上附加一个软件层即中间件，来隐藏下层平台的异构性，实现它们的互联，为用户提供透明访问。从广义的角度看，中间件代表了处于系统软件和应用软件之间的中间层次的软件，其主要目的是对应用软件的开发和运行提供更为直接和高效地支撑。中间件是在应用程序和分布式平台上形成了一个层，将三层体系结构的处理层又分出了中间件服务，使三层体系结构分解为四层。中间件为应用程序隐藏了底层平台的异构性，按照特定的体系结构融合到系统中，有利于使应用程序的设计变得简单。

本章主要讨论分布式系统中的几个关键性技术及相应的算法。

## 16.2　同步技术

分布式系统中的每一个用户都需要配备一定的资源，若干个不同的用户程序在某些情况下需要配备相同的文件系统或数据库，有的用户还会需要其他用户的程序或数据来为自己的工作服务。在这些情况下，就需要共享资源。但由于分布式系统各个组成部分地理位置上的分散，会造成信号传播延迟的不可预测或部分失效。如何有效地实现资源的分配、文件或数据的共享、程序的同时执行及避免相互间的干扰和破坏？由此引入了同步技术。

### 16.2.1　同步机构

分布式系统中，各节点计算机上的进程既合作完成同一任务，又争用有限的资源，这就需要某种同步机构来协调它们的活动。分布式系统中的共享资源有两类：一类是进程可以同时使用的资源，如 CPU 资源，但这种同时不是绝对的同时，而是指几个进程共享资源，但在任意时刻，只有一个进程占用该资源；另一类是不允许多个进程同时访问，每次只允许一个进程使用的资源，如打印机。对于后者，需要使用同步机构对活动的执行进行排序，来实现对共享资源的互斥控制。

分布式系统中的同步机构可以是集中式的，也可以是分布式的。同步实体是指物理时钟、时间计数器、逻辑时钟、循序器和进程等。集中式同步机构中，每个生产者每次发动一次操作，均要访问该同步实体。同步实体有一个相互同步的进程必须都知道的名字，任何时候这些进程的任何一个均可访问这一同步实体，执行每个功能均要经过集中的同步实体进行控制。分布式同步机构不存在集中的同步实体，执行各种功能均是分散控制的，其可靠性优于集中式同步机构，主要有多重物理时钟、多重逻辑时钟、循环令牌等。多重物理时钟是为了使整个系统有唯一的物理时间，系统中所有进程都按照物理时间次序进行全部排序。这种情况下，需要保证时钟的同步，不断校正它们的误差。

分布式系统中，物理时钟提供统一的物理时间，为了对所发生的事件能准确地进行物理时间的排序。这点实现是很困难的。事实上不必对实际的物理时间进行精确的测定，只需能按照时间来决定事件的相对顺序就可以实现资源共享，这是由逻辑时钟控制的。

### 16.2.2　物理时钟

计算机有一个计时电路称为“计时器”，实际上不是通常意义的时钟。单机的时钟是唯一的，所有的进程都使用同一时钟，则进程发生的先后顺序是不会产生歧义的。但在分布式系统中，每台计算机都有自己独立的时钟，无论时钟多么精确，都会产生时钟偏移。因此，在分布式系统中，计算机物理时钟的同步仍然是基本的要求。这就涉及到两方面：一是如何得到准确的物理时钟值；二是如何实现分布式系统中的物理时钟同步。



**1. 准确时间值的获取**

为了获取物理时钟的准确值，需从 UTC(Universal Time Coordinator 统一协调时间)获取当前时间，UTC 是现在所有时钟提供当前的国际标准时间。当一个用户从一个 UTC 那得到时钟值时，因为传输延迟，实际这个时钟值已经过时了。根据网络状态，这个延迟差别很大，为了获得当前的准确时间，必须精确地计算出这个延迟时间。

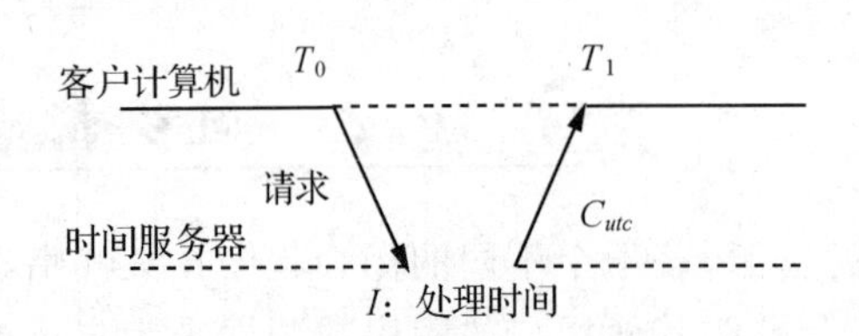


图 16－1　Cristian 算法

准确时间值的获取可通过 Cristian 算法实现，如图 16－1。该算法中使用一个接收外部时间源的时间服务器，系统中每台计算机周期性地向时间服务器请求当地时间，每个周期的时间间隔不小于 $D/2\rho$。$D$ 代表同步范围，即允许时钟时间与 UTC 的时间差在 $D$ 范围内。$\rho$ 为偏移率，即时钟在一个已知厂商提供的偏移率范围内，则称时钟是正确的。时间服务器尽可能快地将当前的时间 $C_{utc}$ 返回给请求计算机。请求时间的计算机接收到当前时间后，考虑到网络传输和服务器的处理时间，一个较为精确地当前时间估计为：$C_{utc}+(T_1-T_0-I)/2$。请求时间的服务器可以将本机时钟调整到这个新的当前时间上。如果 $C_{utc}$ 小于该计算机的当前时钟，无法直接调整，则采用逐步放慢的方式。

**2. 物理时钟的同步**

物理时钟存在固有的误差，因此要求分布式系统中的所有时钟保持准确的同步是不实际的，需要定义一个可以接受的误差范围。两个时钟之间由于误差造成的时间差异称为时间漂移。当两个时钟的时间差值小于最大漂移值时，就认为系统的时钟是保持同步的。获得这个时间差值需要一方能读到另一方的时钟值。

如 A 需要获得 B 的时钟值，具体过程如下：

1）A 通过网络向 B 发送请求。

2）B 读取本地时钟值。

3）B 的时钟值通过网络传递给 A。

4）按照网络的传输延迟对 B 的时钟值进行校正。

5）比较 A 的时钟值和 B 的时钟值。

物理时钟的同步可以采用 Berkeley 算法实现：时间服务器周期性地轮询所有的其他计算机的当前时间，根据它们的回复，服务器计算所有时间的平均值，然后通知所有的机器新的当地时间，其他机器根据通知放缓或加快自己的时钟进度以调整到新的当前时间上。

**3. 分布式物理时钟**

在分布式物理时钟方案中，要求每个节点计算机以预先定义好的时间间隔定期地广播它的当地时间。由于时钟存在漂移，假定广播报文并不是很准确地在同一时刻发出，一旦一个节点广播了它的当地时间，就立即启动一个定时器，在规定时间内接收其他节点的报文。每个报文表明了当地的当前时间，然后分别按对应的网络延迟对其他节点的时间值进行校正，最后计算所有节点的平均时间值。

为了使分布式时钟更有效，实现中应尽量减少广播报文。如果任何一个节点都要向所有其他节点广播报文，那么在广播报文中会产生大量的报文。可以将当地的时间值定期向邻居广播，以减少广播报文。



## 16.2.3　逻辑时钟

在分布式系统中，没有公共存储器和物理时钟，很难准确地获得每个机器的准确时间值，各机器也很难做到准确地同步。所以在分布式系统中使用物理时钟很难给时间一个唯一的排序。而在实际应用中，不需要进程在时间上保持一致，只需在事件的发生顺序上达成一致，因

此用到了逻辑时钟。通过逻辑时钟，可以给分布式系统中的事件唯一的排序。

**1. 先发生关系**

为了同步逻辑时钟和对事件进行排序，Lamport 定义了事件之间的“先发生”关系。表达式 $a \to b$，表示事件 $a$ 发生在事件 $b$ 之前，即事件 $a$ 先发生，然后事件 $b$ 才发生。这种“先发生”关系有两种情况：一是 $a$,$b$ 属于同一进程的两个事件，且 $a$ 在 $b$ 之前发生，则 $a \to b$ 为真；二是如果 $a$ 是一个进程发送消息的事件，而 $b$ 为另一个进程接收这个消息的事件，则 $a \to b$ 为真。

先发生关系具有传递性，即 $a \to b$,$b \to c$，则 $a \to c$。

如果事件 $a$ 和事件 $b$ 之间 $a \to b$ 和 $b \to a$ 都不成立，那么无法确定这两个事件的发生顺序，则称这两个事件是并发的。

Lamport 的逻辑时钟同步要求是：对每个事件 $a$，都能为它分配一个所有进程都认可的时间值 $C(a)$，如果 $a \to b$，那么 $C(a) < C(b)$，$C$ 就是所谓的 Lamport 时间戳。考虑对时钟的单调性要求，$C$ 必须是增加时间，不能减少时间。校正时间的操作是给时间再加上一个正值，而不能减掉一个正值。

**2. Lamport 算法**

下面通过一个例子来理解 Lamport 同步算法的过程。如图 16－2 所示的分布式系统中，有三个拥有独立逻辑时钟的进程，每个逻辑时钟运行速率有较为显著的差距。进程 1 的时钟滴答了 6 次时，进程 2 的时钟滴答了 8 次，进程 3 的时钟滴答了 10 次，每个时钟以不变的速率工作。

进程 1 发消息 A 给进程 2，当它到达进程 2 时，时钟值为 16。如果消息携带自身的起始时间 6，那么进程 2 将会推算该消息从进程 1 到进程 2 需要 10 个滴答，这个值是可能的。依此类推，消息 B 从进程 2 到进程 3 需要 16 个滴答，也是可能的。消息的传输时间取决于信任哪个时钟。可以看出，消息 $C$ 从进程 3 的 60 时刻出发，却在进程 2 的 56 时刻到达，同理消息 $D$ 也出现同样的情况。如图 16－2(a)所示，这显然不符合先发生关系。因此就需要调整时钟，解决这种现象。

消息 $C$ 的发送时间为 60，则消息达到的时间必须是 61 或者更大的时间值。所以，如果接收进程发现消息的时间戳早于接收进程的逻辑时间，则将本地进程的逻辑时钟调整为发送时间加 1，消息 $D$ 也做同样的时钟调整。调整后的逻辑时钟如图 16－2(b)所示，是满足 Lamport 时钟同步要求的。

要实现 Lamport 逻辑时钟，每个时钟 $P_i$ 对应一个局部计数器 $C_i$，则计数器按如下步骤进行更新：

1) 在执行一个事件之前，$P_i$ 执行 $C_i = C_{i+1}$。

2) 当进程 $P_i$ 发送一个消息 $m$ 给 $P_j$ 时，在执行前面的步骤后，把 $m$ 的时间戳 $C(m)$ 设置为等于 $C_i$。

3) 在接收消息 $m$ 时，进程 $P_j$ 调整自己的局部计数器 $C_j = \max\{C_j, C(m)\}$。然后执行第一步，并把该消息传送给应用程序。

这种标识时间的方法为分布式系统的所有事件的排序提供了简单可行的方法，Lamport 的事件排序又称为因果排序。

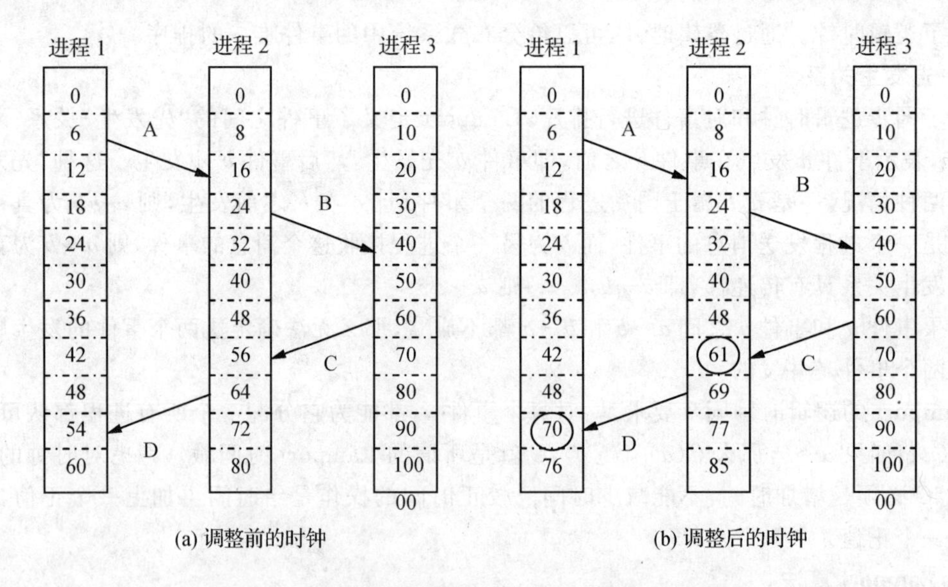


图 16-2 Lamport 同步算法校正三个进程的不同时钟

## 16.3 容错技术

分布式系统区别于单机系统的一个特性就是它可以容许部分失效。当分布式系统中的一个组件发生故障时可能产生部分失效，这种情况可能会对分布式系统的性能有一定的影响。如何在分布式系统中实现部分失效的自动恢复，而不会严重影响到整体性能呢？当故障发生时，分布式系统能够在进行恢复的同时继续以可接受的方式进行操作，就是分布式系统设计中的一个重要目标。

### 16.3.1 容错性概述

分布式系统应该有高度的可依赖性，这主要从几个方面考虑：可用性，即任何给定的时刻，用户都可以使用此系统正确地执行用户给定的任务；可靠性，即系统可以在一个相对较长的时间内持续工作而不被中断；安全性，系统在偶然出现故障的情况下能正确操作而不会造成任何灾难；可维护性，发生故障的系统被恢复的难易程度；保密性，要求系统资源不被非法访问。

提高系统的可依赖性的一个有效途径就是构建容错系统。容错就是使系统能够在一定程度上容忍故障的发生，使系统在有故障的情况下仍能提供不间断的服务。故障通常被分为暂时故障、间歇故障和持久故障。暂时故障只发生一次就消失了，不会再重复出现；间歇故障是指发生、消失重复进行的故障；持久故障是指长时间存在直到产生故障的组件被修复的故障。一个完整的容错系统应该具备如下功能：故障检测、故障诊断、故障扼制、故障屏蔽、故障补偿及故障修复。



### 16.3.2 故障检测和诊断

要检测进程故障，有两种方法，进程主动地向其他进程发送 pinging 消息，或者被动地等待来自其他进程的消息，这时需保证进程间有足够的通信，使用超时机制来检测某个进程是否

发生故障。但是由于网络不可靠，或因只根据单个消息的响应判断故障，这种方式会带来一些错误，因此需要考虑很多因素。Obduro 通过相邻节点间常规信息交换的边界效应来完成故障检测，进程定期地告知他们的服务可用性，这些信息通过网络逐级扩散，这时每个进程都知道其他进程，就有了足够的信息来确定某个进程是否发生了故障。

故障检测系统在区分网络故障和节点故障时，不让某个节点去确定它的某个邻节点是否崩溃，而是当知道某个 pinging 超时时，节点请求其他邻节点去查看是否可到达以假定发生故障的节点。

### 16.3.3 故障屏蔽

如果系统是容错的，则最好能对其他进程隐藏故障的发生，将故障的影响限定在局部范围内，通过补偿对外呈现正常的状态，这就是故障屏蔽。故障屏蔽的关键技术是使用冗余来掩盖故障。冗余包括信息冗余、时间冗余和物理冗余。

信息冗余是指通过添加冗余信息，使数据的存取或传输中的错误可以得到校正。如在准备传输的数据中添加一段海明码，就可以纠正信息传输错误时产生的错误，恢复正确的数据。

时间冗余是指一次操作执行失败，可以再重新执行。当是暂时故障或间歇故障时，时间冗余特别有用。如原子操作在执行时发生故障，相当于没有被执行，系统的状态保持不变，所以可以重新执行，只需额外的时间。

物理冗余可以通过软件或硬件的方法使系统能够容忍部分组件的失效或个别进程的崩溃。如可以在系统中添加额外的进程，这样如果少数进程崩溃，系统还可以正常工作，即通过冗余进程获得高度容错性。

### 16.3.4 故障恢复

故障恢复可以基于软件和硬件两种方案。由于软、硬件在逻辑上等同，因此只讨论软件方案。在软件方案中，一系列同样的进程被复制并分配给不同的处理器执行。对于暂时故障，通过时间冗余来屏蔽，持久故障采用硬件冗余屏蔽。当使用主动复制的方法时，通常使用 N 模块化冗余。如在 3 模块化冗余中，同样的进程被复制三遍来对输出结果做出整体表决。如果其中的一个处理器出现故障，则其余的两个拷贝在执行整体表决时就会屏蔽故障处理器的结果。被动复制中，有两种恢复方式：向前式恢复和向后式恢复。

**1. 向前式恢复**

假定可以完全准确地得到系统中的故障和损失的性质，这样就可能去掉这些故障，从而使系统继续向前执行，向前式恢复是半主动复制的一个特例。在该方案中，通过对两个活动模块的不匹配比较，或通过一个 3 模块冗余在三个活动模块中表决，启动一个确认步骤，就可以检测半主动复制的失效位置。然后，所有参与的处理器都继续执行进程，只用一部分冗余的处理器检测这些具有分歧的处理器中哪一个结果是正确的。



基本过程如下：

1）半主动复制，对回卷做前瞻性运行。

2）进程的任务 A 在不同的处理器中运行，然后在检查点进行表决。结果一致，则以同样方式继续运行下一个任务 B；否则，针对每一种结果分别运行下一个任务 B，同时用剩余的处理器重做任务 A（回卷），并在检查点进行表决。表决的结果一致，则全体处理器以这个结果为基础再开始下一个任务 C 的处理，结果不一致，则全体回卷到任务 A。

3）具体的算法需考虑效率和成本。

**2. 后向式恢复**

后向式恢复适用于故障的性质无法预知及去掉时，要定时地存储系统状态，这样当失效导致系统处于不相容状态时，系统可以恢复到从前没有发生故障的状态。进程执行中的一些点被叫做检查点。故障恢复可以通过有规律地对系统状态设置检查点来获得。进程可以在以后发生错误的情况下被恢复至检查点。当一个活动模块为一个进程或一个处理器时，有两种方法保持这些检查点：每个检查点被组播到每一个被动备份模块；或者每个检查点被存储在它的本地稳定存储器中。因为存储器的稳定性和永久性，通常采用第二种方法。

后向式恢复除了使用检查点方案外，还有一个基于影像页面技术的方案。该方案中，当进程需要修改一个页面时，系统复制该页并保留在存储器中。系统中每个页面都有两个拷贝，进程在执行的过程中，只有其中的一个拷贝被进程修改，另一个拷贝就作为影像页面。如果进程失效，则丢弃被修改的拷贝，系统根据影像页面进行恢复。如果进程成功运行，则每一份影像页面被相应的修改后的页面替换。

## 16.4 分布式调度

为实现和充分利用分布式系统巨大的处理能力，需要合理的资源分配方案。分布式调度，主要功能就是合理透明地在处理器之间分配资源，使得系统的综合性能最优。

### 16.4.1 调度算法概述

下面通过图 16－3 来了解调度算法的分类。

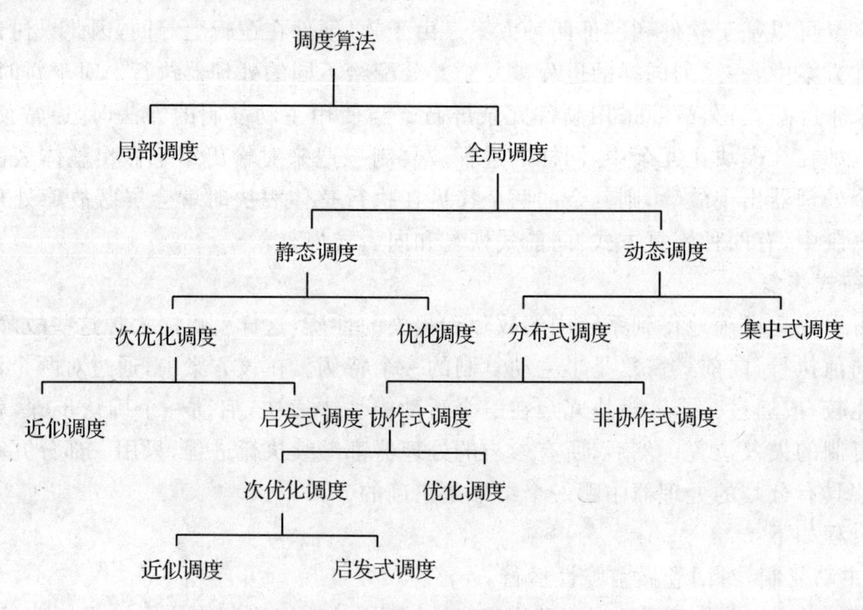


**图 16－3 调度算法的分类**



1）全局和局部　局部调度解决单个节点上为各作业分配处理资源的问题；全局调度解决

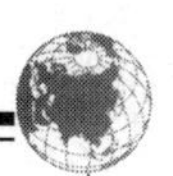

的是选择哪个处理机来执行给定的进程，即解决在各节点上如何分配整个系统负载的问题。全局调度优先于局部调度。

2）静态和动态　静态调度算法中，进程到处理机的分配是在进程执行之前的编译阶段完成的，也称为确定性调度；动态调度算法要到进程在系统中执行时才做出分配。

3）优化和次优化　根据标准，如最短执行时间和最大系统流量，可以取得最优的负载分配，则称该调度是最优的。一般来说，调度问题是 NP 完全性问题。

4）近似和启发式　在近似算法中，算法仅仅搜索解空间的一个子集，当寻找到一个好的解时，终止算法的执行；启发式算法中，算法使用某些特殊参数，用这些参数对真实系统进行近似的建模。

5）集中式和分布式　集中调度算法中，决策工作由一个处理器完成。如果处理器出现故障，则整个系统瘫痪，一般情况下提供一个备用的处理器，来保障调度的可靠实现；分布控制算法中，决策工作被分配给不同的处理器，整个调度任务是由多个参与者共同完成的。

6）协作和非协作　协作调度算法中，分布式对象间有协同操作；而非协作的调度算法中，各处理器独立做出决策。

分布式调度的目标是尽快得到计算结果和有效利用资源。通过负载平衡，维持整个分布式系统中各个资源上的负载大致相同，提高系统的流量；通过负载共享，防止某个处理机上的负载过重，缩短特定程序的执行时间。

在资源调度的过程中，因为需要对执行时间、资源利用率、系统流量及某些综合信息进程全面考虑。所以，最优调度实际是一个 NP 完全问题。实际中，经常采用次优的调度算法。有许多参数用于确定或测量一个调度算法的有效性，如通信代价、执行代价、资源利用率等。通信代价是指向一个给定节点传送或从一个给定节点接收一个报文所需的时间，及为一个进程分配一个执行节点而引起的通信代价；资源代价是指将一个进程分配到一个指定的执行节点，在这个节点的执行环境下，执行这个程序所需的额外开销；资源利用率是指基于分布式系统当前各节点的负载情况及给定一个进程分配的执行节点是否是合适的。

### 16.4.2　静态调度

静态调度算法是根据系统的先验知识做出决策，运行时负载不能够重新分配。静态调度算法的目标是调度一个任务集合，使它们在各个目标节点上有最短的执行时间。设计静态调度策略时需要考虑三个主要的因素，即处理机的互连、任务的划分和任务的分配。

通常，采用图模型表示调度中各任务之间的关系，对任务集合建模，如图 16－4 所示。

图 16－4(a)所示的任务优先图是一个有向无环图。图中每个链接定义了任务间的优先关系，如 $T_2$ 在 $T_1$ 之后执行。节点中的数字表示任务的执行时间，如 $T_2$ 的执行时间是 1。链接上的标记表示处理器间的通信时间，如 $T_2$ 和 $T_3$ 被分配到不同的处理器上时的通信延迟是 1，即 $T_2$ 完成后启动 $T_3$ 所需要的时间间隔。两个相连接的任务被分配在不同的处理器上时就会发现通信延迟。下面将介绍基于任务优先图的静态调度。



设有一个进程集合 $\boldsymbol{P}=\{P_1,P_2,\cdots,P_n\}$，在一系列同样的处理机上执行。用 $G=(\boldsymbol{V},\boldsymbol{A})$ 表示任务优先图，其中 $\boldsymbol{V}$ 是顶点集，表示进程集；$\boldsymbol{A}$ 是弧集合，表示进程间的优先关系。$\boldsymbol{A}$ 中的 $(u,v)$ 表示两个连接的进程 $u$，$v$。$W(u)$ 表示节点 $u$ 的权值，$W(U,V)=(l,l')$ 表示连接 $(u,v)$ 的代价，$l$ 是指 $u$，$v$ 分配到不同处理器上时处理器间的通信开销，$l'$ 是节点 $u$，$v$ 如分配到同一

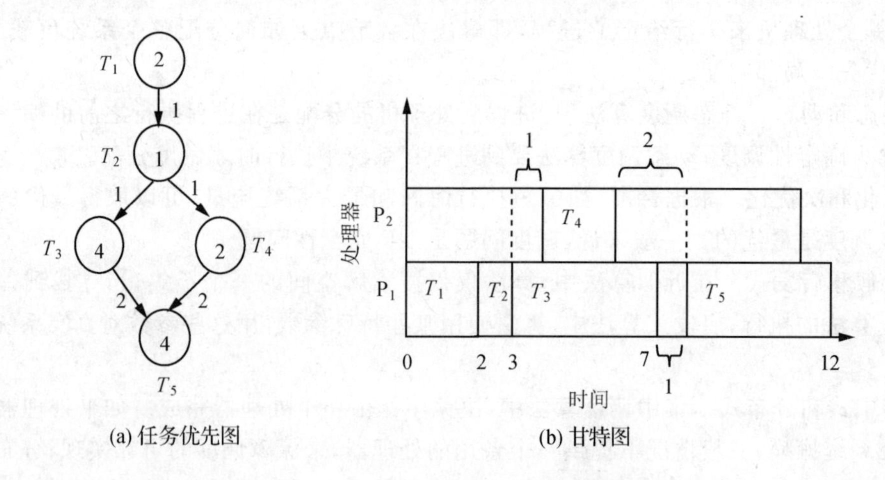


图 16-4　基于任务图优先图的调度

处理器上时的通信开销。

甘特图能最有效地描述进程对处理器的分配情况。处理器为纵坐标，时间为横坐标。图中每个方块表示进程在某个系统中的开始时间、持续时间和结束时间。图 16-4(b)就是由图 16-4(a)产生的甘特图，可以看出图 16-4(a)的数据对处理器 $P_1$，$P_2$的调度结果，总的执行时间为 12。

通信的过程中往往希望增加并行度，同时尽可能降低通信延迟。通信延迟使得调度算法变得复杂起来。如果延迟过大，则将所有任务分配在一个处理器上是比较合适的。从折衷角度出发，可以通过任务复制来减少通信需求，避免了通信延迟。如图 16-5 所示的三种不同调度的结果，可以看出图 16-5(b)的处理结果是最好的。

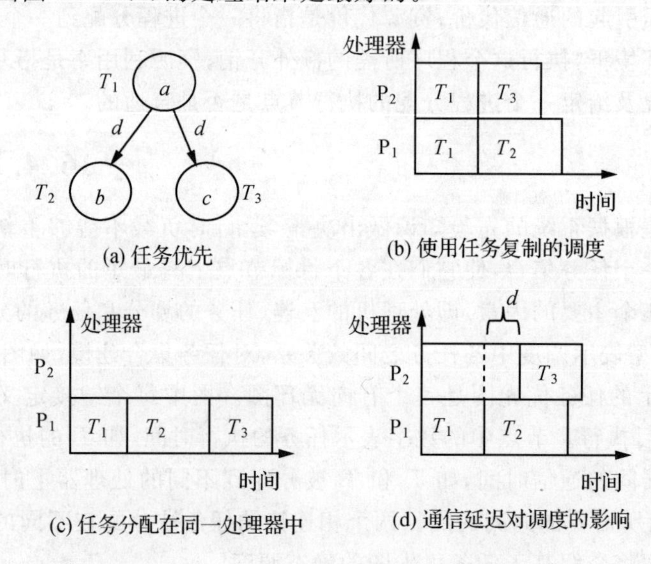


图 16-5　同一任务优先图的不同调度结果

## 16.4.3　动态调度

分布式系统中，工作负载经常会随着时间的变化而变化，这时采用静态调度算法确定的调

度方案可能就不再合适。采用动态的调度方式在运行时根据系统状态信息来调度，能使分布式系统负载动态地恢复平衡，更好地使用了全系统的所有资源，达到提高性能的目标。

动态调度算法有 6 种策略：启动策略、转移策略、选择策略、收益性策略、定位策略和信息策略。

**1. 启动策略**

启动策略的任务是决定谁应该激活负载平衡活动。有三种方法启动负载平衡：发送者启动、接收者启动和对称发动。发动者启动，是指负载分配活动由重负载节点发动的，试图把一个进程发送到轻负载节点；接收者启动，是指轻负载的节点向重负载的节点请求获得一个进程对称发动，是指使用兼有接收者发动的和发送者发动的方案，是根据当前负载切换而定。

每个处理器设有两个控制阈值：重载标志和轻载标志。当处理器的负载超过重载标志时，采用发送者启动策略，需要将部分负载转移出去；当处理器的负载低于轻载标志时，采用接收者启动策略，可以要求接收部分新负载进来。

**2. 转移策略**

转移策略决定一个节点是否在合适的状态下参与负载转移。多数转移策略是基于阈值策略的。阈值由负载单元数表示，当一个节点的工作负载超过阈值时，可以将其转移到网络中的其他节点上。如果节点负载小于阈值，则该节点是远程任务的接收者。

**3. 选择策略**

源处理器选择最适合转移，最能起平衡作用的任务，并发送给合适的目标处理器。最简单的方法是选择最新生成的任务，这个任务导致处理器工作负载超出门限值；另一种方法是选择一个已经运行的任务，这时可能的结果是转移运行任务的代价，抵消了转移响应时间的减少，转移的作用运行的时间应该足够长，否则，相应时间的改进被转移的开销所抵消。

**4. 收益性策略**

不平衡因子量化了系统中负载不平衡的程度，并作为系统负载平衡潜在收益的估计，评估系统平衡负载是否是有收益的。

**5. 定位策略**

定位策略寻找合适的节点共享负载，寻找节点最常用的方法是询问。通常是开始负载平衡的节点询问其他节点，以决定被询问节点是否适于负载共享。在局部范围方法中，只有相邻节点才是询问的候选节点；全局范围方法中，系统的任一节点都是询问的对象，从所有候选节点中选取一个节点，可以是随机的，或者是基于上一次轮询收集的信息。

**6. 信息策略**

信息策略决定收集系统中其他节点状态信息的时机、收集的方法和收集的信息。每个节点收集的信息越多，负载平衡过程越有效，相应的代价也大，因此可以折衷处理。

## 习题 16



16－1　分布式系统的主要优点是什么？有什么新问题？

16－2　什么是分布式系统的透明性，透明性主要表现在哪些方面？

16－3　如何区分一个计算机网络和一个分布式系统？

16－4　分布式系统的另一个定义，它是各自独立的计算机的集合。这些计算机看起来像是一个单个的系统，也就是说，它对用户是完全隐藏的，即使它有多个计算机也是如此。请给出一个实例。

16－5　中间件在分布式系统中扮演什么角色？

16－6　找出图16－6任务优先图在双处理器和三处理器上的最优调度，假设每个任务的执行时间是1。

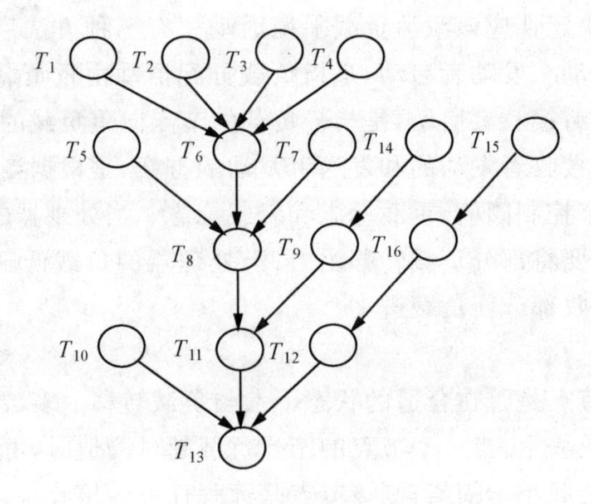


**图16－6　任务优先图**

16－7　考虑分布式系统中的两台机器的行为。假设这两台机器的时钟滴答1 000次ms。但实际上只有一台是这样的，另一台滴答990次ms，如果UTC每分钟更新一次，那么时钟的最大偏移量是多大？

16－8　什么是前向式恢复、后向式恢复？它们各自的主要实现技术是什么？

16－9　容错系统的基本构件有哪几种？

16－10　动态调度的组成要素有哪些？

# 参考文献

[1] 吕国英.算法设计与分析[M].北京:清华大学出版社,2006.

[2] 王晓东.算法设计与分析[M].北京:清华大学出版社,2008.

[3] 唐策善,陈龙澍等.数据结构[M].北京:高等教育出版社,1995.

[4] 严蔚敏,吴伟民.数据结构[M].北京:清华大学出版社,1986.

[5] 严蔚敏,陈文博.数据结构及应用算法教程[M].北京:清华大学出版社,2001.

[6] 徐绪松.数据结构与算法导论[M].北京:电子工业出版社,1995.

[7] 潘道才,陈一华.数据结构[M].成都:电子科技大学出版社,1994..

[8] 谭浩强.C 程序设计[M].北京:清华大学出版社,1991.

[9] 徐德民.最新 C 语言程序设计[M].北京:电子工业出版社,1992.

[10] Anany Levitin.算法设计与分析基础[M].北京:清华大学出版社,2007.

[11] 霍红卫.算法设计与分析[M].西安电子科技大学出版社,2005..

[12] 吴杰.分布式系统设计[M].北京:机械工业出版社,2001.

[13] M. L. Liu.分布式计算原理与应用[M].北京:清华大学出版社,2004.

[14] Andrew S. Tanenbaum,Maarten van Steen.分布式系统原理与范型[M].北京:清华大学出版社,2004.

[15] George Coulouris,Jean Dollimore,Tim Kindber.分布式系统概念与设计[M].北京:机械工业出版社、中信出版社,2004.

[16] E. Horowitz and S. Sahni. Fundamentals of Data Structures, By pitmen Publishing limited,1976.

[17] R. J. Baron and L. G. Shapiro. Data Structures and Implementation, By Van Nostrand Reinhold company,1980.

[18] Wirth N. Algorithms + Data structure=Programs, Prentice-Hall ,1976.

# 参考文献

[illegible]